JN437738

AIR POWER - A CENTENNIAL APPRAISAL

항 공 력

— 한 세기의 역사적 평가

토니 메이슨 지음 / 권 재 상 옮김

항 공 력 — 한 세기의 역사적 평가

토니 메이슨 지음/ 권재상 옮김
초판 발행일 · 2002년 9월 15일
개정판 발행일 · 2006년 2월 15일

발행처 · 간디서원 / 발행인 · 신배철 / 출판등록 · 2002년 9월 7일 / 등록번호 제10 - 2452호
주소 · 서울시 마포구 대흥동 75-2 /
전화 · (02)711-3094 / E-mail : gandibook@kornet.net

Air Power — Centennial Appraisal
Copyright ⓒ 1994 Brassey's (UK) Ltd by RAF Air Vice Marshal Tony Mason
All Right Reserved. Korean Translation Copyright ⓒ 2002 by Crepas Publishers
This Korean edition is published under arrangement with Brassey's London · Washington 1994.

이 책의 한국어판 저작권은 독점 계약으로 한국어판권을 크레파스가 소유합니다. 저작권법에 의하여 한국 안에서 보호를 받는 저작물이므로 무단 전재와 무단 복제를 금합니다.

* 잘못된 책은 구입처나 본사에서 교환하여 드립니다.

항 공 력

—한 세기의 역사적 평가

간디서원

Contents

Contents

용어해설 · 9
저자 서문 : 항공력의 역할에 대하여 · 17

제1장. 항공력의 요람기------------------------------------21
개념 · 21
항공력의 탄생 · 23
여러 나라의 부모들 · 25
단일화의 실패 · 38
최초의 공중전(空中戰) · 44
공군의 단일화 · 48
공세 작전 · 59
전략폭격 · 64

제2장. 항공력의 성장 : 시작은 미약하였으나 창대해지다-------75
대전 중간기 · 75
독일 공군 · 88
제 2차 세계대전의 항공력 · 92
영국 전투 · 93
폭격기 공세 · 97
다양한 기여 · 110
국가적 수단으로서의 항공력 · 116

제 3장. 대립의 지배 : 전쟁수행의 주축이 되다 ---------------137
항공력과 NATO의 성립 · 137
베를린에서의 변칙 · 146
역할 분담 · 150

유연한 대응 · 154
항공력에 의존 · 156
바르샤바 조약기구의 항공력 · 158
후속군 공격(FOFA) · 161
유 산 · 167

제4장. 군비통제와 항공력--------------------------------171
고르바쵸프의 주도 · 176
서방의 대응 · 183
CFE협상 · 193
조약의 체결 ·207
협력 안보에서의 항공력 · 209

제5장. 걸프전 : 특수한 예인가, 아니면 미래에 대한 지침인가?---215
승 리 · 215
독특한 전쟁 ? · 219
국제 정치적 환경 · 220
항공모함의 대안? · 227
날 씨 ·232
지 형 · 236
기술 격차 · 237
공중조기경보통제(AWACs) · 240
전자전 · 242
우위의 스펙트럼과 예외 사항들 · 244
패트리어트 대 스커드 ·246
수적 우위 · 249
인적 요소 · 250
모두를 위한 교훈 · 254
결 론 · 257

제6장. 평화유지 활동 : 제약 조건, 가능성, 의미------------------259
보스니아의 진창 · 259
행 동 · 274
평화유지 활동 환경 ·279
취약성과 인명피해 · 285

공지 작전 · 290
전술적 공중 이동성 · 295
합동 연합작전 · 296
대차대조표 · 298

제7장. "항공력 없는 러시아는 러시아가 아니다"--------------301
동유럽으로부터의 철수 ·302
걸프전의 영향· 304
소련의 해체· 307
항공산업의 혼란 · 310
내부적 침식· 317
재건 : 항공산업· 325
공군의 계획 · 327
수출 잠재력 · 334
교리의 기본틀 · 338
항공력이 있는 러시아 · 345

제8장. 차별화된 항공력의 시대 -------------------------351
차별화된 항공력 · 352
예측 불가능한 시나리오들· 357
예측 가능한 측면들· 359
선택적 전쟁· 361
최소의 최대화 · 364
산업 협조 · 365
협력 자산 · 370
유럽의 협력 안보체제 · 374
중동을 위한 선택 · 381
항공우주 불안 · 385
후원국과의 협력 · 389
전력다양화 · 391
작전적 비용효과 · 392
전력 강화기· 393
귀신 쫓기의 필요성(The Need for Exorcism)· 400

주(註) · 411
참고문헌(BIBLIOGRAPHY)· 453

용어해설

AA	Anti Aircraft
AAA	Anti Aircraft Artillery
AAR	Air to Air Refuelling
Ab Initio	Inexperienced Aircrew
AFB	Air Force Base
AFC	Anti Force Cross
ARM	Anti Radiation Missile
ATO	Anti Tasking Order
ATTU	Atlantic to the Urals
AWACS	Airborne Warning and Control System
BDA	Battle Damage Assessment
C^3	Command, Control and Communication
C^3I	Command, Control, Communication and Intelligence
CAP	Combat Air Patrol
CAS	Chief of the Air Staff
CDE	Conventional Disarmament Europe
CEE	Central and Eastern Europe
CENTCOM	US Central Command
CEP	Circular Error Probable
CFE	Conventional Forces in Europe
C in C	Commander in Chief
CINCSOUTH	Commander in Chief NATO Southern Europe
CID	Committee for Imperial Defence

CIS	Commonwealth of Independent States
CNN	Cable News Network
CSBM	Confidence and Security Building Measures
CSCE	Conference on Security and Co-operation in Europe
CST	Conventional Stability Talks
DFC	Distinguished Flying Cross
DIA	Defense Intelligence Agency
DOD	Department of Defense
EAF	Egyptian Air Force
ECM	Electronic Countermeasures
ELINT	Electronic Intelligence
EW	Electronic Warfare
ET	Emerging Technology
FAC	Forward Air Controller
FEBA	Forward Edge of the Battlefield
FOFA	Follow-on- Force Attack
GDP	Gross Domestic Product
GDR	German Democratic Republic
GMT	Green Mean Time
GOC	General Officer Commanding
GPS	Global Positioning System
GWAPS	Gulf War Air Power Study
HARM	High Speed Anti-Radiation Missile
HAS	Hardened Aircraft Shelter
HMS	His Majesty's Ship
HMSO	Her Majesty's Stationery Office

IAAC	Inter-allied Aviation Committee
IAF	Israeli Air Force
IDF	Israeli Defence Force
IF	Independent Force
IFF	Indentification Friend or Foe
IFR	In-flight Refuelling
INF	Intermediate Nuclear Force
IQAF	Iraqi Air Force
IR	Infra Red
ISO	International Standard Container
JCS	Joint Chief of Staff
JMATO	Joint Military Air Traffic Organization
JSTARS	Joint Surveillance Target Attack Radar System
JTIDS	Joint Tactical Information Display System
JWAC	Joint War Air Committee
KTO	Kuwait Theatre of Operations
LGB	Laser Guided Bomb
LLAD	Low Level Air Defence
MBFR	Mutual and Balanced Force Reductions
MC	Military Cross
MD	Military District
MEW	Ministry of Econcmic Warfare
MP	Member of Parliament
MRAF	Marshal of the Royal Air Force
MRLS	Multiple Rocket Launcher System
MT	Mechanised Transport

NACC	North Atlantic Co-operation Council
NAEW	NATO Early Warning
NATO	North Atlantic Treaty Organization
NAVSTAR	Navigational Statellite System
NSWTO	Non Soviet Warsaw Treaty Organization
OCA	Offensive Counter Air
OST	Open Skies Treaty
PGM	Precision Guided Munition
PLA	(Chinese)People's Liberation Army
PVO	Air Defence of USSR / Russia
R&D	Research and Development
RFC	Royal Flying Corps
RNAS	Royal Naval Air Service
RSAF	Royal Saudi Air Force
RUSI	Royal United Services Institute
SAC	Strategic Air Command
SACEUR	Supreme Commander Allied Forces Europe
SAD	Surface to Air Defences
SAF	Soviet Air Force
SAM	Surface to Air Missile
SBAC	Society of British Aircraft Construction (Society of British Aeospace Companies)
SCUD	Soviet designed medium range surface to surface ballistic missile
SIGINT	Signals Intelligence
SOE	Special Operations Executive

TACP	Tactical Air Control Parties
TALD	Tactial Air Launched Decoy
TIALD	Thermal Imaging and Laser Designating
TLAM	Tomahawk Land Attack Missile
TTTE	Tri-National Tornado Training Establishment
TSMA	Theatre of Strategic Military Action
TVD	Theatre of Operations
UAE	United Arab Emirates
UAV	Unmanned Aerial Vehicle
UNPROFOR	United Nations Protection Force in the former Yugoslavia
USAAF	United States Army Air Force
USAF	United States Air Force
USN	United States Navy
V1	German air breathing surface to surface missile
V2	German surface to surface ballistic missile
VPVO	Soviet / Russian Air Defence Ground Forces
VVS	Russian Air Forces
WTO	Warsaw Treaty Organisation

< 항공력의 진자운동 >

THE AIR POWER PENDULUM

THE GULF SCENARIO

THE BOSNIAN SCENARIO

GULF 1991
ARAB-ISRAELI 1967
BERLIN AIRLIFT
BEKA'A
YOM KIPPUR
LIBYA
ALGERIA
FALKLANDS
KOREA
INDIA-PAKISTAN
IRAN-IRAQ
AFGHANISTAN
VIETNAM
INDO CHINA
ADEN
CYPRUS
MALAYA
SOMALIA
BOSNIA

Clear Objectives

Targets: *Accessible, Static, Vulnerable, Significant, Discrete*
Topography: *Open*
Climate: *Favourable*
Bases: *Available*
Technology: *Superior*
Political Support: *Popular*

----- OR ANY POINT IN BETWEEN -----

Uncertain Objectives

Targets: *Mobile, Concealed, Low Value, Dispersed among non-combatants*
Topography: *Mountainous, Wooded, Urban*
Climate: *Cloud, Rain, Winds*
Bases: *Limited*
Technology: *Constrained*
Political Support: *Fragile*

REPRODUCED FROM AUTHOR'S PRESENTATION AT THE HIGHER COMMAND AND STAFF COURSE, STAFF COLLEGE, CAMBERLEY, JANUARY 1994
WITH THE COOPERATION OF THE STAFF COLLEGE DRAWING OFFICE

항공력의 역할에 대하여

1989년에서 1994년까지는 동서 대립이 종식되고, 격변하는 국제환경 속에서 전략적으로 예측이 불가능하고 불확실성이 재출현했던 시기이다. 따라서 이 책은 이 시기 항공력의 역할에 대한 연구서이다.

이 연구는 북대서양조약기구(NATO)와 바르샤바 조약기구가 대립하던 최후의 시기, 재래식 군비축소 과정, 걸프전, 평화유지 활동, 소련 공군력의 해체와 러시아의 재편 가능성 등에서 항공력 관련 사항을 면밀히 검토하고, 마지막으로 전세계적인 범위에서, 과연 항공력이 그 두 번째 세기에 어떤 양상을 보일 것인가 전망해 본다.

우리는 이 같은 사태들의 장기적인 의미를 첫 1백년간의 항공력 이론과 응용의 맥락에서 생각해 볼 때, 가장 잘 이해될 수 있다고 믿는다. 이에 따라, 이 책의 첫 번째와 두 번째 장은 1990년대 항공력과 관련된 다양한 특정 주제들을 예리한 통찰력으로 풀이해 낸다. 그 주제들은 항공력의 변천 과정을 반영하고 있는 것은 아니며, 가장 중요한 사건들의 연대기와도 근본적인 연관성을 갖지 않는다. 그러나 저자의 의견으로는, 이 분석을 통해 현대군 지휘관들과 그들의 민간인 장(長)들에게 특별한 메시지가 전달될 수 있으며, 몇몇 경우에는 새로운 원천이 될 것이라고 생각한다.

지금으로부터 한 세대 전에 비범한 공군이자 공군사가였던 로빈 하이검(Robin Higham)은 다음과 같이 적었다.

"항공력의 역사는 그 맹목적 찬양자들의 호언장담과 반대자들의 독설로 진면목이 가려져 왔다. 너무나 자주 이상은 현실에 배반당하고, 실망과 반동을 불러일으켰다. 신참자로서 취약한 입지를 가질 수밖에 없었던 공군은 병참능력의 한계까지 이르는 논란을 야기하고, 항공력의 능력에 대한 논쟁을 불러왔으며, 그 논란을 경청하는 사람들은 그것이 아직 수립되지 않은 공군의 실체를 이미 성립된 것처럼 말하고 있음을 잊어버리는 경향이 있었다."

다행히도 몇 차례의 전쟁을 거치면서 공군 지지자들은 여러 차례 반대론자들을 침묵하게 할 만큼 고무적인 성과들을 얻을 수 있었다. 오늘날 이 신참자들은 더 이상 신참자라고 할 수 없다. 1990년대에는 가용자원이 줄어 들고, 위협은 감소되며, 또 역할의 경계가 불분명해짐으로써 항공력에 대한 절도있고 긴요한 논의가 찬반 양자의 과도한 감정적 접근에 의해 다시 흐려질 위험이 생겨났다. 그러나 지금 우리는 백년의 이론과 실제의 경험을 참고할 수 있다. 사실, 이제는 설교 내용에 맞추어 성경 구절을 찾아내는 것(그 반대가 아니라)조차 가능해지게 된 예와 같은 것이다.

아마도 이 연구는 바로 그 같은 식이 아니냐는 비판을 받을 소지가 있다. 그런 식의 접근법은 대략 1세기를, 즉 1893년 시카고에서 영국군이 내세운 예언에서부터, 그것과 일맥상통하는 현대 초기의 이론가들, 또 1991년 「사막의 폭풍작전」에서 이루어진 공군력 관련 가정들에게 이르기까지의 기간 중에서 찾아볼 수 있다. 하지만 이제야말로 항공력의 재검토가 필요한 시기가 되었다고 본다. 그 독특하고 때로는 유별난 특성을 고려할 뿐만 아니라, 전쟁 수행에 대한 전체 시각에서 이제껏 해군과 육군의 발전과정에 작용해 온 원칙들과 요인들을 따져 가며 재검토할 시기가 되었다는 소리도 나오고 있다.

따라서 여기에 거론된 사례들과 분석들은 공군 내부에서 뿐만이 아니라 육군, 해군에서도 활발한 논의를 가져올 것이라 여겨진다.

'안보'란 복합적인 개념이며, 군사력은 그 중 일부에 지나지 않는다. 항공력은 앞으로의 시대, 즉 지금 확실한 것은 '힘'이 국제관계의 조정역을 계속 맡게 될 뿐인 시대에 계속 중차대한 기여를 해나갈 것이다. 사실 항공력은 등장 이후 첫 백년에 비해 두 번째 1백년 동안 더 중대한 기여를 하게 될지 모른다.

장거리 작전 능력, 신속한 대응능력, 정밀하고도 강력한 화력, 국경과 수역을 맘대로 넘나들 수 있는 능력, 그리고 신속히 전개했다가 역시 신속히 해산할 수 있는 능력 등을 갖춘 항공력은 이미 분쟁의 결과를 좌우할 수 있는 힘을 가졌다. 하지만 모든 종류의 분쟁에서 다 그렇지는 않다. 클라우제비츠(Karl Von Clausewitz)는 정책과 전쟁의 파괴적 요소 사이의 관계를 이처럼 언급한 적이 있다.

"일격 필살의 자세로 전력을 다해 휘두르는 이 무서운 양날의 검은, 때때로 그저 휘휘 찌르기, 페인트 공격, 칼날 피하기 등이나 할 수 있는 가벼운 펜싱 연습 칼이 된다."

항공력은 그처럼 다양한 선택권을 정치가들이나 국방장관에게 부여해 준다. 하지만 때로 그것은 칼집에서 나올 기회를 갖지 못한다. 그것이 특정 위기나 분쟁 시에 적합한가 여부는 모든 종류의 군사력이 그러하듯, 정책에 의해 판단될 문제다. 소기의 목적을 위하여 항공력을 육성할 자원이 동원되어야 함이 이해되어야 하고, 또한 항공력을 억제할 요인들의 필요도 인정되어야 한다. 지금으로부터 75년 전, 항공력이 처음으로 불확실성의 도전을 받았을 때는, 장래를 판단할 근거가 되기엔 경험이 너무 부족했다. 이 연구는 1990년대에는 상황이 달라졌음을 자세히 보여주게 될 것이다.

- 제 1 장 -

「 항공력의 요람기 (infancy) 」

개념

'항공력(air power)'이라는 표현이 처음으로 사용된 기록은 웰즈(H. G. Wells)가 1908년에 펴낸 공상 과학소설 『공중에서의 전쟁(The War in the Air)』이다. "다수의 항공 정거장들이 설치되어 …… 독일이 …… 항공력(the air power)을 확보하고 세계를 지배할 수 있도록 하였다……."[1] 이어 두 번째로 등장한 것은 1년 뒤, 제인(F. T. Jane)의 『세계 비행선 총람(All the World's Airships)』에서다. "항공력은 장차전 문제와 관련하여 결정할 때 고려되는 여러 요인들 중 하나에 지나지 않는다."[2] 우연하게도 이 두 가지 언급은, 공중에서 전쟁이 전개됨으로써 새로운 차원의 전쟁에 대한 두 가지의 극단적인 견해를 대표하고 있다. 그것은 과연 전쟁 성격을 뒤바꿔 버리고 세계 지배의 기초가 될 혁명적 힘인가? 아니면, 단지 신형 화포나 영국 해군의 드레드노트(dreadnought)용 함포같이 하나의 기술혁신에 지나지 않는 것인가?

항공력의 첫 백년의 역사가 끝나는 마당에, 그것이 전쟁 수행에 더 나아가 국제안보의 기여도에 대한 논란은 웰즈와 제인의 상기 언급들과 일맥 상통하는 경우가 빈번하다. 첫 백년 동안에는 '항공력'이란 대체 무엇을 의미하는가에 대한 이견도 많았다.

1922년 영국 공군참모대학을 개교하며, 새먼드(Salmond) 공군소장은 그 학교에 입교하는 장교들에게 "항공과 그 힘의 발전을 위한 새롭고 명민한 아이디어들을 창출하기를"[3] 소망했다. 결국 이 보고서의 하위 편집자들은 '항공력'이라는 용어를 내세우도록 편집하였는데, 새먼드는 참모대학 입교식 환영사에서 다음과 같이 연설했다고 되어 있다.

"해군이나 육군이 작전하려면 먼저 공중을 장악하지 않으면 안 되며, 그것은 이제까지 제해권이 확보되지 못하면 육군이 바다를 건너갈 수 없는 것이나 마찬가지입니다. 본인은 귀관들이 이 문제에 대해 속단하지 말 것을 바랍니다. 이 문제는, 면밀한 검토와 주의가 필요합니다. 이제 귀관들이 탐구해야 할 또다른 문제가 있습니다. 육군과 해군의 부가물로서의 항공이 그것입니다……. 그것은 보조적 역할이라고도 할 수 있습니다……."

윈스턴 처칠은 "항공력은 군사력 중에서 가장 예측되기 힘들며, 심지어 정확한 용어로 그것을 표현하기도 어려운 것이다."[4]라고 밝힌 적이 있다. 항공력의 요람기에는 그것이 육군이나 해군의 우세를 최대한 보장하려는 군사적 수단의 일환이라고 여겨졌었다. 하지만 탄생 후, 한 세기가 지난 지금은 그 정의에 대해 보다 넓은 합의가 이루어져 있다.

영국 공군은 항공력을 "군사적 목적으로 공중에서 작전하거나 공중을 통과하는 플랫폼들을 사용하는 능력"으로 정의하고 "항공력을 행사하는 수단은 많으며, 그 중에는 공중에서 전투를 할 수 있는 모든 시스템을 포함한다. 예를 들면 유인, 무인항공기(고정익, 회전익), 유도미사일, 기구(氣球)와 우주선 등이 있다."[5]고 한다.

1990년대에 등장한 또다른 '항공력'의 정의는 규모는 작지만 영향력 있는 항공력연구센터에서 나온 것인데, 앞서의 정의와 비슷하기는 해도 약간 더 범위가 넓고 또 이 주제에 대한 사고 변화를 보다 잘 반영하고 있다.

"항공력(한 국가의 비행능력과 그에 연관된 능력의 총체)은 전쟁을 3차원에까지 확대했다. 그러나 공중은 탄환이나 기타 발사체가 통과하는 매개체일 뿐 아니라, 기동, 은폐, 기습의 매개수단이기도 하다. 따라서 메이슨-아미티지 정의(Mason-Armitage definition)[6]를 보다 확대하여, 항공력이란 군사력을 3차원에까지(우주공간까지 포함하는) 확대한 것으로, 지표면 위의 공간에서 작동하는 플랫폼 자체 또는 그 발사체에 의해 전개되는 것이라 할 수 있다."[7]

항공력은 초기 사용될 당시부터 지상의 매개 수단의 영향을 받아 왔다. 이 다종 다양한, 체계적으로 연관된 보조 요소들은 지상에 남아서 실제의 '활용자'들이 그 상공에서 멀리 떨어진 곳까지 가서 작전할 수 있도록 한다. 또 항공력은 계속적으로 지대공방어(SAD)의 위협하에 있다. 인공위성이 등장하면서, 대기를 매개해야 하는 항공력은 그들 상공의 매개 수단인 우주공간으로부터도 끊임없이 영향을 받게 되었다. 한편 지대지 탄도미사일은 대기권과 우주공간을 모두 통과하며, 최종 유도탄두를 장착함으로써 잡종이 되었다. 항공력의 두 번째 세기에는 항공력이 방공시스템의 활동에 좀더 많은 제약을 받을 가능성이 있다. 그렇지만 현재의 연구는 항공력과 그것의 지표면과의 관계에 집중하여 우주·탄도 미사일의 연구는 최소화되는 방향인 듯하다. 반면, 그것은 1922년 새먼드 소장이 내린 분류법을 채용하지는 않을 것이다. 항공력은 공군의 전문 영역이지만, 여러 경우에 다른 병과에 의해 전문적, 그리고 성공적으로 사용되어 왔다. 하지만 태동기인 1922년에 그 같은 정서에 동의했을 법한 지지자들을 많이 찾아내기란 어려웠을 것이다.

항공력의 탄생

항공력의 초기 연구는 가끔 오도되어 왔다. 몇 가지 예외(아마도 그중 가장 유명한 것은 로빈 하이검의 『항공력 약사(Concise History)』[8]가 될 것인데)를 제외하면, 항공력의 실험과 발전과정에 대한 연구는 혁신과 기술, 그리고 그와 관련된 논쟁에 각각 집중되어 있으며, 그 세 가지에 강력한 영향을 미친 그 당시의 환경에 대해서는 특별히 주의하지 않고 있다. 결국 초기 환경은 처음 생각했던 것보다 지금, 항공력의 첫 한 세기가 끝나가는 시기의 환경과 상당히 유사점이 많은 것이다. 제 1차 세계대전 후반이 될 때까지, 항공력은 부차적인 문제였다. 그것은 소수 열성파들의 관심사요, 방위 예산에 있어서 대단치 않은 항목이었으며, 가끔 극적인 예외가 있었기는 했어도, 보통은 세계 언론의 주목을 끌지 못했다.

항공력이 탄생하여 첫 백년을 살아가기 시작한 해는 대략 잡아서 1893년이다. 그 기점은 한 프랑스 회사에서 비행선용 기구를 개발한 1803년일 수도 있고, 앨버트 로비다(Albert Robida)가 그의 저서 『20세기의 전쟁(War in the Twentieth Century)』에서 돌연한 공중공격을 기술한 1883년일 수도 있으며, 키티 호크(Kitty Hawk)에서 라이트형제가 비행에 성공한 1903년일 수도 있다. 1893년에는 영국 육군의 풀러튼(J. D. Fullerton)소령이 시카고의 육군 공병들 모임을 기술하면서 비행술 개발을 시사했는데, 그는 이 글에서 "비행술이란 …… 화약의 발견만큼이나 대단한 전쟁술의 혁명이다.", "장차 전들은 공중전투로 치러질 것이다.", "즉 적의 수도 상공에 도달하는 것만으로 전투는 끝나게 될 것이고", "그리하여 공중을 장악하는 것이 모든 지상, 공중전의 선결과제가 될 것이다."[9]라고 예언했다.

풀러튼은 영국 공병대 장교였으며, 그는 1911년 2월에 치러진 영국 육군의 최초 비행대대 일원이 되었다. 이 비행대대는 1912년 영국 비행단(Royal Flying Corps)에 편입되었고, 1918년에 영국 비행단은 영국 해군비행대와 합쳐져 영국 공군이 되었다. 이것은 지상, 해상군에서 독립하여 항공력이 수립된 최초의 예였다. 풀러튼의 항공력 옹호와 조직화된 항공력 등장 사이에는 직접적인 연관성을 찾아볼 수 있다.

여러 나라의 부모들

하지만 풀러튼의 글이 프랑스어, 이탈리아어, 독일어, 러시아어 등으로 번역되었다는 기록은 없다. 항공력에 대한 어떤 아이디어가 나타나고, 이후 그것이 응용되었을 때 그것을 원인과 결과로 생각하는 잘못이 종종 일어난다. 1900년을 전후하여 수십 년 동안은 가솔린 내연기관이 급속히 개발되고 사용되어 여러 나라에서 많은 사람들이 그것을 비행에 응용하려 했던 시기였다. 미국 전쟁성은 1898년 새뮤얼 랭글리(Samuel P. Langley)에게 5만 달러를 주어 비행기를 제작하게 했고,[10] 프랑스 국방성은 1892년에서 1894년 사이에 발명가 클레망 알데르(Clement Alder)에게 55만 프랑을 보조하여 승객이나 폭탄을 싣고 시속 55킬로미터로 비행할 수 있는 기계를 만들게 했다.[11] 두 프로젝트 모두 당시의 기술력으로는 무리였다.

독일에서는 1900년에 제펠린(Ferdinand Von Zeppelin) 공작이 만든 최초의 동력 비행선('제펠린'이라는 이름을 보통명사화 하게 함)이 비행했는데, 다만 그 발명자가 수년 전에 예측했던 것과 다르게, 1주(週)간의 비행이 아니라 단 18분만을 허락한 비행이었다. 모스크바에서는 니콜라이 쥬코프스키(Nikolai Zhukovskii)가 1902년에 풍동(風洞)을 만들어, 러시아 공기역학 개발의 기틀을 다지게 되었다. 이탈리아에서는 1900년에 듀헤(Douhet)라는 육군대위가 군 기계화에 대한 강연과 집필을 시작했고, 곧바로 항공학으로 관심을 돌렸다. 1903년 이전에 라이트 형제는 옥타브 샤누트(Octave Chanute)의 『비행기 발달현황(Progress in Flying Machines)』과 제임스 민스(James Means)의 삼부작인 『항공연감 1895-97 (Aeronautical Annual 1895-97)』 덕분에 국제적인 항공 개발 동향에 따라갈 수 있었다.[12] 1899년에는 헤이그에서 국제회의가 열려, 유럽 국가들이 '기구나 그 외 유사한 수단으로 총탄 또는 폭탄을 투하하는 것'을 5년간 금지하자는 미국의 제안에 대해 찬성했다. 이 같은 합의가 이루어질 수 있었던 배경에는, 설령 이것이 이상주의의 발로였다고 여겨지는 면이 많다 해도, 당시 기구가 별로 심각한 피해를 줄 수 없다는 일반적인 인식이 있었기 때문이었다.[13)]

그러나 다음 헤이그 회의가 열린 1907년에는, 항공력의 잠재력은 국제적 이상주의를 보다 강력히 압박할 정도까지 성장해 있었다. 미국과 영국을 제외한 어떤 나라도 앞서 내린 유예를 연장하려고 하지 않았다. 이 같은 반목은 미국과 영국 사이에 차츰 차이가 벌어지고 있었고, 한편으로는 프랑스와 독일 또한 마찬가지임을 반영하고 있었다. 프랑스 기술자들은 항공기 엔진과 기체 부문에서 다른 나라들에 앞서 나가고 있었으며, 1905년부터 조프르(Joffre) 장군의 각별한 지원을 받고 있었다. 1908년에 앙리 팔망(Henry Farman)은 항공기의 자체 추진으로 30킬로미터를 비행, 이 발명품이 군 정찰용으로 사용될 수 있음을 입증해 보였다.

같은 해에 영국 국방부는 자체 추진력으로 이륙 가능한 항공기의 세부조건을 발표했으며, 영국의 기술자들은 비행선에 무선 연락시스템을 장착하는 실험을 개시하고, 러시아에서는 라이트 쌍엽기의 도입을 고려하였다. 라이트 형제가 여러 유럽 국가에서 자신들의 항공기 시범을 보임으로써 이 발명품을 법적 소송의 위험을 무릅쓰고서라도 상업적 목적으로 '응용'하려는 움직임이 촉진되었다. 한편 독일에서는 제펠린 L24호가 12시간 비행에서 240마일을 주파했다. 결국 지상에서 폭발하고 말았지만, 이 비행선은 항공 부문에 대한 독일의 국가적 지원을 촉진시켰고, 루덴도르프(Ludendorff)와 몰트케(Von Moltke)는 모두 비행선 프로그램에 군 예산지원을 아끼지 않도록 하였다.

웰즈(H. G. Wells)의 공상과학 소설 『공중에서의 전쟁(War in the Air)』은 하늘의 제 3차원이 군사적으로 무한히 이용될 수 있음을 아주 정확하게 지적하고 있었다.

"공중에는 가로(街路)도, 운하도, 거점도 없기 때문에, 적에 대하여 '그들이 우리 수도에 도달하려면 이곳을 돌파하지 않으면 안 된다.' 라고 할 만한 근거가 어디에도 없다."14)

그 후 90년 동안 항공력의 잠재적 무소부재(無所不在)성을 이보다 잘 표현한 말은 없었다. 이 잠재력은 이제 여러 나라의 지지자들로부터 열정을 불러일으키고 있었다. 앞서 미국과 영국에서 군사 개혁이 활발하게 논의되었지만, 제 1차 세계대전에서 막대한 인명 피해를 내며 교착상태가 되자 현대전에 대한 대단한 규모의 새로운 사고가 있었다는 사실은 쉽게 잊혀져버렸다. 당시 레핑턴(Repington)과 윌킨슨(Wilkinson)은 영국에서, 드피크(Dupicq), 포쉬(Foche), 그랑메종(Grandmaison)은 프랑스에서, 슐리펜(Schlieffen), 골츠(Von der Goltz), 루덴도르프는 독일에서, 마한(Mahan), 틸피츠(Tirpitz), 맥킨더(Mackinder)는 국제적으로 협력하며 해양력에 대해 연구하고 있었다. 그들은 집단적 노력을 통해 전쟁사 초유의 전략사상체계를 이루어냈다. 가장 이른, 그리고 가장 지속성 있는 항공력 개념인 '제공권'이 마한의 '제해권' 개념과 분명한 연관성을 갖고 있다는 것은 결코 우연이 아니다.

이와 유사하게 공중의 군사적 이용에 대한 생각들도 어느 한 나라가 독점하고 있지 않은 채, 유럽에 전쟁 가능성이 점점 높아짐에 따라 각국은 잠재 적국과 우방국들의 항공 개발과 신개념에 대해 더욱더 촉각을 곤두세우게 되었다. 1909년 초부터, 영국의 베를린 주재 무관은 독일의 비행술 개발에 대한 일련의 보고서를 런던으로 보내기 시작했으며 이것들은 영국 국방부의 연간 군사비행 조사에 포함되었다. 1910년 보고서에는 제국방위위원회(Comittee for Imperial Defense)가 독일 정부측에서 폭탄을 투하하는 비행선으로 아군측 비행선과 지상 및 수상에 대한 공격실험을 하고 있다고 경고했다. 그들에 의하면, 독일 정부는 '이들 폭탄을 전함의 굴뚝 속에 떨어트릴 만큼 충분한 정확성을 확보했다.'고 믿고 있다는 것이었다. 이 위원회는 "해군과 군사정보부가 외국의 항공 관련 실험을 관측하기 위해, 특별한 수단을 쓰며, 항공 부문에 대한 모든 가용 정보를 수집하고 분류하며, 필요하다면 이를 위해 비밀첩보부(SSB)까지 동원할 것"[15]을 권고했다.

한편, 영국의 군사 저널들은 항공문제에 대해 좀더 대중적인 시각을 제공해 주고 있었다. 여기에 세 가지의 아주 다른 반응들이 항공력의 탄생에 대해 나타났다고 분류할 수 있다. 첫 번째로는 당시 항공기와 비행선의 기술적 한계 때문에 여러 가지 이유로 해서 더 이상의 발전을 불가능할 것이라고 보는 입장이었다. 두 번째로는 보다 다수의 의견으로, 항공력을 기존의 두 가지 전쟁수행 환경 즉, 바다와 육지의 확장으로 이해하려 하였다. 세 번째 입장은 가장 소수였으나 상당한 열정의 표시자들로, 웰즈를 비롯 풀러튼 소령이나 미국의 스콰이어(Squier)소령 같은 사람들이 있었다.

이후의 사건들 때문에 항공력의 잠재력을 낮게 보았던 사람들의 입장은 난처하게 되었다. 총참모장 윌리엄 니콜슨(William Nicholson)은 1908년 7월, 언론에 다음과 같은 영국국방부 성명을 발표했다.

"대영제국의 최고 군 인사들에게는 이제까지 비행선은 성공적이지 못했다는 의견이 수용되고 있습니다. 군 고위층에서는 여러 종류의 비행선과 비행정들의 비행을 관측하는 전문가들을 기용해 왔으며, 그들이 받은 인상은 앞으로 상당 기간 그것들을 두려워할 필요가 없다는 것이었습니다 …….”[16]

당시에, 이 성명은 독일 폭격기들이 '매머드라도 태울만큼' 거대하다고 한 웰즈 같은 사람들의 시각보다 더 현실적이라고 널리 받아들여졌다.

같은 해에, 제 1 독일비행선 대대의 교관이던 노이만(Neumann) 대위는 「해군회보」에 글을 하나 기고했고, 이 글은 번역되어 「영국전군회보(RUSI)」에 실리게 되었다. 이 글은 항공력 열광자들의 성전(聖典)처럼 되었다.

"현재 공중운항에 대하여 한결같이 주어지고 있는 막대한 관심은, 이 방향으로 계속적인 군사적 발전이 있을 경우에만 득이 되는 것이다. 이것은 현재와 같이 모터비행선에 대해 때때로 일어나는 지나치게 낙관적인 기대, 환상적인 결론들, 불가능한 구상 등으로 이어져서는 안 된다. 가장 야심만만한 결론들이 때때로 모터비행선의 장래 능력과 가능성에 대하여 이루어진다. 그러나 그 개발은 이제 막 성공적인 출발을 마쳤을 뿐이다. 그것들이 육군과 해군에서 활용되고 있는 실태를 볼 때, 너무 낙관적이어서 잘못된 가정들이 만들어질 우려가 있으며, 이것은 개발과정에서 일어날 수 있는 부수적인 실패에 대한 지나친 실망으로 이어질 수가 있다."17)

항공력의 첫 번째 세기에 계속 언급된 주제 중의 하나는 항공기술이 주는 '약속'에 대한 공공연한 담론으로, 신무기와 신개발 항공기의 잠재력을 규정하는 데서 찾아볼 수 있었다. 이것은 꼭 웰즈 식의 예언이거나, 대전 중간기의 전략폭격 만능론처럼 극단적일 필요는 없었다.

얼마 정도 지나고, 1911년 영국의 버크(C. J. Burke)소령은 영국공병대 비행대대(창립 1개월되었다)의 일원으로서, 「영국전군회보(RUSI)」에 "오늘날의 항공기와 그 전쟁에서의 이용"이라는 글을 기고했다. 그의 견해는 항공력의 잠재력을 각각의 전쟁 차원에서 재빨리 이해했던 육군과 해군의 견해들을 대변하고 있었다. 첫째 그는 공중정찰과 전투의 불가분한 관계를 정확히 분석했다.

"실로 대단한, 하지만 거의 유일하다고 할 수 있는 항공기의 군사적 가치는 그것으로 얻을 수 있는 양질의 신뢰성 있는 정보에 있다는 사실은 아무리 강조해도 지나치지 않다. 앞으로 많은 시간이 지난다면 항공기를 병력, 물자, 보급품 운반용으로 쓸 수 있을지도 모른다. 하지만 지금으로서는 항공기를 육군의 눈과 귀로 쓸 수가 있고, 또한 참모장교의 이동 수단이 되면서 다른 항공기들과 공방을 벌일 수 있는 무력을 갖추는 것도 가능한 정도이다."18)

따라서, 그는 다음과 같이 주장을 이어갔다.

"항공기가 그러한 정찰 임무를 맡는다면 역시 비슷한 임무를 띠고 있는 적측 항공기들과 마주치게 될 것이다. 따라서 그에 대비해 공격력, 방어력을 갖춰야 하는데, 이는 항공기 제작 시부터 파괴무기와 방어수단 장착을 염두에 두어야 한다는 것이다. 이것은 가까운 장래에 항공기들 사이의 공중전이 벌어지리라는 것을 의미하지만, 그것은 단지 독립적인 전투행위가 될 것이다."[19]

인력, 조직, 훈련, 장비의 실제적 문제들을 고려한 다음, 버크 대위는 그의 고찰을 보다 폭넓게 해 나가는데, 아마도 그 자신이 앞서 트랜실바니아와 서아프리카 변경대의 지상근무 경험에 자극된 듯 싶다.

"항공기는 대영제국에 어떤 특별한 중요성을 갖고 있을까? 필자는 그렇다고 주장한다. 우리는 그것을 소규모로 육군밖에 없으며, 따라서 최대한 효율적으로 쓰기 위해 가능한 모든 수단을 동원해야 한다. 우리는 고참 근무병을 양성하지 않았고, 대규모의 징집도 하지 않았으며, 그 결과 더 많은 물량을 투입해야 하고, 제국을 지키는 사람들에게 더 많은 시설을 부여해 주어야만 한다. 장래에는 제공권을 확보하는 것이 지금 제해권의 확보보다 더 중요하게 될 것이라고 볼 만한 이유가 있다."[20]

버크 대위는 1940년 영국 영공에서 자신의 예언이 실현되는 것을 보기 못한 채, 죽고 말았다. 그는 전쟁이 발발하기 앞서 있었던 두 차례의 비행사고에서 살아 남았고, 프랑스에서 제2 영국항공대 비행중대를 지휘했다. 이 비행중대는 두 차례의 비행임무를 수행했으며, 그 공로로 1915년 DSO를 수상했다. 1916년 상이군인으로 영국에 소환, 일단 중앙비행학교장에 취임했다가 다시 프랑스로 돌아가서 동부 랭카셔 여단을 지휘하던 중 1917년 4월, 35세의 나이로 전사했다. 그는 가장 값진 군인상을 톡톡히 보여 주었는데, 자신의 임무를 건전한 정신으로 수행하여 혁혁한 무공을 세운 군인이 바로 그였다.

버크 대위와 동시대를 살았던 독일의 리트-톰슨(Lieth-Thomson) 소령은 그와 비슷한 내용의 글을 남겼는데, 그는 항공기가 급속히 발전해서 비행선을 능가할 것이라고 기대하였다. 그리고 기병 정찰대가 지상군 대결을 초래하듯이 공중정찰이 공중전으로 이어지리라 예언하였다.[21] 리트-톰슨은 1919년 퇴역할 때까지 독일 육군 야전비행대에 남아서 큰 영향력을 행사할 수 있었다. 한편 프랑스에서는, 프레이(Frey) 장군이 자신의 저작 『육군과 식민지 주둔군을 위한 항공력』에서 "제공권이란 과연 그것을 잃은 측이 항복하지 않을 수 없을 정도로 강력할 수 없는 것인가?"[22]라는 명제를 남겼다.

그러나 이들 항공력의 지지자들은 '전략타격' 열광자들을 포함하고 있지 않았는데, 이들 열광자들은 항공전단이 적의 육군을 공격하고 적의 정부와 깊숙한 지역을 직접 폭격하는 상황을 그려냈다. 이미 1891년에 발명가 하이램 맥심(Hiram Maxim)은 비행기의 일차적 목표가 전쟁의 동력을 제공하는 것이 되어야 한다고 주장했다. 그는 공습으로 교량, 무기고, 공장, 철로 등 적의 핵심 시설들을 공격해서 몇 시간 내로 마비 상태에 빠지도록 만드는 것을 거론했다.[23] 그로부터 거의 20년 후에, 당시 귀족의 작위를 받고 있던 하이램 맥심 경은 에셔(Esher) 경과 런던에서 비밀 회합을 갖고, 항공기를 만들어 본 일이 있느냐는 질문에 이렇게 대답했다.

"아, 그랬지요. 1894년에 한 대 만들었습니다. 그리고 지금의 항공기들은 제가 그때 수립한 원칙에 따라 제작되고 있지요." 그러자 에셔 경은 "항공기 제작 일반 현황을 알고 있단 말이오?"라고 물었는데, 맥심 경은 즉시 "그럼요, 이 지구상에서 항공기에 관한 한 제가 모르는 것은 없습니다."라고 대답했다. 하지만 어쩌면 당연하게도, 맥심 경은 항공사에서 전략 폭격의 아버지 대신 '허풍선이 늙은이' 정도로 기록되게 된다.[24] 이 사실은 그가 전략 폭격 개념을 제시했으나 아무런 실제 결과가 없었던 데 기인한다.

그럼에도 불구하고, 맥심의 상상력은 웰즈 이전에 여러 대중 작가들에 의해 공유되었다. 그런 작가들로는 줄 베르느(Jules Verne), 콜링우드(Collingwood), 모팻(Moffatt)과 키플링(Kipling), 그리고 몇몇 소년지 작가들이 포함된다. "이 같은 소설들은 진공 속에서 존재하는 것은 아니며, 대중의 생각을 반영하고, 그것을 다시 강화함으로써 공중의 장악이 중요하다는 것과 항공력의 미래 잠재력을 인식하도록 해주었다."[25]

영국의 일반 대중은 프랑스 사람 한명이 도착한 것과 독일 군중들의 '임박한 내습' 사이에 차이를 별로 깨닫지 못하는 경향이었다. 1909년 8월2일, 즉 블레리오(Bleriot)가 성공을 거둔 지 며칠 지나지 않았을 때, 영국 하원에서 아서 리(Athur Lee)는 비행술에 대한 제 1차 의원총회에서 정부를 비판하였다.

"프랑스인들이 마치 철새 떼처럼 우리 해안에 상륙하고 있다. ……본 위원은 오른쪽에 앉아 계신 존경스러운 신사분(국방장관 홀덴 R. B. Haldane)이 이들(독일) 비행선들이 가져올 심리적 효과를 부정하지 않으리라 본다. …… 한 나라의 수도나 인구 밀집지역, 군사작전기지 등에 출현할 수 있는 그들의 능력이 …… 적대행위가 시작되자마자, 말하자면 선전포고가 있기도 전에 발휘된다면, 이들 지역이 미처 방비를 갖추지도 못한 상태에서 공격을 받게 될 것이고, 여기에 폭탄과 폭발물을 마구 퍼붓는다면, 아주 심각한 사기 저하 효과를 가져올 것이다. ……특히 이것은 그들이 야간을 이용할 가능성까지 포함한다."[26]

이것은 역사적인 토론이었다. 하지만 "참석한 사람은 많지 않았다."[27] 그러나 해군 관련 문제가 대상이 되었을 때는, 해양력의 비교에 있어 어떤 것이 관련되었던지, 하원이 만원이 되고는 했다. 영국에 있어서 군비경쟁이란 곧 해군 군비경쟁을 의미하여, 독일보다 더 많은, 신형 중무장 '드레드노트'를 생산하고, 틸피츠가 이끄는 독일 해군의 성장에도 불구하고 2:1이라는 비율을 유지하는 것이 최대의 관심사였다. 그러나 애스퀴드(Asquith)의 자유당 정부는 '평화, 비용절감, 개혁' 프로그램을 모토로 정권을 잡았던 것이며, 이때 제 1의 관심사가 사회개혁과 복지정책의 자유주의적 이념에 머물러 있던 사람들이 대부분인 이 정권에서 '비행기'는 화포나 드레드노트와 마찬가지로 정당성을 얻기 위해 노력이 필요한 상황이었다. 이 같은 맥락에서 심지어 항공기에 대해 이해수준이 높았던 처칠조차도 1913년 12월에 와서야 '공군진흥법가결 억제' 문제에 대해 검토하기 시작했던 상황이었다.[28] 이것은 영국이 공중전을 준비함에 있어 한정된 자원 문제 때문에 여의치 않았던 첫 번째 사례에 불과했고, 결코 그것이 그 끝은 아니었다.

그러나 이후 '전략폭격'이란 개념(으로 알려지게 될 것에 대한 예측은)의 등장은 들뜬 대중들의 몽상이나 정치판에서 기회를 잡으려는 보수적인 하원의원들의 개인적 관심사에 구속되지는 않았다. 미국에서는, 젊은 풀로이스(Foulois)중위가 1907년 그의 학생 논문에서 공중에 대규모 비행대를 띄워 지상군보다 훨씬 앞서서 작전에 돌입케 하는 개념을 제시했고, 그리하여 그들 비행대들이 전쟁 발발시 최초의 충돌 병력이 될 것이라고 예측했다.[29] 그 후 2년 뒤, 「비행(Flight)」지는 미군 소위 조지 스콰이어(그는 뒤에 미 육군신호대의 항공부 지휘관이 되었다.)의 글을 게재했는데, 그는 이 글에서 장래의 공중전쟁(aerial war)이 적의 정부에 조기공격을 가함으로써 대혼란을 유발하고 적의 전쟁수행 능력을 떨어뜨리는 힘을 발휘하리라고 예견했다.[30]

1911년 벨기에의 한 항공학 잡지에 푸트랭(Poutrin) 중위가 글을 기고하여, 도시 중심지역에 대한 공습은 그 나라의 신진대사를 혼란케 하고 그 국민의 사기를 저하케 할 것이라고 주장했다.[31] 또 독일 해군 장교 한 사람은 1912년 킬(Kiel)군항 강연에서 비행선이야말로 다른 그 어떤 무기도 해낼 수 없는 방식으로 영국을 공격할 수 있다고 주장했다. 그에 따르면, 비행선이 영국의 목표들에 투하하는 폭탄들은 "우리에게 전혀 다른 용어를 가지고 말하지 않을 수 없게끔 할 것이다."[32]라고 하자, 당시 청중의 반응은 '열광적'이었다고 한다.

한편, 장차 그 이름이 항공력과 동일시되어질(그것이 올바르다고 보기는 어렵지만) 인물이 이제 막 태어난 군사수단에 대해 언급하고 있었다. 쥴리오 듀헤는 '공중운항의 가능성들'에 대한 그의 1910년도 논문에서, 정찰과 전술적인 측면에 강조점을 두었으나 "독립 공군을 주장하거나, 전략폭격의 역할을 강조하는 데는 훨씬 못 미쳤다."[33] 그의 논문들은 번역의 대상이 되거나, 런던 내 4개의 정규 국제군사비행 모니터 지들의 언급대상이 될 만큼 중요성을 인정받지 못했다(「RUSI」, 「비행」, 「항공기」, 「항공저널」을 말한다). 사실 제 1차 세계대전 이전에 특수 군사표적들에 대한 공습 대신에 전략 폭격을 중요시한 사람은 아주 선견지명이 뛰어난 사람이라 해도 거의 없었다.

1911년 2월, '공중전쟁에 폭약의 사용'에 대한 현실적인 평가가 「RUSI」에 올랐는데, 화학공업협회 회장 월터 리드(Walter Reid)가 내놓은 것이었다. 그 10일 뒤에는 「비행」지에서 그의 견해 몇 가지를 특집으로 다루었다.[34] 그것은 다음 전쟁에서는 항공기에서 폭약이 투하될 것이며, 이 위험에 대처할 방법이 강구되지 않는 이상, 심각한 결과가 예상된다는 것은 의심할 여지가 없다는 내용이었다. 그러나 "항공기 제작에 있어 현저한 변화가 이루어지지 않는 한…… 그것이 국지적 피해 보다 더 큰 피해를 유발할 수 있을 정도로 더 큰 폭약을 운반할 수는 없다"고 했다. 그는 50만 평방피트의 면적에 2~300파운드의 폭약을 나를 수 있는 비행선이라야 충분한 목적을 달성할 수 있다고 보았다. 그것도 표적의 중심에 가깝게 투하된다는 전제 속에서 말이다. "그는 비행선들이 도시를 파괴하고 문명 사회의 구도를 뒤흔들 수 있다는 주장을 몽상이라고 일축했다. 그는 결국 이러한 생각이 대중에게 버림받을 날이 올 것으로 생각했다."

그해 말에 항공력은 이론에서 실제가 되었으며, 일정한 관행이 성립되었다. 항공기가 가져올 파장은 1911~ 12년 트리폴리의 경험 차원에서만이 아니라, 그것이 미래에 가질 의미 차원에서도 분석되었다. 이 두 가지는 언제나 구분해 볼 수 있는 것은 아니었다. 그럼에도 불구하고, 이탈리아 - 투르크 전쟁에서는 이후 80년간 다양한 형태로 나타나게 될 관행들이 이미 드러나 있었다. 예를 들면, 직접 현장을 보고 제출한 보고 내용은 넘치는데 공식 코뮤니케는 언제나 짤막하다는 것 등이 있었다. 1911년 11월 11일, 「비행」지에는 스스로 중요하다고 생각했던 내용이 다음과 같이 실렸다.

"실전에 항공기를 사용한 것으로는 최초의 공식 코뮤니케가 교전 당사자 중 한쪽으로부터 마침내 나왔다. 이것은 이탈리아측이 11월 5일자로 트리폴리에서 발표한 것이다."

역사 기록에 보면, 그 내용은 다음과 같이 정리된다.

"어제, 모이조(Moizo), 피아자(Piazza), 데라다(De Rada) 대위가 항공정찰 임무를 수행했다. 데라다 대위는 신형 팔망(Farman) 군용 복엽기를 성공적으로 몰았다. 적의 포대 위치를 파악하고 난 모이조는 아인 자라(Ain Zara) 상공을 비행하며 아랍 군 진영에 두 발의 폭탄을 투하했다. 그는 그가 지난번 관측했을 때보다 적들이 줄어들어 있는 것을 알았다. 피아자는 적에게 두 발의 폭탄을 투하해 실효를 거두었다. 이 정찰의 목표는 아랍 군과 투르크 군의 사령부를 알아내려는 것이었으며, 그것은 소크-엘 쟈마(Sok-el Djama)에 있는 것으로 밝혀졌다.[35]

트리폴리와 키레나이카에서 벌어진 투르크 군과 이탈리아 군의 전쟁은 1911년에서 1916년까지 계속되었는데, 그것이 항공기 발전에 도움을 주었던 기간은 1911년 10월 21일에서 1012년 8월 25일까지였다. 트리폴리는 10월 5일에 이탈리아 군에 의해 점령되었고, 10월 21일에는 9대의 항공기, 5인의 '일류' 파일럿, 6인의 예비 파일럿, 그리고 하사관 한 명과 29명의 지상군 병사가 투입되었다. 투르크 군의 위치, 이동방향, 수를 파악하기 위한 정찰비행이 10월 23일부터 시작되고, 10월 25일에는 항공기 한 대가 지상사격으로 격추되었다. 10월 28일에는 파일럿 한 사람이 아군 화포사격이 부정확함을 발견하고 오차를 수정해 주었다. 11월 1일에는 한 항공기가 대공포탄 파편에 맞았다. 파일럿은 이에 마치 대공포 사수들에게 축하를 보내듯이 저공비행을 하여 그의 '축하 카드'들을 떨구었다. 하지만 이런 모습들이 이 전쟁에서 계속 보여지지는 못했다. 12월과 1월에 악천후로 인해 비행이 중단되었으며, 날씨 문제와 비행 규모 확대에 따르는 문제, 그리고 이따금씩 경미한 사고들이 복합적으로 파일럿과 항공기의 부담 요인이 되고 있었다. 2월 23일에는 항공기에 카메라를 싣고, 한 번 비행 때마다 한 장씩 항공사진을 촬영했다. 5월 2일에는 야간에 정찰비행을 했고, 파일럿은 헬멧에 전기토치를 붙여서 계기판과 버튼들을 볼 수 있게 하였다. 이 기간 중, 선전 삐라들이 살포되어, 민간인과 적군을 모두 선동 표적으로 하였다. 마침내 이것은 명실상부한 공중전(空中戰)의 시작이었다. 단지 공중에서 맞서는 적이 없었을 뿐이었다." 36)

최근 나온 두 편의 보고서들은 이 사건의 역사적 결과를 다채롭게 제시해 주고 있다. 「비행」지는 "몇 가지 흥미로운 세부사항들을 퀸토 포졸리(Quinto Poggioli)로부터 받았는데, 그는 영국에서 영국비행클럽의 규칙을 준수하여 파일럿 자격을 부여받았고, 따라서 믿을 만한 통신원으로 볼 수 있었다. 10월 25일, 피아자 대위는 그의 '블레리오(Bleriot)'를 타고, 모이조 대위는 그의 '뉴포트(Nieuport)'를 타고, 총 6천 명 정도의 투르크-아랍 군이 3렬을 지어 행군하는 것을 목격했다. 이탈리아 군은, 이 정보를 받고, 거리를 성공적으로 산출해 내어 방비를 갖출 수 있었다. 그 다음날, 10월 26일, 시아라-시아트(Sciara-Sciat) 전투가 치러졌고, 투르크 군 3천 명이 전사했다. 이 전투 중 '에트리히(Etrich)'를 탄 가보티(Gavotti) 중위와 피아자 대위가 화력선 상공에서 선회하면서 화포사격의 오차를 수정해 줄 수 있었다. 이 항공기들은 여러 차례 적의 총격을 받았으나 무사했다. 그들이 겪었던 유일한 어려움은 포탄이 날아다니며 생기는 난기류였다. 그 이전, 10월 22일에, 모이저 대위는 한 오아시스를 정찰하고, 적의 움직임을 더 잘 살피기 위해 200미터 상공까지 하강했다가 날개에 6~7개의 총구멍이 나고 소골(小骨)까지 부러졌던 일이 있었다. 또한 11월 1일, 가보티 중위는 4발의 폭탄을 가죽가방에 넣어서 싣고 적진 상공을 비행, 기폭 장치는 그의 주머니에 들어 있었다. 투르크 군 상공에 이르러, 그는 폭탄 하나를 무릎에 올려놓고, 투하할 준비를 갖춘 후 투하했으며, 폭탄이 떨어져 참화를 유발하는 것을 내려다볼 수 있었다. 그는 다시 적진 상공으로 와서 선회를 계속하다가 남은 3발의 폭탄을 투하했다. 그때 그의 비행 총거리는 약 100킬로미터였다."[37]

이후에 보면, 사후 평가가 종종 그러하듯이, 가장 용감했던 파일럿들의 전투 피해보고가 서로 어긋나고 있다. 또다른 통신원은 카네바(Caneva) 장군의 지상군에 부속된 항공기들이 일정한 활약을 하기는 했어도, 폭격 능력은 그리 신통치 않았으며, 전쟁의 실제적인 면과 그 당시를 전후하여 항공기에 관해 알려진 정도와 비교해 볼 때, 어떤 특별한 교훈이 될 만한 것은 없었다고 관측했다. 반면, 항공기는 정보수집 수단으로 대단한 명성을 얻었으며, 많은 경우 이탈리아군의 성공에 결정적인 역할을 했다고 한다.[38]

1914년 이전에는 항공력이 단일개념으로 정립되어 있지 않았다. 어떤 개인과 어느 나라도 항공력에 대한 비전을 독점하지 못했으며, 그만큼 근시안적인 시각도 골고루 분포되어 있었다. 몇몇 국가에서는 당시의 추진 비행의 한계점들을 넘어서 생각할 수 있는 상상력이 부족한 육·해군과 민간인 인사들이 있었고, 그들은 대체로 항공 부문에 종사하지 않는 사람들이었다. 그런데 반해 일부 전문인의 상식을 초월할 정도의 상상력과 열정을 가진 젊은 육·해군인들로 구성된 일부 소수파가 있었다. 그들은 항공력을 통해 전쟁형태 자체의 변화를 예견했다. 그리고 대다수의 지적이고 책임감 있는 육·해군인들과 정치인들은 항공력의 발전에서 어떤 연속성을 찾았으며, 그 연속성을 각자의 관심 분야에서 최선의 방향으로 유도하려고 했다. 그러한 노력의 일환으로 그들은 파일럿을 모집하고 또 내연엔진을 유지하고 정비할 지상 근무원을 모집하는(그들 쪽이 더 구하기 어려웠다.) 일을 맡았다. 전쟁의 그림자가 길어짐에 따라 얼마나 많은 자원이 더 투입되는지와 상관없이, 항공력은 불확실하고, 내구력이 약하며, 사용범위가 제한되어 있기에, 게다가 부수적 용도의 무기체계에 자원할당이 우선적으로 되기란 힘든 일이었다.

유럽 열강들이 전쟁에 대비하면서, 어느 나라도 아직 걸음마 단계인 항공력에 많은 자원을 투입하려 하지 않았다. 전함, 화포, 운송용 차량, 기관포, 그리고 특히 잠수함의 수요가 이미 군 내부에서, 방위예산을 둘러싸고 병과 간에 치열한 자원확보 경쟁을 벌이고 있었다. 더욱이, 유럽의 3대 민주국가들은 집권당 내에서조차도 방위예산 증액에 대한 반발에 부딪쳤고, 반대파의 저항은 두말하면 잔소리였다. 영국에서도, 해군과 육군이 각기 판이한 전쟁수행 비전을 갖고 있었기 때문에 전략환경이 한결 복잡하였다. 사실, 이 새로운 전쟁수행 방식을 둘러싼 향후의 의견 불일치는 대체로 공군 독립에 관한 논의보다는 육군이 항공력을 지배하고 있다고 보던 해군측의 생각에 근거한 것이었다.

단일화의 실패

다음 단계의 항공력 발전은 몇몇 나라에서 기존 병과의 구성원과 신참자 사이의 관계에 의해 크게 영향을 받았는데, 이 관계는 영국에서는 항공력의 성질 그 자체와 불가분의 것이었고, 미국에서는 그 패턴이 반복되었다. 따져 보면, 이 관계를 특징짓는 갈등과 불화는 항공력 역사의 첫 백년 동안 몇몇 나라에서 공연한 힘을 소모하고 발전을 지연시켰다고 할 수 있다. 따라서 1918년 영국이 독립적 공군을 수립하게 된 것은 전쟁 중의 특수한 사정 덕분이었다.

「항공기」지의 유명한 편집자 그레이(C. G. Grey)는 정부의 군사비행 정책을 끊임없이 비판했으며, 영국의 항공산업 발전을 적극 지지했다. 그가 육·해군을 넘어서 제 3의 군을 만드는 데 지지를 표하게 된 것은, 1911년 4월 영국공병대 항공대대의 세부사항에 대한 국방부의 무능과 비유연성을 목격한 때문이었다. 그는 후에 다음과 같이 관측하고 있다.

“사실, 항공대대를 육군성이나 해군성에서 독립된 기관으로 만들어 주는 것보다 영국공병대 소속으로 남아있게 하려는 신중한 시도가 있었던 듯하다."[39]

분명, 당시 정부는 육군비행사가 되려는 장교의 비행학교 교습비를 스스로 부담하도록 결정했는데, 이 일은 영국 정부가 군사비행을 특히 중요하게 생각하지 않고 있었음을 보여 주는 것이다. 물론 이후 75파운드의 보조금이 나오게 되었으나, 그것은 다른 나라 정부들의 태도와 비교해 특이한 것이었다.[40] 헨든(Hendon)에 있던 영국비행학교는 "모든 비용, 3자 보험과 손해보험 일체를 포함하여 75파운드의 교습비를 요구하고 있었는데, '만일 교습생이 사고 없이 모든 과정을 이수하여 면허를 취득할 경우 10파운드를 돌려주기로 했었다."[41]

항공대대를 영국공병대 산하에 둘 때 실제적인 문제점은 항공대 대원 전원이 공병대의 연례 소총사격 및 훈련에 1개월간 참가해야 하며, 따라서 1912년 3월 한달 동안 한 번도 비행을 할 수가 없었다는 것이다. 그것은 이론가들이 지상과 공중 사이의 연속성에 강조를 두었던 것과는 다른 의미였다. 하지만 재정 사정상, 비행에 높은 우선 순위가 부여되지는 못했고, 「항공기」지는 계속해서 항공대대와 관련해서 '무지한 일', '잘못된 조치', '대실패' 등을 거론하며 혹평을 가했는데, 다른 잡지에 실린 내용도 필요할 때는 기꺼이 인용했다.

「팰 멜 가제트(Pall Mall Guzette)」지에 실린 기사에 따르면 비행장교들이 크로스 컨트리 비행로를 세일즈베리와 알더쇼트 사이의 짧은 구간으로만 잡도록 지시했다고 한다. 이 비행로는 그들에게 너무나 익숙한 것이라, 별도의 소개가 필요 없을 정도이다. 이러한 어처구니없는 지시가 내려진 이유는 일단 휘발유 같은 사소한 경비라도 최대한 아끼려 했던 것이고, 사고 시에 수송 열차에 피해라도 가지 않을까 염려했던 데 있었다. 간단히 말해서, 도무지 비행 자체가 탐탁치 않게 여겨졌던 것이다.

"필자는 1주일간 정보수집을 계속한 결과 아직도 작년 지출 경비가 해결되지 않고 있으며 따라서 현재 항공대대가 지출할 비용의 염출방법이 적혀 수립되어 있지 않음을 알아내었다. 14명의 장교와 계획서 상에만 존재하는 시설 대신 7-8명의 인원이 있을 뿐이고, 그중 여섯 명만이 파일럿이었다. 긴급상황에 대비된 물자가 전무한 것은 말할 필요도 없다. 그들은 영국항공 대대가 찬밥 취급을 당하고 있다는 굴욕감 속에서 근무하고 있으며, 그들이 프랑스와 독일의 군사비행계의 동정의 대상이 되고 있음을 인식하고 있다."[42]

한편 불만에 찬 항공인들과 이에 동정적인 민간의 특정 계통 사람들 사이의 긴밀한 관계를 생각하더라도, 이같이 항공대를 무시하는 모습은 영국의 언론과 의회에 뿌리박혀 있던 몇 가지의 생각을 반영하고 있었다. 1911년 초 항공대대를 설립하면서 제시되었던 기대는 간단히 좌절된 상태였다. 해군에서도 사정이 좋은 것은 아니었다. 1912년 초 실시된 항공계에 동정적이고 현실적이던 대규모 조사중 하나는 해군이 항공대원 수를 줄이고, 유능한 해군을 이 '검증되지 않은 부문'에 종사케 하는 것을 꺼리며, 항공기가 해상에서 작전할 수 있도록 시설을 마련하지 않고 있었음을 보여 주고 있었다.

"이 조사는 기상조건 문제, 해상 피해복구의 어려움, 그리고 항공기 저장의 어려움 등도 대상으로 하여, 활주로를 갖춘 특수설계 선박이 가장 좋은 대안이라는 결론을 내리고 있다. 지상에서와 같이, 해상에서도 항공기의 일차적 역할은 정찰이었으나, 연안도시 폭격과 연안 방어진의 취약부 파악 같은 것도 평가될 만 했다. 그러나 충분한 항공기 대수와 비행대가 갖추어질 때까지는 아무런 조치도 취해지지 않았다."[43]

이 비관적인 분석들이 나온 지 몇주 안 되어, 1912년 3월 3일 의회에서 영국항공대의 창설이 선포되고, 5월 13일에는 공식화됨으로써 중요한 진전이 이루어졌다. 이 비행대는 육군비행단, 해양비행단, 중앙비행학교, 예비대 및 판버러(Farnborough)의 영국 항공기 제작공장을 모두 포괄하는 것이었다.[44] 이 구도는 육군, 해군, 민간인 인사들로 구성된 제국방위위원회의 하부 소위원회가 고안한 것이었다. 육군성 장관 보좌관 실리(Seely) 대령에 따르면, 여기에는 비행대를 하나로 통합한다는 혁명적인 의도가 게재되어 있었다.

"육, 해군과 민간인을 모두 아우르는 비행대가 필요하다. 이 비행대는 전시에 세계 어디에서든 조국을 위해 봉사해야 한다. …… 이 비행대는 1개 군단 규모가 되며, 가능한 한 모든 소속 장교들의 급여와 대우는 통일되어야 하는데, 그들은 동일한 위험을 무릅쓰며, 동일한 위업을 이룰 기회를 가지기 때문이다. 순수한 육전에서나 순수한 해전에서 전체 비행대가 모두 활용될 수 있을 것이다. ……"[45)]

이 새로운 조직을 조정하기 위하여 제국방위위원회의 소위원회로 '항공위원회'가 수립되어야 했다.

이렇게 하여 자원, 인력, 그리고 항공 이론이 하나로 집약될 기회가 마련되었으나, 그것은 기묘한 구성물로 모습을 드러냈다. 돌이켜보면 그 단일화가 실패한 것이 놀랄 일이 아니라, 어쨌든 그 같은 조건에서 단일화가 진행된 일이 놀랄만한 일이었다. 당시의 상황은 통일된 국방부가 없었고, 제국방위위원회가 성립되었음에도, 통일된 전략이 존재하지 않았었다. 유럽 전에 대비해 육군은 원정군을 대륙에 파병할 준비를 하고 있었으나, 해군은 독일의 북해 연안에 별도의 상륙작전을 실시하는 한편, 종래의 먼바다 해전을 전개하려 하고 있었다. 해군은 이미 영국항공 클럽에서 이스트처치(Eastchurch)의 비행장을 인수했으며, 자체 비행훈련 프로그램을 추진하고 있었다. 「항공기」지의 항공 열성파들조차도 해군과 항공인을 결합하여 항공해군(aeronautical marine)을 창설한다는 데는 고개를 갸우뚱했는데, 두 부문은 전혀 다른 작전환경을 가지고 있었기 때문이었다. 또 다른 이유는 항공대를 바다와 공중 어느 한쪽에 전적으로 배치한다면 사병들과 전문가들이 한결같이 불만을 터뜨릴 것으로 보였던 것이다.

아마도 다른 고려도 있었을 법했는데, 실리 대령은 자신이 맡은 위원회의 기획안들을 의회에 제출했지만, 그 기획안들이 사실 3명의 육군 항공전문가들인 데이비드 헨더슨(David Henderson) 준위, 사이크스(F. H. Sykes) 대위, 맥아인스(D.S. MacInnes) 소위에 의해 마련되었다는 사실은 알리지 않았다. 비행대의 사령부는 육군 영역의 한복판인 세일즈베리에 자리잡게 되어 있었고, 항공기 공장은 육군 항공기공장을 키운에 것이 될 처지였다. 본래 비행 대대원들의 수는 얼마 안 되는 해군 출신 장교들과 이스트처치 근무자들의 수를 압도하고 있었다.

이 신생 비행대의 군 구조도 긴밀한 합동을 이끌어 내기에는 무리였다. 중앙비행학교장은 내부의 고위급 장교가 되더라도, 육군비행단과 해양비행단의 사령관들과는 지휘 협조를 하지 않게 되어 있었다. 육군비행단이 헨더슨 준위의 휘하에서 육군 군사훈련부로 흡수되어 버리는 한편, 해군에서는 독자적인 항공과가 창설되었다. 항공위원회는 긴밀한 협조와 조정을 독려하려는 아무런 조치도 취하지 않았으며, 좀더 심각했던 일은 장기적으로 보았을 때 어느 비행단도 영국의 방공임무를 담당한다고 표명하지 않고 있었던 점이다. 이론적으로는, 전체 비행대가 이 임무를 담당해야 했다. 하지만 누가 그 임무 수행을 지휘할 것인가?

1912년부터 제 1차 세계대전 발발까지, 두 가지 문제가 두 비행대를 더욱 소원해지도록 만들었다. 육군은 비행대 소속 항공기의 대부분을 영국 항공기 공장에서 제작하고 싶어했던 반면, 해군은 민간 생산에 의존하려고 했다.[46] 육군은 정찰기에 주된 관심이 있었고, 해군은 정찰기만이 아니라 뇌격기(어뢰공격기)와 함대호위기에 관심이 있었다. 이러한 입장 차이는 전략적 이원성을 가져왔으며, 해군은 해군 기지방어와 영국 본토 내 방위자산 수호 등을 두루 포함하는 좀더 다양한 작전을 염두에 두고 있었다.

전통적으로, 영국의 외곽방어는 영국 해군의 몫이었다. 이 '목(木)의 장벽'이 무너진다면, 육군이 침략자들을 격퇴하러 나서게 되어 있었다. 1913년 12월이 되어서야, 육군비행단장 사이크스 중령은 자체 임무를 분명히 했다.

"궁극적으로……본토방위를 위해 항공력을 마련하며, 국내외의 요새와 주요 항만들을 방어한다. 그러나 현 시점에서 그 기능은 원정군의 필요에 따라 항공력을 제공하는 것에 그치며, 그 같은 상태가 계속되는 한, 그 전시·평시 조직 설계 또한 그러한 기능에 맞추어 편성되어야 한다."[47]

바꾸어 말하면, 육군비행단은 지난 2년간 주장했던 것과는 달리, 영국 본토방어를 내버려둔 채 프랑스로 원정가야만 한다는 것이었다.[48]

당연하게도, 해군장관 윈스턴 처칠은 점차 독일 비행선이 영국 본토의 해군시설들을 위협하고 있는데 육군성에서는 그에 대한 대비가 전혀 없는 점에 주목하게 되었다. 1913년 10월에 그는 "본토방어용 전투항공기를 포함하여, 해양비행단이 적기가 우리 본토의 취약지구들을 공격해 올 때 격퇴하고, 연안 일대에 순찰 임무를 수행하도록 한다."[49]는 임무 규정을 마련했다. 1914년 3월, 하원에 해군예산안을 보고하며, 그는 해양비행단과 육군비행단을 언급하면서 영국 본토방위 문제를 거론했다. 그는 해양비행단의 기능을 적지와 본토 사이 또는 적함대와 아군 함대 사이의 정찰 임무와 함께 적의 침공함대를 공격하고 본토 내 '해양력의 긴요한 지점들'을 방위하기 위해 대공포, 서치라이트, 항공기를 동원하는 것으로 하였다. 불행하게도, 전략가 처칠은 정치가 처칠과 불가분의 존재였고 그는 말했다.

"우리 영공은 우리가 확실히 장악하고 있어야 합니다. …… 괄목할 만한 발전을 이룬 육군비행단의 경우, 이미 효과적인 위력을 보유하고 있으며, 향후 우리의 연안에 접근하는 적기, 비행선의 경우 수많은 아군기들의 압도적이고도 즉각적인 대응에 직면하게 될 것입니다. 이것은 취약점에 대해 육군이 확실히 방어를 제공하고 있음을 보여줍니다."[50]

이어 벌어진 독일 비행선 고타(Gotha)의 공습 때 사망자가 하나도 나오지 않았듯이 그처럼 영국국방 담당자가 많은 국민의 생명을 운에 맡겨 버리고도 문제가 없었던 경우는 나중에 또 반복되었다. 심지어 육군비행단에 대한 제스처조차도 이제 사실상 독립되어 두 개의 공군인 두 비행단 사이의 틈을 은폐하려는 것이었다.

비행대의 융합을 강력히 지지하려던 처칠의 원래 의도는 항공대 유지비, 업에이븐(Upavon)에서의 비행훈련 비용, 판버러에서의 항공기 조달 지연 또는 미비, 그리고 두 개 비행단 사이의 경쟁 등을 높고 벌어졌던 논쟁으로 인해 점차 수그러들게 되었다. 1914년 6월, 해군성은 일방적으로 영국항공대에서 발을 빼고, 해군비행단이 영국 해군 소속으로써 '영국항공대(Royal Air Service)'가 된다는 결정을 발표하였다. 해군성의 결정은 실제상황을 형식적으로 추인한 것에 지나지 않았다. 7월에 처칠은 육군과 해군 사이의 불화가 항공력의 문제를 넘어서 심화되고 있다고 수상에게 불평했다.

"해양항공단과 육군항공단 사이의 기술 정보교환이 전면적으로, 자유롭게 이루어질 필요가 있습니다. 본인은 이미 우리 전력에 대한 모든 정보를 육군성으로 보내게 했고, 그래서 우리에겐 어떤 비밀도 남아 있지 않습니다. 정부 내 부처끼리 서로 외국 대하듯 하는 일은 우스꽝스럽다고밖에 할 수 없습니다. 해군과 육군이 각기 완전히 독립적으로 항공기 유형과 설계 방식을 정하고, 그들의 지식을 하나로 모으고 서로 정식 교류회로를 갖고 있지 않음으로 해서 분명 낭비와 오류가 빚어지고 있습니다 ……."[51)]

당시의 상황에서 볼 때 이 글은 유별나다고 할 수 있었다. 수상은 일전의 내각회의에서 이 같은 움직임을 무시하기로 매듭을 지었으며, 육·해군의 관계를 개선하려고 노력하기는커녕, 그들 사이의 반목을 공식화해 주었다. 하지만 이 글은 제 1차 세계대전 개전 당시 악화일로를 걷고 있던 문제점들을 분명히 드러내 주고 있다.

최초의 공중전(空中戰)

1914년 8월에 영국 공군 동원 병력은 도합 276명의 장교와 1,797명의 기타 계급 군인들로 되어 있었다. 그중 130명의 장교와 700명의 하사관 및 사병들은 영국 해군항공대 소속이었고, 146명의 장교와 1,097명의 하사관 및 사병들은 영국항공대 소속이었다. 영국항공대는 179대의 항공기를 보유하고 있었고, 그중에서 39대의 항공기 52대의 비행정 그리고 7척의 비행선은 영국 해군항공대가 보유하고 있었다. 그러나 이들 중 불과 100대만이 사용가능했다. 장교 105명, 기타 병 755명, 항공기 63대가 영국항공대의 4개 비행대대로 편성되어 프랑스에 가 있었고, 영국 해군항공대 부대는 벨기에에 장교 20명, 기타 계급병 80명, 항공기 10대의 규모로 파병되어 있었다. 1918년 11월 11월에는 영국 공군에 27,333명의 장교와 263,837명의 기타 계급병이 있었고, 조종사 대 지상근무자(장교 포함)의 비율은 1:20을 약간 밑돌았다. 이 같은 숫자는 1918년 당시 영국군 총병력이 5백만이었고, 제 1차 세계대전 중 1백만이 전사, 2백만이 부상하여 전체적 '소모'율은 35.8퍼센트였던 점과 비교해 볼 수 있다.[52)]

1918년의 영국 공군의 규모는 프랑스와 이탈리아 공군 규모의 3배이고, 가장 나중에 공군이 태어났던 미공군의 2배에 달하는 것이었다.[53)] 1918년 영국 항공기 공장에서는 30,671대의 항공기와 1,865대의 비행정을 생산해 냈으며, 이것은 1917년의 생산량의 두 배 이상이었다. 1918년 8월 1일부터 11월 11일까지 영국 공군은 이런 저런 이유로 해서 2,692대의 항공기를 잃었으나, 그것을 대신할 항공기 2,647대를 산업체로부터 얻을 수 있었다.[54)] 따라서 제 1차 세계대전 말기에는 영국이 세계 최대의 공군과 최다 항공기를 보유한 상태였다. 이것은 불과 4년 만에 항공력이 팽창한 모습을 보여 주는 통계였다.

1918년까지는 항공력의 모든 역할이 수립되거나 시도되었다. 제 2차 세계대전 이후, 최소한 미국인들에게는 '전략' 폭격이라는 것이 소련에 대한 공습만을 의미하는 것이 되어 그 본래의 의미가 모호해졌지만, '전략'과 '전술'의 개념 분화가 뚜렷해져 갔다. 결국 항공력의 첫 백년의 시각에서 평가하자면, 제 1차 세계대전에서 항공력이 수행한 역할이 대단치 않았던 것과 같이, 제 1차 세계대전이 항공력의 발전에서 수행한 역할도 대단치

않았다.[55)]

1914년 8월, 프랑스와 영국의 정찰기가 각각 독일의 포위전 전개 상황을 조기 포착한 것이 마르느(Marne) 전투로 이어졌으며, 1918년까지 독일군의 위치에 대한 대규모 정찰활동과 포격협조 조정은 영국의 연전연승과 궁극적인 독일의 항복 유도에 큰 몫을 했다. 1918년의 주요 전투 중 하나였던 생 미옐(St. Mihiel)전투에서 미공군은 독일지상군을 공격하기 위해 하루에 200대의 폭격기와 100대의 전투기를 파견했다. 피아브(Piave)전투에서는 이탈리아 항공기들이 오스트리아-헝가리 군의 병력보충과 보급선을 차단하고 피아브 강의 양안(兩岸) 사이에 연락을 차단해 버렸다. 당시 전반적으로 수적 열세를 겪고 있던 독일 공군은 여러 차례 전력을 효과적으로 집중하여 지상군의 공세작전을 지원하고 연합군의 폭격을 요격하였다. 양 진영 모두 비행장을 공격하는 대공작전을 수행했으며, 이 공격이 있은 직후 당분간 적이 공중작전을 수행할 수 없게 할 만큼 성공적인 경우가 많았다. 1918년까지 지상 및 수상 기동은 적의 공중정찰을 피하기 위해 야간에 수행되는 경우가 늘어났으며, 기습전은 이제 불가능하지는 않다고 하더라도 아주 어려워졌다. 개전 후 수개월 동안 러시아는 0.5 톤의 폭탄에 두 정의 기관총을 싣고, 3명의 승무원을 태운 4발 폭격기 1개 대대를 300마일 반경에 보내서, 5시간을 독자적으로 버티게 했다.

바다에서, 항공력은 1918년 '상부가 평평한' 항공모함 HMS 「아르구스(Argus)」호가 취역하면서 함상발진이라는 최초의 가공할 실험에 들어가게 된다. 항공기와 비행선이 함께 잠수함 추적, 호송선단 호위, 그리고 제브루게(Zeebrugge)와 오스텐드(Ostend)의 잠수함기지 공격에 투입되었다. HMS 「아르구스」가 출현하기 전에도, 순양함 HMS 「퓨리어스(Furious)」가 함상발진에 이용되었으나, 앞부분이 짧은 갑판으로는 1918년 7월 7대의 「카멜(Camel)」기들이 독일 비행선 기지를 효과적으로 공격하고 돌아왔을 때 그들을 제대로 착륙케 할 수 없었다. 독일, 이탈리아, 영국은 모두 제한적으로

만 어뢰공격에 항공기를 사용했으나, 제 1차 세계대전 중에는 상대적으로 해전이 많지 않았고, 연합군이 누리고 있던 압도적인 수상함의 수적 우위는 해상정찰의 필요를 줄이고 있었다. 1916년의 유틀란트(Jutland)해전에서는 양측 모두에 공중정찰이 아무런 기여도 하지 못했다. 신호정보와 잠수함의 보고 같은 것들이 해상 기동상황에 대한 보다 중요한 정보원이었다. 반면, 영국의 해군항공대는 지상표적을 공격하거나 플랑드르(Flanders)의 독일군 북서측방을 공격하는 등의 활동으로 유럽전에 상당한 기여를 했다.

라이트 형제의 위업과 그 동시대 유럽에서의 여러 발전이 있은 이후, 항공기는 기본적으로 군사용으로 여겨져 왔었다. 1918년까지 그 기술은 비약적으로 성장했고, 항공기와 엔진 설계에서 향후 20년 동안 개선될 여지는 많지 않아 보였다. 3명의 '무선연락장교'가 1914년 프랑스에 영국항공대와 함께 파견되었는데, 항공기에서 지상으로의 일방 통신은 다중 무선 송수신으로 발전하고, 이어서 기초적인 지상관제와 전파방해가 등장했다. 1917년 메신(Messines) 전투에서는 양 진영이 상대방의 표적위치를 파악하려 공중에서 지상으로 무선파를 보내는 것을 교란하였다. 초창기부터 무선보고를 보완하기 위해 카메라가 쓰였고, 서부전선이 참호전으로 바뀐 뒤에는 사진정찰이 단순 포격에서 대규모의 공격·수비 작전 수행에 이르는 모든 활동에서 필수적이 되었다. 아마도 가장 비범한 공중전 사가(史家)라면 1917년에, "항공기는 이제 전쟁수행에서 필수불가결한 것이 되었다."[56] 라고 고찰했을 것이다. 페탱(Petain) 원수는 공중전력의 중차대함을 인정했는데, 그것이 없이는 어떤 전력도 무의미해진다는 것이었다.[57] 하지만 만약 누가 항공력이 당시에 없었으면 전쟁의 결과가 달라졌겠느냐는 질문을 한다면, 대답은 아마도 "아니다."였을 것이다. 돌이켜 보면, 제 2차 세계대전과 나아가 1990-91년의 걸프전에서 항공력이 미친 영향을 비교해 볼 때, 보다 적절한 평가를 내릴 수 있다. 즉, 항공력의 중요성은 1914년의 부수적인 것에서 1918년에는 영향력 있는 것으로 증가했지만, 어떤 작전구역에서도 대세를 좌우할 만큼 결정적이거나 지배적이지는 않았다.

이 결론은 이 전쟁의 세 가지 주제를 면밀히 검토하면 곧바로 얻어질 수 있다. 즉, 공중세력들을 통합하려는 이론적·정신적 기반, 공세작전의 상대적인 장점과 단점, 그리고 가장 논란의 여지가 많았고 또 이후의 사태 전개 때문에 항공력의 발전과정에 충분한 영향을 미치지는 못했던 전략폭격이 그것이다.

공군의 단일화

1914년 영국에서 영국 해군항공대가 영국 항공대로부터의 독립을 공식적으로 얻어낸 일은 육・해군 사이에 상이한 전략, 상이한 무기획득 우선 순위, 상이한 작전환경, 상이한 지휘구조가 존재한다는 사실을 알려주는 것이었다. 이 나라가 전쟁에 뛰어들면서, 비행대들, 특히 영국항공대는 그 이전에 항공기 획득을 적절치 않게 해온 대가를 톡톡히 치르게 되었다. 이것은 부분적으로 영국 항공대가 단 하나의 항공기 공급원, 영국 항공기 공장에만 의존한 결과였으며, 또한 전반적인 전쟁 준비과정에서 부적절한 예산배정이 이루어졌기 때문이기도 했다.

첫 번째의 결과는 9월 3일부로 비행대의 공식 임무가 본토방위에 관한한 해군에게 이첩된 것이었다. 처칠은 그보다 2일전 독일 비행선의 런던 공습이 있을 가능성이 극히 높다는 생각에, '가능한 한 최대의 해군항공력을' 칼레(Calais)와 덩케르크(Dunkirk)에 집결해 두라고 3회에 걸쳐 그의 항공담당 보좌관에게 지시를 내리고 있었다.

"적의 비행선 기지를 공격하고 출격 준비중인 적 비행선들 자체를 공격하려면 영국 본토 70~100마일 안쪽에, 철저하고 지속적으로 이 정도의 대비를 해야만 한다."58)

9월 3일에 그는 무엇보다 먼저 서치라이트를 구입해야 하며, 대공포 숫자를 늘리라고 지시를 내렸다. 그리고, 11월 5일에는 그날 오후 해군운영위원회를 소집해서, 다음과 같은 내용의 '행동 계획'을 수립하라고 지시했다.

"프랑스와 벨기에 해안에 내습하는 적기를 격퇴할 수 있고, 제펠린 비행선을 모두 공격하며 그 현존 기지와 건립 예정인 기지들을 공격할 수 있고 ……도버(Dover)에서 런던에 이르는 선 안쪽의 어떤 임의의 지점에 항공기와 비행선으로 요격을 실시할 수 있도록, 또 이스트처치와 캘쇼트(Calshot)에서 국지방어 출격을 할 수 있도록 ……헨든에서 1개 비행대대가 런던으로 진입하려는 적기를 공격할 수 있게 하도록 ……막강한 공군력이 마련되어야 한다. ……이때 헨든 공격비행은 야간에 감행해야 하며 이에 따라 필요한 라이트 등 장비가 마련되어야 하고 …… 비행대대는 다른 곳과 전문(電文)과 전화로 교신할 수 있도록 해야 한다."

처칠은 두 차례의 세계대전 동안 그의 참모들 귀에 못이 박히도록 되풀이했던 문장으로 그의 세 번째 지시를 끝맺었다.

"지금 내린 지시에 관해, 내일 이후에도 결과를 기다리게 하지 말 것."

그러나 그의 지시사항과 실제 전력과의 거리는 너무 멀었다. 더욱이 이 '공격적인 대공중전' 전략이 상당히 타당성이 있었지만, 그것을 달성하려면 모두 지상발진 항공기들을 사용해야 했기 때문에 영국항공대에 크게 의존할 수밖에 없었다. 더군다나, 전쟁이 진행되면서, 영국 해군항공대의 대륙 내 작전이 영국항공대의 그것과 겹쳐지게 되었다. 영국항공대는 서부전선에 중점을 두는 육군의 항공력이었고, 영국 해군항공대는 대륙의 연안과 북해에 관한 해군의 관심을 반영하고 있었다. 그러나 런던 정치가들의 주 관심사는 점차 위험해져 가는 본토방위 문제, 특히 수도방위 문제였다. 런던은 먼저 제펠린 비행선에 의해, 그리고 나중에는 항공기들에 의해 위협당하고 있었다. 1916년까지는 영국 상공에서 비행선이 격추되는 일이 없었는데, 그 까닭은 그들이 격납고를 폭격하는 일이 많았고, 한 두 대 정도가 해상에서 격추되었기 때문이다.

1915년에는 두 비행단이 서로 자신의 영역에 끼어든다고 비난했고, 또

엔진을 비롯한 보급물자를 놓고 드잡이를 했다. 이 문제를 해결해 보려는 여러 헛된 시도들 중에, 1916년 2월에 수립된 합동전쟁항공위원회(JWAC)도 있었는데, 그것은 "항공기에 필요한 물자의 생산, 보급, 분배가 정부가 설정한 공중전의 지침에 맞도록 조정하여, 가능한 생산자원을 놓고 벌어지는 충돌과 중복생산을 피하고, 공유할 수 있는 자원은 안전하고도 조화롭게 사용하도록 하고, 부처 사이에 교류가 뒤엉키는 일을 없애는 목적"을 가지고 있었다.[59]

JWAC의 이 같은 목적은 그것의 실제 성공 여부보다는, 그것이 안고 있던 문제에 대한 정의(定義)속에 더 중요성이 있었다. 예를 들면, 1915년 말까지 영국항공대는 아직 엔진 중 3분의 1을 프랑스에서 생산하고, 영국 해군항공대와 경쟁하고 있었으며, 이것은 프랑스 제작업자들에게는 고무적인 상황이었다. 8월에서 11월까지, 영국이 프랑스와 계약한 항공기, 엔진, 각 부품과 부속장치들을 모두 합쳐 거의 1천 2백만 프랑 상당에 이르렀다.[60] 전쟁 후반, 영국의 항공산업이 수요에 부응하기 시작하고, 좀더 중요하게는 군사비행에 대한 예산지원이 현저히 늘어나자 이같이 불필요한 경쟁양상은 수그러 들었다.

한편 JWAC는 집행권을 전혀 부여받지 못했고, 설사 얼마간 부여받았다고 해도, 두 비행대 사이에 있어서 우선적으로 필요한 '공중전 수행정책'은 전무한 상태였다. 그러나 공중세력을 통합군하려는 과정에 대해서 탁월한 분석가라면, 이 위원회가 적어도 양 비행대에 각자의 임무를 설정했다는 사항을 1916년 3월 3일자의 위원회 기록에서 찾아볼 수 있을 것이다.[61] 즉

"영국 해군항공대는 다음과 같은 다섯 가지 임무를 갖는다. 첫째 적의 함대, 도크, 무기고, 공장 등을 공격한다. 둘째 적의 함선, 잠수함, 항공기의 내습이나 기뢰 투하에 대비해 연안을 순찰한다. 셋째 적 연안시설을 관측하고 포격에 일조한다. 넷째 함대정찰을 맡는다. 다섯째 요청시에는 언제 어디에서나 육군을 지원한다. 이 다섯 가지 임무들은 '해군교육을 받은 요원에

의해 수행되는 것이 가장 좋다."

영국 항공대의 비망록에는 최우선 순위가 야전군 지원에 있는 것으로 나온다. 정찰, 포격관측, 공중전, 지상 표적공격 등이 모두 거기에 포함된다. 하지만 뒤에 가서는 지상작전 구역 내 모든 항공력이 해당 작전지역 육군지휘관의 휘하에 들어가야 하며, 그것은 '군사적 또는 국가 기간 표적에 대한' 장거리 공격지휘권까지 그에게 소속되는 것을 의미한다는 주장을 놓고 논쟁이 벌어졌다. 이 부문에서 해군 측이 지휘권을 쟁취하려고 했던 시도는 불필요한 경쟁과 그 군사적 효과를 떨어뜨렸다. 육군 비망록은 임무를 분할 담당하지 않으려면 유일한 대안일 수밖에 없는 "합동, 또는 독립공군이라는 대안에 대해서는 현 시점에서 실제적인 논의 대상이 될 수 없다고 여겨진다."고 결론짓고 있다.

이 비망록은 데이빗 헨더슨 소장이 지휘하는 육군비행부 쪽의 견해를 반영하고 있었다. 사이크스 중령과 함께, 헨더슨 소장은 그 후 18개월 동안 점차 '독립 공군론'이 구체화되는 과정에서 상당한 영향력을 행사하게 된다. 런던에서는 전략 폭격수행 역할을 차지하기 위한 경쟁이 벌어졌으며, 이후 설명하게 되겠지만, 이러한 개념은 영불해협을 건너가 있던 영국항공대 지도부의 강한 반발에 부딪혔다. 이것은 확실한 기록이 남아있는 것으로는 역할, 자원, 임무배분을 둘러싸고 빚어진 최초의 항공력 갈등 사례이다. 이와 같은 일은 그 후 여러 나라에서 수없이 되풀이되면서 관계된 모든 사람들에게 피해를 주게 되는데, 1994년 이 시점에 워싱턴에서는 미 공군과 미 해군 사이에 늘상 거론되는 문제인 장거리 공중공격을 둘러싸고 힘겨루기가 진행 중이었다. 이 논쟁이 1916년의 그것과 다른 주된 점은 1916년의 그것이 가용자원이 팽창하던 시기에 그 배분과 활용에 대한 이견이 심화되면서 비롯된 것이었다면, 1994년의 그것은 가용자원이 감소하자 발생했다는 것이다.

1916년에는 육군과 해군 어느 쪽도 양보하지 않았으며, JWAC는 설립 6주만에 와해되어 버렸다. 이는 5월에 항공위원회(Air Board)로 대체되었는데 이것 역시 자문기구에 지나지 않았고, 전반적인 면에서 3월에 확실히 뿌리를 내린 양측의 입장을 완화할 어떤 수단도 없이 오히려 항구화될 뿐이었다. 그러나 12월이 되자, 데이빗 로이드 조지(David Lloyd George)가 애스퀴드 대신 수상에 취임했으며, 이러한 정치적 상황 변화는 이내 항공위원회 쪽의 권한 강화에 영향을 미치게 되었다. 항공기 설 계와 보급의 통제권은 새 위원장 코드레이(Cowdray) 경을 맞아 육군과 해군의 조정권한을 얻게 된 항공위원회와 병참부 사이에 분할되었다. 분명히 항공계 안팎 모두에 개혁의 필요성이 있었다. 1916년 12월 당시 육군과 해군은 76종의 항공기 9,483대와 58종의 엔진 20,000대를 발주한 상태였다.[62] 영국 기업은 1916년에 5,716대의 항공기와 5,363대의 엔진을 생산했고, 프랑스로부터 917대의 항공기와 1,964대의 엔진을 수입하였다. 1916년 3월, 41개 기업이 영국 항공기제작협회(이후의 영국항공회사협회, SBAC)를 결성해서 공동의 이익을 결집하고, 전시 생산증대를 촉진했다. 그러나 항공산업이 이 나라의 군사항공 수요를 충족할 수 있기까지에는 아직도 먼 길이 남아 있었다.[63]

더욱이 코드레이 평의회도 여전히 육군성에 소속된 상태였고, 공항이나 무기, 그리고 기술 외적인 물자 등의 통제권은 해군이 단독으로 행사했다. 평의회의 권고는 각기 육군과 해군에 소속되어 있는 군인들로부터 나오는 것이었고, 평의회에게 병력이나 항공기를 이동케 할 권한은 없었으며, 본토 방위에 대한 권한은 전무했다. 예전의 위원회들과 커즌 평의회처럼, 고위 장성들, 정치가들, 기업인들, 그리고 언론사들 사이의 경쟁의식과 질시로 인해 협력은 종적을 감추었으며, 한 유명한 적(독일) 첩보원이 연합군을 돕는 척하고 위해를 가한 이후부터 코드레이 평의회가 있던 세실(Cecil)호텔은 '볼로(Bolo) 호텔'로 불리워지게 되었다.

한편 수많은 다른 요인들이 한데 얽혀 공중전으로 가는 길에 덫을 놓았다. 1917년 2월, 독일의 고타 G1V (Gotha G1V) 폭격기 1개 비행대대가 플랑드르에 집결하기 시작했다. 독일 제 3비행대대는 "영국민의 사기를 저하시키고, '그들의 전쟁수행 의지를 꺾음으로써' '종전(終戰)의 기반을 닦기 위한' 목적을 갖고 만들어진 것이었다. 물질적 차원에서 보면, 이 공습은 영국의 군수산업을 결단내고, 연안의 항구들과 런던 사이의 연락을 끊으며, 연안 항구의 비축 물자를 공격하고, 영·불 사이의 물자수송을 차단하려는 목표를 지닌 것이었다."[64] 항공계 인사들은 그 같은 목적을 달성하려면 660파운드의 폭약을 실은 항공기 30대가 필요하다고 계산했다. 그러나 정치적 식견과 예지를 가진 민간인이나 정치인들은 이 공격을 매우 심각하게 보았다.

앞서 제시한 대로, 영국에 대한 독일의 공습은 전쟁 전에 이미 널리 예측되고 있었다. 하지만 무려 900년간을 난공불락으로 지내오다가 이제 제펠린 비행선에 의해, 그리고 다시 고타 폭격기들에 의해 본토가 공격을 당하자 영국민의 심리적 충격은 대단했으며, 그것은 언론과 정치판에서 한껏 부풀려지고 철저히 활용되었다. 그것은 아마도 1993년 뉴욕에서의 폭탄 테러가 그때까지 국가지원시설이나 요충지, 민간인에 대한 공격은 남의 나라 일이거니 하고 믿었던 미 국민에게 준 충격과 비교될 수 있을 것이다.

1915년 6월 헐(Hull) 하원위원은 해군성 제1차관 밸푸어(Ballfour)에게 다음과 같이 써 보냈다.

"한 차례의 비행선 공습 후…… 모든 계층의 국민들이 대경실색했으며, 공습이 있고 난 다음 야간에는 극도의 공포감으로 수만의 군중들이 거리를 우왕좌왕하며 나다니고 있었고, 귀를 찢는 듯한 여자들의 비명소리가 마음을 산란하게 하였다. 우리가 단 여섯 대의 항공기만이라도 본토방위용으로 쓸 수가 없겠는가?"[65]

이처럼 충격이 컸던 이유는 아마도 개전 직후 가공할 공습이 예고되었으나, 1915년 1월 9일까지는 아무 것도 현실화되지 않았던 데서 기인한 것이었다. 그러나 1916년 말에는 방공력을 동원하여 적의 제펠린 비행선에 치명타를 가할 수가 있었고, 더욱이 숙련 조종사 손실이 심각해진 독일은 영국 공습을 6개월간 중지할 수밖에 없게 되었다.

5월 25일 항법과 포진을 포함한 실제 훈련을 2개월간 받은 후에, 고타 제 3비행대대는 영국에 최초의 공습을 가했으나, 구름이 짙게 끼어서 켄트(Kent)까지밖에 공습을 할 수가 없었다. 6월 13일에는 18대의 항공기가 런던 급습에 성공했다. 주목표였던 리버풀 스트리트(Liverpool Street)역과 영국 조폐국, 그리고 이스트 런던의 학교 하나가 크게 피해를 입었고, 162명이 사망, 432명이 부상했다. 92대의 영국 항공기가 그들을 요격했으나, 실적은 전혀 없이 두 명의 관측병이 독일군측 응사에 희생되었을 뿐이었다. 역사가들은 이 공격과, 이후(7월7일) 런던에 대한 또 한 차례의 성공적인 공습이 스머츠(Smuts)위원회 수립을 이끌어냈다고 평가한다. 따라서 최근 베를린에서 이루어진 조사 결과는 흥미롭다. 6월 25일, 제국 수상 베트만 홀베크(Bethman Hollweg)는 힌덴부르크에게 다음과 같이 써 보냈다.

"우리는 영국민의 저 맹목적인 국수주의적, 열광적 본능을 자극하지 말아야만 평화를 가져올 수 있을 것입니다. L(런던)에 대한 최근의 공습이 이 점에서 심각한 결과를 초래했다는 것은 틀림없는 사실입니다. 믿을 만한 보고에 따르면, 이제껏 평화를 이끌어내는 데 반대하지 않았던 온건한 영국 정치가들조차도 만약 이 같은 사태 이후에 정부가 독일과 협상하려는 태도를 보인다면 민중의 분노로 하루만에 전복되고 말 것이라고 밝혔을 정도로 영국민의 분노는 대단하다고 합니다. 그러한 공습이 군사적 견지에서 절대적으로 필요한가는 확신할 수 없는 바이며, 그 참담한 정치적 효과를 놓고 보면 공습은 중단되어야 한다고 생각합니다."66)

7월 7일, 고타 폭격기들이 다시 공습에 들어가고 있을 때, 힌덴부르크는 다음과 같이 답신을 보냈다.

"각하께서는 런던 공습을 마땅치 않게 여기시는 듯합니다. 저로서는 영국민의 기질이라는 것이 어떻게 달래서 위무할 수 있는, 그들을 배려하는 듯한 태도를 보임으로써 수그러들게 할 수 있는 것이 아니라고 생각합니다. 공습의 군사적 이익은 막대합니다. 이를 통하여 막대한 물량의 군수물자가 프랑스 전선에 들어오지 못하게 막을 수 있고, 여러 종류의 중요한 적 시설들을 파괴할 수 있는 것입니다."[67]

힌덴부르크는 계속해서 홀베크 수상이 그 같은 판단을 얻게 된 연유를 묻고 있으나, 그는 대답을 얻지 못했다. 홀베크 수상은 이미 사임한 뒤였다.

두 가지의 서신 내용 모두 전략폭격의 영향력에 대한 장래의 의견 불일치를 예고하고 있는 것들이었다. 제 3 비행대대의 표적으로 처음 하우프트만 브란덴부르크(Hauptman Brandenburg)에게 주어진 것들은 해군성, 육군성, 영국은행, 중앙우체국, 그리고 런던 도심지구 전반과 울위치(Woolwich) 조병창, 여러 도크 등을 포함하고 있었다. 그는 폭격 날짜, 공격 규모와 특정 표적에 대해 완전한 위임을 받고 있었으나, 제 3 비행대대는 3월과 4월에 목표를 변경해서 독일군의 서부전선 공세를 지원하게 된다. 1918년 5월, 갈수록 피해가 심해지고, 심지어 야간에도 영국의 대공포와 요격기에 시달리던 끝에, 독일의 전략폭격은 중단되었으며 그 이후부터 중폭격기들은 육군 지원만을 하게 되었다.

힌덴부르크의 주장을 뒷받침하듯, 영국 항공기들은 서부전선에서 런던 방어용으로 돌려졌으며, 그것은 독일군에게는 좋게 여겨졌지만 곧 사정이 바뀌게 되었다. 헤이그(Haig)는 여전히 서부전선에 자원을 집중하기로 마음을 굳힌 상태였으며, 트렌차드(Trenchard)의 대응은 적의 폭격기 비행장에 공세적 항공전을 강도 높게 전개하는 것으로 나왔다. 분명 런던은 공황상태였고, 이것은 런던 지역의 공장들의 생산량이 감소하는 효과를 내었다. 폭격으로 인해 노동자들은 야간 근무를 하지 못했고, 다음 날 주간 근무에서 대신 벌충해야 했다. 울위치 조병창에서의 생산량은 한 차례의 성공적인 야습으로 인해 20퍼센트까지 저하된 것으로 집계되었다.[68]

그러나 홀베크의 견해 역시도 옳았다. 런던 시민들의 공포와 혼란은 평화에의 외침을 이끌어내기보다는 방위력을 증강하고 보복에 나설 것을 정부에 요구하는 강력한 목소리를 이끌어 내었다. 6월 14일 전시 내각은 '1, 2주

동안 기간으로' 2개 전투기 대대를 프랑스로부터 소환하는 것에 합의를 보았다. 헤이그는 이 결정을 받아들이면서 이들 전투기들이 7월5일까지 프랑스에 복귀해야 한다는 조건을 달았다. 7월 2일에는 전시 내각이 연이은 회의에서 영국항공대의 규모를 현행 108개 비행대대에서 200개 비행대대로 배가하며, 영국 해군항공대의 규모도 늘리고, 항공기 생산규모 또한 이에 맞추어 늘리면서 만하임(Mannheim)에 보복 공습을 실시하기로 결론지었다.[69] 여기서 미래를 위한 교훈을 찾아본다면, 그것은 민간의 사기가 저하되기 쉽고 생산도 중단되기 쉬우나 분노와 결단력이 작전(campaign)의 결과에 미치는 영향은 그보다 훨씬 지대하다는 것이다. 이것은 교훈까지는 안 될지 몰라도 하나의 지침이었으나, 이후의 공군 지휘관들과 항공 이론가들에게 곧잘 간과되었던 것이다.

7월 7일의 고타 폭격기 공습 후 나흘이 지나, 로이드 조지는 제국 전시 내각의 남아프리카 대표 중 하나였던 스머츠에게 다음과 같은 과제를 부여했다.

"적의 공습에 맞서 본토방위 태세를 갖추고, 기존의 연구조직을 개편하며, 공중작전을 총괄 지휘하도록 준비할 것."[70]

이후 5주간 스머츠는 여러 곳에서 자문을 받았다. 헨더슨 장군은 항공계의 양분 상황을 종결짓고 "모든 공중작전을 다루는 완전히 통합된 공군을 창설하여, 항공력 관련 모든 사항을 주관하게 하자. ……"라는 주장을 강력히 제기했다. 그는 또한 1918년에야 현실화되는 '막강한 규모의 폭격기 전력'도 언급했다.[71]

코드레이는 항공기 생산이 1918년 3월까지는 3배가 되고, 6월까지는 4배가 될 것이라는 군수성의 낙관적 견해를 스머츠에게 전했다. 코드레이 자신은 독립공군 창설에 반대했는데, 필요한 것은 단지 자신의 항공위원회의 권한을 늘려서 항공정책 조정을 하도록 하는 것뿐이라고 주장했다. 따라서 그는 자신이 아직도 정책결정, 무기획득 과정을 완전히 재구축해야 하며 모든 부문을 총괄할 조직이 필요하다는 사실을 이해하지 못하고 있음을 드러내었다.

스머츠는 수상에게 두 편의 보고서를 제출했다. 첫 번째 보고서는 7월 19일 제출되었으며, 본토방위 준비 문제를 다루어, 대체로 주 구성요소가 되는 전투기, 대공포, 탐조등, 관측대 등을 일괄지휘하고 조정을 통해 강화해야 한다는, 이미 제출되어 있던 여러 보고서와 제안들을 토대로 하고 있었다. 그러나 8월 17일에 제출된 두 번째의 보고서는 군사 항공사상 단일 문건으로는 가장 중요한 것이 된다.

그것은 기존의 위원회나 평의회들의 취약점들을 지적하면서, "항공위원회의 현행 기구와 권한으로는 전쟁수행 정책의 실제 결정권자는 육군과 해군일 수밖에 없으며, 항공위원회에는 육·해군의 의도에 따라 그 요구에 부응하기 위한 보잘 것 없는 역할만이 부여되고 있다."고 관측하였다. 그의 주장으로는 현재 항공력은 마치 포병과처럼 육군과 해군에게 각각 통제되고 있으며, 그에 따라 항공위원회는 그 자체의 정책을 수립하지도, 집행하지도 못하고 있다는 것이었다. 그 다음의 내용은 이 보고서의 핵심이라고 할 수 있었다.

"그러나 항공위원회와 항공력의 종속이 더 이상 정당화될 수 없는 시기가 빠르게 도래하고 있다. 근본적으로는 항공력의 위치는 포병과와는 다른 것이다. 다음과 같이 비교해 보자. 화포는 지상·해상 작전 속에 편입되지 않고서는 독자적으로 전쟁에서 역할을 담당할 수 없다. 반면 항공력은 육군과 해군에 관계없이 독자적인 전력으로 전쟁에서 역할을 담당할 수 있다. 지금의 시점에서 예측할 수 있는 것은 그것이 장차 독자적인 전쟁수단으로서 가질 잠재력이 예측 불가능하다는 것이다. 그리고 적의 영토를 유린하고, 적의 산업지대와 인구 조밀지역을 대규모로 파괴하는 능력을 갖춘 항공작전이 전쟁의 중심이 되고, 기존의 지상·해상 작전은 2차적, 부수적인 것으로 될 날도 멀지 않았다는 것이다. …… 우리의 의견으로는 항공위원회가 지금의 형태대로 계속 존속할 하등의 이유도 없으며, 항공력이 스스로의 독립된 군으로 조정되는 지위에 오르는 것은 합당하기 그지없는 것이다. ……"

스머츠는 계속해서 공군성(Air Ministry) 창설, 최고위급의 공군참모부(Air Staff) 창설, 영국항공대와 영국 해군항공대의 통합, 육·해군 사이의 긴밀한 연락과 합의에 의한 소속 항공인들의 전임(轉任), 육·해군에 부속 항공 부대의 일부 존치와 지상전, 해상전에서 항공력 사용에 관한 한 공군이 육·해군의 지휘권에 우선할 것 등을 제안하였다. 그는 우리에게 낯설지 않은 정서를 풍기며 결론을 짓는다. 즉, 전쟁에서 이기기 위해 '공군의 우위'는 절실하며, "장기적으로 보아, 제공권 확보가 제해권이나 마찬가지로 제국 방위의 핵심 요소가 될 것이다."72)

모든 가치 있는 문서가 그렇듯이, 이 글도 선택적인 해석의 여지를 남겨 두고 있다. 영국 항공대 지휘관들은 이 글을 무시하거나 반대했다. 해군측에서는 약간 주저하면서도 이를 수용했다. 새로운 체제를 구축하려는 최초의 시도는 인물 선정 문제에 묶여 무산되고 말았는데, 여기에는 언론사들의 경쟁도 작용했다. 노드클리프(Northcliffe) 경과 러더미어(Rothermere)는 공군성 장관 자리를 놓고 다투었고, 트렌차드는 공군참모총장을 노렸으며, 사이크스가 그의 대안으로 지목되었고, 헨더슨 장군은 공군위원회의 부의장으로 지목 받았다. 결국 영국 공군은 1918년 4월 1일부로 발족했다. 4월 13일에 트렌차드는 공군성 장관 러더미어와 손발이 맞지 않아 사임하였다. 전투항공기를 넘칠 만큼 제작하겠다던 약속도 현실화되지 못했으며, 애초에 초미의 관심사였던 독일의 공습은 이미 언급한 것처럼 쇠퇴일로에 있었다. 한편 앞서 영국항공대와 영국 해군항공대 소속이었던 비행대들은 여전히 런던의 사정과 무관하게 작전에 임하고 있었다.

스머츠는 첫 번째 보고서의 내용 때문에, 두 번째 보고서에서 방공에 대해 구체적으로 언급하지 않았다. 그 결과 독립 공군에 대한 그의 제안은 '독립적인' 전략폭격에 대한 제안처럼 되어버렸다. 상황이 허용한다면 육·

해군 소속의 항공대들까지 포함하는 3개 군 사이의 긴밀한 연락에 대한 그의 실제적 제안은, '종전의' 전투 형태는 '정확하지 못하고 보조적이'되리라는 그의 한 문장이 가져온 반향에 묻혀져 버렸다. 중복성의 폐해와 '공군'의 독특한 성격을 재강조하면서, 스머츠는 제 3의 차원을 통제할 제 3의 군의 창설에 대한 영향력 있고 영구적인 타당성을 지니는 근거를 제시하였다. 그러나 불행하게도, 스머츠는 항공력 열광자들에게 하나의 성전을 제시함과 동시에 해군과 육군의 독립성에는 위협을 가하는 것이 되어, 3군 사이에 피나는 투쟁이 일어나게 되었다. 그럼으로써 공군 독립의 진정한 대가를 지불하게 하였다. 그로부터 75년이 지난 지금까지도 항공력이 육군과 해군의 보충이 된다. 어떤 상황에서도 다른 것보다 더 효과적이다. 때로는 타 군보다 지도적 위치에 서고, 때로는 단지 부수적 기능만을 한다. 그리고 때로는 독자적 정책 결정을 할 수 있다. 그러므로 임무의 중복과 자원 및 역할을 둘러싼 경쟁은 국익에 도움이 되지 않을 뿐만 아니라 항공력을 활용하는 데 있어서도 득될 것이 없다는 등의 주장은 거론될 가치가 있다.

공세 작전

방어전이 패배를 막는 것은 사실이지만, 그것은 작전의 선택권과 주도권을 적에게 넘겨주는 것이다. 국제관계에서 군사적 수단을 동원하여 그 자신의 의지를 적에게 강요하기 위해서는 필연적으로 공세작전이 요구된다. 육·해군 장교들은 적의 내지(內地)에 직접적 전략공습을 취한다는 스머츠의 비전에 동의하지 않았으나 실제로는 공세전 위주의 사고방식에 젖어 있었다. 사실 참호전의 교착상태에서 아마도 가장 큰 아이러니는 그것이 공세작전 위주로 교육받았던 장군들의 산물이라는 점일 것이다. 그들은 예외 없이 공격을 통해 승리를 확고히 하고자 노력했다. 즉 서부전선의 방어를 돌파하거나, 다다넬즈(Dardanelles)와 살로니카(Salonika)의 예를 통해 보면 그것을 측면 공격하거나, 수중이나 공중에서 새로운 기술을 사용하여 그 같은 공격을 취하려고 했었다.

트렌차드도 그 같은 계열의 군인이었다. 트렌차드나 그외 어느 나라의 어떤 장군도 공중전에 대비해서 훈련을 받거나 준비를 해본 적이 없었다. 1914년에는 모두가 참전하게 되었다. 뭔가 교육받을 만한 것이 있었다고 해도, 공중전 과정을 이수할 조종사가 아무도 없었다. 전술, 전력집중, 병참, 공항건설, 유지보수, 지휘 구조 등을 배우는 일은 전대미문의 규모와 기계화되고 복잡성을 띠는 전쟁 속에서 직접 체험하며 시행착오 끝에 이루어질 수밖에 없었다. 트렌차드와 영국 항공대는 그의 상관인 헤이그 장군이 지상전에서 했던 방식과 마찬가지로 막대한 인명 피해에도 불구하고 그칠 줄 모르고 공세를 폈다는 점에서 두루 비판받고 있다. 1914년에서 1918년까지의 상황보다 점점 더 많은 희생자가 생겨나자 일반 대중의 경각심이 높아졌기 때문에, 갈수록 '대안적' 전쟁 개념이 중시되면서 이 같은 비판의 여지도 계속 남겨졌다.

앞서 보았듯, 영국항공대는 다른 주요 국가들의 육군항공대처럼 지상군의 항공분과처럼 기능하였다. 그러나 대체로 항공력이 육군에 기여하는 것은 정찰 역할 수행이 주된 것이라는 생각이 대세였고, 직접적이고 대규모의 공세적 공중지원은 뒤에 가서야 출현했다는 점을 생각해 보면, 1918년 8월 영국 항공 부문들 간의 임무 배분 상황은 특별했다. 55퍼센트가 영국항공대의 임무였는데, 22퍼센트는 지상군 지원이나 공중전 시의 공격을 포함하는 폭격이었으며, 단지 23퍼센트만이 정찰 임무였던 것이다. 반면 독일과 프랑스는 모두 약 50퍼센트 정도를 관측으로 돌리고, 8내지 15퍼센트만을 각각 폭격에 할애하고 있었다.[73]

1916년 트렌차드는 최고사령관에게 보내는 비망록에서 자신의 입장을 개진했다.

"우리의 항공기들이 적기의 내습을 차단하는 능력을 갖추어야 한다는 의견이 가끔 보이며, 이것은 방어적 수단과 방어적 정책의 채택 요구로 이어지기도 합니다. 이제 그러한 정책이 가능한가, 바람직한가, 또 성공적일 수 있는가를 검토할 때가 되었다고 생각합니다.

판단력이 있는 사람들이라면 누구든지 조금만 생각해 보면 이 같은 정책이 적절하지 못하다는 것, 그리고 항공기라는 것은 공격적 수단이며, 방어 수단이 아니라는 것을 알게 될 것입니다. 공중이란 경계가 없는 공간이기 때문에, 항공기가 다른 항공기를 포착할 가능성이 낮고, 바람과 구름으로 인한 사고 위험도 있어서, 아무리 유능하고 재치 있는 조종사를 태우고, 막대한 숫자를 동원하더라도, 항공기가 적기의 월경(越境)을 막는다는 것은 적기가 먼저 공격해 오는 이상 불가능할 수밖에 없습니다 ……."

"적군 포로로부터 알아낸 정보에 따르면, 불필요한 희생을 피하기 위해, 적의 항공기들은 구름이 짙게 끼고 기습이 성공할 수 있는 조건이 아닌 이상 프랑스나 영국 국경을 넘지 못하도록 지시받고 있다고 합니다. 반면, 영국 항공전력은 무자비하고 중단 없는 공세주의 정책으로 이끌리고 있습니다. 우리의 항공기들은 끊임없이 적의 변경 지대를 공격하고, 적의 비행 기지를 폭격하고, 여기에 더하여 국경을 넘어서 후방 깊숙이까지 날아가 적의 요충지를 공격하고 있습니다. 이 같은 활약 덕분에 적이 공중에서 수세로 돌아서서 전력 동원을 아끼거나 분산 배치할 가능성이 있습니다. …… 따라서, 공중에서의 모든 전투에 지침이 되는, 현명한 정책은, 적에게 항공력이 미치는 심리적 효과를 극대화하되, 우리는 그 같은 효과를 적에게 보이지 않도록 하는 것입니다. 이제 그것은 적을 공격하고 또 공격함으로써만 달성이 가능합니다." 74)

1918년에 양 진영의 지휘관들은 적 항공기의 다수를 격파하는 가장 효과적인 방법은 공세적 대항공전으로 적의 비행장을 공격하는 것이라는 데 대략 의견을 같이하고 있었다. 더 나아가, 영국항공대의 소모율은 당시 상황의 맥락에서 평가되어야 했는데, 예를 들면, 1916년 7월에는 210대의 항공기가 손실되었고, 그중 97대가 적의 공격으로 파괴되었다. 111명의 승무원이

4주 동안에 전사했으며, 그해 가을 9주 동안 제 70비행대대는 본래의 승무원 35명 중 27명을 잃었고, 20명을 보충받았다. 애석하게도, 그들의 연령은 17세에서 22세 사이였다.[75] 트렌차드는 그의 육군사령부에 앉아서 7월 1일의 솜므(Somme)전투 한 번으로 57,470 명의 사상자(그 중 19,240명의 전사자)가 나오는 것을 보고받았을 것이다. 그들 중 다수는 너무 어려서 투표권조차 없었다. 트렌차드는 수천 단위가 아니라 수십 단위로 나오는 영국항공대의 사상자에는 별 동정심을 보이지 않았을 법하다.

전쟁 후반에 '비행대' 항공기들, 즉, 전선의 상공 또는 근방에서 정찰과 관측임무를 수행하는 항공기들의 손실은 현저히 줄어들었는데, 그것은 영국항공대 및 영국 공군의 전투기들이 수적으로 열세인 적들을 쥐고 흔들기 시작했기 때문이었다. 하지만 하나의 통계를 보면 꼭 그렇다고는 하기 어려웠다. 1918년 당시 영국항공대가 서부전선에서 입은 손실의 거의 50퍼센트는 전투에 의한 것이 아니었다. 여기저기서 발견되는 훈련 중 사고의 사례도 있었고, 전쟁 중 전투에 의한 손실과 그렇지 않은 손실이 거의 비등하게 나타났음이 드러난다.[76] 따라서 트렌차드에 대해서 두 가지의 비판이 제기될 수 있다.

첫째 그가 높은 소모율을 감수하기로 한 정책은 종종 훈련소의 보충 능력을 상회하였으며, 둘째 독일측 인사들과는 달리 트렌차드는 전력의 집중을 중요하게 보지 않았던 것 같은 반면에, 여러 가지 경우에 수적으로 뒤지는 독일 공군은 특정 시·공간에서 국지적 제공권을 확보하기에 충분한 전력을 집중한 예가 있었다. 묘하게도 트렌차드는 독일군의 동향과 성과에 대한 설명이 있는 전투보고서들을 자주 읽고는 했다는 것이다. 영국항공대는 공세적 항공력 개념에 내재된 역설을 발견하였는데, 전술적인 것이든 전략적인 것이든 적의 표적에 대한 공격은 적이 좀더 많은 자원을 방공에 돌리도록 만들며, 적을 수세로 돌리게 하는 정책이 성공적이면 성공적일수록 그만큼 적의 표적을 공격하는 데 들어가는 비용은 커지고, 성공 가능성은 낮아진다는 것이다.

공중전투에 대한 두 가지 고찰은 아직도 유효하다. 어느 한 쪽에서 제공권을 잡는 경우 그 진영이 기술 패권을 갖고 있을 가능성이 높다. 수적으로 열세한 상황에서 승리를 얻는 경우는 용맹성이 지나친 전투기 조종사들이 분전하는 경우에 이따금 가능하다. 그러나 그 전투기가 기술적으로 우월하다면 이러한 선택도 나쁜 것은 아니다. 적이 아군보다 우수한 무장을 갖추고 있다는 인식 또는 느낌은 아군의 사기를 떨어뜨리고, 군사력 활용의 효과를 줄인다. 그리고 사람과 항공기가 불가분이라는 점은 항공력의 영구적이고도 그리 좋지 못한 측면이다.

기술적 우위와 긴밀히 연관되는 것은 전투기 조종사의 기술력이다. 1917년 28대의 적기를 격추하고, 에른스트 우데트(Ernst Udet)와의 결전에서 상대의 기총 고장을 보고 승부를 미루었던 조지 귀니미어(George Guynemer)같은 '창공의 기사들(Knight of the Skies)'에 대한 전설은 아직도 빛을 잃지 않고 있다. 우데트는 그 후에도 연합군 항공기 52대를 더 격추하고, 종전까지 살아 남을 수 있었다. 한편 귀니미어는 1917년 10월 플랑드르 상공의 전투에서 실종되었다. 1916년 오스왈드 뵐케(Oswald Boelcke)는 공중전의 실제와 향후의 필요 사항들을 정립하였다. 그것은 "공격 전에 유리한 위치를 점하도록 하라, 가능하면 해를 등지고서 적의 후방에서 공격하라, 공격 방향으로 항공기를 몰면서 계속 적이 시야에서 사라지지 않게 하고, 근접해서만 사격하라."[77] 등이었다. 공중에서나 지상에서나 무인 정신은 승리의 특별한 조건이 된다. 그러나 그것은 결코 기습의 효과를 뛰어넘지 못한다.

목표한 작전성과에 대해 소모율과 전투효과 저하가 상호연관적으로 가져오는 것에 대한 계산이 이루어지면서 표적을 보다 명확히 정의하는 것과 전투상황을 면밀히 모니터 할 필요가 제기되었다. 영국항공대는 피해를 꼼꼼하게 기록해 두었으나, 그 이외의 통계치는 남아 있는 것이 없어 보이며, 손실의 규모가 보충 능력을 웃돌 때 활동은 저하되거나 아예 중지되었다. 현대 공군은 결코 그런 식으로 전투할 수 없다. — 적어도 오래도록은 불가능하다.

전략폭격

양차 대전 중간기와 제 2차 세계대전 중 영국 공군의 발전과정에서 가장 논란의 여지가 많았던 것은 전략폭격의 전제가 되었던 사항에 대한 것이다. 그러나 제 1차 세계대전 중에는 그것의 확실한 기초가 될 만한 것들이 거의 보이지 않을 뿐 아니라, 트렌차드를 포함하여 고위 지휘관들 중에서 그 개념을 지지하는 인사도 거의 없었던 것으로 보인다. 이 영웅의 베일을 벗겨 내려는 일부 역사가들은 트렌차드가 전쟁 후기에 전략폭격의 효과성에 대해 별 생각없이 거부반응을 보였다거나, 위선 또는 정치적 기회주의에 의해 자기 생각을 바꾸었다고 비난한다. 하지만 사실 그가 입장을 표변했다기보다는 전략폭격에 대해 늘 탐탁찮게 생각하는 견해를 가지고 있었다고 보는 것이 옳다.

영국 해군항공대는 독일 비행선 격납고에 장거리 공습을 수행했으며, 나아가서는 알자스-로렌(Alsace-Lorraine)과 라인란트(Rhineland)의 공업지대까지 공격했다. 그러나 1916-1917년의 겨울에는 악천후와 영국항공대 지원회수의 증대로 이 활동은 감소되었다. 그럼에도 불구하고, 독일측 저항이 심해짐에 따라 전투기와 개량한 전폭기를 장거리공습 호위에 동원할 계획이 마련되었다.[78] 폭격조준기, 탄도측정기와 장거리 항법장치에 대한 실험도 실시되었다. 1917년 11월까지 독일의 산업지대들은 각기 독일의 전쟁수행력에 미치는 영향과 상대적인 방공 취약성에 따라 하나하나 별도로 분류되었다. 폭탄투하 필요량이 추산되고, 집중적이고 반복적인 공습의 필요성이 확인되었다.[79] 이를 위해 당시(1918)에 군수뇌부의 약속을 믿고, 2000대의 항공기를 갖는 전략폭격대가 구상되었으며 각 폭격기는 거의 1천 파운드의 폭탄을 적재할 수 있게 설계될 계획이었다.

이러한 기대에 부응해, 그리고 1917년 가을 계속되고 있던 독일의 공습에 대한 대응으로, 전시내각은 10월 15일에 "각종 군수품을 생산하고 있는 독일의 공단도시를 공격하기 위한 장거리 폭격작전을 실시하도록 즉각적인 준비"를 지시했다.[80]

한편 이미 트렌차드는 산업지대들을 공격하라고 지시했으며, 10월 11일부로 두 개의 영국항공대 소속 그리고 하나의 영국 해군항공대 소속 폭격기로 구성되는 제 41비행단을 창설해 놓았었다. 1918년 초에는 오치(Ochey) 비행단을 확대하여 독일에 대규모 전략폭격을 실시하려는 계획이 수립되었다. 트렌차드는 그의 의사에 반하여[81] '독립 항공대'의 지휘권을 맡으라는 권고를 받았는데, 이 독립 항공대는 프랑스에 있는 헤이그, 포시와 런던에 있는 신임 공군참모총장 사이크스를 거치지 않고 신임 공군장관 윌리엄 위어(Wiiliam Weir) 경에게 보고하도록 되어 있었다.

자신의 개인적 성향을 접어두며, 트렌차드는 자신이 마음대로 할 수 있는 자원을 가지고 최선을 다할 것을 다짐했는데 그는 자신의 일기에 이렇게 적고 있다.

"나는 지난 3년 6개월 간 확고한 자세를 견지해 왔다. 첫째는 하나의 경향에 그 다음으로는 또다른 경향에 대항해 왔다. 그리고 나는 전투 속에서 공군의 발전을 이끌어 왔으며, 나 자신의 원칙에 의해 결코 어느 쪽으로든 치우치지 않아 왔다. 그러므로 나는 여건이 허락하는 한, 계속 이 길로 매진할 것이다. ……"[82]

1990년대에 들어와 한 부문에 대한 충성심이라는 것에 점점 냉소적이 되는 경향을 생각할 때, 트렌차드가 자신의 논문집과는 별도로 분류될 수 있으며 영국 공군참모대학에서 특별한 영향을 미치게 되는 독립 항공대 관련 논문을 꾸준히 작성해 왔다는 사실은 크게 주목을 받지 못할지 모른다.

1918년 5월에 오치비행단은 두 개 비행대대를 보강했고, 6월 6일에는 트렌차드가 독립 항공대로 개칭된 이 비행단의 지휘권을 잡았다. 6월 23일 트렌차드는 위어에게 보낸 비망록에서 독일공습에 대한 자신의 견해를 다음과 같이 밝혔다.

"모든 항공기를 전선에 배치해야 할 중요성이 커지는 때와, 상당 규모를 전선에서 빼내서 독일의 산업지대를 폭격해야 할 필요성이 커지는 때는 각각 언제입니까?"

그는 다음과 같이 자답(自答)하고 있다.

"연합군의 항공력이 모든 부문에서 강력해지고, 방어와 독일 항공력 격파가 모두 가능하게 되면 그 후부터 모든 잉여전력은 전선에서 작전하는 것보다 독일을 공습하는 것이 더 가치를 가지게 되는 것입니다." 이때, 그는 덧붙인다.

"이것은 독일군만이 고려대상이 되는 유일한 적이라는 가정이 전제되어야 합니다. 프랑스의 독일군과 독일 영토 내의 독일인들을 함께 공격하는 것이 가능할 것인지는 잘 알 수 없습니다. 만일 가능하다면 그것은 독일의 일부에 공격을 가하는 것보다 더 효과적인 전력의 배치가 될 것입니다."

또한 트렌차드는 수상에게 다음과 같은 사항을 염두에 둘 것을 권고했다.

"이 점은 대독전이 개시되었을 때부터 일관된 저의 생각입니다. …… 저는 가장 필요한 것은 프랑스에서 독일군 항공기와 싸우고 독일 지상군을 폭격할 항공기를 마련하는 것이라고 보았으며, 그에 따라 충분한 숫자의 항공기가 마련될 때까지 그외의 모든 것은 부차적인 것일 뿐이라고 생각했습니다만, 먼저 충분한 숫자의 항공기가 확보되고 나면 독일 상공에서 독일군을 공격하기 위한 장거리폭격기를 마련할 필요가 있다고도 보았습니다. 이것은 아직도 저의 소견이며, 어느 것도 이 소신을 바꾸지는 못했습니다. …… 제 생각으로는 이제 영국의 항공력은 충분히 강화되어, 프랑스 내의 독일군과 독일 내의 독일군을 공격하기에 모두 충분한 상태가 되었습니다. 그러나 지휘관으로서의 의견을 덧붙이면 장차 우리는 프랑스 내에서 독일 군과 싸우는 전선지원전력을 확충하는 한편 그것과 같은 규모가 되도록 독일 공습 전력도 꾸준히 확장해 나가야 할 필요가 있겠습니다."[83]

다른 말로 하면 이 시점까지 트렌차드의 입장은 일관적이었다. 그는 전략폭격을 지지했으나 단지 전선에서 독일 공군을 격파한 다음에야 그것을 고려할 수 있다고 보았고, 전선의 상황이 좋아진 후 전용할 수 있는 전력이 충분하다고 보았기 때문에 전략폭격 개념에 적극적이었다.

8월에는 독립 항공대에 4개 비행대대가 증가되었고, 9월에는 5개 전투비행대대가 호위역으로 증원되었다. 트렌차드의 목표는 "독일 내 목표를 다수 공격하여, 가능하다면 그 수비전력을 여러 지점으로 분산케 하여 2, 3일간을 밤낮으로 동일 표적에 집중 공격할 수 있도록 하는 것"이었다.[84]

하지만 곧 그의 계획에 기상조건이 악영향을 미치게 된다. 6월 13일부터 23일까지는 비, 강풍, 낙뢰 등으로 한 차례도 비행하지 못했으며, 24일부터 30일까지는 구름과 비가 오락가락해서 세 차례의 공격이 수포로 돌아갔다. 7월에는, 15일간의 주간비행과 18일간의 야간비행이 불가능했고, 또 구름과 강풍 때문에 라인강 유역을 공습하려던 계획이 포기되었다.

7월 20일에는 제 3차 전연합군항공위원회 회의가 베르사이유에서 개최되었다. 1917년 11월과 1918년 5월에 두 차례 회의를 열었던 이 위원회는 이제 대잠전, 서부전선과 지중해 지역에서의 항공기 증강, 차기 항공기의 설계, 항공력의 현황과 장차 계획, 그리고 「공습」과 「공군 대원수제를 위한 미국측 제안」을 논의대상으로 하고 있었다.[85]

프레데릭 사이크스 경은 자신의 자서전 『여러 시각에서(From Many Angles)』에서 이 회의에 대해 일체 언급하지 않았으며, 따라서 트렌차드가 영국측 대표인 그를 위해 준비해 주었던 글도 언급하지 않았다. 개최 이전에 프랑스와 이탈리아가 이 글에 대해 몇 가지 질문을 접수해 놓고 있었고, 그것들은 독립 항공대장 트렌차드에게 복사본으로 직접 송부되었다. 트렌차드는 다시 그 질문들에 대한 답변을 작성해서 위어를 통해 사이크스에게 전달되도록 했다. 그리고 그 내용은 위원회 회의록에 부록으로 첨부되었다. 이 같은 일은 1918년 당시 트렌차드가 전략폭격의 이론과 실제에 대하여 환상을 갖고 있지 않았다는 가장 분명한 증거가 될 수 있다.

프랑스 대표는 1918년 7월부터 12월까지의 기간 중 연합군 소속 국가들이 각기 어느 만큼의 '탄환'(projectiles)들을 투하했는가, 그 얼마만큼을 얼마나 멀리 운반할 수 있었는가, 산발적인 공습을 거듭하는 대신 '폭격기 비행대를 대규모로 투입한 성과를 극대화'하는 목표를 갖고 '명확한 계획'을 세우고 접근할 수는 없는가 ……등의 질문을 제기했다.

그 대답으로 트렌차드는 설명문을 덧붙인 도표 두 장을 위어에게 건네주었는데, 이 도표들에는 "이 내용은 순전히 이론적인 것이며, 어떤 경우에도 사실로부터 유래한 것일 수 없다."라고 했고, 또한 예측 불가능한 일기와 항공기의 준비문제가 있었기 때문이라는 주석을 달았다. 한편 설명문은 명확한 표현을 통해 도표의 내용을 확대하고 있다.

"이 정도의 적재량은…… 약간의 문제를 감수한다면 가능하다. 그러나 이 수치는 무의미할 수 있는데, 실제 적재량은 항공기의 성능보다 기상 조건에 좌우되는 바가 크기 때문이다. 또한 이 수치는 어떤 특정한 표적을 위한 공습에서 지침이 될 수도 없는데, 비행장의 상태, 출격 가능한 파일럿, 기계 점검 상태 등의 요인에 의해 변수가 다양해지기 때문이다."

"이 답변은 자칫 현실을 오도할 수 있으며, 항공에 대하여 조예가 전혀 없는 사람에게는 완전히 잘못된 인상을 심어줄 수 있다. ……(한편)항공을 완전히 이해하고 있는 전문가에게는 그것이 나타내는 내용이 별 가치가 없다고 여길 수 있다."

이 계획에 대해서 트렌차드는 이처럼 답변한다.

"두 가지의 계획이 있을 수 있다. 첫째 차례차례 도시를 파괴해 나가는 것 같이 서류상으로는 매우 좋아 보이는 계획이 있고, 둘째 비행 중 겪어야하는 제약요인들, 즉 기상 조건이나 거리 같은 것들을 고려하여 독일을 공습하는 실제적 가능성에 기초한 계획이 있다. 이중 첫 번째 것은 무가치한 것으로, 결코 진지한 고려의 대상이 되어본 적이 없다. 두 번째 계획은 바로 지금의 영국 항공력이 전면적이고도 성공적으로 기초하고 있는 계획인 것이다."[86]

프랑스 측에서 보자면 독립 항공대는 특별한 계획이 없어 보였으며, 사실 트렌차드는 사실을 충분히 밝히지 않고 있었다. 이보다 불과 7일 전에, 트렌차드는 작전 거리의 한계, 엔진고장, 신참 조종사들과 대원들을 '쉬운 표적들'에 맞추어 훈련시킬 필요성, 자신의 재량대로 움직일 수 있는 항공기술의 부족 등을 이유로 자신의 계획을 완전히 추진할 수 없다고 위어에게 토로했던 것이다.[87]

프랑스 측 질문에 대한 사이크스의 답변에는 트렌차드가 직면하고 있던 어려움이 전혀 언급되고 있지 않았다. 그 대신 사이크스는 "맥이 끊기지도 비효과적이지도 않은 그러나 조심스럽게 고안된 정책을 따라 진행되며 세세한 부분까지 고려되어 수행되는" 폭격전략에 대해 언급하고 있다. 비행장과 철조망에 폭격을 기하여 연합군의 육·해군을 지원하는 작전도 긴급시에 실시되겠지만, 그 같은 공격은 중심 임무인 '적의 핵심산업의 격파'에 대해 차선의 문제였다. 연합군 소속 국가들이 합작해서 합동공습 계획의 수립을 더 이상 미룰 수 없는 상황이었으며, 적의 군수산업을 격파 이전토록 하는데 성공한다면 잠수함전과 서부전선의 지상전에도 도움이 될 것이고, 적의 항공산업을 공격하는 것은 "적의 항공기 생산을 완전히 불구로 만드는 것이었다." 이 공격은 적 자원의 일부를 공격에서 방어로 전환케 할 것이며, 그에 따라 "연합군 측에서는 이것을 통해 본토방위에 일조하게 된다고 보아도 큰 무리는 없을 것이다."

그 같은 자원의 전환이 일어나지 않는다면, "독일 정부는 증가일로의 크디큰 시민 압력에 직면하게 될 것이었고, 그것은 전략적 의미를 갖는 정치 혼란을 불러올 것이었다."

놀랍게도 이 같은 전략적 허구가 트렌차드의 폭격 관련 도표에 첨부되어, 사실 자료들과 트렌차드의 비평에 곁들여졌다. 이 글에는 연합군 총사령관과 그외의 기구를 창설할 필요가 언급되었으나, 1918년 당시 전략폭격의 현실성에 대한 주된 논란에 비하면 별로 눈에 띄지 않았다. 당시 독립 항공대가 '이론적' 폭격 추정에 가장 근접한 성과를 올린 것은 1918년 10월 계획 폭격 톤수의 3.5퍼센트를 투하한 경우였다.[88] 7월 1일에서 10월 30일까지, 날씨 때문에 71일 낮과 74일 밤을 허비해야 했으며, 이것은 거의 60퍼센트의 시간을 헛되이 보냈다는 의미였다.

또한 실시된 공습도 표적 지역의 악천후로 인하여 제대로 이루어지지 못한 경우가 많았다. 독립 항공대는 포시원수의 요청으로 적 후방의 철로와 비행장에 계속 공습을 가했는데, 비행장의 경우는 적의 방공망이 강화되면서 점점 더 중요한 목표가 되어가고 있었다. 11월 11일까지 애초의 5개 비행대대는 8월과 9월에 추가된 5개 비행대대까지 352대의 항공기를 잃었으며, 이것은 원래 보유 항공기의 거의 3배에 달하는 규모였다. 한편 트렌차드의 월별 보고는 인명 피해는 언급하지 않고 있었다.[89]

트렌차드가 "제 10 보론(補論)"이라는 제하에 1918년 12월 31일자 「런던 가제트」지에 발표한 글은 독립 항공대의 위업을 홍보하는 것에 중점을 두면서, 위어에게 매달 보내는 보고서에서 성공적이었던 사례만을 선별해 무삭제로 인용하고 있었다. 한편 트렌차드의 참모진이 마련한 계획은 공포되지 않았는데, 이것은 10월에 최고전쟁각료회의에서 승인되고, 연합군 각국의 폭격사령부에 의해 보완된 것이었다. 그 서문에는 기상조건에 대한 경고가 포함되어 있었으나, 계획 자체를 정의한 부분은 이후 25년간 영국 공군에 지속적인 영향을 미치게 되는 것이었다.

그 계획은 두 가지의 요소 즉 폭격의 심리적 효과와 물질적 효과가 있으며, 이는 모두 최대한도로 이루어지게 해야 한다. 이 목적을 위한 최선의 수단은 적의 산업중심지를 공격하여, (1) 보급 - 군수물자 적재 센터를 공격해 군사적인 면이나 평상생활 유지 등에 피해를 주거나 (2) 독일 국민의 다수-노동계급에 민감한 반응을 주어 최대한의 사기저하 효과를 주도록 하는 것이다.

계획의 '실행' 에 있어서는, 산개된 적 방어진에 넓게 공격을 가한 후 하나 또는 두 개의 표적에 여러 차례 집중공격을 가한다는 트렌차드의 다음과 같은 초기 개념이 반복되고 있다.

"공습의 심리적 효과를 경시하지 말아야 하며, 공장이나 작업장을 목표로 할 경우, 근로자의 숙소를 반드시 표적에 포함해야 한다."[90]

이 시점부터는 1919년에서 1939년 사이에 영국 공군 전략의 발전에 이런 저런 이론가들이 미친 영향을 굳이 살펴볼 필요가 없다. 독립 항공대의 실전 경험은 「런던 가제트」지의 선별적인 소개에서 묻혀져 버렸고, "현 시점에서 폭격의 심리적 효과를 물질적 효과에 비해 20대1의 비율이라고 확신할 수 있으며, 따라서 심리적 효과를 최대한으로 할 필요가 있다."[91]

몇몇 역사가들이 인식했듯이 제 1차 세계대전 후 영국 공군이 폭격기 전략을 채택한 것은 자원의 제한, 서부전선에서의 막심한 인명피해를 다시는 겪지 않고자 하는 일반 대중의 소망, 방공망의 위력에 대한 과소평가, 공습의 파괴력과 정확성에 대한 과대평가, 그리고 민간인들의 폭격에 대한 반응을 잘못 이해한 점 등이 두루 작용하였다. 그러나 참호전의 교착상태를 타개하려는 열망을 제외한다면 모든 것은 제 1차 세계대전의 방법을 계승하고 있었다.

매우 기묘한 일은 트렌차드 자신은 그의 독립 항공대의 성과나, 장래의 필요에 대해서 전혀 환상을 가지고 있지 않았다는 점이다. 11월 11일자 그의 일기를 보면 "이렇게 독립 항공대는 종결되어야 한다. 어떤 전쟁에서도 이처럼 노력과 인력을 거창하게 낭비해 버린 예는 없었다. …… 그것은 분명 독일을 힘들게 했지만, 그것이 '독립적'이지 않았던들 훨씬 더 그들을 힘들게 했을 것이다."[92]

16년 뒤, 그는 이렇게 보았다.

"소위 전력집중이라는 것과 폭격전이라는 것은 숫자 이외의 많은 요인에 좌우된다. 사기와 장비에 좌우되며, 여기서 우리는 단지 통제 가능한 것만 믿을 수밖에 없다. 사기를 치명적으로 떨어뜨리는 사상자는 감당할 수 없는 것이다. …… 더 나아가 능력이 되는 항공기 몇 대가 확보되었다고 곧장 베를린이나 그외의 목표를 공격한다고 나서서는 안 된다. 더욱 준비가 필요하다. 그것은 조직 · 기구의 문제이다. 또한 기상 조건을 연구해야 하고, 항법이나 기타의 문제들을 수도 없이 탐구해야 한다. 이런 것들을 벼락치기로 끝낼 수도 있겠지만, 벼락치기로 전쟁에서 이길 수는 없는 법이다. 폭격전을 실시하려 한다면, 지속적으로 추진할 수 있는 것이 되어야 한다."93)

때로 겉보기와는 다른 경우가 많듯이, 트렌차드는 상관의 지시를 전적으로 반대하는 입장이라도 그것을 충실히 이행하려고 했다. 즉 그는 자기 휘하 병력의 사기문제를 염려했지만 보다 넓게 전국을 바라보지 못한 지상군 사령관의 의지 앞에 순종했는데, 트렌차드는 근본적으로 야전지휘관이었고, 무엇보다도 항공력의 가능성에 대해 비상하게도 제대로 된 인식을 가진 사람이었다.

전쟁 말기에는 또 다른 통찰력 있는 항공력주의자가 비망록을 남겼는데, 그의 생각은 아직도 시사하는 바가 크지만, 그것은 군수뇌부에서 전시내각으로 넘겨진 다음 공군참모부에서 전혀 검토되지 않은 채 사료 속에 들어가 버리고 말았다. 1917년 10월 21일에 윈스턴 처칠은 "1918년의 군사 문제 예측"이라는 논문에서 제 4장을 '공중공격'에 대한 생각들로 채우고 있었다. 스머츠 보고서에서처럼, 하나의 감상이 계속 나타나고 있으며, 이 경우에는 그것을 살펴볼 필요가 더 크다. 처칠은 '일반 대중을 강압하여' 하나의 대국(大國)을 항복으로 이끈다는 생각의 비효과성에 대해 추호의 의심도 없었다. 비범한 통찰력을 번득이며, 그는 이렇게 보고 있다.

"공습에 익숙해지고, 방공호나 대피소가 잘 갖추어져 있으며, 경찰과 군이 확실한 통제력을 행사하면, 공습을 당한다고 그 국민의 전쟁 수행력이 손상되는 일은 없을 것이다. 우리 영국민의 경우만 보아도 우리 국민은 독일의 공습을 맞아 침체되기는커녕, 오히려 전의를 더욱 불태웠던 것이다 ……."

그 외 많은 관측들이 항공력의 여러 부문에 걸쳐 이루어져 있었다. 즉 적이 재보급에 더 의존하도록 전장에서 공군 · 지상군이 합동으로 물자 수송 차단에 나서야 할 중요성, 공습으로 기동에 제약을 받고 있는 적에 대해 아군측 지상군의 기동력이 갖는 영향, 공중전의 가능성들을 탐색할 독립적인 '일반' 참모부의 필요성, 이제껏 즉각 해결되어야 하는 '육·해군의 관심'의 제약을 받아 왔던 일부 쟁점들(비행장의 취약성, 철로 수송차단의 중요성, 공습과 지상포격의 비교, 공습의 이론구축, 함포에 비견될 만큼 정밀성을 갖출 필요 등)을 확실히 하기 위한 '체계화된' 참모연구의 필요성 등이 거론되고 있었다. 처칠은 인명 피해에 대하여, 공습이 결코 "적정한 목표를 달성하기 위해 인명을 소모하는 육군작전과 같은 규모와 같은 잔혹성의 잣대로 접근된 예가 없다."고 주장했다. 즉 보병대의 경우 목표를 쟁취할 때까지 인명피해는 상관없이 몇 번이고 공격을 되풀이하지 않느냐는 것이다. 그토록 많은 유혈을 감수하는 목표에는 적의 공군기지 점령이나 적의 공군력 파괴 등이 포함될 것이었다. 그는 2-3천대의 항공기를 조종사와 함께 잃을 각오를 하면 "적의 공군력을 확실히 격파할 수가 있다. 그리고 그것은 한번 격파하면 다시 공격할 필요가 없는 것이다."라고 주장하였다. 과연 그 목표는 그 같은 희생을 감수할 가치가 있는 것일까? "제공권을 확실히 장악한 후에는, 보통은 가능하지 않은 여러 방법으로 항공력을 활용할 수 있게 된다." 가령 지상군의 공중수송, 특정 공장의 선택적 파괴, 특정 병영이나 군수창 파괴 등등이 거기에 포함된다. 처칠은 제공권을 전쟁사에서 자리매김하였다.

"다른 모든 차원에서처럼, 공중에서의 모든 군사활동도, 적군을 격멸하는 것을 불가결한 전제로 삼는다."[94]

클라우제비츠는 그의 의견에 공감했을 것이다. 제공권 확보는 다른 모든 공중 군사활동에 있어 최우선의 전제가 된다. 그것은 적의 공군력을 적의 무게중심 중 하나로 보아야 함을 의미한다. 트렌차드는 본능적 감각에 따라 제 1차 세계대전 내내 그 무게 중심을 공격해 온 것이다. 그러나 트렌차드를 수장으로 하는 전후의 영국 공군은 적의 산업 중심지를 그 무게 중심으로 놓으면서, 먼저 제공권 확보부터 해야 한다고 생각하지 않았다. 이것은 빌헬름스하벤(Wilhelmshaven)과 베를린에서의 실패를 예고하고 있었다.

- 제 2 장 -

「항공력의 성장 : 시작은 미약했으나 창대해지다」

대전 중간기

현재의 항공력 연구자들에게 제 1차 세계대전은 증거가 너무 넘치고, 동시에 너무 빈약하다. 트렌차드는 자신의 폭격활동이 독일인의 사기에 영향을 미치고 있는 바를 전쟁포로들의 구두심문 기록에서 유추, 자신의 개인 기록에 계속해서 남겼다.[1] 역설적으로 폭격이 유발한 물질적 피해가 심리적 피해에 비해 너무 미미했기 때문에, 트렌차드와 그외 인사들은 공습의 규모를 늘리면 보다 큰 성과를 얻을 수 있으리라 여겼다. 돌이켜보면 반복 경험하면서 점차 감소되는 공습의 쇼크와, 보다 심층적이며 영구적으로 남는 심리적 효과를 구분하기란 그때까지 불가능했다. 처칠은 폭격의 효과를 추정하면서 이 구분에 상당히 근접해 있었다.

제 1차 세계대전 후 항공력은 두 가지 방향으로 다르게 발전해 나갔다. 가장 대표적인 독일의 발전 방향은 소련에서와 흡사했으며 한편 영국의 발전 방향은 미국과 유사했다. 막 태어난 영국 공군은 더 이상 목전의 위협이 존재하지 않으며 방위예산과 일반국민의 경각심이 급감하는 속에서 막 얻어낸 독립성을 지키기 위해 부심해야 했다. 독일은 베르사이유 조약으로 군사력을 거세당하였으나, 다시 절치부심하며 국경 너머로 잠재적 적국 또는 침략 대상국을 노려보고 있었다. 양 진영의 공군 발전은 나름대로의 이유를 가진 것으로 조명되고 있는데, 두 경우 모두 특정 국면은 항공력의 다음 세기에도 참조할 만한 교훈을 지니고 있다. 그것은 교리들 사이의 관계 설정, 이론과 실전 문제, 그리고 앞장에서 개진했던 점들에 대한 항공력을 응용하는 방법 등이다.

영국에서 교리의 영향력은 상당해서 사실을 다른 방식으로 해석한다거나 교리에 맞지 않은 사실을 인정하는 것이 간과되거나 회피될 정도였다. 그러나 이 교리는 지적인 고위 장교들의 고안물이었고, 그들 대부분은 유능한 야전 파일럿이며 지휘관들이기도 했다. 결국 당시 영국 공군의 교리들은 이제 3의 군의 영역을 당시의 전략환경 내에서 보존하려는 태도에 다분히 기초하고 있었다고 하겠다.

제 1차 세계대전이 끝나자마자, 공군참모총장 사이크스는 평시 영국 공군을 위한 청사진을 작성했다. 그것은 항공력의 잠재력에 관하여 일찌기 씌어진 중 가장 논리정연하고 재기 넘치는 문건의 하나였다. 사이크스는 그의 「제국의 항공력 요구(Air Power Requirements for the Empire)」를 자신의 자서전 『다양한 각도에서』에 재수록하였다. 그러나 「브랙넬(Bracknell)문서」에 포함된 것처럼 원래의 타이프된 원고에 포함되어 있었던 부록들은 여기서 제외되었다.[2] 중요한 점은, 이 부록들이 제외됨으로써 사이크스가 당시 우선 순위를 두고 있던 내용이 잘못 이해될 수 있게 되었다는 점이다. 그의 청사진의 첫 장인 '일반론과 제안'은 지난해 7월에 그가 최고군사위원회 산하 연합군합동항공위원회(Inter Allied Aviation Committee)에서 발표한 논문의 맥을 잇고 있었다. 그의 목표는 '진정 효율적인 공군을 보전하고, 항공의 상업적 이용이 활성화되기 위한 기반을 마련하는 것'[3]이었다. 그는 단지 영국본토와 대영제국 차원의 군사적 항공만 바라보고 있는 것이 아니라,

군과 민간 사이의 긴밀한 상호 의존관계까지 내다보고 있었다. 그는

"항공력은 막대한 위력의 독립적인 타격력을 확보해 준다. 공식적으로 선전포고가 이루어지기 전에, 적성국의 요충지에 치명적인 타격을 가할 수가 있다. 공군은 대영제국 방위의 제1선에 서야만 한다"[4] 라고 특별히 강조하였다. 그는 마지막으로 서로 떨어져 있는 제국의 영역들이 항공력을 통해 각자 방어할 뿐 아니라 서로를 원조할 수 있다고 주장했다. 사이크스는 제2장에서 공세전략과 방어전략의 제반 사항을 검토했으며, 한 문단에서는 항공력의 중요성을 총력전의 시대 배경을 들어 설명했으며, 또 이후 20년간 대단한 영향력을 행사하게 되는 논법을 써서, 영국의 특유한 취약성을 근거로 자신의 주장을 다음과 같이 피력했다.

"문명국 사이의 장차전은 전 국민과 전 산업자원을 걸고 벌이는 생사의 대결전이 될 것이다. 이 같은 식의 전쟁에서 요구하는 바에 부응하기 위해 항공력이 등장해 준 셈이다. 항공력은 일단 방어용과 공격용으로 구분된다. 공격 항공력의 목표는 적 교통 통신의 요충지, 적 육·해군, 적의 국민 일반, 적의 전쟁수행 의지와 전쟁수행에 필수적인 산업력 등이 된다. 우리의 공군이 확보해야 할 수준의 전력에 도달하기 위해, 우리는 지금 영국이 그 지리적 조건 예를 들면 수도인 런던의 위치, 어느 정도 분산되기는 했지만 그래도 좁은 지역에 많이 분포되어 있는 인구와 산업시설들 때문에 다른 나라들에 비해 공중공격에 특히 취약하다는 것을 상기해야만 한다. 우리의 산업시설이 공습에 취약하다는 사실은 앞으로 해로의 확보가 중요한 것만큼이나 우리의 생존에 중요해질 것이다."[5]

그 다음에는 공세적 능력과 방어적 능력을 모두 갖춘 항공력을 확보해야 한다는 논리적 결론이 이어지고 있으며, 장거리폭격기들이 서부 잉글랜드와 아일랜드를 쉽게 공격할 수 있기 때문에 기본적으로 필요한 15개 비행대대가 20개 비행대대로 확대되어야 한다고 언급되어 있다. 공격전력도 총 20개 비행대대 규모가 되어야 하며 평시에는 '민간 임무'를 수행하도록 했다.

해군과의 합동작전은 23개 비행대대에 의해 수행되어야 하는데, 이같이 합동성을 중시하는 듯한 주장으로 해군측이 느꼈을법한 감사의 마음은 뒤이은 언급으로 사그러들었을 것이다.

"가까운 장래에 수상함으로 수행할 수 있는 대부분의 일을 공군이 해낼 수 있게 될 것이다. …… 특정 종류의 항공기는 장기 순항할 수 있으며, 수상함의 기능들을 좀더 나은 속도로 광범위한 영역에서 해낼 수 있다는 것은 지금 거의 입증 단계에 있다."[6)]

'공군'은 '40 내지 50대의 뇌격기와 폭격기들'을 적재한 항공모함을 동원하면 보다 넓은 지역에 전력을 배치할 수 있다.

"육군과의 합동작전, 또는 '원정군과 예비군'을 위한 작전에서는 57개 비행대대가 필요하다고 하였다. 그리고 이집트, 메소포타미아, 지중해, 인도 같은 해외 작전지역에서 합동작전을 벌일 경우에는 영국 공군의 총 전력이 154개 비행대대가 되고, 그중 62개 대대는 즉각 실전투입이 가능한 '전시편제(War Establishment)'로, 92개 대대는 '기간 편성(cadre)'하여 유사시 전시 편제정원으로 확대할 부대로 편성된다. 총 병력은 7,125명의 장교에 75,722명의 기타 요원이다. 이들 비행대대들은 훈련비행대, 공중전 · 사격술학교, 공중촬영·폭격·신호·항법·기상 훈련소, 육해군합동훈련학교, 보급창과 그외 다수의 해외기지의 지원을 받는다."[7)]

사이크스는 이 프로그램의 총비용을 2천 1백만 파운드 또는 '전함 두 척 정도의 값'으로 추산했다.[8)] 그러나 그는 비망록에 비용은 전혀 기재하지 않았다.

하지만 공군의 실제 모습은 사이크스의 비망록에서 잡은 구도와 상당히 차이가 났다. 보통 방위용으로는 하나의 '전시편제' 전투기대도 마련되지 않았다. 준비된 20개 대대는 모두 '기간편성'이었다. 반대로 '공격' 비행대대는 20개 모두 '전시편제'였고, 총 62개 대대의 '전시편제' 비행대대 중에서 32개가 폭격기대대였으며 6개가 전투기대대였다. 나머지 중에서는 6개가 정찰

기대대, 18개가 해군과의 합동작전용이었다.[9] 다른 말로 하면 사이크스의 영국 공군은 즉각적인 폭격기 공세를 실시하기 위한 것이었지, 그런 공세를 막기 위한 것은 아니었다.

그 점은 결코 증명된 일이 없다. 사이크스의 계획은 "비용 문제 때문에 각의에서 각하되었다."[10] 그리고 2개월 만에 신임 국방장관 겸 공군장관 처칠은 사이크스를 신설 민간항공부 고문으로 앉히고, 사이크스의 원래 자리는 트렌차드에게 내주었다.

그 후부터, 트렌차드는 '영국 공군의 아버지'라는 별명을 얻게 되었으며 폭격교리의 개발자라는 명성(그것은 대체로 사실이 아니었으나)도 얻었다. 앞의 장에서 전략폭격의 효과에 대해 트렌차드가 대략 잘못 짚고 있었다는 것이 제시된 바 있었다. 사실 폭격론과 관계 있는 그의 여러 사례들이 있기는 해도, 폭격의 심리적·물질적 충격에 대해 그는 비효과적이라는 식의 발언을 더 많이 남기고 있다. 그는 결코 공군 이론가가 아니었다. 그는 가능한 것과 가능하지 않은 것에 대해 현실적이고, 명민하며, 통찰력 있는 분간을 해내는 재주가 뛰어난 사람이었다. 그가 공군 참모총장으로서 활동한 첫 해를 보면 그의 우선 순위가 분명히 드러나고 있지만, 사실상 그의 교리는 사이크스의 그것을 답습하고 있음을 볼 수 있다. 그 결과 영국 공군은 대전 중간기를 의도와 실제 능력 사이의 절망적인 격차를 안고 출발하게 되었다.

1919년 10월에 트렌차드는 처칠이 각의에서 발표할 수 있도록 영국 공군의 장래에 대한 '초안' 3가지를 작성해 주었다.[11] 처칠은 자신의 비망록에 "트렌차드 원수는 초안 B에 가장 무게를 싣고 있다."……라고 적고 있다. 그에 따르면 완전히 전력을 갖춘 34개의 비행대대와 21개 훈련대(전시 편제와 기간 편제)로 구성되는 전력이 필요하며 이는 총 3,400명의 장교에 35,000명의 기타 계급병, 그리고 지원기지, 훈련학교 등을 포함하는 것이었다. 이 전력을 매년 약 1천 8백만 파운드의 비용으로 유지하게 되어 있었다. 이것은 사이크스가 앞서 내놓았던 규모의 1/3밖에 되지 않는 전력에 대한 비용으로는 너무 많아 보이지만, 개별 아이템 단위로 들어가보면 트렌차드가 지나치게 비용을 부풀렸거나, 사이크스의 계산이 크게 부정확한 것은 아니었음을 알게 된다. 하지만 트렌차드의 의도는 존중되지 않았고, 초안 C를 일부 수정한 내용이 채택되었다. 그에 따르면 50개 비행대대(그중 반을 약간 넘는 정도만 전시편제)가 마련되고, 2,800명의 장교에 28,000명의 기타 계급병이 있게 되었다.[12] 바꾸어 말하면, 제 1차 세계대전 전후의 영국 공군은 종전 당시의 1/10 규모로 감축되었으며, 연간 1천 5백만 파운드를 소비했는데, 이것은 전함 한 척 반 분의 비용과 대등했다.

1919년 10월에 트렌차드가 본래 처칠을 위해 준비했던 계획서에 따르면, 총 83개의 비행대대 중에서 1개 전시편제대대와 5개 '훈련' 대대는 본토방위에 필요한 비행대대로 준비되어 있지 않았다.[13] 그러나 브리스톨(Bristol)전투기부대가 미확정된 수의 '훈련' 비행대대(아브로(Avro) 504와 DH-9A를 갖추었다) 를 준비하는 것으로 되어 있었으며, 2개의 육군 합동작전 비행대대도 브리스톨 전투기부대를 갖추게 되어 있었다. 실제 채택된 초안 C에는 영국 공군에 본토방위용 전력이 마련되어 있지 않았고, '공격'전력도 핸들리 페이지(Handley Page) 비행대대와 드 하빌랜드(De Havilland) 비행대대 2개로 줄어 있었다. 사실상 본토에 주둔하는 영국 공군은 11개 비행대대로 줄었고 그중 5개는 해군과의 합동작전용이었다.

처칠은 비밀 회의록에서 내각에 다음과 같이 권고하고 있었다.

"초안 C는 …… 본토방위용으로나 예비대 훈련용으로 일체의 항공기를 동원하지 않는 것으로 되어 있습니다. 또한 소규모의 전쟁에서도 직면할 수 있는 갑작스러운 전력감소에 전혀 대비하지 않고 있으며, 해군과 합동작전을 갖는 전력(해외 기지의 경우를 포함한다)을 위험할 만큼 낮게 잡고 있는 점 등도 이 초안의 문제점입니다."[14]

그러나 내각은 이 권고를 무시했으며, 영국 공군은 전략폭격 교리를 채택하면서도 그것을 지원할 자원을 갖지 못하게 되었고, 본토방위를 위한 준비를 전혀 갖추지 못한 상태에서 본토의 취약성을 중시하는 입장을 갖게 되었다. 초안 B에서 C로 전환한 선택에는 또 다른 희생이 따랐다. 항공촬영 및 정보수집학교에서 '정보수집'부문이 배제되었고, 프리스턴(Frieston)에 설립될 예정이었던 폭격기술학교도 설립이 취소되었다. 요컨대 1919년의 결정들은 많은 문제를 안고 있는 것이었고, 대전 중간기 내내 영국 공군의 취약점을 유발하였다.

사이크스의 구상이 관철되지 못한 것은 당시 항공력의 한계점을 인식하지 못한 그의 실수에서 비롯되었다. 항공기는 수상함을 대체할 수 없었던 것이다. 그리고 영국의 산업지대 집중이 잠재 적국들에 비해 취약점이 되었다면, 영국이 폭격공세를 취해서 얻는 것이 무엇인가? 사이크스 자신이 1942년에 다음과 같이 언급하였다.

"안일한 무시에 따르는 대가는 뼈아픈 것이다. 이 손실은 전쟁 발발 후 2년 내에 결코 회복할 수 없을 것이다. 우리는 2년을 허송한 셈이다."

이 언급은 문자 그대로 정확했으나, 영국 공군에 실현 불가능한 교리를 떠맡기고 물러난 사람에게는 어울리지 않는 발언이었다.

이 교리는 트렌차드가 꼼짝없이 뒤집어쓴 멍에가 되었다. 그는 천성적으로 공세전을 선호했고, 요격이 현실적으로 불가능하다고 여겼던 그의 생각이 대공중작전에 우선 순위를 낮게 두도록 했으며, 그러한 그의 생각은 1920년대에 육·해군에 의해 영국 공군이 분리 위기를 맞았을 때, '제국정책' 차원에서 전략폭격을 '독립적 위치에서'시행해야 한다는 주장이 공군의 독립성을 지키는 보루가 되었던 것이다. 1921년에 제국방위위원회의 상임방위소위원회 위원장이던 아서 밸푸어(Arthur Balfour)는 3군 사이의 관계를 조사하여 다음과 같이 결론지었다.

"제 1급의 중요성을 지니는 군사작전으로, 공군이 1차적인 책임을 지니며 다른 군은 부차적인 책임만 지니거나 전혀 책임을 갖지 않는 작전이 존재하는가, 아닌가? 공군은 그런 작전이 존재한다고 주장한다. 그리고 본인의 생각으로는 그들의 의견을 수용해야 할 것으로 여겨진다."15)

밸푸어는 사이크스의 구상에서 발표한 트렌차드의 주장에 영향을 받아서, 영국 공군의 1차적 임무는 영국제도의 방위에 있으며, 그것은 반격능력의 확보로 가능해지고, 그에 따라 공군은 육·해군의 보조역 외에 독자적 영역은 가진다는 생각을 갖고 있었다.

영국 공군으로서는 다행히도, 트렌차드의 생각은 영국항공력의 주춧돌이 될 하부구조에 영향을 주는 것이었다. 사이크스의 비망록은 기초 개념으로부터 제국방위문제 등 고차원적이고 폭넓은 부문에 걸쳐 있었던 반면, 트렌차드는 장차 확장될 기본적이고 사실적인 문제(장교와 사병의 훈련 문제에 중심을 둔다)를 힘있게 저술하고 있었다.

"견습학교 1개소와 사관학교 1개소를 통해 장기복무 조종사와 지상기술병을 양성한다. 단기 복무제도도 도입되어, 사관학교 뿐 아니라 사병이나 학군단 출신의 장교도 선발한다. 항공학 부문은 더 많은 연구인력을 필요로 하며, 영국 공군은 자체 참모대학을 가져야만 한다. 공군장교가 '자가용 운전사'(chauffeur)같이 되어서는 불충분하다. 무엇보다도 '공군이 명실공히 공군이기 위해서는, 공군 정신을 배양해야 하며, 아니면 전쟁 중에 분명 만연하게 되는 전투혼을 배양해야만 우리의 항공력이 견실해진다.' "16)

이 시기의 특징 중 몇 가지는 항공력의 두 번째 세기를 맞는 현 시점에서 공군 참모들과 정치가들에게 꽤 낯익어 보인다. 1990년대에는 대규모의 무력충돌은 사라졌다(세계가 완전 무혈이 된 것은 아니지만). 현 시점에서 어떤 또 다른 대규모 위협이 예측되지도 않는다. 몇몇 국가에서 방위예산은 급감하고 있으며, 군 사이의 경쟁도 재연되고, 역할과 자원의 할당을 둘러싸고 군 내외에서 어려운 선택이 이루어지고 있다.

전선의 규모를 희생하면서라도 근거지를 지켜야 한다는 트렌차드의 원칙은 적절했던 것으로 드러났다. 그러나 그것은 먼저 심한 전력축소 때문에, 나중에는 교리의 수립 의도와 기술·전략의 실제적인 한계 사이의 괴리 때문에 하마터면 실패할 뻔했다. 1929년 트렌차드는 공군 참모총장직에서 사임하기 직전, 런던의 제국방위대학에서 "영국 공군의 전쟁 목표"라는 연설을 했다. 이후 이 강연 원고는 공군 내에서 회람되어 '장교들이 그 근거를 이해할 수 있도록' 하였다.17) 이 원고를 보면 트렌차드가 후임자에게 물려준 영국 공군의 정책과 교리가 확연하게 드러난다.

그는 먼저 영국 공군의 '전쟁 목표'가 무엇이 되어야 하는지에 대해서 각 군 사이에 의견 불일치가 있음을 지적하고 있다. 특히 그는 "주된 노력(main efforts 저자 강조)이 적 공군과의 대결에 기울어져야 한다는 생각은, 공군 참모부가 강력히 반대하는 바이다."라고 했다. 그는 당시에 공군이 육·해군과 함께 하는 목표는 '적의 저항력을 분쇄하는 것'이라고 육·해군 참모총장들과 의견을 같이했다고 설명했다. 그러나 그 같은 목표는 적의 비행장을 공격하는 것으로 달성되지 않는데, 항공기들은 널리 분산될 수 있고, 임의의 지형을 이용해 착륙할 수 있으며, 비행장 활주로의 피해는 복구 가능하고, 적의 요원들은 공습에 대피할 수 있기 때문이었다.

그는 대신에 항공기의 장거리 작전수행 능력이 강화되어야 한다고 주장했다. 그리고 나서 항공력의 유연성에 대한 고전적인 정의가 이루어졌다.

"공중공격의 표적들은 작전이 진행되면서 수시로 변경 가능하다. 그것은 적 함대일 수도 있고, 적 지상군의 기동을 방해하는 것일 수도 있으며, 그 병참·수송선을 끊거나, 군수공장을 파괴하거나, 아니면 적 지상군을 직접공격하는 것일 수도 있다. "공군은 그 당시 최적의 표적을 대상으로 삼아야 한다.'" 공군은 자체적으로 전쟁을 수행하지 않지만, 육군이나 해군처럼 "작전구역의 동일 지역에서 계속 작전하지는 않는다." 또한 "공군참모대는 민간인들에게 무차별 공격을 하는 것을 즐겨하지 않으며" "공습은 가장 넓은 의미의 군사목표에 대한 것이어야 한다."

앞서 트렌차드는 '군수산업 근로자들'과 '하역인부'가 정당한 목표라는 사실을 감추지 않았으며,18) '민간대중'도 그와 같은 목표가 될 수도 있음을 비쳤었다.

그러나 그는 계속해서 제공권이란 적의 '중요한 중심들'을 위력적으로 공격하여 그들이 반격보다는 방어에 급급하게 만듦으로써 확보되는 것이기 때문에 강도 높은 공중전이 불가피하다고 주장했다.

"방어는 '전반적으로 균형잡히지 않은 전력'을 필요로 하며, 따라서 공세가 강화됨에 따라 적은 점점 더 많은 자원을 방어에 돌리고, 급기야 모든 전력을 방어에만 사용하게 되는 지경에까지 이른다. '이때 관건은 어느 쪽이 자신의 희생을 감수하면서 폭격전을 계속, 적이 공격을 포기하고 방어에만 전념하게 만들 수 있느냐이다. 이 자세는 최후까지 일관적으로 견지되어야 한다.'"

그러는 동안 아측 진영 내에서 방어에 자원을 일부 돌려야 한다는 소요는 억제되어야만 하며, 그것을 수용하면 결국 수세로 돌아설 수밖에 없는 것이다. "어느 한 진영이 상대편을 수세로 몰았을 때, 제공권은 달성된다."

"요컨대 트렌차드는 주된 공세가 적의 공군기지와 비행장에 집중되어서는 안 된다는 것, 목표는 다양할 수 있는데, '가장 넓은 의미에서 군사적'인 것이어야 한다는 것, 그리고 '제공권은 적의 요충을 공격하고 그 공세가 아측 피해를 감수하면서 계속해 적이 수세에 몰릴 수 밖에 없도록 만듦으로써 달성된다'[19]는 것을 재강조하고 있다."

이것은 아무리 보아도 '제공권'에 대한 기묘한 정의이며, 1917년 처칠이 설명했고 트렌차드 자신의 경험으로 인식했던 내용과도 차이가 나는 것이었다. 트렌차드는 독립 항공대 사령관으로서 제 1차 세계대전 종전에 근무하면서 지속적이고 집중적인 폭격을 실시하기가 어렵다는 것을 절감했었다. 1929년의 상황에서도 이것은 잘못된 개념이었으며, 폭격비행의 약점들을 계산에 넣지 않은 것이었다. 레이더와 차세대 단엽기들이 출현하면서, 최종적으로 '제공권' 개념이 달리 정립될 때까지 이 잘못된 개념은 많은 재난을 불러왔다. 이 잘못된 개념화는 항공력의 근본적인 유연성에 대한 인식이 그토록 잘 되어 있던 탓에 더욱 더 치명적인 결과를 낳았다. 돌이켜보면 이 같은 사고와 듀헤가 전혀 관계 없었다는 사실은 특기할 만하다. 트렌차드가 듀헤에 대해 인용한 기록은 일체 없으며, 듀헤를 알고 있지도 않았던 것 같다. 1977년 해리스 원수와 슬레서(Slessor)는 그들이 제 2차 세계대전 전에 듀헤의 글을 읽어 보지도, 그의 생각에 대해 들어 보지도 못했다고 필자에게 확인해 주었다.[20]

트렌차드의 이론이 성공하기 위해서는, 대규모의 공습을 지속적으로 펼칠 수 있어야 하며, 또한 희생을 견뎌낼 의지가 적보다 훨씬 강해야 했다. 그리고 그토록 강력한 공세를 초기부터 퍼부어야 할 필요를 내포하고 있었다. 트렌차드가 영국 공군의 전쟁목표를 그토록 명확히 정의내린 지 10년 후, 그 목표를 달성하기 위해 갖춘 전력은 40년 이상 역사가들의 주의를 끌지 못했던 보고서에서 분석되었다. 멜러쉬(E. J. W. Mellersh) 비행단장은 1939년 5월 11일에 제17기 AFC 과정에서 "공중무기, 훈련과 개발"이라는 제목으로 연설했다.

길고도 짜임새 있게 세분화된 설명을 통해, 멜러쉬는 공군이 여전히 안고 있던 무장 관련 문제들(공대지, 공대공 모두에서)이 공군의 급속한 성장으로 도리어 악화되고, 또 이미 성취된 발전으로 심화된 것이라고 지적하고 있었다. 1934년 훈련과 개발을 위해 무장단(Armament Group)이 창설되었는데, 그것은 트렌차드가 영국 공군의 전쟁목표를 제국방위대학에서 설명한지 5년 만의 일이었다. 1937년까지 훈련과정이 진행되었으나, 폭격술의 발전은 대체로 타국의 동향을 살펴보는 것에 그쳤고, 그나마 큰 성과가 없었다.

또 다른 혁신은 무장훈련소(Armament Training Stations)에서 행한 폭격훈련의 성과를 분석하려는 '폭격분석과(Bombing Analysis Section)'의 설치였다. 이 '혁신'은 1939년 초에 이루어졌고, 기상조건이나 그외 비행시 영향을 주는 조건들의 영향을 검토하도록 되어 있었다. 풀타임 근무 관측병들을 사용하기로 한 공군성의 결정은 훈련기구의 급속한 확장을 가져왔으나 인력 충원에는 어려움을 겪었다. 더욱이 기상사격수 2천 명이 부족했고, 중앙기상사격학교도 없는 상태였다. 그 결과 대부분의 관측병들은 실제 비행대대들과 걸맞지 않았던 한편 기상사격수들은 사격훈련 과정에서 양성되어야 했다. 제 1차 세계대전의 와중에 수립되었던 공중전학교 같은 것은 만들어지지 않았다. 신세대 전투기와 폭격기의 기상사수들에게 표적견인기(target-towing aircraft)는 구식이고 쓸모가 없었다. 대부분의 파일럿들은 그때까지도 복엽기로 훈련받고 있었으며, 신형항공기를 익혀볼 사이도 없이 바로 자대에 배치되었다. 무기훈련 파견은 좋은 기상조건에서 최소 4주를 필요로 했다. 이전에는 대부분의 비행대가 이 과정을 다 수료하지 않았고, 작전비행대는 대체로 이 과정을 거치지도 않았다. 관찰된 훈련성과는 전 세대의 하트(Hart) 복엽기대의 것보다 훨씬 떨어졌다. 공군성에서 폭격학교와 기상사격술 학교를 설립하기로 한 결정은 아직 더 기다려야 했고, 이 학교들이 설립되어야 파일럿들이 비행훈련에서 바로 자대 배치되지 않을 것이었다. 한편 신형기에 익숙치 않고 훈련강도도 낮은 승무원들이 부적절하게 장거리 폭격 전술을 지시 받음으로써 평가는 더욱 어려워져서, 급기야 "최신 고속폭격기들은 구세대 하트폭격기들보다 열등하다."는 분석까지 나오기에 이르렀다. 비행대의 일제 공격술을 좀더 대규모로, 그리고 보다 현실적인 작전환경에서 실시하면 결과가 개선될 것으로 믿어지고 있었다.

이 비행단장은 개량된 폭격조준기를 설명하면서 또다른 통찰력 있는 관측을 하고 있었다.

"고공폭격에는 필연적으로 여러 가지 실수가 따른다. …… 이에 따라 얼마나 정확하게 공습이 이루어졌는지 확신할 수 없게 된다."

정밀유도무기가 등장하려면 아직도 30년이 있어야만 했다. 폭격상의 문제점들과 폭격전술을 연구할 폭격발전단(Bombing Development Unit)의 창설도 아직 더 기다려야 했다. 그렇다고 전선의 비행대 손에만 맡겨 두어서는 충분하지 않았다. 가장 심각한 문제 하나가 남아 있었다.

"현재 취역한 폭격기들 대다수의 방어가 극히 미비하다는 것은 의심의 여지가 없는 사실이다. 다른 여러 문제와 같이 이 문제 또한 좀더 크고 강력하며, 잘 무장된 항공기 개발에 의해 해결될 성싶다."[21)]

영국 공군이 제 2차 세계대전 발발 불과 4개월 전의 시점에서, 그보다 20년 전에 수립되고 또 10년 전에 전쟁목표로서 명시된 교리에 부적합한 상태에 머물러 있었던 것에는 여러 가지 개별적인 이유가 있었다. 50년을 앞질러 볼 수 있었더라면 그 같은 문제들은 발견하기 쉬웠을 것이고, 오로지 각 문제에 얼마나 비중을 둘 것인가만 고민하면 되었을 것이다. 지금 중요한 관심사는 1939년 이래 여러 나라에서 다양한 형태를 취하면서 계속적으로 일어나는 문제들을 식별해 내고, 가능하면 그것들을 항공력의 다음 세기의 맥락에서 조명해 보는 것이다. 그 문제들은 대체로 잘 알려진 것들이지만, 그것들을 요약해 보면 1990년대의 세계 각국의 공군참모부에서 약간의 소란이 일게 될 것이다.

당시에는 모든 장차전이, 전체적으로 보아서, 제 1차 세계대전을 닮게 될 것이라는 기본적 가정이 있었다. 또 전쟁 경험으로 얻은 '교훈'들은 기존의 이론에 맞는 것들만 취사선택되었을 뿐, 그 반대가 될 수는 없었다. 군사 발전과정은 예측 불가능하고 다른 종류의 기술, 당시의 자원 이용 가능성, 지정학 등에 의한 뜻밖의 영향을 받는 것이 아니라 선형적으로 진행되는 것으로 여겨졌다. 또 기술은 공격자 측의 유리함만을 낳는다고 보아, 역사적으로 보았을 때 공격자측의 신기술 도입은 반드시 방어자측의 기술발전을 자극해 왔다는 교훈을 무시했다. 적정 규모의 자원배분에서부터 표적위치설정, 확인, 획득과 파괴에 이르는 작전적 사항에까지 정책에 고려해야 할 실제 사항이 고려되지 못하였다. 잠재적 목표와 소모 예상치 및 전투 예비전력 필요성들 사이의 상호관계가 인식되지 못하였다. 자원의 제한 때문에 군 간 역할 분담을 놓고 신경전이 벌어졌으며, 이는 각 군의 유연하지 못한 사고 때문에 더욱 심화되었다. 위기 시에 지원 인프라를 확장하는 데 소요되는 시간이 제대로 고려되지 않았고, 특히 부대 훈련과 훈련 소요시간이 도외시되었다. 유럽의 대규모 전쟁과는 차원이 틀리는 소규모 작전에 대한 대비와 그것을 성공적으로 마무리지을 방책은 준비되어 있지 않았다. 그에 따라서 영국 공군은 전반적으로 기본적인 작전적 취약성을 갖고 있다는 것을 알 수 없었다. 트렌차드가 전선을 축소하는 조치를 취하는 동시에 이후 그것을 확대하고 재구축할 수 있는 기반을 마련해 놓지 않았더라면 1940년 내습한 독일 공군을 무찌르고 다시 1941년 독일공습에 성공하는 일은 불가능했을 것이다. 대전 중간기 영국 공군에 대해 지적할 수 있는 사항들은 모두 특수한 것들뿐이다. 일반적인 사항들은 좀더 기간을 두고 보아야 하는데, 그 기간은 확실히 말할 수 없다.

멜러쉬 비행단장이 앤도버의 제17기 수강생들에게 피력한 마지막 견해는 코앞에 닥쳐 있던 전쟁 초기 영국 공군이 겪어야 했던 비극적인 사태의 예고가 되었으며, 또한 대부분의 전쟁을 예측하지 못하고 겪는 사람들에게 깊이 남을 교훈이 되기도 하였다.

"우리는 저 멀리 떨어진 별까지 달려올라 가려는 경향이 있는 한편, 바로 눈앞에 있는 중요한 문제들은 간과하는 수가 많다. 우리 비행대의 장비는 그 요건에 비해 한참 비효율적인 것이며, 본인은 현재 장거리폭격기 문제에 기울어지고 있는 시간의 일부만이라도 우리의 기존 장비를 완벽하게 하는 데 주어진다면 우리의 사정이 한결 나아지리라고 본다. 우리의 항공기들 다수는 구시대의 산물일지 모른다. 그러나 우리가 전쟁에 임할 때 우리는 그것에 의지해야 하기에 우리의 항공기가 효율적으로 움직일 수 있도록 분명히 해 두는 일이 무엇보다도 중요한 것이다."22)

독일 공군

한편 독일 공군은 다른 방향으로 움직이고 있었다. 영국 공군이 1919년 이래 살아남기 위해 애쓰고 있는 동안, 베르사이유조약과 그 연장으로 독일 공군과 그 지원이 되는 항공산업은 제외되어 있었다. 그러나 국방군은 허용되었고, 그 사령관 한스 폰 젝트(Hans von Seeckt)는 항공력이 장래에 중요해지리라는 데에 전혀 의심을 갖지 않는 사람이었다. 그는 군사항공의 맥을 이어가기 위해 육군에 180명의 조종사가 소속되도록 했고, 1923년에는 은밀히 독립공군 창설을 기도했다. 한편 독일은 1922년 러시아와 비밀조약을 체결해서 모스크바 남방 310km지점의 리페츠스크(Lipetsk)비행장에서 독일 항공인들을 훈련하기 시작했다. 1924년부터 1933년까지 여기서 전투, 정찰, 폭격훈련이 비밀리에 이루어져서 독일이 새 공군을 건설할 기초가 마련될 수 있었다. 독일장교들은 이미 항공기를 지상 공세에 연합해 운용하는 방식을 강조하고 있던 소련의 군사훈련에 참여하고 있었다. 베르사이유조약의 규정 범위 내에서 독일은 또 대규모의 민간항공을 육성했는데, 여기에는 국명 항공 루프트한자(Lufthansa)와 다수의 글라이더, 그리고 '민간' 비행 학교가 포함되어 있었다. 히틀러의 나치당 내에서 괴링(Goering)의 서열이 높았던 덕분에 항공 부문에의 자원배당이 순조로웠고, 괴링이 1933년 총리가 되자 독일 공군 창설에는 가속이 붙었다. 1933년 공군부가 창설되었고, 1935년에는 마침내 독일 공군의 창설이 선언되었다.

독일 공군의 전술적 전략적 활용의 저변에 있던 이론은 1936년 발간된 공군교범 제16호에 나와 있으나, 이것은 사실 리페츠스크에서의 훈련의 결과로 형성된 것이었다. 여러 가지 면에서 이 이념들은 동시대의 영국 공군이 기반으로 했던 것들과 차이가 났다.[23)]

독일 공군의 3대 기본임무는 적의 공군과 싸우고, 지상·해상 작전에 개입하며, 적 전력의 원천을 공격하여 보급이 전선까지 이르지 못하게 교란하는 것이었다. 여기에서 듀헤의 전략폭격 이론의 흔적은 찾아볼 수 없었다. 영국 정책에서처럼 제공권 개념은 없었으나, 중요한 차이점은 적의 공군, 기지, 군수공장 등을 적의 상공·지상에서 노리는 것이었다. 독일 공군은 독립공군이었으나, 목표 면에서는 독립적이지 못했고, 그에 따라 '적의 군사력을 제압하는 것'을 목표로 삼고 있었다.[24] 그러나 당시의 모든 공군들처럼, 독일 공군도 공격을 '다른 모든 것에 앞서는' 것으로 삼고 있었다.[25] 독일과 독일군은 방어 수단만으로는 적절히 방위될 수 없었고, 비록 그들이 전투기와 대공포를 확보하고 있었어도 그러했다. 이미 1934년에서 실시된 한 워 게임에서, 독일이 프랑스의 공격을 받는 시나리오가 사용되었는데, 이때 공군 사령관 베버(Wever)는 그의 폭격기부대를 프랑스 영토에 종심 침투토록 했었다. 그 후 그의 항공기 80퍼센트가 희생되었다는 보고에 그는 이처럼 대답하였다. "그것은 전략 공중작전에 대한 나의 신뢰를 잃게 만들었다." 그리고 그는 곧장 게임 룰을 바꾸어 '소모'율을 줄여갔다.[26]

제16호 교범이 한번도 수정되지 않기는 했지만, 독일 공군의 계획에서 전략폭격이 결코 무시된 것은 아니었다는 명백한 증거가 있다. 독일군 교리는 1929년 트렌차드가 사용한 것과 매우 비슷한 어조로, '항공력의 운용방식'에 영향을 준다고 언급하고 있다.[27] 종합해 보자면, 독일 공군이 작전하게 될 것으로 예상되던 프랑스의 접경지대, 체코슬로바키아, 폴란드 지역 등의 사정이 이 교리지침에 현실적으로 반영되어 있는 것을 알 수 있다. 1939년이 되어서야, 제 2독일 공수군(Luftflotte) 사령관 헬무트 펠미(Helmut Felmy)는 그의 부하들에게 독일 공군이 그때까지 영국을 성공적으로 폭격하기에 필요한 자원을 확보하지 못하고 있다고 지적하였다.[28] 당시는 영국 공군참모부가 이미 수년 동안 독일 공군의 신속한 '결정타' 위협을 경계해 오고 있던 시점이었다.[29]

1936년, 독일은 항공 사고로 베버 장군이 사망한 후 얼마 안 되어 4발 폭격기설계를 포기했다. 그 영향이 영국 공군의 헬리팩스(Halifax)나 랭커스터(Lancaster)와 같은 유형의 기종을 개발하는 프로젝트를 늦추었는지, 아니면 단지 엔진 개발 상의 문제만이 작용했는지는 아직 분명치 않다.

도르니에-17(Dornier-17),융커스-88(Junkers-88),하인켈-3(Heinkel-3) 같은 쌍발폭격기는 전술적으로 또는 전략적으로 인근 국가에서 사용될 것으로 믿어졌다. 그러나 히틀러가 북해 너머 서방과 소련 내지를 향한 동방으로 전쟁을 치르기로 결심했을 때, 그에게는 자신의 정치 목표를 달성하기에 필요한 무력이 없었다. 그에게는 영국을 지속적으로 공격하거나 우랄산맥의 소련 공장들이 피난하도록 할 수 있을 만한 폭격기 전력이 없었다.

사실, 독일 공군이 이룩한 최대의 전략적 성공은 제 2차 세계대전 개전 이전에 성취된 것으로 여겨지고 있다. 1935년에 히틀러는 영국 공군과 이미 대등해졌고 조만간 프랑스 공군과도 대등하게 될 규모의 공군을 갖고 있다고 주장해서 영국정부를 긴장케 했다. 1938년에는 프랑스 공군참모총장이 프랑스 대사와 동반해서 오리엔베르크(Orienberg)의 하인켈기 공장을 시찰, HE-100 전투기의 3개 시험 모형을 보았다. 사실은 이 전투기는 한번도 생산에 들어가지 않았으나, 밀쉬(Milch)와 우데트(Udet)는 이것이 이미 대량 생산되고 있는 듯한 인상을 받도록 멋지게 눈가림을 했다. 이 시찰 후 프랑스 공군참모총장은 대사에게 "9월 말에 우리 예상대로 전쟁이 발발한다면, 14일만 지나면 프랑스 항공기는 한 대도 살아남지 못할 것 같습니다."[30] 라고 했다고 한다. 그러나 그 같은 감상은 프랑스 공군이나 정부의 높은 사기에 영향을 주지는 못했다.

전략적 결함에도 불구하고, 전술교리와 항공기 사양은 제대로 맞고 있었다. 전격전의 항공요소는 1939년 6월, 신임 독일 공군총참모장 예쇼네크(Jeschinnek)에 의해 다음과 같이 요약되었다 .

"예비 비행대 전력을 포함한 최대한의 동원 가능한 전력이 최초의 급습에 투입되어야 한다. 적의 대공방어력이 아직 제 궤도에 올라 있지 못하다는 사실을 최대한 이용해야만 하며, 할당된 지역은 최대한 강력히 폭격해야 한다."[31]

그러므로 1939년, 제 2차 세계대전의 첫 2년간을 좌우하게 되는 두 개의 공군 중에서, 하나는 설비능력을 넘어서는 교리를 갖고 있었던 한편 다른 하나는 엄격히 좁혀진 지역에서 단기전을 벌인다는 교리와 부합되는 전력을 갖고 있었다. 양측 모두 공격을 최우선으로 생각했으며, 그것에 필요한 자원의 준비와 예측 가능한 소모율은 등한시하였다.

베버 장군은 제공권 확보가 모호한 목표이며, 제 1차 세계대전에서처럼, 신형 항공기의 도입, 기술의 향상, 그리고 손실을 보충하는 능력에 따라 영향받게 된다고 생각했다. 제 2차 세계대전의 실상은 그의 예견이 얼마나 정확했는가를 보여 주고 있으며, 특히 그것은 1940년 영국 상공에서 벌어진 최초의 방어적 공중전에서 두드러졌다.

제 2차 세계대전의 항공력

1914년에서 1918년까지 항공력은 주변적 존재였다. 그러나 제 2차 세계대전에는 항공력이 대부분의 작전지역 상황을 주도했으며, 그중 최소 두 곳에서는 결정적인 역할을 했다. 전격전의 시대가 되면서 예쇼네크의 전술비행대는 기갑사단에 앞서서 폴란드, 프랑스, 소련으로 쇄도해 들어갔다. 1941년 10월 초에 독일 공군은 24시간 안에 1,811대의 소련기들을 격추하고, 그 달안에 모두 5,316대를 잃게 하였다.[32] 소련공군은, 앞서 폴란드와 프랑스 공군이 당했던 것처럼, 공중에서 자취를 감추었고 소련지상군은 독일 공군의 공중근접지원과 차단공격을 정면으로 받아야 했다. 전쟁의 후반 국면에는 이 역할이 뒤집혀, 독일군 지휘관들은 북아프리카와 서유럽에서 연합군의 제공권과 전술항공력의 우위를 맛보아야 했다.

1944년 연합군의 침공에 대항하려는 독일군을 차단하는 작전은 체계적이었으며, 6월의 상륙작전 성공에 크게 기여하였다. 대서양에서, 지상발진 항공기들이 장소를 불문하고 잠수함을 공격할 수 있게 되면서 잠수함의 운신의 폭이 좁아졌다. 태평양의 진주만에서는 일본의 항공력이 미 해군력의 면전을 가격하였고, 싱가포르 방어에 투입될 영국의 전함을 격침하였다. 그러나 미군은 미드웨이에서 제공권과 제해권을 동시 장악하여 히로시마와 나카사키 원폭공격 이후 일본을 항복으로 몰고갔다. 이 모든 작전지역들은 해군과 육군의 어느 한쪽 또는 모두를 배제하고 이루어졌다. 오로지 독일과 소련 사이의 전투에서만, 전격전이 소모전으로 대체된 다음부터 항공력의 전략적 결정력이 약하게 나타났다. 태평양에서의 전투는 해양봉쇄와 일본 본토에 대한 공습으로 뒷받침되었지만, 이 모든 작전지역에서 기본적으로 적군을 격멸하는 것이 승리의 필수조건으로 간주되었다. 그러나 유럽에서는, 영국전투와 독일 공습전에서처럼 공중전이 그 자체의 차원을 가지고 있었다. 1945년 이후 항공력의 보조적 활동과 단독적 활동은 체계적이고 반복적으로 진행되어왔다. 그러나 영국전투와 대조적인 일반적인 면모도 많이 있었으며, 그중 한 두가지는 연합군의 독일 공습전 50년이 지난 지금에도 쉽게 인식되지 않고 있다.

영국 전투

영국 전투에 있어, 괴링이 독일의 공습 목표를 영국 전투기사령부에서 런던으로 옮기기로 한 1940년 9월 7일의 결정은 하나의 전기(轉機)였다는 데에 일반적으로 합의가 되고 있다. 영국전투 자체가 세계대전에서 최초의 결정적 전기가 되었기 때문에, 독일의 실수는 특별한 중요성을 갖는다. 그 시점까지 전투기사령부는, 덩케르크 철수 후 2개월간 보강을 거쳤음에도, 비행장교의 약 1/3, 편대장의 1/5을 잃고 있었다. 2주 동안 전투기사령부는 작전훈련부대에서 배출하는 보충원을 상회하는 피해를 입을 처지에 있었다. 살아남은 비행장교들도 하루에 4회의 출격을 해야 했으며, 한 비행대가 전멸했을 때 그것을 대신할 예비대가 없었다. 런던으로 공습목표를 바꾼 결정은 영국군 비행장에 대한 직접적 압력도 없애주었으며, 전투기부대가 일정한 지역에서만 집중적으로 요격에 나섬으로서 좋은 결과를 거둘 수 있도록 해주었다. 그 1주 전 영국군이 베를린에 공습을 가한 데 대한 히틀러의 분노, 괴링의 당황, 일부 독일 공군 지휘관들의 런던공습이 영국 전투기사령부의 숨통을 끊게 되리라는 일부 독일 공군지휘관들의 믿음, 그리고 일반대중에 대한 공습이 민간인들의 사기를 꺾고 정치적 소요를 일으킨다는 생각이 아직 얼마간 남아 있었던 점 등이 복합적으로 작용하여 이 같은 결정이 이루어졌다. 그러나 그 모든 것에는 한 가지 약점이 기본으로 깔려 있었는데, 잘못된 정보가 그것이었다.

독일 공군 총참모부 정보과 제 5국 외국 공군담당은 1938년부터 1942년까지 후일 "베포(Beppo)"라고 불린 오베르스트 슈미트(Oberst G. Schmid) 소령이 맡고 있었다.[33)]

일찍이 1개국에서 그토록 짧은 시간에 그토록 많은 잘못된 보고서를 제출해, 그토록 참담한 결과를 빚어낸 경우는 또 없었다. 독일 공군의 구조적 약점 중 일부는 그 당시 독일에만 해당되는 것이었으나, 다른 것들은 1990년대 일부 공군참모부에서 현대식으로 재인식된 것도 있었다.

슈미트는 1935년까지 육군장교로서 공중작전에는 전혀 지식이 없었다. D5국의 국장이 되기까지 그는 괴벨스(Goebels)밑에서 일하기도 했고, 괴링의 개인 사무를 봐 주기도 했다. 당시 D5국은 언론 관계 일이나 선전, 검열, 그리고 군 사기 진작 등의 임무도 맡아보고 있었다. 슈미트는 그의 항공 전문가로서의 자격보다는 나치당에서의 정치적, 이데올로기적 친밀성 때문에 D5국장에 임명되었다. 그와 괴링과의 친분 덕분에 그의 영향력은 통상 그의 계급으로 행사할 수 있는 정도를 넘어서고 있었다. 그가 D 5국장에 임명된 것은 독일 최고사령부가 정보 부문을 얼마나 소홀히 여기고 있었던가를 나타내는 것이기도 했다. 괴링은 각국에 파견된 무관(武官)들의 보고를 전혀 참고하지 않았으며, 정보과는 진급 전망이 별로 없는 2류의 또는 흠이 있는 장교들로 채워지는 경향이 있었다. 독일 공군의 공군대학에서, 정보부문은 각광받는 연구분야가 아니었다.

따라서 슈미트는 괴링과 그의 총애하는 참모장 예쇼네크(1938년에 독일 공군은 자력으로 영국을 무찌를 수 있다고 호언장담했던 인물 임)의 말이라면 뭐든지 듣는 사람이었다. 1939년 초 슈미트는 독일 공군이 유럽의 다른 어떤 공군에 비해서도 규모, 질적수준, 무장, 조직, 그리고 '특히 공중전에 대비한 전술 · 작전의 측면'[34]에서 뛰어나다고 괴링과 예쇼네크에게 자신 있게 주장하였다. 괴링은 이 같은 주장을 1939년 9월 3일 베를린에서의 연설에서 공언했으며, 영국은 '우리의 압도적인 우위'[35]를 부정할 수 없을 것이라고 덧붙였다. 또한 슈미트는 영국의 지리적 위치와 산업조건 때문에 공습에 특히 약할 수밖에 없다고 강조했다. 묘하게도 그것은 영국에서도 인정되는 것이었다.

그러나 1939년 5월 펠미 장군의 지휘로 독일 제 2수송비행대가 실시한 훈련 결과는, 서부 잉글랜드 항구를 통한 영국의 해상교역은 폭격의 범위 밖에 있다는 것, 런던에 대한 공포의 공습은 비생산적일 가능성이 높고, 영국 공군에 대한 직접적인 공격은 독일 공군의 치명적인 피해를 유발할 가능성이 높다는 결론을 보여 주는 것이었다. 예쇼네크와 괴링에게는 이런 결론은 듣고 싶지 않은 것이었으며, 펠미는 사령관직에서 이내 물러나야 했다.[36] 그의 후임자 기슬러(Giesler)중장은 영국 공습상의 문제를 더 깊이 연구하고 명료한 결론을 이끌어내 줄 것을 요구받았다.

"1940년에 영국에서 공중전을 감행할 경우 부분적으로만 의미 있는 성공을 거둘 수 있을 것이며, 그것은 전쟁 2년째가 되도록 영국의 전쟁수행 의지를 꺾는 효과를 가져오지 못할 것입니다."[37]

괴링은 이렇게 보고하는 작전참모보다는 그의 '정보'장교의 말을 듣고 싶어했고, 1940년에는 기슬러를 해임하였다.

독일 군은 1939년과 1940년에 폴란드, 노르웨이, 베넬룩스 3국에서 빠르고도 효과적으로 승리를 거둠으로써 자신만만해 졌으며, 슈미트의 주장이 힘을 얻었고, 또 『전투력(Wehrmacht)』에서 최고사령부가 피력했던 견해인, 군사적 성공에 정보는 필수적이지 않다는 견해가 확실히 공고해졌다. 그러나 또 다른 약점이 노출될 상황에 처해 있었다. 영국 정부가 포착했던 것처럼, 영국의 군사·산업 표적에 대한 정찰 정보는 총참모부에 끊임없이 입수되고 있었다. 그러나 이 자료들을 분석해 표적선정에 사용할 기구가 전혀 없었다. D5국에는 기술전문가가 한 사람도 없었다. 표적전문가도 부족했으며, 그나마 있는 사람들도 자질이 부족했다. 영국의 산업력에 대한 평가는 아직도 1937년에 행해진 『청색연구(Study Blue)』에 의존하고 있었으며, 이것은 이후의 공세에 참조가 되었지만 1940년의 시점에서는 무의미해진 점이 많았다.

독일 공군 최고사령부는 특히 잘못된 정보자료에 속기 쉬웠는데, 그것은 케셀링(Kesselring), 쉬펠레(Sperrle), 쉬툼프(Stumpf) 등을 포함하는 많은 공군 지휘관들이 1939년 이전에는 공중전 경험을 가져보지 못했었고, 예쇼네크도 제 1차 세계대전에서 보병으로 참전했을 뿐인 때문이었다. 표적선정 팀에 산업기술 전문가가 없는 상태에서 1940년 여름에 표적이 검토되었는데, 그 표적들은 골황상태를 유발하고 예정 침공로로 진입하는 길을 차단하기 위해 선택된 런던의 주민 거주지역, 폭동을 자극하고 평화협상 제의를 유도하기 위한 노동자 거주지역, 런던의 교통시스템, '신문사 거리' 그리고 '전쟁의 승부처가 될' 미들랜드의 군수산업 센터들을 포함하고 있었다. D5국의 일부 요원들은 '하청 공장들의 집결지를 공격하는 간접적 방법으로' 영국의 항공산업을 공격할 것을 주장했다.[38] 표적의 중요성에 대한 근본적인 분석은 전혀 없었으며, 공군교범 16호에 '가장 중요한 표적'이 선정되고 집중공격되어야 한다고 적혀 있었음에도 교범을 따르지 않았다. 결론적으로 영국의 무게 중심을 파악해 내는 일은 D5국의 능력 밖이었다.

D 5국의 무능에 대한 가장 확실한 증거는 1940년 7월 16일 슈미트가 널리 배포한 정보보고서였다.[39] 그는 그 보고서에서 일반적으로 영국 공군의 전투기 전력을 과소평가하고 있으며, 영국 공군의 승무원 동원력은 비판적 태도를 취하면서도 과대평가하고, 영국 공군의 지휘 구조는 비유연적이라고 평가했다. 또한 레이더에 대해서는 아예 언급도 않고 있었다. 3주 뒤에 그는 영국 군의 레이더를 언급하기는 했으나, 전투기들을 기지 근방에 잡아

두고 중요 지점에 신속히 집중하는 것을 막는 효과 때문에 유연성을 저해하게 될 것이라고 예측했다.[40] 이 부정확한 평가는 독일 공군의 신호청취부(Signals Directorate Listening Services)와 D 5국 사이에 정규 커뮤니케이션이 없었다는 사실에 의해 변명될 수는 없었다. 독일 공군참모부에서는 신호정보를 체계적으로 분석하지 않았다. 사실 1944년에도 신호정보부는 신호정보를 공군참모부와 공유하도록 지시받아야 했다. 1940년에도 다중 센서 정보 조정과 분석이 중앙 차원에서 이루어지고 있지 않았으며, 이 같은 약점들은 1940년 초에 수립된 표적방침을 바로 이끌어 내거나 그것의 개선을 방해하였다. 이 표적방침은 영국 공군처럼 전투기사령부를 설립되지 못하게 했고, 그에 따라 영국의 무게 중심을 파악하지 못하였다. 다시 그 때문에 레이더와 섹터기지들을 표적으로 선정하는 데 별 기여를 하지 못하고, 다시 레이더 기지의 취약성을 제대로 평가하지 못하였다. 결국 런던으로 공습목표를 바꾼 전략적 의미를 평가하지 못하였으며, 심지어 집중해야 할 전략표적군을 파악하지도 못한 것이었다.

독일 공군은 주로 가시성이 높은 표적에 전투력을 집중하고, 또 지상군 전선 활동과 직접 연관이 있었다는 과거 경향에 항상 얽매여 있었다. 이는 1940년까지 정보참모부에서 비슷한 수준의 전문능력을 개발하지 못하게 했으며, 그것은 아마도 제 2차 세계대전에서 가장 결정적인 회전(會戰)에 직접적이고 결정적인 영향을 미치게 된다.

압도적인 전력 우위를 가지고 있다면 정보의 미흡함이 극복될 수 있지만, 전력 차가 그리 크지 않을 때 그리고 특히 전선 투입자원이 제약되어 있을 때는 그렇지 않다. 이 문제는 전쟁 후기에 다시 불거져 나오는데, 그 때는 다른 형태로 나타나게 된다.

폭격기 공세

연합군의 독일 공습은 아직도 논란거리를 만들어 내고 있는데, 폭격기

사령부의 독일 산업지대에 대한 폭격효과 문제, 미군 육군항공대가 주간에 호위 없이 공습을 가하다가 지나친 피해 끝에 실패한 일 그리고 근본적으로 산업 노동자와 그 가족을 구분할 수 없는 대규모 지역 공격의 효능 또는 도덕성 등이 그런 논란의 대상이다.

1994년까지 이런 논란의 대부분은 간혹 격앙된 감정을 유발하였어도, 학술적인 차원의 것이었다. 그러나 걸프전이 일어나고 1990년대 후반 국제 환경이 불확실해지면서 4개의 주제가 커다란 중요성을 지니게 되었다.

그것은 (1) 전략폭격 방침에 대한 '작전적' 고려의 지속적인 영향 (2) 표적선정 정보의 신뢰성 (3) 폭격전의 상위지휘부 (4) 적의 방공체계를 무력화할 때 우선 순위이다.

1944년 11월부터 1945년 1월까지 폭격기 최고사령관 해리스(Harris)와 영국 공군참모총장 포털(Portal)이 폭격 우선 순위에 대해 보인 의견 차이는 일급비밀로 분류된 개인서한에 잘 나타나 있다. 제 1차 세계대전 때의 논쟁을 반영하고, 1990년대의 세대에게 그 동안 얼마나 진보가 있었고 얼마나 진보의 지체가 있었는가를 일깨워주는 그 내용은 세세한 것을 넘어서 볼 때 갈수록 노골적인 의견 교환을 나타내며, 항공력의 발전사에서 큰 중요성을 갖는 것이었다.

1944년 9월 연합군의 연합참모부는 3개 전략폭격기부대 즉 미육군항공 제 8, 제 15 폭격기사령부와 영국 공군 폭격기사령부에 대한 통제계통을 점검했고, 9월 25일에 폭격기사령부는 새로운 우선 순위를 결정해 주는 지시를 전달받았다. "제 1순위는 석유화학 산업, 석유저장고 등 석유(가솔린) 부문에 특히 주안점을 둘 것. 제 2순위는 독일의 철로·수상교통시스템, 전차생산공장, 병기창, 그리고 MT 생산공장 및 창에 주어졌다." [41)]

이 지시문은 아이젠하워의 부관인 테더(Tedder)공군 원수가 포탈에게 보내고, 다시 해리스에게 복사 송부된 문건에 의해 내용이 확대되었다. 50년이 지나 차분하게 이 문건을 보는 독자에게는 그것이 상당히 합리적인 평가를 제시하고 있는 것으로 보이겠지만, 해리스는 그것을 달리 해석했다. 테더는 이렇게 쓰고 있다.

"본인의 생각으로는, 전쟁을 끝낼 수 있는 두 가지의 방법이 있다. 한 가지는 지상 침공이며, 다른 하나는 적의 후방에서 전력과 통제력을 분쇄하는 것이다. 본인은 이 두가지 방법이 상호 배타적이라고 생각하지 않는다. 오히려 그것들은 상호보완적이다."

이것은 바로 46년 뒤 이라크와 쿠웨이트에 대하여 채택된 시각이었고, 명민한 폭격 전문가라면 누구나 동의할 내용이었다. 그러나 테더는 한 단계 더 나아갔다.

"본인은 우리의 항공전력을 지상전투지역에 집중한다고 전쟁을 단축할 수 있다고는 보지 않는다. 또한 우리의 모든 폭격 노력을 독일의 산업·정치 표적에 투입한다고 전쟁을 단축할 수 있다고도 보지 않는다. …… 여러 가지 작전들이 일관성 있는 원칙대로 실시되어야 하며, 그것은 마치 양탄자를 짜듯 정교하게 이루어져야 할 것이다."[42]

11월 1일에 해리스는 테더의 견해에 동의할 수 없다고 포털에게 써 보내면서, 그의 사령부가 감수해야 할 제약조건들을 설명했다.[43] 그는 사실상 전쟁이 "지난 3년 동안 독일 내의 전쟁수행 잠재력을 구성하는 산업표적들에 공습을 집중함으로써 이미 현저히 단축되었다."고 주장했다. 이는 동부전선에서 소련의 성공에도 기여했으며, 지중해에서의 연합군의 성공, 그리고 "프랑스로 진격함에도 보탬이 되었다." 반대로 이탈리아 도시들을 맹폭하지 않았더라면, 이탈리아 전역은 "갈수록 진창에 빠져들었을 것이다." 그 다음의 편지에서, 포털은 해리스에게 자신의 견해를 입증할 근거를 제시하라고 하였다. 하지만 최고사령관의 견해는 체계적인 폭격피해 평가와 전략차원 평가결과보다는 20년간 영국 공군교리에 의해 굳어져온 이념에 의해 지지되고 있었다.

또한 해리스는 영국 육군의 프랑스 내 전술폭격, 해안포대폭격, 「터피츠」(Tirpits)호와 잠수함기지 폭격 등이 '변칙'을 통해 다양한 표적을 변환해서 선정하고 있다고 지적하였다. 그러나 해리스가 지시대로 표적을 공격하였을 때도, 몇 가지 다른 요인들이 개입되고는 했다. 악천후에는 공중표시 조명탄(sky marker)을 사용해야 하는데, 이러한 조건에서는 아주 큰 붓으로 표시해 주어야 할 필요가 있다. 또 '특수장비'를 시험하기 위해 지시 외의 표적들을 선정하였다. 그러나 무엇보다도 '특정 시점에 미치는 기후와 전술적 요인들의 결정적인 효과', 말하자면, 높은 빙점계수를 지닌 구름이라든가 '(적이) 수비를 넓게 펼치고 그것을 유지하도록 만들어' 방어에 필요한 것들이 단순화되지 않도록 하는 것 등이 중요했다. 특수공격은 특수한 표적선정을 필요로 하며, 보통의 공습으로는 그것에 맞는 방식대로의 공격을 완전히 해내지 못한다. "폭격 공세는 그저 표적 리스트에서 하나씩 대상을 지워나가는 식으로 이루어질 수 없다." 이 같은 주장은 다음의 언급과는 다소 부합하지 않는다.

"지난 18개월 동안 폭격기사령부는 60개의 독일 주요 도시 중 45개를 거의 폐허로 만들었다. 침공전개 계획에서 다소 변칙을 썼지만 우리는 이제까지 잘 해왔으며, 심지어 1개월에 21 / 2개 도시 파괴라는 우리의 그간 평균 실적을 상회하기까지 했다. '이 장대한 계획'의 마무리가 독일인들 자신이 '최대의 두통거리'로 생각하고 있는 것, 바로 '육군이 이제껏 해온 것, 그리고 앞으로 해낼 것 이상으로, (공습을 통해) 독일의 패배를 이끌어내는 것이 될 것'이다."

포털은 석유시설에 대한 공격이 중요함을 강조하면서 이에 반론을 제기하고, 해리스가 특정한 표적선정에 대해 주장한 내용에 의문을 제기하였다. 이 두 사람은 14통까지 이어지는 왕복 서한에서 입장 차이가 어찌해 볼 수 없는 것임을 확인했다. 해리스는 적의 석유시설이 소규모이고 대체적으로 산재되어 있어서, 낮에도 특별한 식별수단을 필요로 하며, 야간에는 지상에 식별표시를 해두어야 한다고 설명했다.[44] 그러나 동계에는 청명한 날씨가 고작 8일 뿐이고, 그나마 20퍼센트는 예상 밖의 것이었다. 따라서 서부 독일에 있는 석유시설들을 효과적으로 공격하는 일은 불가능하다는 것이었다.[45] 그 대신 지역폭격을 실시하면 석유시설만이 아니라 그외의 표적들까지 한꺼번에 날려버릴 수 있으리라는 것이 해리스의 주장이었다.

해리스가 거기서 자기 주장을 끝맺었다면, 포털은 해리스 자신도 인정하듯이 지역폭격은 독일이 재건을 꾀하지 못하도록 계속적인 공격을 필요로 한다는 점을 지적했을 것이다. 해리스 이전의 트렌차드처럼, 해리스도 이쪽의 폭격 흐름에 대해 독일 공군이 방위력을 집중하지 못하도록 표적을 일관성있게 변경해야만 했다. 1991년 이라크에 대한 공습 이전까지 폭격기 전력이 전략표적을 동시에, 또 충분히 강력하게 공격하여 결정적인 전력으로 작용한 일은 없었다. 그리고 심지어 그때에도, 이후 8장에서 설명하겠지만, 소기의 효과가 항상 거두어지는 것은 아니었으며, 표적배열은 1944년 당시의 것보다 더 작았다. 하지만 해리스도 '만병통치약(panacea)'적 표적이 식별된 경우에는 표적선정 정보를 공격할 정도까지 되었다. 그가 특히 짜증을 냈던 것은 '경제전부(Minitry of Economic Warfare : MEW)'에서 나온 권고였다. MEW는 '과거에는 항상 볼베어링 공장, 몰리브덴 광산, 수송차 따위를 "만병통치약적 표적"이라고 내세우고는 했는데, 그때마다 정작 공격에 들어가 보면 MEW가 전혀 예기치 못한 변수들이 갈수록 늘어나고는 하였다.'[46] 나중에 그는 이처럼 덧붙였다.

"나는 석유시설을 주 표적으로 삼는 방침에 회의를 느낀다. 앞서 밝혔듯, 나는 MEW에서 발표하는 예상을 어떤 것도 신뢰하지 않기 때문이다. …… 그들의 과거 행태(아마추어적인 무지, 무책임성, 불합리성은 그들의 특수작전국 활동에서 잘 드러나 있다)를 보면 그 같은 불신을 갖지 않을 수 없다."[47]

석유시설에 대한 표적선정이 MEW에 의한 것이 아니라는 포털의 설명은 헛수고였다. 사실 이는 연합전략표적위원회(Combined Strategic Targets

Committee)의 결정으로, 그들은 영국과 미국의 석유 엔지니어들의 자문을 받고 사진자료 분석을 통해 가능성을 조절 거기에 지상정보 보고도 참조하여 결론에 이르렀던 것이다. 1944년 초 플로에스티(Ploesti)와 부쿠레시티(Bucharest)에 대한 공습이 처음에는 63퍼센트까지 부정확하게 이루어졌으나 "이후 2개월 내에는 상당히 정확해질 수 있었다. ……비록 일부 경미하지만 의미가 큰 실수가 있기는 했어도"[48]로 바뀌었다는 문건이 증거로 남아 있다.

"석유시설에 대한 공습이 독일의 군사력에, 특히 항공력에 미칠 궁극적이고 누적적인 영향은 이제 문서로 잘 뒷받침할 수가 있다. 연합군의 기술·산업 정보력이 독일측 보다 현저히 앞서 있었다는 사실도 이제는 분명하다. 그럼에도 불구하고, 기술·산업 정보에는 실수가 있었으며, 심지어 석유시설에 대한 공습이 진행되는 중에도 대체적으로 부정확한 분석만을 내놓을 수밖에 없었다. 그 결과 수천 톤의 폭탄이 낭비되었으며, 별 가치가 없는 임무 수행 중에 수백 명의 승무원들이 목숨을 잃었다."

이런 문제는 지역폭격에 관한 논쟁에서 전혀 다루어지지 않았었다. 사막의 폭풍작전은 전략폭격에 대해 확실하고 신뢰 가능한 표적정보를 확보하려면 아직도 개선의 여지가 있다는 사실을 보여 주었다.

1945년 1월 중순까지, 폭격의 우선 순위를 결정하는 책임소재 자체가 논쟁의 대상이 되었다. 1월 18일에 해리스는 석유시설을 우선 목표로 하는 방침에 반대 의견을 마지막으로 제시했고, 또한 그 같은 방침을 계속 추진할 경우 이제껏 폭격기사령부가 이룩한 모든 것이 무너지고 말 가능성이 있다는 우려를 표명했다. 그는 절차 문제를 날카롭게 따졌다.

"본인은 공군성으로부터 표적목록을 전달받을 뿐입니다. …… 그 우선 순위는 항상 저와 껄끄러운 사이였던 본인의 전임자가 위원장인 위원회에 의해 정해지는 것이고, …… 따라서 본인은 그들이 정해준 우선 순위의 범위 내에서, 전술적·기상 조건적 제약을 감수해 가며 그 리스트에서 표적을 고를 권한밖에 없습니다. 말하자면 폭격기총사령관이란 사람이 전술·기술 사항과 인사관리 정도밖에 할 권한을 갖지 못하고, 다른 사람들은 전략 구성에 직·간접으로 영향을 미치며 임시적으로 폭격기사령부의 전반 임무를 좌우하면서 총사령관에게 사전 조언 한 번 구하는 일이 없고, 그런 반면 결과에 대한 책임은 모두 총사령관이 지게 되는 것입니다. 말하자면 이것은 아주 기묘한 상황인 것이며, 그것이 과연 개선할 수가 없는 것인지 본인은 의문을 가지지 않을 수 없습니다."[49]

해리스 사령관이 석유시설 공습 방침을 불신한다는 사실이 가장 뚜렷하게 드러난 것이 이 서한이었으나, 그는 이 방침을 보완하기 위해 최대한 노력하고 있음을 보여 주면서, 실패가 불을 보듯 뻔한 방침이 아닌 해리스 자신의 태만으로 일을 그르쳤다는 소리를 듣지 않도록 노력하기도 하였다. 이것은 그에게 '견디기 어려운 상황'이었다. 그가 계속 그처럼 행동해야 할지를 결정하는 것은 공군참모총장의 소관이었다.

포털의 답장은 해리스의 곤란한 개인적 처지와 그의 연합군 전쟁수행 방침에 대한 도전, 이 두 가지를 적절히 조정하려는 것이었다고 알려져 있다. 그러나 앞 절에서 보다시피, 한 가지 목표만 끈질기게 추구하다 보면 항공력의 가장 값진 자산인 유연성을 해치게 되는 것이다. 포털은 다음과 같이 쓰고 있다.

"본인은 폭격기사령부가 북부 노르웨이에서 오스트리아에 이르는 지역의 무한히 다양한 표적들을 공격할 능력이 있음을 확신하며, 그 폭격 우선순위의 방침이 타군과 작전할 때와 전선에서 다른 동맹국들과 협조해야 할 때에 긴요하다고 여겨지면 그것이 전쟁수행시 일차적인 방침이 되어야 한다고 생각하오. 해군이나 육군의 사령관은 영향을 미칠 수 있는 영역이 상대적으로 좁소. 그의 적은 그의 바로 눈앞에 있는 적들이며, 그가 할 수 있는 모든 것은 자신과 접촉한 적을 무찌르는 것뿐이오. 그 일에 있어서조차도 그는 상부의 지침을 받는 것이오."[50]

항공력의 무소부재(無所不在)성과 유연성에 수반되는 것은 항공력이 한 가지 역할에만 집착해서는 안 된다는 명제였는데, 지금 폭격기사령부는 바로 그런 길로 가고 있었다. 핵시대에 들어와 영국 공군과 초창기의 미 공군은 다시 한 번 이 같은 맹목으로 치닫게 된다. '독립된 항공력'의 탄생에 대한 질시는 공군이 자신들의 전문영역에서조차도 우위를 드러내고 그 결과 자신들이 종속되고 배제될 것을 두려워한 육군과 해군의 태도에 의해 증폭되었다. 따라서 육군과 해군측의 표적 다양화 요구를 공군지휘관들이 거부하고 있던 이 상황에서는 하나 이상의 아이러니가 있다. 이 문제는 뒤에 B-2 같은 총체적 무기체계의 역할이 오직 미 공군의 전략 차원에서만 논의되었을 때 더 선명하게 부각되었다. 실제적으로 '무소부재성'이란 타군이 역점을 두고 있는 분야에 항공력이 기여할 수 있음을 의미했다.

나중에 한국과 동남아시아에서 벌어진 전쟁들에서, 항공정책 결정자들과 그것을 집행할 지휘관들 사이에 마찰은 더욱 심화되었다. 다행히도 1990-1991년의 걸프전에서 역할이 분명하게 배분되고, 정책결정자들과 지휘관들이 이를 모두 무리 없이 받아들인 일은 장래를 위한 모델이 될 수 있다. 그러나 공군과 해군의 사이에도 그 같은 모델이 적용될 수 있을지는 아직 의문이다. 포털과 해리스의 대립 이면에서 끓어오르고 있던 또 다른 문제는 1945년 1월 8일 포털에 의해 갑자기 모습을 드러내었다. 독일의 전투기 생산공장에 대한 연합군의 공격이 별 소득이 없지 않았느냐는 해리스의 공격에 맞서, 포털은 "미 공군이 전투기 생산공장 대신 도시를 폭격하는 일에 폭격기사령부와 뜻을 같이 했다면, 전체 연합군 공세가 교착 상태에 빠지고 말았을 가능성이 얼마든지 있소. 아주 간발의 차이로 그들은 제공권을 잡고, 오버로드 작전이 벌어질 때 그 상공을 깨끗이 비워 주어서, 그 작전이 성공할 수 있게 해 주고 석유시설 공격을 부담 없이 할 수 있게 해 주었던 것이오. 이 일은 영국 공군참모부가 당시 미군에 감사 표시를 분명히 했던 일이고 ……"하고 과거를 상기시켰다. 그 다음에 포털은 1943년 4월 12일의 합동

폭격기 공세계획을 인용하여, 유럽대륙 내에서 연합군의 합동공격으로 독일군의 전투기 전력증강을 저지하기로 결정했던 사실을 지적했다. 그 다음에 포털은 해리스의 작전계획을 정면으로 비판할 뿐만이 아니라 지난 20년 동안 너무나 쉽게 받아들여져 온 교리까지 비판했다.

"그러므로 지역폭격을 충분한 규모로 장기적으로 실시한다면 결국에는 적을 항복하게 할 수 있겠지만, 적의 대응수단 때문에 결정적인 시점까지 그런 공세를 계속할 수는 없는 것이오. 공세를 잃지 않기 위해서 우리는 정밀공격에 의존해야만 하오."51)

지역폭격에 대한 이 묘비명은 다름 아닌 전임 폭격기사령부 사령관에 의해 씌어졌다. 그 자신 또한 대전 중간기 영국 공군 폭격기학교의 산물이었다. 1945년 1월 해리스는 국민영웅이 되었다. 그는 자신의 방침을 굳게 믿고 있었고, 그는 자신의 휘하 장병들에게 그 신념을 주입했는데 전후에 해리스에 대해 상당한 비난이 쏟아지고 그 시기에 자신들도 많은 피해를 입었음에도, 그들은 해리스에 대한 충성과 애정을 버리지 않았다. 그 같은 상황만 아니었더라면, 포털은 그를 틀림없이 해임하였을 것이다. 그들 사이에 오간 서신은 전쟁이란, 사람에 의해 진행되는 것이고, 한 부문에서 최고의 자리에 오르는 사람은 보통 탁월한 판단과 행동으로 빛나는 성공을 거두어 온, 비범한 특성을 지니는 사람이라는 사실을 상기토록 해 준다. 그들은 오류가 생겼을 때 그것을 쉽게 받아들이지 못한다. 그러나 이 같은 식의 정책상 외견 불일치나 다른 상위 관계를 무시하는 개인적 적대감은 전시에 용납될 수가 없는 것이다.

다행히도 1945년 당시 연합군이 지상과 공중에서 잡고 있던 패권은 매우 강력해서, 지휘관들 사이의 개인적 알력으로 인한 문제가 전쟁의 결과에 큰 영향을 미치지는 못했다. 하지만 항상 그렇지만은 않을 것이다. 아무튼 공군 지휘관은, 해군이나 육군의 지휘관처럼 결단력과 고집의 차이를 구분할 줄 알아야 하며 또 협력과 굴복의 차이도 구분해야 한다. 가용자원이 적을수록 알력은 커지고, 문제가 복잡할수록 결단력과 협력의 필요성도 커진다. 항공력의 지난 한 세기에, 육군과 해군만이 예기치 못한 문제에 직면했을 때 혈전증(血栓症)을 일으켰던 것은 아니었다.

1944년에 영국과 미국의 폭격기들이 직면하고 있던 문제는 독일 공군 즉 싸워야 할 적국이었다. 자체 방어하는 폭격기들을 동원해 대규모의 공습을 실시한다는 대전 중간기의 미공군 교리가 처음에 적용되었지만, 그것은 쉬바인푸르트 공습의 재난 이후 끝장이 났다. 장거리 호위 전투기의 등장과, 1월 21일 둘리틀(Doolittle) 장군이 호위기들에게 "적기를 격퇴하는 데 만족하지 말고, 적극적으로 쫓아가 적을 분쇄하라"[52]고 지시한 것은 소모전의 시작이었으며 포털이 언급한 그대로의 결과를 낳았다. 노르망디 상공 그리고 나아가 전 공중에서 연합군이 제공권을 장악하게 된 것은, 1944년 2월 독일의 전투기 생산공장에 대한 집중공격보다는 이후 갈수록 일방적이 된 미 공군과 독일 공군 사이의 공중전 때문이었다. 2월 19일 당시 일 주일 동안 미 공군은 227대의 폭격기를 잃었고, 영국 공군은 157대를 잃었으나, 같은 기간에 독일 공군은 282대의 전투기를 잃었다.[53] 그것은 그 작전 전력의 1/3이상 규모였으며, 동시에 100여명의 보충 불가능한 베테랑 파일럿들, 지휘관들도 희생되었다. 아규먼트(Argument)작전에서는 연합군의 항공대원 5천명 이상이 전사하거나 포로가 되었으나, 미 공군의 제 8전투기 사령부는 그 주(週)가 끝날 때쯤에는 주초보다 90퍼센트 많은 P-51 무스탕(Mustang)을 보유할 수 있었다. 연합군이 잃은 많은 항공기들은 재빨리 보강되었으나, 독일 공군은 그럴 수가 없었다. 3주 동안 거의 쉬지 않고 전투를 수행한 뒤, 스파츠(Spaatz) 장군은 아놀드(Arnold) 장군에게 다음과 같이 친전을 보냈다.

"지난주의 작전들은 독일 전투기대를 전투로 끌어내려는 데 주목적이 있었습니다. 이 공격은 일체 기만술을 사용하지 않고 실시되었습니다. …… 적의 전투기 생산능력을 파괴하고 그들의 전투기 전력도 크게 피해 입힌 완전한 효과를 측정하기에는 아직 이르지만, 우리가 공중전에서 주도권을 쥐고 있다는 것만큼은 의심할 필요가 없습니다."[54)]

어떤 전쟁에서나 싸움에 뛰어들지 않고 적에게 피해를 입히는 것이 최선이다. 공중전에서 일시적인 기술상의 우위가 그것을 가끔 가능하게 하였다. 1917년에는 고타 폭격기들이 그것을 잠시동안 성취했고, 제 2차 세계대전의 말엽에는 모스키토(Mosquitto)들이 그것을 달성했다. 그리고 걸프전에서는 F-117가 그것을 달성했으며, 스텔스 기술은 그 같은 공격시의 유리함을 앞으로 상당기간 보장해 줄 듯하다. 그러나 공중전의 1백년 역사를 놓고 본다면 그 같은 유리함이 가능했던 시기는 극히 짧았다. 전략목표가 무엇이든, 충분히 중요하기만 하면 적은 방어할 수단을 찾기 마련이고, 이내 일방적인 공격자 측의 유리함은 사라지고 전투가 재연되어, 결국 소모전에서 누가 먼저 지치느냐가 결정적인 요인이 된다. 제 2차 세계대전에서, 적의 내지로 직접공격이 가능하며 따라서 참호전을 불필요하게 만들 것이라고 약속되었던 무기 자체가 질질 끄는 소모전을 초래하였다. 모두 55,573명의 폭격기 사령부 대원이 전사했으며, 영국 공군 전체로는 70,253명이었다. 미 공군은 이 연합공세에서 35,000명을 잃었다. 영국 육군은 전쟁 전 기간 동안 147,000명을 잃었다. 제 1차 세계대전에서 대영제국 전체의 장교 전사 인원이 38,834명에 지나지 않았는데, 한 저명한 역사가가 지적했듯이 "국가의 엘리트들에 대한 이 같은 학살은 이 전쟁의 가장 비극적이며 애석한 손실로 널리 간주되고 있다." 는 점은 대단히 주목할 만하다. 그러나 1939년에서 1945년까지 영국이 겪은 피해는 이보다 훨씬 큰 것이었다.[55)]

여기서 제 1차 세계대전과의 비교는 끝난다. 세계대전에서 항공력은 오직 주변적인 역할만 담당했으나, 제 2차 세계대전 때에는 내내 주도권을 쥐었을 뿐만 아니라, 전략폭격 공세가 없었다면 그 결과가 매우 달랐을 수도 있었다. 영국전투는 영국이 항복하지 않을 것임을 분명히 하였고, 그 후 4년 동안 영국이 독일과 싸울 수 있었던 방식은 공중전뿐이었다. 그 결과 독일은 한 순간도 소련과의 전쟁에 항공력을 총동원할 수 없었고 그렇게 하지도 않았다. 반면 1944년 6월 말 소련이 벨로루시에 공세를 폈을 때, 독일 전투기 전력의 고작 1/3만이 소련군을 상대하러 나섰으며, 2/3는 서부전선에서 연합군을 상대해야 했다.[56] 그러나 더 중요한 일은 당시 독일전투기 전력이 군수생산에서 우선 순위를 받고 규모가 팽창했음에도, 4년 동안 끊임없는 전투를 벌인 끝에 거덜이 났다는 것이었다. 1944년 6월에 독일 공군은 프랑스와 독일에서 1,441대의 전투기를 잃었으며, 연합군의 막강한 전력이 공중으로부터 방해를 전혀 받지않고 상륙하고 있었다. 이것은 3년 전 영국전투 때의 상황과 대조가 되는 것이었다.

폭격공세가 없었다면, 독일군은 동부전선과 그 외 작전지역에 집중했을 수 있었다. 또 본토 방공에 자원을 차출하고 V1, V2 같은 보복용 테러무기를 개발하느라 별도의 자원을 투입할 필요도 없었을 것이다. 영국과 미국이 미치지 못하는 가운데 유럽대륙의 전쟁은 결판이 났을 수 있고, 유럽의 지도는 완전히 다른 모습이 되었을지 모른다. 이론가들은 적의 심장부를 가격할 수 있는 공격력을 예측한 것은 옳았고, 그 같은 공격이 그 자체만으로 결정적인 힘을 갖는다고 본 점은 틀렸으며, 적이 육지와 해상에서처럼 공중에서도 방위력을 동원할 것이라는 점은 내다보지 못했다.

히로시마 이후, 듀헤의 이론이 결국 입증되었다고 보는 사람들이 있었다. 그러나 듀헤의 이론에서 한 가지 일관적이고 객관적인 분석은 과거의 것을 대상으로 하고 있다.

"원자폭탄은 이제 몇 안 되는 폭탄으로 한 나라를 파괴할 수 있게 만들었기 때문에 듀헤의 이론을 뒷받침하는 듯이 보인다. …… 그러나 듀헤가 옳다는 이유가 단지 핵의 대학살이라면, 그는 전혀 옳지 않다."[57]

1945년까지 몇 가지의 잘 정리된 항공력 이론들이 이전의 예측들을 대치했다. 예를 들면 오마 브래들리(Omar Bradley) 장군은 다음과 같이 말했다.

"제공권의 절대적이고 기본적인 중요성을 인정할 때, …… 그 용어를 적절히 사용하려면 그것을 공중통제권을 유지하는 것으로 간주해야 한다. 그래야만 공중에서 뿐만이 아니라 지상과 해상에서 적을 공격할 때 그 요소를 무제한적으로 활용할 수 있게 되기 때문이다."[58)]

또는 미국의 전후 「미군 전략폭격 조사」에 의하면, "대독전에서의 경험은 일류의 군사강국이라 해도(독일이야말로 자타가 공인하는 강국이었다.) 그 내지를 지키기 위해 공군력을 대규모로 투입하는 것만으로는 오래 버틸 수 없다는 것을 시사하고 있다."[59)]

스파츠 장군은 전략적 항공력에 대하여 "이제까지 알려진 최강의 무력이다. 그 이유는 그것이 널리 분산된 지점으로부터 특정 표적에로 힘을 집중할 수 있다는 것, 육·해군이 미칠 수 있는 범위를 넘어서 핵심표적에 종심타격을 가할 수 있다는 것, 그리고 제한된 수의 표적체계에 집중할 경우 힘의 경제(economics of the force)가 가능해진다는 점에 있다. 요컨대 전략폭격은 거대한 산업국가의 심장을 멈추게 할 수 있는 사상 최초의 무력이다."[60)] 라고 하였다. 이 부분까지 스파츠 장군은 전후 항공력 열광자들의 희망에 그저 동의하고 있을 뿐이다. 그러나 그는 한발 더 나아간다.

"이 전쟁에서 전략적 항공력이 일차적으로 그리고 절대적으로 요구되는 부문은 지나친 희생을 내지 않고 작전을 지속적으로 수행할 수 있도록 제공권을 확보해 주는 것이다." 라고 하면서 또한 다음과 같은 내용으로 이 문장을 끝맺을 수 있었을 것이다.

"제공권이 전략폭격을 가능하게 해주는 것이며, 전략폭격의 결과 제공권이 확보되는 것이 아니다."

1945년 7월 항공력의 이론과 실제는 처음으로 하나가 된 듯 했다. 그러나 8월에 나가사키와 히로시마에서 원자폭탄이 터지면서 다시금 이론과 실제의 불일치가 나타나고 그것은 다른 이유에서기는 했지만 첫 번째 불일치만큼 오래 지속되었다. 그러나 이제 그 이론이 동서간 대결을 좌우하고 있었던 한편 세계의 다른 지역의 항공력 활용은 보다 실제적인 영향에 놓이게 되었다. 이 같은 대립은 3장에서 다룰 것이다.

다양한 기여

제트엔진, 지대지탄도미사일, 지대공미사일, 레이더 그리고 원자폭탄은 제 2차 세계대전이 낳은 가장 돋보이는 발명품들이다. 일정한 변화과정을 거쳐, 이 발명품들은 시너지효과를 내며 공중전에 큰 영향을 미치게 된다. 예를 들면 압축 강화된 조종석과 강력한 엔진을 갖춘 대형 항공기는 공중수송력 강화에 바로 도움이 되었고 한편으로 공중급유기, 사령부 신설, 통신·통제 시스템을 갖춤으로써 지상작전에 활용이 가능해졌다. 전자전은 기동력과 더 큰 동력 공급을 확보함으로써 강화될 수 있었다. 항공기 기체가 강력한 엔진과 그에 필요한 다량의 연료를 견딜 수 있게 커지면서 항공기의 속도와 지구력은 더 이상 상호 배타적이지 않게 되었다. 1945년에서 1995년까지 항공력에 영향을 준 혁신으로는 이 외에 두 가지가 더 있었을 뿐이다. 우주공간의 이용은 적어도 그 초기에는, 대체로 통신수단의 발달 부문에 국한되어 있었다. 그러나 두 번째의 혁신인 마이크로프로세서는 항공력이 이미 지니고 있었던 시너지효과를 현저히 증폭했다. 그것은 통제력을 끌어올리고 의사결정의 속도를 높였으며, 위력과 정밀성을 비례적으로 높이는 한편 중량, 부피, 필요 추진력은 낮추었다. 다른 말로 하면 마이크로프로세서는 항공력의 여러 역량을 높이면서 공중작전시 필연적으로 수반되는 여러 제약을 줄인 점에서 그 어떤 단일한 혁신보다도 더 돋보였다.

이 시너지효과는 1991년 1월 이라크 상공에서 그 면모를 과시했으며, 공군지휘관들 사이에 꿈같은 낙관론이 돌도록 하였다. 사막의 폭풍작전에 대해 그들이 가졌던 신념에 대해서는 두 가지를 인용할 수 있다.

"나는 지난 전쟁의 뚜렷하고도 중대한 교훈이 현대전에서 항공력이 주된 요인이라는 것, 비록 그것을 활용하는 방법은 변화해도, 국가의 운명을 힘이 결정하는 한 계속 주된 요인이라는 것임을 확신한다."[61]

"좋든 나쁘든, 오늘날 제공권의 확보는 군사력의 최고의 과시가 된다. 그리고 해군과 육군은, 아무리 필요하며 중요하다고 해도 종속적 지위를 감수해야만 한다. 이것은 인간의 역사에 있어 중대한 이정표이다."[62]

이 인용문의 내용은 1991년에도 적용되었다. 그러나 사실 첫 번째 것은 영국 공군원수 테더 경이 1947년 캠브리지 대학에서 행한 연설에서 뽑은 것이고 두 번째 것은 1949년에 처칠이 MIT대학에서 발언한 것이다. 그들은 모두 제 2차 세계대전을 염두에 두고 말하였다. 1945년에서 1991년까지의 전쟁사를 대략 눈여겨보아도 사막의 폭풍작전 이후에 똑같은 발언을 하는 것에 주의해야 함을 알게 될 것이다.

1950년 세계대전 이후 처음으로 중대한 국제전이 한국에서 발발할 때까지, 이미 많은 전쟁이 세계의 여기저기에서 일어나고 있었다. 그것은 주로 영국과 프랑스의 옛 식민지들에서 발생했다. 그것들은 대게 '전쟁'이라고 불리지는 않으며, '사태(emergency)'나 '분란(insurgency)'으로 인용된다.[63] 이들 분쟁의 일부는 제6장에서 논의될 것이다. 여기서 알제리의 예를 제외하면, 항공력은 어디에서도 '주된 위치'를 차지하지 못했으며 대체로 부수적인 역할만을 했다. 항공력은 주로 전술기동과 위협공격에만 동원되었다. 전략폭격의 기회는 없었으며, 지형과 기후가 대체로 항공작전을 지속적으로 펼칠 수 없게 만들었다. 디엔 비엔푸(Dien Bien Phu)에서는 주의 깊게 배치된 대공포 때문에 항공력이 맥을 못 추었다. 인도차이나와 그 외 모든 식민지 해방전에서, 제국주의 세력은 제공권을 완벽하게 장악하고 있었으나 그것은 정치적으로 아무런 영향을 줄 수 없었다. 그 결과 1939년 이후, "제공권을 장악하고 있는 국가가 패한 적은 없다."[64] 주장은 전쟁을 항공력의 차원에서만 이해하는 것이 되었다.

반면 알제리에서는 프랑스가 전술기동, 정찰, 위협공격, 후퇴차단 등의 역할에 헬리콥터와 고정익기들을 대대적이고도 재치있게 운용하여 적에게 승리를 거두었다. 그 후 한 세대가 지나 남서 오만(Oman)에서는, 대략 비슷한 지형조건에서, 얼마 안 되는 영국 공군기들이 반란활동을 억제했다. 그러나 군사적 상황 추이는 지상에서 결정되었으며, "공중지원이 기여한 제한적인 부문은 사태의 진전에 별 영향을 미치지 않았다."65)

한국전 자체로 보면, 항공력은 통계상 대규모로 사용되었다. UN군은 4년동안에 1백만 회 이상 출격하여 476,000톤의 폭탄을 투하하고 2천 대의 항공기를 잃었다. 이 전쟁의 초기 몇 주 동안에 미군기들은 부산(釜山)을 둘러싼 지역의 전투에 개입, 완벽한 제공권을 장악하고 속수무책인 북한의 지상군에게 상당한 피해를 입혔다. 그 이후 북한의 도로와 철로를 차단하여 인천(仁川)을 고립케 했고, UN군이 북한으로 쳐 올라갈 수 있는 바탕을 마련해 주었다.

그러나 항공력이 전쟁을 주도할 것이라는 예측은 한국전에서 많은 장애에 부딪쳤다. 핵무기는 그에 합당한 표적이 드물기도 했지만 일단 정치적으로 사용 불가능했다. 중국의 전투기들은 압록강 건너편의 공군기지에서 마음놓고 활동할 수 있었다. 공중차단으로 북한의 보급 흐름을 늦추기는 했으나 완전히 멈추게 할 수는 없었다. 그것은 운송로가 분산되어 있었고, 낮에는 은폐되었다가 야음을 틈타 수송하는 경우가 많았기 때문이다. 항공력은 1950년 11월의 중국군의 개입을 막지 못했으며, 공중정찰을 통해 그들이 압록강을 건너려 준비하는 것이나 접근하는 것을 모두 파악하지 못했다. 이후 인해전술식의 중공군측 수송은 공중 차단에 대해 효과적이었고, '전략' 폭격은 적의 무게중심을 파악할 수도 없는 상태에서 포기되었다. 보다 북쪽으로, UN군 폭격기들의 희생을 줄이기 위해 좀더 북쪽 압록강을 따라서 끝없이 시도된 제공권 확보전이 마침내 UN측 승리로 돌아갔다. 그러나 그것은 지상전이나, 전쟁의 최종 결과에 거의 영향을 주지 못했다. 그럼에도 불구하고 이 전쟁은 하나의 예외로 취급되었으며, '항공력의 지배'라는 이론을 부정하는 것으로 여겨지지 않았다.

한편 다른 곳에서는 항공력이 있든 없든 관계없이 분쟁이 일어나고 있었다. 신속한 전력보강으로 1961년 이라크의 쿠웨이트에 대한 위협이 억제되었다. 영국 공군이 1965년 말레이시아의 버터워스(Butterworth)에 핵무기 발사능력을 갖춘 'V' 폭격기들을 한껏 거창하게 파견한 것은 지나치게 열이 올라 있었던 인도네시아 정부를 억제했으나, 사실 '충돌' 자체는 보르네오(Borneo)섬의 정글 국경지대에서 벌어지고 있었다. 1965년의 인도-파키스탄 전쟁에서는 제공권이 쟁탈 목표가 된 적이 한 번도 없었으며, 항공력은 대체로 공중지원에만 사용되었고, 그나마도 국제적 금수조치 때문에 전력의 바닥이 드러나고 말아 항공력은 이내 사용되지 못했다. 남아시아의 여러 소규모 분쟁에서도 항공력은 부차적인 역할만을 했다.

한편 베트남전에 항공력이 기여한 바를 둘러싸고는 논쟁이 끊이지 않는다. 한쪽에서는 워싱턴에서의 정치적 제약과 개입으로 항공력이 마음껏 활용될 수 없었으며, 단 한번 라인벡커 II(Linebacker II) 작전시에(1972년 12월)는 항공력이 전력 투입된 결과 정치적 목표가 달성되고 북베트남 정부가 협상테이블로 나오지 않을 수 없도록 만들었다고 한다. 다른 주장에 따르면 당시에는 명확한 정치적 목표가 없었다고 한다. 또한 적의 무게중심을 파악하는 데 실패했고, 전술적 우선 순위가 혼란을 겪었으며, 지휘·통제가 중복되고 부처간 경쟁의 와중에 있었다. 그리고 표적선정이 부적절했고, 북베트남의 비행장에 대한 보복공격 금지, 작전지역 전문가 양성에 실패, 반복적이고 비유연적인 공습루트, 적절치 못한 지형과 좋지않은 기후 등 다양한 요인들이 한데 합쳐져, 정치적 제약과는 상관없이 이 작전지역에서의 항공력의 위력을 억제했다.

미군은 베트남전에서, 고정익기로 1백만회 출격했고, 헬리콥터로 370만회 출격했는데, 북베트남에서 7백 명의 비행대원이 전사했고, 모두 3,700대의 고정익기와 4,900대의 헬리콥터가 격추되었다. 헬리콥터와 고정익기에 의해 양호한 공중근접지원이 제공됨으로서, 10년 전 프랑스가 겪어야 했던 재난은 피할 수 있었다. 적의 SAM 위협은 ECM과 와일드 위즐(Wild Weasel) 대방공 무기에 의해 격파되었다. 정밀유도무기가 등장하여 특히 교량공격에 대단한 위력을 과시했고, 북베트남의 항공기들을 그 공군 기지와 함께 공격하는 것이 불가능했음에도 제공권이 확보되었다.

하지만 항공력이 베트남전을 '주도'할 권한을 부여받은 것과, 상황이 여러 가지로 그 위력을 감소케한 것 등과 관계없이 결과는 마찬가지였다. 항공력은 그 결과를 결정하지 못했으며, 북베트남 정부가 1973년에 협상 테이블로 나온 이유도 단지 B-52기들의 하이퐁 공습에 굴복했다기 보다는 아마 더 복잡한 것이 있었을 것이다.

후배들의 귀감이 되며 학식 있고 용맹한 미공군의 한 분석가에 의해 베트남전의 항공전(Air Campaign)을 다른 방식으로 이해하려는 시도가 있었다. 그는 항공력을 정치적 필요조건 변화와 연결짓는 방법을 검토하여 다음과 같은 결론을 내렸다.

"알 수 없는 일은 당시 공군 지도자들이 자신들의 교리를 베트남전 내내 옳다고 확신했었다는 점이다. — 그것은 장래 시점에나 옳았을 것이다. …… 공군에게 있어 베트남전 중 대부분 시간의 게릴라전은 비정상적인 것으로 인식되고 있었고…… 폭격전 교리는 낡은 재래식전에 기초하고 있었으며, 그러한 교리가 어떤 전쟁에도 적합하다는 생각이 공군 전체에 만연되어 있었다.…… "66)

항공력이 아프가니스탄전에 기여한 것 역시 제6장에서 자세히 검토될 것이다. 소련의 제공권은 지상군에 의해 위협당했으며 항공력 이외의 많은 요인이 소련의 후퇴를 불러왔다.

1980년대에 이란과 이라크는 서로 싸워 교착상태에 빠졌다. 이란은 처음에 항공력에서 우위에 있었으며, 미국으로부터 얻은 F-14, F-4등 팔레비 왕조의 유산인 훌륭한 공군력이 있었다. 이란공군은 모술(Mosul)과 키르쿠크(Kirkuk)의 석유시설, 댐, 석유화학 단지며 바그다드시 등을 수 차례 공격하였다. 그러나 어느 쪽도 주로 지상전으로 전개된 이 전쟁에서 충분한 수의 공중지원기를 보유하지 못했으며, 점차적으로 무기, 항공기, 부품 등을 대 주던 미국의 외면으로 이란공군은 힘도 제대로 써보지 못한 채 사그러들게 되었다. 이라크 공군은 1983년 프랑스로부터 몇 기의 '쉬페르 에탕다르(Super Etendard)' 장거리 공격기들과 AM-39 스탠드오프식 공대함 미사일을 구입할 때까지 전술적으로든 전략적으로든 대규모 공격을 실시하려 하지 않았다. 이들 무기는 엄호를 받으며 이란의 석유시설과 페르시아만의 선적장 공격에 사용되었다. 1987년 5월 그들은 실수로 미국의 구축함 「스타크(Stark)」호를 공격, 37명의 선원을 죽게 하고 또 많은 부상자를 내었다. 1년 뒤 페르시아만을 항해하는 미 해군들은 한껏 높은 긴장 상태에 들어 있었고, 미군의 「빈센느(Vincennes)」호는 최첨단 이지스 방공시스템을 사용해서 적기라고 판단된 내습 항공기에 미사일을 발사했다. 그러나 그 항공기는 200명 이상의 승객을 태운 이란 민간항공기였고, 승객은 전원 사망했다. 결국 이 전쟁은 예상 밖의 분위기를 몰고왔으며 제 3세계의 최강국들 중 둘이 격돌했음에도 항공력은 그 결과에 아무 영향을 미치지 못했다.

한편 저 아래쪽 남반구에서, 영국은 아르헨티나의 포클랜드(Falkland) 침공에 예상 밖으로 강경하게 대응했다.[67] 여기서는 항공력이 양측 모두에게 전략·전술 구성에 영향을 주었다. 아르헨티나의 지상발진 항공력은 영국 해군 함정들을 잔인하게 부쉈으며, 결국 영국 항모들이 최대작전가능 범위까지 항해하며 이 섬들을 겨누어야 하게 되었다. 아르헨티나측 폭격이 정확했더라면 영국 해군의 피해는 더욱 컸을 것이다. 포트 스탠리(Port Stanley) 비행장에 대한 한번의 '벌컨(Valcan)' 폭격기 공격은 아르헨티나 본토에서 '미라쥬(Mirage)'들을 방어적으로 재배치하도록 강요하였다. 그러나 이와는 반대로 아르헨티나 항공모함의 배치는 항공력이 아니라 영국 잠수함의 위협으로 저지되었다. 단기적이고 소규모적으로 포클랜드전에서 항공력은 분명 그 결과에 큰 영향을 미쳤다. 그러나 근본적 또는 지리적 조건에서 볼 때도, 해군력이 주된 무력이 될 수밖에 없었다.

요약하면 많은 전쟁들 즉 한국전이나 베트남전 같은 대전에서부터 이란-이라크 전, 그리고 소규모였으나 결정적이었던 포클랜드전에 이르기까지, 테더와 처칠 그리고 그외 수없이 많은 항공력 열광자들의 예측은 들어맞지 못했다. 마크 클로드펠터(Mark Clodfelter)가 그의 베트남전 연구에서 그토록 유려하게 제시한 것처럼, 항공력이 효과적으로 운영되었다면, 그것은 소기의 정치적 목적달성과 유리한 전략환경 조성에 일조했을 것이다. 전쟁수행을 주도하는 항공력의 역량은 정치적 목적을 비롯한 여러 가지 요인들의 산물이다. 그러한 요인에는 개전 초기에 위력적인 항공력을 보유하고 있느냐의 여부, 그것을 전투 중 계속 유지할 수 있는 능력, 그것을 활용하려는 정치적 의지, 항공력에 대한 방어의 수준, 지형 ·기상조건, 기술수준 그리고 양측이 용인할 수 없는 피해와 사상자의 수준 등이 포함된다. 이 같은 요인들은 훨씬 더 늘어날 수도 있고, 개별 요인마다 차이가 있지만 해양력과 지상군에 마찬가지로 적용할 수도 있다. 1945년에서 1991년 사이의 기간 중 한가지 예외는 이스라엘과 인접 아랍국가들 사이의 그칠 줄 모르는 분쟁의 경우였다.

국가적 수단으로서의 항공력

1948년 5월 이스라엘이 독립했을 때, 처음 영토는 텔 아비브(Tel Aviv)에서 동쪽으로 2마일, 사해(死海)해안에서 70마일 그리고 레바논 국경에서 아카바(Aqaba)만의 에일라트(Eilat)까지 400마일에 지나지 않았다. 인구는 250만이었다. 이집트, 요르단, 레바논, 시리아 등 주위를 둘러싸고 있는 적대적인 국가들의 인구는 모두 5천만 정도였다. 그들 나라를 넘어서 자리잡고 있는 나라들 역시 애초부터 이스라엘 건국에 반대했거나, 이후 45년의 세월 동안 반대진영에 가담하게 된 국가들이었다. 이 45년 동안 이스라엘은 대부분 이웃나라와 전쟁을 하고 있거나 적대적인 관계에 놓여 있었다. 이 나라는 무장 투쟁의 산물이며 그 군사력이야말로 존속의 기초였고 40여년간 그 군사력의 주춧돌은 이스라엘 공군이었다.

현대 이스라엘 국가의 연대기는 항공력의 역사에서도 중요한 사건들로 점철되어 있다. 1967년의 6월 전쟁, '소모전', 10월 전쟁, 엔테베(Entebbe)작전, 오시라크(Osirak)작전, 베카(Beka)계곡, 튀니지(Tunis)공습과 1991년의 '패트리어트(Patriot)전쟁'의 한 국면 등. 이스라엘의 전략환경은 특별하며 따라서 이로부터 항공력의 미래 또는 타 지역의 현재 항공력에 대한 교훈을 끌어내는 것은 신중을 요한다. 더욱이 이스라엘이 자신의 정치적 위치를 안전하다고 보고 더 이상 군에만 의지할 필요가 없다고 생각하기 전까지, '공식적으로' 제시되는 어떤 군사정보도 중립적이라 볼 수 없고, 아랍측에서 흘러나오는 것들 또한 마찬가지로 보아야 한다. 말하자면 항공력이 이스라엘의 안보에 기여한 데서 얻을 수 있는 교훈은 전부는 아니더라도 상당한 부분을 그대로 받아들일 수밖에 없는 것이다.

평시에 창설되고 제 1차 세계대전이나 제 2차 세계대전에서 적어도 초기 단계의 구조, 작전개념, 전투전력으로 투입된 것이 대부분의 다른 공군들이었다. 그러나 이스라엘은 1948년 5월, 몇 안 되는 비무장 항공기에 22명의 등록된 파일럿을 지니고 있을 뿐이었다. 그 전투력은 독립전쟁 중에 증강되어 4대의 Me-109, 3대의 B-17를 보유하게 되었으며 그 다음에는 제 2차 세계대전의 유산을 조금씩 얻을 수 있었다. 이 항공기들은 한 두차례 대단한 기여를 하기는 했지만 전쟁의 추이에 별 영향을 주지는 못했다. 일찍이 영국 국방성과 미국국방성 내에서 벌어졌던 암투가 이스라엘 공군의 '독립' 또는 어떠한 목표가 채 정립되기도 전에 한동안 재연되었다. 이론가들은 여기서 어느 쪽도 중요하게 생각하지 않았던 것 같다. 이스라엘 공군의 초기 지도자들은 영국 또는 미국공군에 복무했던 사람들로 모두 초급장교이고 관료정치적 세력다툼의 경험은 전혀 없었다. 그들의 상식은 경험과 인상에 기초하고 있었다. 이 같은 양상은 이스라엘방위군(IDF)의 최고사령부도 마찬가지였는데, 가령 원래 하가나(Haganah)의 지휘관이었던 이가엘 야딘(Yigael Yadin)은 다음과 같이 말하였다.

"내가 1949년 10월 IDF 참모장에 취임했을 때, 나는 우리의 문제 중의 문제가…… 독립된 공군, 육군, 해군을 만든 다른 나라들의 전철을 밟아야 하는가라는 것을 알게 되었다. 그렇게 하지 않기 위해 우리는 하나의 총참모부를 수립해야 하는데 …… 이것은 소국에 소규모 군대이고 국내 교통로가 짧은 경우에 적합하다. 이 같은 방식을 취하는 것이 분명 옳을 것이다. 그러한 노선을 추구하지 못할 바에는 차라리 사임하여야 했다."[68]

그러나 여기서 문제가 되고 있는 것은 이스라엘 공군의 독립이나 아니냐 하는 문제가 아니라, 그것이 이스라엘의 안보에 미치는 영향과 그것이 IDF가 아닌 육군에게 종속되는 문제였다.

1948년도 이스라엘에서는 1917년도 영국에서 발생했던 상황과 묘하게도 비슷한 상황이 전개되고 있었다. 옛날 로이드 조지와 같이 벤구리온(David Ben-Gurion)도 남아공 출신 사람에게 이스라엘 공군에 관해 자문을 요청했다. 그 후 1주도 지나지 않아서 세실 마르고(Cecil Margo) 비행대장은 이스라엘 공군의 청사진을 작성해 올렸다. 그는 IDF 사령부가 작전계획 과정에 고위 IAF장교를 포함하지 않았으며, 그리하여 이미 자잘히 갈려 있던 자산이 더욱 분산되고 적절한 지원을 받을 수 없게 되어 버렸다고 지적했다. 마르고에 의하면, 이스라엘 공군의 기본적인 역할은 이스라엘과 그 지상군을 적기의 공격으로부터 지키는 것이며, 그 임무는 제공권 확보를 필요로 한다. 이스라엘이 적보다 수에서 열세이기 때문에, 공군에서의 승리는 자원 배분시 우선될 필요가 있다. 일단 공중전에서 승리하면, 이스라엘 공군은 지상군을 도울 수 있게 될 것이다. 당시 시점에서, 육군의 요구는 이스라엘 공군의 빈약한 자원을 빼앗게 되고, 그로 인해 이스라엘의 안보를 공고히 하기는커녕 위협하는 것이라 하였다. 마르고는 새로운 임무 계획, 통제, 표적선정 절차 도입을 권고하면서, 마지막으로 벤구리온에게 이스라엘 공군의 최고사령관을 다른 군 최고사령관과 동등한 지위에서 IDF 참모본부 휘하에 있게 하라는 권고로 자신의 글을 마치고 있다.[69] 벤구리온은 이 권고를 고려하여, 1948년 7월 26일 공군을 오직 IDF 참모본부에만 책임을 지는 독립된 군으로 만들고 그 사령관에 아론 레메즈(Aharon Remez)를 임명한다고 발표했다. 그러나 마르고의 권고가 완전히 실현되기까지는 아직도 먼 길이 남아 있었다.

벤구리온은 이스라엘의 안보 기본을 위기 시 예비군에 의해 확대되는 소규모 정규 육군에 두려고 생각하고 있었다. 레메즈는 그 같은 전시 동원은 적의 공습으로 차단될 수 있고 따라서 초장부터 제공권을 확보하고 있어야 한다고 이의를 제기했다. 그 결과 공군과 육군의 입장은 완전히 대립되었다. 레메즈는 마르고의 견해를 계승했다. 즉 공군은 선제공격을 통해 제공권을 장악할 수 있는 강력한 상비군이어야 한다는 것이었다. 공군은 자체 보급, 훈련, 병력충원, 정보, 작전권을 확보하고 있어야 했다. 또한 방위자산 배분에 있어서도 우선권을 차지해야 했다.[70] 1950년 12월, 레메즈는 벤구리온 또는 야딘을 설득하지 못한 결과 사임했고, 다수의 공군 장교들이 그의 뒤를 따랐다.

이 논쟁은 1953년, 지도자들이 각자의 입장을 조금씩 조정하기 시작했을 때까지 멈추지 않았다. 당시 공군사령관이던 댄 톨코프스키(Dan Tolkowsky)는 당시의 문제의 본심에 대해 궁극적이고도 명쾌한 분석을 내놓았다. 즉 공군 인사들이 자신들의 제 2차 세계대전 당시의 경험을 이스라엘에 그대로 적용하고 있는데, 이스라엘의 사정상 공군이 어떤 교리도 응용할 수 없다는 것이었다. 이스라엘방위군(IDF) 지휘부 사람들도 작전환경을 제대로 파악하지 못하고 있기는 마찬가지였다. 에제르 와이즈만(Ezer Weizman)은 독립전쟁 중 지상군 6천 명이 전사한 반면, 공군은 10명의 파일럿을 잃었으며, 그중 일부는 사고사였다고 상기했다. "전투 중 어느 것도 공군에 의해 판가름난 것은 없었다."[71]

이 논쟁을 계속 물고 늘어지는 대신, 톨코프스키는 두 가지의 실제적인 행동을 취했다. 일단 그는 특수부대와 그외 육군의 작전이 즉시 지원될 수 있도록 임전태세를 강화할 것을 주장하고 몸소 실천에 옮겼다. 다음으로 그는 자신의 휘하 공군대원들이 지상의 적을 공격할 수 있도록 훈련했다. 그는 또한 이스라엘에 있어 항공력의 중요성을 구체적으로 제시했다.

"지상군의 관점에서 보면 우리는 불운하다. 우리는 사면에서 적의 위협을 받고 있다. 그러나 공군의 시각에서 보면 그것은 극도로 유리한 조건이 된다. 우리는 360도의 방위를 제공할 수가 있다. 그리고 카이로, 암만, 다마스커스가 겨우 수분 거리에 있는 것이다. 그리고 이집트나 이라크가 이스라엘을 공격하기 위해서는 먼저 그 지상군을 사막의 개활지로 들여보내야 하는데, 이것은 명백히 항공력을 사용하기에 이상적인 조건인 것이다."[72)]

이 같은 평가는 결국 이스라엘의 방위 정책의 골간이 되었으나, 이 개념을 전투에서의 승리로 바꾸는 데는 시간이 더 걸렸다. 1956년에 서방세계에는 '수에즈 사건'으로 더 잘 알려진, 9일이 걸린 시나이 분쟁에서, 톨코프스키의 공군은 제공권 쟁취를 위해 전투하고 공중근접 지원을 제공하면서 눈부신 활약을 보였으나, 이 전략적으로 결정적이지 못했던 분쟁에서 결정적인 영향을 주지는 못했다. 보다 중요했던 일은 이후 재구성된 이스라엘의 전쟁수행 교리가 전격전 교리를 거의 그대로 차용하고 있었던 일이다. IDF 지휘관들은 리델 하트(Basil Liddel Hart)의 이론을 공부했고, 대규모 공중공격과 합친 유동전(流動戰, Fluid mobile warfare) 개념을 지지하는 사람들이었다. 그들은 선제 공격(pre-emptive attack) 요소를 하나 더 첨부하였다.[73)]

시나이 분쟁에서 1967년 6월의 6일 전쟁까지의 9년간, 레메즈, 마르고, 톨코프스키가 정립했던 개념들은 대전략과 관련되면서 재무장, 군비증강, 그리고 무엇보다도 훈련의 실체를 형성하였다. 1957년에는 고작 17명의 장교들이 비행훈련을 이수한 상태였고, 젊은 이스라엘인이라면 아직도 팔마크

(Palmach) 전통 속에서 특수부대 요원이 되고 싶어하는 상황이었다. 이스라엘 공군의 비행학교는 자원에서나 교습수준에서 우선 순위가 낮았는데, 제1세대 이스라엘 공군 대원들의 대단한 엘리트 의식 때문에라도 고충이 여간 아니었다. 이 문제는 아프리카 북부 출신의 전투기 조종사 사야 가짓(Shaya Gazit)이 비행학교 교장직을 맡은 후 해결되었는데, 처음에는 사양타가 1957년 7월 교장에 취임한 후 12개월만에 입학생을 80명으로 늘릴 수 있었다. 그는 우수한 고교 생도들 모두에게 톨코프스키의 친서가 전달되도록 했고, 신임 교관 모두를 전투기 파일럿 출신으로 임용하려 했으며, 교관들 중 두 명은 신예 '슈퍼 미스테리(Super Mystere)' 비행대에 배속되도록 했다. 결국 그는 비행훈련 과목을 제트기 위주로 바꿔 놓았다. 그것은 강력한 리더십, 개인적 모범, 개별적 접촉, 훈련과 작전 사이의 간극 해소, 그리고 무엇보다도 최상의 기준을 비타협적으로 고수한 결과 얻어진 성과였다. 공군사령관 와이즈만과 몇 차례 격의 없는 대화를 나눈 다음, 가짓은 훈련사령부의 사령관이 되어 훈련부대 뿐만이 아니라 일선에서도 자신의 기준을 관철했는데, 거기에는 각 부대와 개인 활동을 컴퓨터로 모니터한 것이 큰 힘이 되었다.

일선의 항공대원을 비행훈련 위치로 배치하는 조치는 또 다른 분쟁거리를 낳을 소지가 있었고 비용상승 요인도 되었다. 그러나 일선의 경험이 필요하다고 여겨지지 않거나, 비행교육이 막다른 골목에 몰린 것으로 여겨지는 상황이라면, 그것을 꼭 군에서 실시해야 하느냐하는 질문이 나올 법했다. 가장 비용이 적게 드는 접근법은 민간 비행학교였으며, '작전의 변칙'이 육군장교와 전투 파일럿을 함께 양성할 수 있으리라는 기대도 있었다. 이스라엘 공군에서 훈련과 작전비행 사이의 상호작용은 1994년 더욱 발전하게 되었는데, 그때부터 비행 교관들은 계속 '일선 소속'을 유지하면서 각자의 일선 부대와 훈련을 하게 되었다.

1963년부터 파일럿의 임전태세 강화 문제가 점점 주목을 받게 되었다.

와이즈만 공군사령관은 그의 작전참모 야크 네보(Yak Nevo)에게 '이스라엘 공군(IAF)의 대규모 배치를 통한 제공권 확보' 계획을 준비하라고 지시했는데, 이것은 공세적대공(OCA : Offensive Counter Air)개념의 반영이었다. 이 계획은 1967년 6월 전쟁시 아랍공군을 말살해 버린 위업의 청사진이 되었다.74)

'훈련은 실전처럼'이라는 격언이 이렇게 충실히 준수된 예는 없었다. 네보(Nevo)와 후일 런던 주재 공군 무관이 되는 라파엘 시브론(Raphael Sivron)대령은 해당 지역에 있는 거의 모든 아랍군 비행장에 대한 자세한 정보를 요청해서 지급 받고, 이것을 현장에서 얻은 정보와 항공기·인원 수치와 연결지었다. 이 데이터로부터, 표적이 된 항공기 주변을 확실히 파괴할 수 있을 만큼의 파괴력을 내기 위한 폭탄의 중량과 항공기 사양 등의 표적관련 지침이 산출하였다. 모든 종류의 이스라엘 공군기가 그 같은 공격에 투입될 예정이었는데, 거의 전 공군기가 이스라엘 영공 내에서 폭탄을 적재하고 고도·속도·거리 등을 따져 가며 폭격 데이터의 정확성이 맞는지 실험을 했다. 정밀폭격과 정밀 지상사격이 비행대의 1차적 목표가 되었고, 저고도 비행과 출격 및 안착에 이르기까지의 정밀한 타이밍 확보와 무선통신 완전 금지 등이 요구되었다. 마지막으로 '모크드(Moked)'라고 명명된 전체 계획에서 '중점 공격대상', 또는 '희생 공격대상(sacrifical fire)'75)들이 구획을 잡고 작전적 부수조건들로 보완하는 과정은 출격 당일까지 적절한 참모진의 임무로 주어졌다. 이 과정은 선제공격을 요하는 적의 위협이 감지될 때까지 계속되어야 했다. 이 계획은 틀을 짜고, 수정·실험하는 데 4년이 걸렸다. 1967년 6월 5일, 이것은 4시간 동안 실시되었다.

이후에 나온 6월 전쟁의 분석은 통상 이스라엘 공군의 획기적인 승리를 이끌어낸 요인들, 공군이 시나이에서 지상군 작전에 미친 영향과 이를 계기로 전 세계의 비행장방어와 방공시스템이 개편된 것 등에 중점을 두고 있으며, 따라서 그 결과가 예측된 것과는 전혀 달랐다는 사실이 간과되는 경향이 있다.

이집트의 낫세르(Nasser)는, 한 세대 후의 사담 후세인처럼, 구체적인 전략 기획이나 그것을 뒷받침할 군사적 준비가 없는 채로 도발적인 정치·군사 정책을 추구했다. 그럼에도 불구하고, 6월 2일의 회의에서, 그는 자신의 고위 지휘관들에게 이스라엘 군이 6월 3일과 5일 사이에 공격해 올지 모른다고 경고하였다.[76] 공군사령관 소드키(Sodki) 장군은 이스라엘 비행장, 레이더기지, 병력집결지 등에 대한 선제공격을 주장했는데, 그 같은 공격을 위한 이집트 공군의 계획은 구체적으로 수립된 것이 없었다. 그의 주장은 낫세르에 의해 각하되었는데, 그는 정치적인 이유에서 이집트가 먼저 공격을 당한 후 보복에 나서야 하다고 설명했다. 그 같은 상황에서 이집트 공군은 전력의 20퍼센트 이하를 잃을 것으로 예측하고 있었다. 이 같은 회의 결과 때문에 경계태세나 분산 배치되어 있던 항공기들에게 어떤 경고 조치를 취하지 않았음에도 불구하고, 소드키는 6월 5일의 시나이반도 내 공군기지 탐사를 취소하지 않았다. 그 결과, 오전 8시 45분 이스라엘 공군의 공격이 시작되었을 때 그 지역의 대공포들은 전혀 준비가 되어 있지 않았다.

한편 전쟁 이전 이스라엘 공군이 모크드 계획을 자체 분석한 결과, 적의 활주로를 차단하려는 목표를 90퍼센트 달성하려 할 때, 이스라엘 공군이 보유하고 있는 200대보다 더 많은 비행기가 필요했다.[77] 그러므로 당시 이스라엘 공군은 작전을 수행하고 귀환하여 반복공격을 하는 것이 필수적이었다. 만일 소드키가 소규모의 선제공격만을 실시했더라도, 제공권 확보훈련을 거의 거치지 않은 이스라엘 공군을 공격함으로써 이 작전을 크게 뒤흔들어 놓을 수 있었을 것이다. 왜냐하면 성공하기 위해서는 사전 계획대로 한치도 어긋남이 없어야 할 것이 절대적으로 요구되었기 때문이다. 그랬더라면 이스라엘 공군은 반복공격을 위해 항공기를 돌리는 기지가 당장 위험에 처했을 것이다. 여기서 얻을 수 있는 시대를 초월하는 교훈은, 아주 미미한 공세적 대공작전이라도 적의 공격전열을 흩트릴 수 있다는 것 그리고 작전계획이 복잡하면 할수록 엉클어지기 쉽다는 것이다.

이후 시리아와 요르단 항공기들이 공격에 나서서 이스라엘군이 본토방어용으로 남겨둔 고작 12대의 미라쥬기와 대결하면서, 이스라엘 전역에서 산발적인 공격을 취했을 때는 이미 때가 늦어 있었다. 라맛 데이빗(Ramat David)의 미라쥬 기지에 이라크의 헌터(Hunter)기들이 도달했지만 이들 사이에 어떤 조정이나 전력집중은 전무했다. 이집트 공군이 결단이 난 다음, 시리아와 요르단, 그리고 다수의 이라크 기들도 마찬가지 운명이 되었다. 아랍 공군이 약 400대의 항공기를 잃고, 대부분의 지상군이 당했으며, 이스라엘 공군은 약 1천 회의 출격으로 20명의 파일럿만을 잃었다는 것이 대체로 받아들여지는 결과이다. 그 다음에 시나이 사막에서의 지상공격으로 이집트 육군이 차차 힘을 잃어 갔다.

1956년 이후 낫세르는 영국과 프랑스로부터의 위협에 정신이 없었고, 따라서 이스라엘 공군에 대해서는 크게 신경을 쓰지 못했다. 6월 전쟁 이후, 이집트정부는 이와는 정반대의 자세로 돌아서서, 그 군사전략과 전력배치상의 기본전제를 이스라엘 공군을 꺾는 것은 불가능하다고 두기에 이르렀다. 1973년의 욤 키푸르 전쟁은 전술항공작전에서 지대공방어 시스템이 미치는 영향에 대해 많은 논쟁을 벌이게 하였다. 1967년의 전쟁에서처럼, 그 결과는 두 주요 교전 당사자들의 전쟁전 자세와 준비태세에 크게 영향을 받았다. 10월 전쟁(the October War)의 결과도 1967년 이래의 '소모전'에 뿌리를 둔 것이었다.

지대공방어(SAD)를 항공기보다 더 믿기로 한 이집트의 결정은 1967년에 괴멸적 피해를 입은 이집트 공군의 불명예에서 기인한 것이었으나, 다른 지역이나 시대에도 적용 가능한 별도의 요인들도 있었다.[78] 당시 이집트 공군은 SAD 지휘권도 가지고 있었으나, 그들이 여기서도 별로 잘 해내지 못했다는 사실은 간과되고 있다. 이후 이집트 군의 재조직 과정에서 SAD는 이집트 공군의 지휘권에서 벗어나 육군에 귀속되는 신생 방공사령부로 이첩되었다. 그럼에도 불구하고 이집트 군을 재건하려는 1967년의 계획은 1971년까지 800대의 항공기를 갖춘 강한 공군을 육성한다는 내용을 담고 있었다.

이 목표는 성취되지 못하였다. 1천 명의 파일럿 지망자 중 단 한 명꼴로 의학적·정서적 적합성 테스트를 통과했던 것으로 추정된다. 또 다른 추정에 의하면 백만 명 중 한 명꼴로 전투기 조종사가 될 수 있었다고 한다. 당시 이집트 인구는 3,500만이었고, 이미 1967년에는 매년 50명의 파일럿을 배출하고 있었다. 비행 교관의 수가 모자라 인도와 소련에서 상당수를 영입했는데도 그러했다. 또한 영입 교관들과의 언어장벽 문제가 파일럿 양성에 더욱 장애를 가져왔다. 유지보수 능력은 증가하는 물량을 따라가지 못했고, 비행 중 안전사고의 가능성이 커졌다. 1967년에서 1970년까지 이스라엘 공군과의 전투에서 전사한 수보다 더 많은 사고사로 83명의 조종사들을 잃었다. 나중에 밝혀진 것은 이 같은 문제가 이집트에만 국한된 것은 아니었다. 파일럿 대 항공기 비율을 1:1로 만드는 데 실패한 공군도 이집트 공군만이 아니었다. 그 같은 상황은 아랍군 대부분이 똑같이 겪고 있었다.

반대로, SAD는 더 가능성이 있어 보였다. 소련의 방공시스템은 인력집약적 이어서 SA-2 일개 대대는 280명의 인원을 필요로 했고, 그 요구되는 기술 수준은, 비교적 최신형인 SA-3이라도 항공 기대의 요구 수준보다 훨씬 아래였다. 이집트군은 개병제여서 병력충원에는 별 문제가 없었다. 작전수준의 훈련은, 공군대원이 3년을 받아야 했던 데 비해, 고작 12~15주 정도면 되었다. 대원의 신체적 조건도 훨씬 낮은 수준이 요구되었다. 이집트 군은 SA-2 일개대대의 유지비용을 1969년 당시 매년 8천 달러로 잡았던 것에 비해, MiG-21 1대는 25만 달러나 들었다.[79] 이런 비용의 비교가 이집트 군이 SAD를 선호하게 된 주요 요인이었다는 증거는 없지만, 적어도 1990년대의 관점에서 제 3세계의 군비태세에는 중요한 요인이 되고 있다.

이집트의 국방정책에 영향을 준 마지막 요인은 소련의 영향이었다. 1967년 이후 이집트 공군의 재무장은 신속했으나, 공격 항공기 구입에는 탐탁찮아 했으며, 방공시스템을 공군에서 분리하고 강화하는 쪽에 열성적이었다. 1990년대에 들어와 이집트를 지원하려는 소련의 정치적 의도는 실종되었으며, 소련측이 경화(硬貨) 획득을 위한 수출에 급급한데다, 구입 가능한 가격으로 SAM 시스템이 시장에 나오게 되고, 제 3세계 국가들이 벌써 30년 전 이집트가 겪은, 현대 항공력에 대비할 필요성을 상기함으로 해서 방공시스템의 장비는 활발히 거래되었다.

'소모전'은 이스라엘 공군에게 몇 가지 문제점을 안겨주었다. 이집트의 방침은 수에즈운하 동안(東岸)을 화포와 공습으로 괴롭혀서 바-레브(Bar-Lev) 방어선에 계속 압력을 유지, 이스라엘이 시나이반도에서 철수하도록 국제적 압력이 조성되도록 하는 것이었다. 산발적인 공중전이 벌어졌고 그 결과에 대해서는 양측 모두 논란이 심했다. 그러나 이스라엘 공군에 가중되어 가던 충격은 점차 부담이 되었다. 이스라엘 공군은 공중근무자 중 10퍼센트를 6월 전쟁에서 잃었다. 30개 이스라엘 전투대대의 평시 인원의 1/3은 현역, 2/3는 예비역이었다. 그 중에서, 열에 여섯의 대대는 군무원이나 고위 파일럿 출신이었고, 그외 서넛은 '애초부터' 비행학교에서 항공을 배운 사람들이었다. 결국 전투대대의 대부분은 베테랑들이 아니었다. 묘하게도 그들이 이집트 공군에게 우위를 보인 일이 이집트 군의 열등감을 조성하여, 실제 이스라엘 공군에 고참병은 많지 않다는 사실을 이집트 공군 정보국이 파악하지 못하게 하는 데 한몫하였다.

장기적 관점에서의 문제가 드러났다. 국가 위기상황에 대비한 예비전력은 지속적이고 소규모의 접전에는 적합치가 않았다. 이스라엘 정부가 낫세르 측의 소모전을 대규모 전쟁으로 확대했던 것은 사실 탁월한 선택이었기보다는 공군의 이 같은 사정을 인식하고 있었기 때문이었다. 1969년 7월, 수에즈운하 북쪽 지방에 있던 SA-2 포대가 격파당했다. 6개월 뒤에 이스라엘 공군은 이집트의 군사·산업 표적에 공습을 시작, 낫세르의 정치적 입지를 곤란하게 하였다. 1970년 1월에 그는 자신의 전쟁이 실제로는 이스라엘과의 전쟁이 아니라 미국과의 전쟁이라고 하며 소련에 도움을 요청했다. 소련 정부는 SA-3 미사일 32개 대대, SU-15 2개 비행대대, MiG-21요격기 6개 비행대대, 그리고 비행대원, 지상대원, 보수인력과 전자전 인력을 파견하는 것으로 이 요청에 답했고, 1970년 말에 이집트에는 1만 5천 내지 2만 명의 소련인이 있었다.[80)]

같은 시기에 이스라엘 공군이 범한 두 차례의 폭격 실수로 다수의 민간인이 사망했는데, 여기에는 어린 학생들도 포함되어 있었다. 이 사건은 곧바로 미군이 팬텀기와 스카이호크기의 수출을 중단하는 사태로 이어졌으며, 공정한 시각에서 볼 때 1970년 당시 이스라엘 항공력은 더 이상 이전과 같은 지배력을 갖고 있지 못하다는 인식을 굳히게 해 주었다. 사실 이스라엘 공군의 작전은 득보다 실이 커져 있었다. 그것은 이집트 군의 방공력을 한껏 끌어올려 놓았고, 소련이 이집트 군측에 공공연히 개입하게 만든 한편, 베트남전에 정신이 없어서 더 이상 소련과 대립을 만들고 싶지 않았던 미국의 후원을 수그러들게 만들었다.

1970년 8월 7일에 휴전이 합의되었으나, 수에즈운하 서안에 SAD방어선을 구축하는 일을 저지하지는 못했다. 이스라엘 항공력은 소모전을 치르며 정치·군사 요인이 맞물려 괴로운 상태였고, 적어도 공군의 일부는 그것을 그만두는 것을 환영했다. 각 비행대대의 소모 대 교환비율(attrition-exchange ratio)은 공중전에서는 1 : 40이었으나 지대공 미사일을 상대할 때는 2:4가 되고 있었다. 전문직이고 유능한 미라쥬 비행대장은 이렇게 실토했다. '휴전이 선언되었을 때 우리는 신께 감사드렸다.' 그는 공격 명령을 사실상 거부하면서 비르 가프가파(Bir Gafgafa)의 전진기지에서 보낸 하룻밤에, "우리에겐 남은 전력이 없습니다"라고 했다. 또 다른 실토는 이러했다.

"우리는 괴물 지네와 싸우는 격이었다 — 다리를 하나 잘라버리면 그 자리에서 또 두 개가 솟아나왔다. 반복해서 칼을 휘둘러도 놈은 자꾸만 커져

갈 뿐이었다. 우리는 미쳤을 뿐 아니라 무한한 자원을 가진 적과 상대하고 있었다. 그것은 양동이로 대양의 물을 다 퍼올리려는 일과 같았다."[81]

한 아랍의 군사학자는 소모전의 원인과 결과를, 수에즈 서안의 아랍인 반란사태(Intifada)와 20년 후의 가자(Gaza)사태를 정확히 한 기준으로 놓고 보며, 다음과 같이 요약했다.

"소모전은 이스라엘이 점령한 지역을 지키는 데 높은 비용을 치르도록 하고, 중동의 위기에 전세계의 이목을 집중케 하는 두 가지 목표를 동시에 노렸다."[82]

또한 그것은 이집트의 정치적 목표가 팔레스타인의 완전한 '해방'에서 이스라엘을 1967년 국경 안으로 몰아넣어 두는 것으로 바뀌는 것을 나타내 주었다.

1973년 10월 6일 이후 3년이 지나, 낫세르의 후계자 안와르 사다트(Anwar Sadat)는 바드르(Badr)작전을 개시했는데, 이 작전의 이름은 예언자 모하멧이 624년의 라마단 성월(聖月)에 거둔 승리의 이름을 딴 것이었다. 이때 정치 목표는 제한전을 벌여 이스라엘의 입지를 좀더 어렵게 함으로써 평화정착의 전기를 마련하려는 것이었다. 공중에서 이스라엘 공군과 맞설 수가 없자 SAD의 보호 하에서 제한적인 지상전을 수행하는 전략이 채택되었다. 이때는 이집트와 시리아의 공격이 조화를 이루었다.[83] 양국은 이스라엘 공군이 수 시간 만에 완전 동원되었음에도 전술적기습의 효과를 거두었다. 문제는 이스라엘 공군이 1967년과 같은 선제공격을 대비하고 있었던 반면, 이번에는 이집트군과 시리아군의 대공미사일을 상대해야 했다는 것이다. 국방장관 다얀(Dayan)은 그래도 국제정치적인 고려와, 만일 이스라엘 공군이 선제공격을 할 경우 이집트 공군은 시나이반도를 가로질러 공격해 오고 또 육군은 수에즈운하를 넘어오게 될 것이라고 주장하며 이스라엘 군이 적의 첫 공격을 감수해야 한다고 메이어(Meir)수상을 설득했다. 따라서 정치목표, 이스라엘 공군의 전략 대비태세, 그리고 무기의 실제 사용 사이에 바로 불일치가 나타났다. 곧 적의 대공미사일을 공격하기로 되어 있던 이스라엘 공군기들이 실전에서는 적의 요격기를 공격하는 데 나섰다.

혼란은 가중되었다. 이스라엘 공군은 시나이반도 상공에서 공대공 제공권을 장악하고 그 다음날 아침 일찍부터 그 동안 미뤄 왔던 수에즈운하 부근 대공미사일 부대에 대한 공격을 실시했다. 그러나 그 공격은 시리아군이 골란고원에 공격을 가해 갈릴리 북부를 위협해 옴에 따라 이내 중지되고, 이스라엘 공군은 북부 전선으로 기수를 돌렸다.

이 시점에서 돌이켜보면, 이스라엘 공군의 자원 배분상 첫째 과제는 이스라엘의 패망을 막는 것이었을 것이다. 분명 이스라엘 공군은 육군 예비병력이 전선에 도달할 때까지 시리아 기갑전력의 전진을 막아냈으며, 이스라엘 지상군의 도착을 막는 적 공군의 활동도 허용하지 않았다. 어느 정도 지나자 시리아 기갑부대는 다마스커스로 후퇴했다. 그러나 전후의 분석에 의하면, 이스라엘 공군의 자기 만족에는 비판의 여지가 대단히 많았다.

이스라엘 공군이 가졌던 단 하나의 계획인 선제공격(시나이반도의 대공미사일 파괴계획)은 1967년의 모크드 작전과 거의 비슷했다. 그러나 1973년 10월에 시리아의 미사일들은 바뀌고 있었다. 그 중에는 이스라엘 공군이 전혀 아는 바가 없었던 SA-6도 있었다. 최초의 대 미사일 공격에서 겨우 두 개의 시리아 미사일 포대만 파괴되었을 뿐, 공중 근접지원에 집중할 수 있을 만큼의 전방항공 통제시스템이 없었다. 처음에 지상군 지휘관들로부터 나온 공중지원 요청은 모두 총참모부로 보고되어 승인을 받아야 했다. 이것은 공군력을 남에서 북으로 돌리는 데는 유용했으나 전술적 유연성을 확보하는 데는 곤란했던 중앙집중적 통제시스템이 치러야 할 대가였다. 묘하게도, 모크드 작전을 고안한 사람 중의 하나였던 라파엘 시브론(Raphael Sivron)이 이번에는 북부전선에서 전술항공 통제의 신속한 전환을 조정하고 있었다. 그가 안고 있던 문제는 전장정찰을 불가능하게 하는 시리아 미사일들에 의해 가중되었다. 심지어 앞뒤가 맞지 않는 지시들, 부정확한 표적정보, 그리고 그들이 인지하지 못하는 가운데 늘어가는 피해 등으로 인해 이스라엘 조종사들의 탄탄한 직무 능력도 제구실을 하지 못했다.

이러한 요인들은 SAD와 항공력 사이의 직접적 논쟁에서 써먹기에는 보다 장기적인 중요성을 띠는 것들이었다. 이스라엘 공군의 계획은 유연성이 부족했다. 1967년에는 적절했으나 1973년의 정치적·기술적 조건에는 부적합한 가설들에 기반하고 있었다. 따라서 선제공격, 공격 위주 접근, 그리고 개별 조종사들의 무용(武勇)등은 수에즈운하나 골란고원의 막강한 방공시스템에 치밀하게 짜여진 공격을 수행할 정도가 되지 못했다.

한편 이집트 군이 SAD의 보호 아래 시나이반도 동안에서 물러서지 않음에 따라 시나이반도에서는 치열한 전투가 계속되었다. 이스라엘 공군은 이집트 군이 설치한 수에즈운하 위의 교량을 파악하는 데 실패하여 더욱 초조해졌다. 그들이 미리 세워 놓았던 전술적 - 방어적 접근을 견지하는 한 표적을 찾느라 시간을 허비하는 것은 치명적이었다. 1971년에 이스라엘 공군은 이집트 상공 고고도정찰을 포기했고, 이어서 시나이 상공 SA-2의 사정거리의 가장자리에서 사진정찰 차 출격한 글로브마스터(Globemaster)기 1대를 잃었다. 욤 키푸르 전쟁이 끝나고 나서야 수에즈운하상의 교량 사진이 이미 있었음이 발견되었는데, 이들 사진은 비행장이나 SAM 기지가 아니라 하여 이스라엘 공군에서 무시했던 것들이었다. 아직 IDF가 모든 정보원을 쥐고 있었으며, 여기에는 이스라엘 공군의 사진 분석가들도 포함되어 있었다.[84] 이 실수는 전쟁의 결과에 영향을 주지는 않았으나, 1991년의 사막의 폭풍작전에서는 전술정보의 획득, 해석, 그리고 적시적소의 배분상의 문제가 아직까지도 공중작전의 유연성 확보와 성공의 장애요인이 되고 있었다.

10월 14일에 이집트 지상군은 SAD의 보호막을 넘어서 시나이반도로 진입하고, 전략예비대를 수에즈운하로 진입케 한다는 자신들에게 치명적인 결정을 내렸다. 이 움직임이 이스라엘 군의 북부에서의 압력을 분산해 달라는 시리아측의 요청에 의한 것이었는지, 아니면 이스라엘 지상군 전력을 파악하지 못했기 때문이었는지는 분명하지 않다. 그러나 그 결과 그들은 이스라엘 공군의 무제한적인 공격을 받게 되었다는 사실만은 분명하다. 이스라엘의 공지전 시너지가 복구되고, 이스라엘 육군이 수에즈운하를 도하하여 상당수의 대공유도탄 포대를 돌파하거나 파괴했다. 그것의 정확한 수는 아직 논란의 대상인데, 이집트 군이 위장물과 유인물을 널리 퍼뜨려 놓았었기 때문이다. 이집트측 자료에 따르면 대공유도탄 포대가 입은 대부분의 피해는 지상군의 포격에 의한 것이었으며, 그중 아홉에 다섯은 동쪽 둑을 가로질러 날아왔다고 한다. 그 같은 피해는 분명 이집트 군이 지상군의 공격과 방공 사이의 조정에 실패했다는 사실을 암시해 준다.

이 국면에서 장래의 항공력 동원시 반복 발생 가능한 중요 측면을 지상군이 자체 목적을 위해 적의 방공망을 제압할 수 있다는 것이다. 항공력이 공격 또는 방어를 지원하기 위해 보다 대규모의 화력을 동원할 수 있다면, 그 같은 기여가 적의 방공무기를 제압한다면, 대공포(AAA)와 대공유도탄(SAM) 포대는 대 미사일 공격의 주된 목표가 될 수 있다. 육군은 적의 화포보다 적의 방공무기 제압을 우선 표적으로 하기 위해 많은 설득을 해야 하겠지만, 최고의 공지전(Air-Land Battle) 시너지 효과를 발휘하려면 그 같은 설득이 많이 필요하게 될 것이다.

1982년 베카에서 시리아와 이스라엘 공군의 대규모 대결이 벌어졌을 때, 이 시너지 효과는 비록 IDF 지상군이 베카 계곡에 진입하지 못했음에도 다시 발휘되었다. 한편에서 영국과 아르헨티나 군이 포클랜드에서 대결하고 있는 동안, 베카에서는 시리아 공군이 몰살당하고 있었다. 항공력의 발전 과정에서, 중동전은 한 세대를 앞선 것이었다.

1982년 6월 6일에 IDF는 '갈릴리의 평화(Peace for Galilee)' 작전을 실시, 남부 레바논에서 팔레스타인 해방기구(PLO)를 분쇄하려고 하였다. 여기서 이스라엘 공군은 베카 계곡 동쪽에 대공유도탄 포대가 출현함에 따라 행동의 제약을 받았다. 시리아는 그곳에 1981년 4월 부로 SA-6의 배치를 완료하였는데, 1982년까지는 그 위치가 모두 알려졌으며, 미사일의 표적획득 주파수와 유도 주파수도 간파되었다. 이 점에서는 조심스럽게 조정된 공격 계획에 아무런 변칙도 없었다. 10월 9일에 장거리 포와 지대지 미사일로 19개 미사일 포대를 공격하여 그 대부분을 파괴하였다.[85] 다양한 이스라엘 공군기들의 뒤이은 공격은 자유낙하 폭탄과 대방사 미사일(anti-radiation missile)을 퍼부었다. 이 특수한 작전상황에서, 시리아 공군은 자신들의 대공포대를 보호하기에 바빴고 그에 따라 엄청난 피해를 입었다.

이것은 사실 교과서적인 공중작전이었다. 표적정보는 일관적이고 정확했고, 전투피해 평가는 전장무인기에 의해 이루어졌으며, 지상군과 공군의 사격은 완전히 조화를 이루고 있었다. 완전한 신호정보(SIGINT)와 전자정보(ELINT)는 전자전 승리를 이끌어낸 한편 지상통제, 화력통제, 표적획득과 그외 모든 시리아의 지상·공중의 레이더들은 전파방해를 받거나 파괴되었다. 1973년에 골란고원에는 팬텀에서 스카이호크에 이르는 전자전 지원항공기들이 날아다니며 SA-6 포대를 찾고 있었다. 1982년에는 전자지원기들이 확고한 자리를 잡고, F-15와 F-16들의 일방적인 승리에 기여했다. 이것은 공중과 지상의 전력합동으로 일궈낸 승리였다.

이것은 이스라엘 공군이 전통적으로 갖추고 있던 위력의 회복을 의미하는 것이었다. 1973년부터 1982년까지의 기간은 두 개의 대단한 작전들에 의해 뚜렷이 구별되고 있다. 첫째 1976년 엔테베에서 인질을 구출한 것 그리고 1981년 오시라크(Osirak)의 핵시설을 공격한 것이다.

1975년에 펠레드(Peled)사령관은 이스라엘 공군의 임무 우선 순위를 (1) 공중우세 (2) 전략적 (3) 종심차단 (4)근접지원으로 부여했다.[86] 욤키푸르 전쟁에서 이스라엘 공군은 갈릴리 지방에 스커드 미사일 공격을 받고 나서 시리아의 군사, 산업, 경제 표적들에 무섭도록 보복을 가했다. 앞서 보았듯이 낫세르의 소모전에 대한 대응방법의 하나는 이집트에 무차별 공격을 가하는 것이었다. '전략'이나 '전술'의 본래 의미 즉 전자는 전쟁 전반과 관련되고 후자는 특정 전투 구역과 연관되는 것으로 보자면, 펠레드 장군의 우선 순위는 합리적이었을 뿐 아니라 이스라엘과 같은 규모의 국가라면 언제나 모범을 삼을만한 것이었다.

1994년에 이스라엘 공군은 아직도 그 이웃 나라 공군들에 비해 한 수 위였으며, 또한 세계의 대부분 나라 공군들보다도 앞섰다. 35년 동안 이스라엘 공군이 거두어 온 성공은 여러 가지 특별한 요소들이 집합된 결과이다. 그러므로 이스라엘 공군을 하나의 모범으로 삼기 위해서는 그 요소들 사이의 상호관계도 검토되어야 한다. 여기 그 몇 가지를 들어 보겠다.

이스라엘에는 18세 이상 남녀에게 병역의 의무가 있을 뿐 아니라, 군 생활에 대한 자발적 열의도 대단하다. 어떤 우수한 퇴역 공군 장교는 이같이 말한다.

"우리의 성공, 우리의 높은 동기부여와 수준은 우리나라의 특별한 상황에서 비롯된 것이다. 또한 시온주의 운동, 또 정부가 오랫동안 우리에게 부여한 높은 가치도 그것에 한몫하고 있다."[87]

이스라엘 공군은 징집병들 중 가장 우수한 사람들을 끌어들인다. 진급은 주로 비행능력이 주 관건이 되는데, 비록 "조종간과 가속기만 잘 다룰 뿐인" 사람은 출세하기 어려웠지만 오직 실적으로만 진급되었다.[88] 다만 사람됨, 리더십, 지성(知性)은 이스라엘 공군 지휘관들에게 특별히 요구되는 덕목이었다. 아마도 획기적이었던 것은, 이스라엘 공군의 진급제가 '상호평가시스템'에 기반하고 있었다는 점이다. 이것은 모든 장교들이 자신이 하급자뿐 아니라 상급자들에 대한 질문에도 대답하는 것이었다.

공군대원은 기술적 역량과 매우 위급한 상황에서 어려운 결단을 내릴 수 있는 능력에 따라 선발되었다. 그들은 일단 8년간의 현역 복무를 마치면 3년간 아무런 예우나 격식이 없는 예비역 신분이 된다. 다른 어떤 공군도 왕년의 총사령관을 예비역 신분으로 지역방위 하급자로 복무하도록 하지 않는데, 이스라엘에서는 1973년 호드(Hod) 장군이 그같이 복무했었다. 당시에 그가 그 같은 모습을 보였다는 것, 그리고 위임받은 임무를 수행하는 데 보여 준 능력은 골란고원에서의 목표 달성에 긴요했던 것으로 드러났다. 그럼에도 불구하고, 최근에 전투대대는 현역으로만 충원되는 경향이 있다.[89] 모든 예비역은 매주 한 번 그리고 위기 시에 비행할 뿐이고, 적어도 이론적인 면에서 이스라엘 공군만이 가지는 특색은 눈에 띄지 않는다.

결국 이스라엘 공군은 개성을 강조하는 것과 공동임무 수행을 강조하는 것을 조화토록 하는데 성공했으며, 이것은 건설적인 자기비판에 의해 더욱 튼튼하게 되었다. 예를 들면 교리적 일반지침은 매년 재평가되며 대규모 분쟁을 치른 다음에는 특별 연구가 수행된다.

이스라엘 공군은 그 역사의 대부분에서 적들보다 무장 면에서 한 수 위였다. 슈퍼 미스테리, 미라쥬, 팬텀, F-15, F-16들은 모두 소련제 항공기들보다 우수했다. 후일에는 항공기의 우위가 미사일과 전자전 시스템에 의해 상쇄되는 경향이 있었다. 그 결과 이스라엘 공군은 아직 자신과 비슷하게 무장한 상대와 싸워본 일이 없다.

그러한 우위는 쉽게 얻어진 것이 아니었다. 1959년 에제르 와이즈먼(Ezer Weizman)이 요청한 100대의 미라쥬기 도입은 2억 달러가 소요되었다.[90] 1973년에는 F-4 130대 구입으로 6억 달러를 지출했다.[91] 이스라엘은 경제적으로 자립적이지 못하며 외국의 원조와 차관으로 경제를 꾸려가고 있었다. 1988년 당시 전 인구의 15퍼센트(46,500)가 방위산업에 종사하고 있으며, 이것은 영국 10퍼센트, 미국 11퍼센트, (서)독일 3퍼센트, 프랑스 6퍼센트와 대조되는 것이다.[92] 이스라엘은 1949년부터 미국의 재정지원을 받을 수 있었던 것이 다행이었다. 1974년 군이 전년도에 입은 손실을 복구하자, 군사원조액은 전년도의 3억 7백 5십만 달러에서 24억 8천 2백만 달러로 급증, 닉슨 대통령이 의회에 긴급자금을 요청하고, 그나마 후불 조건의 차관을 포함하여 원조를 집행하는 지경이 되었다. 참으로 우연하게도, 작은 규모로 시작되었던 군사원조 프로그램의 시작 년도인 1959년은 바로 와이즈먼이 미라쥬 도입 계획을 세운 해였다. 1971년에서 1994년까지 미국의 이스라엘 원조액은 매년 평균 20억 달러였고, 그중 2/3가 군사원조였다. 1987년 이후 군사지원은 매년 18억 달러로 줄었다.[93)]

중동전에서 항공력은 분명 지배적이었으며, 그 이유는 항공력이 전략환경과 완전한 조화를 이루고 있었기 때문이었다. 35년 동안 항공력은 이스라엘 안보의 보루였다. 그것은 지형과 기후에 적합했다. 그것은 교육수준이 높고 기술수준이 대단한 국민에게 걸맞았다. 그것은 방위력과 함께 모든 형태의 외적위협을 선제공격 할 수 있었다. 그것은 앞선 기술을 운용하는 고도의 동기부여가 된 심지어는 예비역이 되어서도 그 전문성을 발휘하는 직업군인들이 이끌어낼 수 있는 최대한의 힘을 이끌어냈다. 그 재원은 한이 없다고는 할 수 없었으며, '라비(Lavi)' 프로젝트는 그것을 보여 주는 예이지만, 이스라엘의 경우 안보는 모든 것의 우선이었다.

그러나 심지어 이스라엘로서도, 항공력이 절대적인 안보를 보장해 주지는 못했으며, 특히 그 국경 내의 적들에게는 그러했다. 항공력의 다음 세기에 이스라엘 공군은 지금은 태동 상태인 세 가지의 도전에 직면할 것인데, 그것은 모두 공중에서의 위협이 아니다. 즉 신세대기동SAM, 기동지대지 미사일, 그리고 표적들을 민간 대중 속에 숨기는 방법 등이다. 그러나 그 같은 도전에 맞설 기술, 결단력, 상상력을 갖춘 공군을 찾는다면 바로 이스라엘 공군일 것이다.

- 제 3 장 -

「 대립의 지배 : 전쟁 수행의 주축이 되다 」

1945년에서 1990년대 초 소련 제국의 붕괴에 이르는 기간 동안 항공력의 발전에 가장 뚜렷이 영향을 미친 것은 동서간의 군사적 대립이었다. 그것은 북대서양 조약기구(NATO)대 바르샤바 조약기구(WTO)사이의 대결 양상을 띠었다. 이 대결은 중부유럽을 중심으로 이루어졌으나, 서로는 두 개의 진영으로 나뉘어져 전 세계에 영향을 미쳐 세계 각지의 국지전을 유발했으며 전략폭격기, 대륙간 탄도탄, 해상발진 항공기와 미사일 등으로 서로를 노리고 있었다.

사실상 이 동서 분쟁의 성격에 항공력이 큰 영향을 주었던 것이며, 그 반대는 아니었다. 그 증거는 NATO의 교리, 전략, 군 구조가 어떻게 만들어졌던가, 그에 대한 소련의 대응은 어떠했던가를 살펴보면 발견된다.

항공력과 NATO의 성립

1945년 8월 이후 영국과 미국은 재빨리 동원 해제에 들어갔다. 12개월 뒤 유럽 주둔 미군은 310만에서 39만 1천으로 줄었고, 영국군은 132만 1천에서 48만 8천으로 줄었다. 그러는 동안 소련군의 병력은 약 60만이었던 것으로 추산되고 있다.[1] 그럼에도 불구하고 유럽에서 영국과 프랑스는 본래 소련의 위협에는 신경쓰고 있지 않았으며, 독일의 군사력을 계속 억제할 수 있을지에만 관심을 두고 있었다. 1946년 3월 미주리 풀턴(Fulton)에서 처칠이 행한 유명한 '철의 장막' 연설은 당시까지는 전후 소련과의 협력을 계속하고 있던 영국 정부를 당혹스럽게 하였다. 그러나 1947년이 되자 동유럽에 공산 정권 또는 친공산 정권이 속속 들어서면서 유럽에는 암운이 감돌기 시작했다. 당시의 몇 가지 두드러진 사태들은 문서로 보존되어 있다. 영국은 그리스와 터어키를 돕는 부담을 계속 질 수가 없었고, 그 부담은 1947년 3월 12일 트루만 독트린을 발표한 미국의 트루만 대통령에게로 옮겨졌다. 6월 5일에는 마샬 플랜이 기획되었으나 소련과 동유럽 국가들의 반대를 받았다. 1947년 9월 소련은 코민포름(Cominform)을 만들어 마샬 플랜에 맞서고 국제공산주의 운동을 조율하려고 하였는데, 그 운동에는 그리스에서의 무장 투쟁도 포함되어 있었다. 1948년 3월에는 벨기에, 프랑스, 룩셈부르크, 네델란드와 영국이 브뤼셀 협정을 맺어 경제·문화적 교류를 강화하는 한편 서방연합방위기구(Weston Union Defense Organization, WUDO)라는 이름의 공동방위 시스템을 구축하였다. 1948년 6월에는 소련이 베를린 봉쇄에 들어갔다. 7월부터 미국, 캐나다, 그리고 WUDO 사이에 대서양의 안보 논의가 시작되었고 1949년 4월 4일에 이들 7개국과 더불어 노르웨이, 덴마크, 이탈리아, 아이슬란드, 포르투갈이 가담하여 북대서양 조약이 조인되기에 이르렀다.

이론상 이 새로운 동맹은 위협을 집단적으로 규정하고, 전략 우선 순위를 설정하고, 군 구조를 설계하여 필요한 전력을 획득하려는 것이었다. 하지만 실제상 그 전략과 군 구조는 현재 갖고 있는 힘에 의한 반면, 유럽측 국가들의 경우에는 가지고 있지 못한 힘에 의해 결정되도록 되어 있었다. 미국만을 위해 수립된 것이었던 미국의 항공전략이 NATO항공 전략의 골간을 이루고 그 바탕이 되었으며, 이것은 NATO에 장기적인 영향을 미치게 되었다.

미국에서, 영국 공군을 본보기로 하여 독립적인 공군으로 미 육군항공대를 개편하려는 움직임이 히로시마와 나카사키에 원폭이 투하되면서 가동되기 시작했다. 결국 이것은 듀헤와 미첼의 예언이 들어맞게 된 것으로 보였다. 전략 분석가 버나드 브로디(Bernard Brodie)는 다음과 같이 썼다.

"우리가 전반적인 비전을 취하지 않고 특정한 주장에만 국한해 본다면, 제 2차 세계대전은 듀헤의 모든 중요한 주장들과 어긋나 있음을 알게 된다. 그러나 많은 유력한 항공인들이 원자시대에 더할 나위 없이 적합하다고 생각하는 전략사상의 틀을 그가 마련할 수 있었다는 것도 사실이다."[2)]

10년이 지난 뒤 브로디는 자신의 결론을 더욱 분명히 하였다.

"듀헤가 결코 꿈도 꿔보지 못했던 무기체계의 혁명 덕분에, 그의 전쟁 철학은 그 어느 때보다 덜한 비판을 받고 있다. 아직도 전략폭격 개념에는 거부감이 많지만 그것은 그 효능을 의심해서가 아니다. 그와는 정반대이다. 핵폭탄이 등장하지 않았더라면 듀헤의 명제들은 지금쯤 다른 기술들에 의해 무색하게 되었을 공산이 큰데, 제 2차 세계대전은 전략폭격의 비용이 지나치게 높아지고 불확실한 효과만 거둔다는 것을(재래식 폭탄을 가지고는) 입증했기 때문이다. 그러나 그가 고안한 전략사상의 틀이 핵 시대에 들어 어떠한 일반 전쟁에도 통용될 수 있게 되었음은 엄연한 사실이다."[3)]

1945년 11월에 미 육군항공대 사령관 아놀드(Arnold) 장군은 세 가지의 중요한 전략사상을 이같이 피력했다.

"미국에 대한 장래의 공격은 아마도 예고 없이 이루어질 것이다. …… 공군은 어떤 종류의 장차전에서도, 어떤 적에게나 신속히 접근할 수 있는 독보적 능력으로 인해 적과 처음으로 접촉하는 군이 될 것이고, 이것이 아주 초기에 이루어진다면 아예 지상 및 수상전은 불필요하게 될 수도 있다. …… 핵무기, 유도미사일, 그외 첨단 무기의 발전 가능성을 주목한다면 그것이 대규모의 육군과 해군의 필요성을 줄이게 되는 것은 충분히 가능하다고 할 수 있다."[4)]

이때 공군은 아직도 미 육군 소속이었다. 미국에 공중으로부터의 위협이 있을 수 있다는 것, 항공전력의 독자성, 그리고 육·해군의 역할 축소에 대한 아놀드 장군의 주장은 단지 공군의 독립을 넘어서 각 군들 사이의 지배적 위치 확보를 예견하는 것이었다. 이와 동시에 트루먼 대통령은 후일 '분리된 평화(peace dividend)'로 불리게 될 상황을 모색하고 있었다. 그는 국방예산을 대폭 삭감하고 '건실한 경제 …… 번창하는 농업'을 이루기 위한 노력을 했다.[5] 그러나 그는 한편으로 "지금은 예기치 못한 속도로 닥쳐 올 수 있는 시대다."[6]라고 인정하기도 했다.

미 육군항공대 참모진은 전후 시대에 맞추어 기획하며 어떤 특정 적을 염두에 두지 않았다.[7] 심지어 1946년에도 아무도 위협을 인식하고 있지는 않았다. 새로 구성된 전략공군사령부에서 나온 견해를 보면 "현재로서는 어떤 중대한 위협이나 위협대비의 필요도 존재하고 있지 않으며, 우리나라의 최고 전략가들의 의견에 따르면, 향후 3내지 5년 동안에도 그 같은 상황이 계속되리라고 한다."[8]였다. 미 육군항공대 사령관직을 아놀드로부터 물려받은 칼 스파츠 장군은 그 같은 견해에 그리 동조하는 편이 아니었고, 그 동료들 중 일부와 같이 UN의 역할에 크게 기대하지 않고 있었다. 그는 다음과 같이 강조하였다.

"현대전에서는 중요 지역에 적 항공기의 접근을 허용하는 나라가 치명적인 위험에 처하게 된다. …… 가장 확실한 방어책은 즉각 반격에 나서서 적의 공격 본거지를 무력화하거나 적의 요충지를 공격하여 계속되는 적의 공격의지를 꺾을 수 있는 우리능력의 확보이다."[9]

제 2차 세계대전 이후 그 같은 태도는 미국에서 확실히 뿌리내리게 되었다. 이 나라에 대한 위협으로 유일하게 그럴듯해 보이는 것은 소련으로부터의 위협이었다. 소련은 대양해군을 보유하고 있지 않았으며, 수백만 붉은 군대 병사들은 대서양과 태평양을 건너오거나 북극의 빙산을 뚫고 미국영토에 도달할 방법이 없었다. 그러나 소련은 장거리폭격기와 원자폭탄을 개발하고 있었으며 연합군의 전리품으로서 V-2 기술과 과학기술 전문가를 확보한 것으로 알려져 있었다. 따라서 소련의 위협을 장기적 차원에서 대비한 신중한 군사적 돌발사태에 대비한 계획은 아주 적절한 선택이었다.

스파츠 장군은 미국 본토에 대한 직접공격 가능성을 언급하는 것으로 그치지 않았다. 1945년 10월에 그는 아놀드 장군에게 보낸 편지에서 성급한 동원 해제에 대한 '불편한 심경'을 토로하였다.

"유럽과 아시아에서 우리의 전력이 급속히 약화함에 따라, 소련은 유럽과 아시아 대륙으로 힘을 투사할 수 있게 되었으며, 이것은 우리로서는 용인하기 힘든 상황인데다 일찍이 독일이 전쟁에 돌입하도록 하였던 상황인 것입니다.…… 저는 우리가 전력을 감축하는 속도를 늦추기보다, 오히려 전력을 증강해야 하며 특히 우리의 전략공군사령부의 전력은 그리되어야 한다고 봅니다."[10]

여기서 제시된 의미는 명백했다. 전략공군사령부 힘의 투사력은 미 본토에 대한 공격 억제와 반격 뿐 아니라 미국의 해외 이익보호 역할도 담당할 수 있다는 것이었다.

그 같은 능력의 확보는 아직 미래의 일이었다. 1946년 8월에 국무성은 두 대의 미 육군항공대 소속 C-47이 유고슬라비아 상공에서 격추된 데 대한 대응으로 유고에 공습을 실시할 것을 건의했다. 미 육군항공대를 대표하여 노스타트 장군은 전쟁을 감행할 만큼의 공군력이 없다는 사실을 설명해야 했다. 3개월 뒤에 공군은 유럽의 소련 접경지대에 여섯 대의 B-29를 파견하여 'B-29 작전에 사용 가능한 비행장을 조사하도록 하였다.'[11] 대부분의 공군대원들은 자신들이 사용할 비행장을 선정할 때 보다 전통적인 방법, 즉 지상조사, 측정과 시설평가를 실시하는 쪽을 선호했음에도 불구하고 이것은 '공산주의자들'의 도발에 응하여 B-29를 유럽에 파견한 최초의 사례였으며, 장차 사태 전개의 전조가 되는 것이었다.

사실 B-29용으로 유럽비행장을 선별하는 작업은 이미 시작되어 있었다. 1946년 1월에 스파츠 장군과 공군참모총장 테더(Tedder) 그리고 영국 공군참모총장은 B-29용으로 개조 가능한 영국 비행장 몇 곳을 개인 자격으로 조사해 보았다. 그 중 4개소가 선정되었는데, 공표되지는 않았다.[12] 수

년 동안 원자폭탄은 해체 상태에서 조립 팀을 대동하여 수송기로 운송되었다. 원자탄은 전진 작전기지에서 조립되고 폭격기에 적재될 것이었으며, 따라서 특수 원자탄용 시설이 필요하였다.

한편 미국의 각 군 사이에 자원할당을 놓고 벌어지던 치열한 각축전은 전후 시기에 곧바로 명확한 안보정책을 수립하지 못했기 때문에 더욱 악화되었다. 1947년 말 대통령 직속 항공정책위원회의 청문회에서, "객관적인 조사 연구를 국가 항공정책의 특정 관점과 문제점으로 왜곡했다"는 비판을 받고, 아이젠하워 장군은 그의 연합군 동료들에게 다음과 같이 말하였다.

"여러분, 이 다섯 명의 민간인 신사분들(위원회의 다섯 멤버들)은 다만 애국적인 미국민들로서 대통령으로부터 위임받은 일을 하려고 하는 것뿐입니다. 본인은 그들에게 우리가 아무런 전쟁계획을 가지고 있지 않다는 사실을 알려야 할 필요가 있다고 생각합니다."13)

1947년 7월 26일 미 육군항공대는 미 공군으로 재편됨으로써 그 독립의 숙원을 달성했다. 공군 지휘관들은 전략폭격 교리를 믿어 의심치 않고 있었으나, 새로 임명된 공군장관 사이밍턴(Symington)은 스파츠 장군의 후임자 반덴버그(Vandenberg) 장군으로부터 다음과 같은 질문을 받아야 했다.

"소련과의 전쟁시에, 우리의 목표는 러시아 일반국민, 산업, 공산당, 공산당 조직, 또는 그러한 것들의 조합들 중 어떤 것을 파괴하는 것입니까? 승리 이후 러시아를 점령하거나 아니면 재건할 필요가 있습니까, 아니면 그 나라가 스스로 재건하도록 내버려둔 채 철수해야 합니까?"14) 당시에는 어떤 일반지침도 없었다.

미 공군이 전략폭격을 최대 관심사로 삼고 있었던 것에는 다양한 이해관계가 개입되어 있었다. 그것은 분명 육군이나 해군은 불가능한 역할을 공군이 할 수 있도록 해주었다. 미 해군도 독자적인 핵무기 탑재 항모를 보유하려고 계속 노력하고 있었지만, 그러나 미국 본토에서 엄청나게 떨어진 지역에서 적은 인력으로 기술력을 집약하여 전쟁을 수행한다는 개념에는 정치적으로도 매력이 있었다. 전후 시기에 미국은 베트남전 이후 때처럼 인명피해에는 큰 관심이 없었고 다만 인력에 따르는 비용에만 민감했다.

1946년과 1947년에 미 공군이 그 전략을 구체화하는 데 애를 먹고 있었다는 사실을 알아차린 사람은 별로 없었다. 당시에는 사용 가능한 원자폭탄이 몇 발 안 되었을 뿐만이 아니라, 1947년 1월 당시 전략공군사령부는 그 같은 폭탄의 무장을 책임질 무기기술자를 여섯 명밖에 확보하고 있지 못했고, 개조된 B-29 10대에 훈련받은 대원 20명밖에 보유하고 있지 못했다. 1947년 말에 이르기까지 1946년 해체된 민간 원폭조립팀을 대신할 공군팀이 마련되지 못했다. 공군 지휘관들은 공식 발표에서 "공군전력을 재건하는 속도는 그렇게 나쁜 것이 아니다."[15]는 점을 강조하느라 진땀을 빼고 있었다. 그 같은 배경에서, 미합동참모부(JCS)는 1947년 5월에 동·서의 상대적 전력을 비교 평가해 발표했으나, 그것은 상당히 신뢰성이 결여된 것일 수밖에 없었다.

"전쟁의 초기 국면에서, 서방측 연합군은 러시아의 심장부로 들어가는 길의 도처에서 마주치게 될 소련군을 격멸하기에 충분한 정도의 지상군과 전술 공군력을 동원하거나 수송할 능력이 없다. …… 반면…… UN은 전쟁이 시작되자마자 소련의 중요 산업복합체와 소련의 인구 밀집지대에 전략적 공세를 퍼부을 능력을 가지고 있다. 이 같은 공격을 적절히 강화하기만 하면, 그 자체로 승리를 얻을 수는 없더라도 소련의 산업과 군사력을 격파하여 이런 저런 군사력으로 소기의 목적을 달성할 수 있게 해줄 것이다. …… 대략 이 나라의 산업시설 중 80퍼센트가 영국의 도서나 카이로-수에즈 지역에서 발진하는 B-29들의 작전 범위 내에 들어 있다."[16]

1947년 5월에는 '서방연합군'이란 존재하지 않았다. 소련과의 전쟁에서의 미국의 정치·군사적 목표 또한 정의되어 있지 않았다. 소련 내 70개의 '전략' 표적들을 공격하기에는 폭격기나 원자폭탄의 수가 부족했다. JCS는 또 '연합군'의 활동에 대해 태도가 약간 모호했다. 그것은 러시아의 심장부로 향하는 '도처에서' 반격이 있을 것인가? 하는 염려 때문이었다. '인구 밀집지대'를 언급한 이 문서는 강력한 항공력의 존재를 염두에 두도록 하고 있다. 이러한 분석에는, 제 2차 세계대전에서 전략폭격이 현실과 전혀 동떨어졌음이 드러났는데도 불구하고, 민간 대중의 사기에 악영향을 미친다는 암묵적인 가정이 숨어 있었다. 사실 공습을 당하여 민간 대중의 사기가 치명적으로 떨어지기 쉽다는 믿음은 이후 45년 동안이나 미 공군기획 참모진의 뇌리에서 사라지지 않았다. 그럼에도 불구하고 이 평가를 살펴보면 JCS는 소련에 통상의 지상전을 감행하는 것이 장거리 공습을 실시하는 것보다 어려움이 많다고 보고 있었음이 드러난다. 미국 해설자 한 사람은 미국이 장거리 원폭공습에 기반한 전략에 치우쳤던 이유를 다음과 같이 냉정하게 설명하였다.

" …… 그것은 군사문제의 만사를 해결할 수 있는 방책으로 여겨졌다. 그것은 국력을 온통 기울일 필요도, 징병에 나설 필요도, 훈련이나 규율을 가다듬을 필요도 없는, 다만 우리에게 넘칠 만큼 있는 자금과 기술만으로 충분한 전쟁이 될 것이었다. 이것은 우리가 시간, 에너지, 땀과 피에 눈물을 들이지 않고 군사적 최강국이 될 수 있게 하는 만병통치약이었는데, 이에 비해 대규모의 육군과 해군, 공군을 유지하는 것은 자금문제를 떠나서 막대한 비용을 필요로 하는 것이었다."17)

요컨대 미국은 1947년 중반까지는 장거리 전략폭격과 소련의 위협을 기본 고려 대상으로 하는 방위전략을 가지고 있었다. 그다음 두 해 동안, 해군의 초대형 항모와 B-36의 획득 우선 순위 문제나 항공력통합 문제 등이 발생했는데 이는 모두 미국 국방예산을 감축하려는 대통령의 강력한 의지에 배치되는 것이었고, 이에 따라 미 공군은 그 주어진 전략 역할에 걸맞는 전력을 갖지 못하게 되었다.18) 그러나 미 공군의 입장은 북대서양 동맹(North Atlantic Alliance)의 성립에 따른 국제적 관심의 집중과 완벽히 짝을 맞추고 있었다.

영국 외무장관 어네스트 베빈(Ernest Bevin)은 군사적으로 우월한 소련에 맞서 서유럽에서 미군이 존재해야 할 필요를 절감하고, 유럽이 북대서양 동맹에 먼저 나서도록 주도하였다. 1948년 7월부터, 미국과 캐나다의 대표들은 브뤼셀 조약의 기획진과의 모임을 갖고 유럽의 동맹국들이 직면한 심각한 경제적·군사적 문제를 처음부터 절감하게 되었다. 그 참석자 한 사람은 나중에 이렇게 술회했다.

"서방 지상군은 겨우 10개 사단밖에 없었다. 작전구역 내 전투항공기는 아마도 400대를 넘지 못했을 것이다."[19]

한편 당시 소련의 공군기는 1만 5천대 정도였다. 같은 달에 JCS는 전년도의 평가를 바치고 '하프 문(Half Moon)'이라는 전쟁계획 작성에 들어갔는데, 그것은 영국, 아이슬랜드, 중동, 오키나와의 기지들로부터 발진하는 원자탄 공습을 조기에, 지속적으로 실시하여 소련의 전쟁 수행 능력을 분쇄한다는 것을 골간으로 하고 있었다.

그 후 12개월 동안, 동맹국 대표들의 비공식회합이 계속되어 NATO의 기획을 완성했으며, 그 작업은 1949년 12월 1일의 북대서양 전략개념(North Atlantic Strategic Concept) 제1호가 나옴으로써 최고조에 올랐다. 이 군사기획 저변의 여섯개 '원칙'들 중 하나는 "각국은 가장 적합한 임무 또는 임무들을 담당해야 한다. 각자의 지리적 조건이나 국력에 맞도록 특정한 과업을 각각 부여받아야 한다."[20]였다.

그 같은 임무들 중 첫 번째의 '기본 임무'는 "모든 수단과 모든 무기를 갖고 전략폭격을 수행할 수 있는 능력을 보장하는 것이다. 이것은 기본적으로 다른 모든 국가의 도움 하에 미국이 맡는 임무이다.…… "[21]

이 같은 방침은 미 의회에서 아무런 망설임 없이 받아들여졌다. 1949년 7월 21일에 북대서양 조약이 비준되었고, 그 같은 날에 합참을 대표하는 브래들리 장군은 이 새로운 '집단' 전략을 합참에서 고안한 개념들과 함께 하원 외교위원회에서 설명하였다.

"첫째 미국은 전략폭격을 담당할 것입니다. ……우리는 계속해서 원자폭탄을 동원할 수 있는 우리의 능력이 가장 우선시되어야 한다는 점에서 이 나라의 중요성을 강조해 왔습니다. …… "

NATO의 '기본임무'에 작용했던 또다른 가정들은 미국과 그외 서방국가들이 함께 해상작전을 실시하고, '가장 많은 희생을 감수하고 분전해야 할(hardcore)' 지상군은 유럽 국가들이 책임져야 한다는 것이었다. 따라서 영국과 프랑스, 그외 소련과 '인접한' 국가들은 단거리 공격과 방공 임무를 담당하는 한편 미 공군의 전술항공기들은 본토방위와 해군지원을 맡는다는 것 등이 있었다.[22)]

이것은 편의에 따른 전략적 결혼이었다. 그것은 소련이 염두에 두고 있을 서유럽에 대한 어떤 군사적 모험도 크나큰 위험을 겪게 될 것이라고 경고하는 것이었다. 1994년 초에는 아직도 스탈린이 지배하고 있는 소련정부가 그처럼 서유럽을 침공할 의도가 있는지 확신을 가질 수 없는 상태였으나, 방위비 지출과 전략 우선 순위 부여 문제에 대해서는 진지하게 논의하지 않았다. 소련은 JCS의 자세한 전쟁계획을 파악하고 있었을 수도 있었고 아니었을 수도 있었으나 일반적인 추세에 대해서는 분명히 감을 잡고 있었다. 히로시마와 나카사키는 미국이 원폭을 사용할 의지가 있다는 것을 보여 주었다. 자신이 이데올로기의 포로이나, 조심스럽고 냉정하게 세력을 분석할 줄 안 스탈린은 미국의 의지가 얼마나 굳건한지 시험해 볼 의사는 별로 없었을 것이다. 그는 또한 어제 미국과 서방국가연합 사이에 수립된 공식적인 방위협력 관계가 이전까지의 전략환경을 현저히 바꾸어 놓았다는 사실도 염두에 두었을 것이다.

베를린에서의 변칙

한편 1948년 6월 24일에 베를린 외곽에 대한 봉쇄가 이루어졌다. 영국의 반응은 빨랐으며, 24시간 이내에 영국 수비구역 내로 식량과 보급품의 공수가 시작되었다. 다음 날 유럽 주둔 미 공군의 수송기들도 그 뒤를 따랐고, 10월 15일에는 연합공수특전대가 발족되었다. 그때까지 소련은 베를린에 대한 모든 육로로의 접근을 봉쇄했으며, 12개월 뒤까지 이 포위된 도시로 2,325,000톤의 식량, 석탄, 등등의 보급품이 공수되었다. 이 기간 동안 영국 공군과 미 공군의 전투기들은 빈번히 보급비행로를 순찰했으며 몇 차례 소련기들에 의해 방해 또는 습격이 있을 뻔했지만 소련이 이 공수를 차단하려고 시도했던 일은 없었다.

그러나 미국은 이 위기에 항공기보호 이상의 행동으로 대응했다. 1948년 6월 독일 푸르쉬텐 펠트브루크(Fursten feldbruck) 미 공군기지에 이미 B-29폭격기 1개 비행대대가 제 301 폭격비행단에서 파견되어 교대 근무에 들어가기 시작했으며, 2개 비행대대가 7월 2일부로 증가 배치되었다. 17일과 18일에는 여기에 이어서 각각 30기의 폭격기를 갖춘 제 307비행단과 28비행단이 영국으로 배치되었는데 이것은 베를린 위기 동안 영국에 대기하면서 유사시 증가 투입될 태세를 갖추고 있었다.[23] 당시에는 B-29가 원폭을 투하할 수 있다고 널리 알려져 있었고, 따라서 이 공수작전을 방해하지 말라는 명확한 표시가 소련에게 보여진 셈이었다. 비록 그 효과에 대한 공식 발언은 일체 없었지만.

사실 이들 항공기들은 어느 것도 원폭을 투하할 조건을 구비하지 못했고, 설사 구비했다 하더라도 원폭이 많지 않은 데다 그것을 탑재할 지상근무요원은 더욱 부족한 상황이었다.[24] 전략공군사령부 사령관 케니(Kenny) 장군은 당시에 미국의 능력부족과 외교수단 미비를 통감하고 있었다.

"지금 소련 사람들은 분명 유럽에 주둔한 우리의 B-29 90대를 두려워하고 있으나, 그것을 우리가 실제로 사용할 수 있을 것 같지는 않다. 소련 사람들이 이러한 허장성세를 알아차린다면, 이주 곤란한 상황이 초래될 것이다."[25]

소련측이 어떻게 인식하고 있었든, 그들은 한번도 공수활동을 방해하지 않았다. 그러나 적어도 이와 대등한 중요성을 갖고 보아야 할 일은, 미국의 널리 알려진 전략태세가 애초에 소련이 봉쇄에 들어가는 것을 억제하지 못했다는 것, 그리고 과시적인 B-29 배치로 그 사태를 조기에 종결짓지 못했다는 것이다. 항공력이 기능을 발휘한 것은 공수활동 자체뿐이었고 그나마도 미 공군총사령관 반덴버그 장군이 자기 휘하의 장거리 수송기들을 전략공군사령부 보조임무에서 '변칙적으로' 공수임무로 돌리는 데 못마땅해 했음에도 겨우 가능하게 되었기에 효과를 볼 수 있었다. 그는 JCS의 전쟁계획을 실행하는 데 필수적인 전략공군사령부의 수송기들을 공수용으로 돌린다면 베를린 위기를 전쟁으로까지 비화케 할 수 있다고 생각했다.[26] 그러나 결과는 그렇지 않았고, 항공력으로 전후 세계의 첫 번째 중대 대결 국면을 해결할 수 있었던 것은 전략폭격의 위협이 아니라 별로 두드러져 보이지 않는 공수활동에 의한 것이었다.

이러한 특수한 실정은 당시 자원 배분을 둘러싸고 워싱턴에서 벌어지는 논쟁에서는 실종되고 말았다. 전략공군사령부 지원에 필요한 규모보다 큰 수송대를 마련하는 것은, 사실상 전략폭격이 장차전 모두의 결과를 결정할 수 없다는 주장을 인정한다는 의미가 되며, 중형(heavy) 및 중급(中級) 폭격 중대의 감축 압박이 예상되는 것이었다.

앞서 밝혔듯이, NATO의 정책으로 가장 중점을 두는 것이라고 선언된 것은 집단 안보이다. 그러나 실제로 미 공군의 교리와 전력을 NATO 체제에 통합하면 억제전략에 지나치게 의존하거나 전략적 보복을 강조하여 소련의 유럽에 대한 세력확장 의지를 꺾는 데 중점을 두게 되는 것이었다. 그 같은 조건에서는 소련의 위축 이외의 결과를 생각하기 어렵겠지만, 통찰력 있는 사람이라면, 베를린 위기를 통해 전략폭격의 위협이 그 정도 수준의 도발 행위에 영향을 주기가 어렵다는 것을 파악할 수 있었을 것이다. 당시에는 그런 식의 의심은 오히려 전략 공격의 효과나 심지어 도덕성에 대한 것이었을 뿐, 국가적 또는 NATO차원의 정책적 합성에 대해서는 별 의심이 없었다.

1949년 4월에 워싱턴의 합동군사위원회는 소련에 대한 전략적 공습의 초안을 마련하였다. 전략공군사령부가 마련한 소련의 70개 공격목표에 대한 원자탄 또는 재래식 폭탄의 공격으로 소련의 산업력 30~40퍼센트가 파괴될 것으로 예측되었으나, 그 파괴가 영속될 수는 없었다. '그것만으로는' 적의 항복을 이끌어 내거나, 공산주의의 뿌리를 근절하거나, 소련정부의 국민 지배력을 심각하게 약화할 수 없는 것으로 나왔다. 사실 그것은 오히려 "소련의 선전을 입증해 주고 ……, 그 국민을 단결케 하며 …… 그들의 전쟁수행 의지를 북돋울 것이다." 그럼에도 불구하고 군사위원회는 "적절한 표적 시스템에 최대한 많은 원자폭탄을 즉각적이고 효과적으로 투하할 수단을 갖추는 데, 모든 타당한 노력이 기울어져야 한다."[27]는 발언과 함께 전략공군사령부의 계획을 승인하였다.

이보다 모순이 덜한 견해들도 있었다.

"소련이 그 최고의 무력인 붉은 군대를 갖고서도 그들에게 가장 유리한 식의 전쟁을 포기하리라고 본다면 안일한 생각일 것이다. 따라서 소련과의 전쟁은 처음부터 끝까지 지상전으로 전개될 것이다. …… 소련은 공격을 개시하면서 서부전선을 돌파, 최단시간 내에 서유럽을 병탄하고 영불해협에 도달하려고 할 것이다. …… 전략폭격은 소련군 보병 단 한명도 서부전선에서 끌어내지 못할 것이다. …… "[28]

이것은 소련의 위협에 대하여 유럽에서 더욱 균형잡힌 대응을 하자고 주장한, 「워싱턴포스트」지의 군사 편집자의 좀더 온건한 주장들 중의 일부이다.

트루먼 대통령 자신은 원자폭탄 공습에 그토록 열중하는 데 대해 다소 부정적인 견해를 갖고 있었다.

"우리는 그 같은 일이 절대적으로 필요하지 않은 이상, 해서는 안 된다고 생각한다. 이제껏 유례가 없을 정도로 무시무시한 파괴력을 내는 무기를 사용하라고 지시하는 일은 끔찍스럽다. 그것은 부녀자와 비무장 민간인들의 목숨까지 앗아갈 것이며, 그 같은 학살의 군사적 의미는 전혀 없을 것이다. 그러므로 우리는 이 무기를 소총이나 화포, 그외 보통의 무기들과는 다르게 취급해야 한다."[29)]

다행히도 NATO가 과연 핵무기를 선제공격용으로 쓸 것인지, 신속한 반격에 쓸 것인지, 최후의 수단으로 쓸 것인지 결정해야 될 순간은 없었다.

역할 분담

소련과 그 동맹국들을 격파하는 수단으로서 전략폭격은 결코 정당성을 얻지 못했지만, 그것은 NATO 회원국들의 전술항공력 발전에 적지 않은 장애요인이 되었다. 제 2차 세계대전에서 합동병과 - 공지전을 통해 거둔 성공을 공군은 결코 잊어버리지 않았다. 그것은 단지 여러 관심사들 때문에 뒤로 밀렸을 뿐이었다. 이 같은 인식은 1949년 초 미 공군의 '의회보고 일지'에 다음과 같이 요약되어 있다.

"공군전투사령부는 전략적·전술적·방어적 …… 를 불문하고 당장 임무를 수행하게 될 때 최대의 힘을 발휘할 수 있도록 조직·구성되어야 한다. …… 항공력의 전술적 활용은, 지상 및 수상전과 긴밀한 관계를 가지며 진행되는 것인데, 결정적인 공격을 취하기 전 시점에서는 어떤 중요한 분쟁에서도 큰 중요성을 가질 수 없을 것이다. 공군은 결정적 국면에서 성공을 거두는 것을 목표로 조직되고 무장되어 있으므로, 전쟁 초기국면의 필수적인 전술작전을 수행하거나 평시에 전문 전술 항공전력을 유지하기 위해 결정적 국면시 필요한 전력을 희생해서는 안 된다. 이 개념의 타당성은 이미 공군에 의해 입증되었다 …… ."[30)]

이 메시지의 숨은 의미를 분석해 보면 다음과 같다.

"장차전에서 결정적 공격은 전략폭격에 의해 수행될 것이며, 그 다음에야 전술적 항공의 영역이 주어진다. 전략폭격이 가능한 항공기는 전술적 비행도 수행할 수 있을 것이다. 따라서 우리는 전문 전술항공에 자원을 배분할 필요가 없다. …… ”

이 같은 시각은 지상지원 경폭격기 비행단을 5개에서 2개로 줄이고 겨우 3개의 전술정찰 비행대대를 갖도록 한 미 공군의 당시 결정에도 나타나 있다.[31)]

이 같은 접근법은 미 공군의 정치적 입지에도 도움이 되는 것이었는데, 그것이 신생 공군의 독립성을 강조하는 근거가 되고, 전략적· 작전적 접근법이 호응을 얻기 쉬웠기 때문이었다. 그러나 유럽의 동맹국들이 그들의 보조적 역할을 담당할 힘이 부족했고, 소련이 원자폭탄을 확보, 급기야 한국전쟁이 발발하면서 전략환경이 더욱 복잡해짐에 따라 그것이 NATO에서 갖는 가치는 도전을 받게 되었다.

NATO 전략개념에 요약된 '역할분담'을 공식적으로 수용했음에도, 이미 영국은 미국만이 서방의 핵 보유국이 된다는 것에 반대 의사를 가지고 있었다. 당시에 이 문제는 공공연히 논의되지 못했고, 각 군 사이의 자원배분에 있어서도 문제가 되지 않았다. 그러나 영국 공군 지휘관들은 미 공군 사람들에 비해서 국가적 필요성 차원으로 전략폭격을 옹호하는 실력이 결코 떨어지지 않았으며, 오히려 한층 더 교묘하였다. 존 슬레서(John Slessor)공군 원수는 퇴임 후에 다음과 같이 의견을 표했다.

"장거리 폭격기부대를 갖추고 있지 못한 오늘날의 영국 공군은, 원양함대가 결여된 넬슨 시대의 영국 해군이나 마찬가지이다. 우리가 겨우 지상지원 항공기와 해상지원기 및 본토방위용 전투기만을 갖고, 포함과 프리깃함 그리고 현대식 항공기들에 의한 호위대만을 갖고 대서양평화(Pax Atlantica)에 기여하고자 한다면, 우리는 3류 국가로 전락하고 말 것이다."[32)]

NATO의 전략 개념에 따른 역할분담에 대해 대중들 사이에 거부감은 암암리에 퍼져갔다. 이 같은 거부감은 군과 영국의 3대 정당이 모두 공유하고 있었다. 영국 합참은 1946년 1월 영국 공군에 자체 원폭을 확보하기로 한다고 발언했다. 그들은 다음과 같은 입장을 덧붙였다.

"강대국인 영국은 미국의 손에 그 운명을 의탁할 수 없으며, 미국은 아무리 우방이라 하더라도 국제협력의 노선에서 자기중심적인 고립으로 예고없이 방향전환 할 소지가 있는 것이다 —최근 돌연히 Lend Lease를 취소해 버린 조치에서도 드러나듯이."[33]

1947년 영국 방산업체에는 원자탄을 투하할 수 있는 4발 제트폭격기 제작을 위한 시방서가 전달되었는데 1952년까지 그 실행 결정이 미루어졌다. 당시 영국 공군은 NATO 제2의 공군이었다. 분명 핵투하 가능 폭격기부대를 위해 투자하는 것은 영국이 NATO의 전략교리에 따라 유럽의 '균형전력'에 기여하는 일에 차질을 가져오는 것이었다. 그러나 영국 정부는 핵무기 전력과 재래식 전력을 동시에 확충하는 노선을 계속 견지했다. 영국 공군은 전투기들을 제트기로 교체하는 작업을 계속하였으며, 2발 제트폭격기 구입도 진행되었고, 독일에 주둔하고 있는 제 2 전술공군을 확대한다는 계획까지 수립되었다.

그러나 미국을 포함한 모든 동맹국들이 1950년 6월의 한국전쟁 이후로는 NATO전략 개념에 의한 역할에 충실할 수 없었다. 그 사태가 서방세계에 미친 충격은 한 비범한 사람이 묘사했듯이 " '천년의 공포'에 방불했고, 이 사태로 인해 NATO의 조직과 최고 지휘계통이 신속히 정비되었다. 또 비용 소요가 극단적으로 증대되어, '군 고위층은 NATO 회원국들이 감당할 수 없는 예산을 요청했다. 그로 인해 이제 전사가 그 자신의 갑주 무게를 못이겨 쓰러질 지경이 되었다. 살아남기 위한 노력이 생존의 기회를 말살하고 있다."[34] 라고 지적할 정도가 되었다.

따라서 1952년 2월 리스본(Lisbon)에서 선언된 9천대의 전투항공기와 96개 지상군사단을 확보한다는 NATO의 전력 구축 목표가 18개월이 지나 달성 불가능하다고 선언된 일은 전혀 놀랄 일이 못되었다. 그 해가 끝나기

전에 영국의 방위예산은 증가되기는커녕 절감되었다. 프랑스는 리스본 지침에 맞추어 자국군을 확충할 능력이 없음을 표명했고, 심지어 95개 비행대 규모로 확장하기로 한 미 공군조차도 "공중과 지상에서 적의 수적 우위를 극복하고 대규모 전쟁에서 승리하기에는"[35] 불충분하다고 평가되었다. 1953년 4월 리스본 전력 확충목표는 공식적으로 포기되었는데, 이 결정에 자신의 중부유럽 주둔군이 목표수행에 너무 허약하다고 유럽주둔군 최고사령관 리지웨이(Ridgway) 장군이 불만을 토로했음에도 어떨 수가 없었다.

리스본 전력 확충목표는 결코 달성될 수 없었다. 1952년의 NATO 참모진은 적의 비행장과 지상군에 소형 '전술'핵을 사용하는 전법을 연구하기 시작했다. 1953년 12월이 되어서는 미 합참의장이 "오늘날 원자폭탄은 우리 군에서 사실상 재래식 폭탄의 입지밖에 확보하고 있지 못하다."[36]고 밝힐 정도가 되었다. 1954년 12월 NATO운영위는 핵무기를 써서 소련 재래식 전력의 '압도적인 수적 우위'에 대항한다는 생각을 담고 있는 군사위원회 보고서를 승인하였다.[37]

재래식 전력 대신 핵무기를 쓴다는 리스본식 접근법은 정치적으로 매력이 있었다. 그것은 방위비를 계속 늘리는 일을 회피할 수 있었을 뿐 아니라, 실제로 그것을 감축하는 효과를 가져왔다. 좀더 적은 자원(병력, 재래식 무기, 유지보수 자원, 참모진)이 가능했으며, 훈련도 덜 복잡해질 수 있었다. 전략환경도 보다 단순해질 것이었다. 그것은 또한 미 공군의 전술항공력 역시 핵무장력을 갖게 되고, 그것을 통하여 육군과의 협력을 최우선 가치로 할 것인가 등의 민감한 문제를 회피할 수 있었다. 항공력 입장에서 속셈이 있었던 것은, 핵무기에 집중하게 될 경우 공중전 훈련이나 저공정밀항법훈련, 또는 정밀표적확인·획득 훈련 등의 필요성이 줄어든다는 점이었다. 그 대신 '전투기'는 적 폭격기에 대한 '요격기'가 되어야 하며, 미 공군의 소위 '전술전투기'는 F-100 같은 핵무장 전폭기가 되어야 했다. 궁극적으로 핵무기에 집중할 경우 공지전 무기의 정밀성을 극대화할 필요가 없었다.

장기적 중요성에서 보자면, 핵무기에 의존함으로써 처음 NATO의 구성시 '역할분담' 개념에 구현되었던 미국과 그 동맹국들 사이의 평등한 관계가 붕괴하는 효과를 가져오게 되었다. 당시 곧 영국과 프랑스가 핵을 보유할 상태였지만, '전술' 핵무기로 유럽에 직접적인 방위수단을 제공함으로써 그것은 온통 미국의 책임이 되어 버렸다. 서유럽이 전략에서 종속적 위치로 떨어지는 것은 결정적이었다. 그러나 1953년에 소련이 열핵무기 실험을 하고 뒤이어 유럽에 핵을 배치함에 따라 이 같은 전략 수정의 타이밍은 완벽했다고 볼 수 없었다. 소련 최초의 중거리 탄도미사일은 1956년 배치되었으며, 1년이 지나 최초의 스커드미사일이 등장했다. 1960년이 되자 유럽에서 적의 재래식 전력 공격을 핵으로 격퇴한다는 구상은 더 이상 쓸모가 없어졌다.

유연한 대응

7년 동안 미국과 그 NATO는 전략 수정의 필요성을 인식하고, 제기된 두 가지 대안 중에서 정치적 현실성과 군사적 실효성을 최대한 보장하는 대안을 선택하느라 애썼다. 미국은 모든 분쟁을 소련의 유럽전역 내로 묶어두려고 했다. 유럽측은 그 동부 전선 접경지대를 사수하면서 궁극적 억제 수단으로서 대륙간 핵전 확대 가능성을 열어두는 쪽을 선호했다. 결국 1967년 NATO 교리의 수정, '유연반응' 내용을 통해 타협안이 마련되었다. 이 개념은 1967년 12월 14일 NATO 각료회의의 코뮤니케에서 설명되었다. 즉 그것은, "NATO를 현행 정치·군사·기술적 진전 상황에서 모든 유형의 침략 또는 침략 위협에 대응해 핵 또는 재래식 전력으로 유연하고 균형잡힌 수단을 사용하게끔 조정하는 것이다.…… "[38]

그러나 이 같은 결정을 현실화할 가능성은 매우 희박했다. 유일하게 두드러진 '상황의 진전'은 소련이 대륙간 탄도탄을 확보하고 전개하는 일이었다. 그러나 이것은 NATO가 전방방어에서 통제된 전술핵무기, 대륙간 탄도탄전에 이르는 군비태세에 최소한으로 필요한 재래식 전력의 증강에 불리한 조건인지 아닌지 불분명했다.

예를 들면 이 각료회의는 브뤼셀에서 열렸던, 코뮤니케의 16번째 문단은 이 새로운 전략태세 논의에 프랑스가 참여하지 않았으며 '그에 따라 나온 결정에 관여하지 않았다'는 것을 드러내고 있었다. 이 정리된 표현만 보아서는 그 다음해 7월에 프랑스가 NATO의 전체 군사 구조에서 물러남으로써 NATO에 미친 심각한 영향을 짐작하기 힘들었다. 프랑스 공군과 방공지상부대가 독일로부터 철수했고, 미 공군이 프랑스에서 추방되었으며, NATO의 병참·보급 루트와 후방 기지들이 베넬룩스 3국으로 몰아넣어져서 바르샤바 조약기구 측이 공군력·미사일 조준을 쉽게 할 수 있게 되었다. 당시의 정치인들과 지위관들은 적의 기습공격이 NATO에 미칠 충격을 최소화하고자 부심했으나, 드골 대통령의 조치가 NATO의 방위태세에 미친 악영향은 가공할 것이었다. 이 같은 상황에서, 이제는 재래식 전력 확충까지 포함하는 전략으로 전환하게 되어, 미국이 베트남전에 골몰하고 있을 때의 수준까지 재래식 전력을 끌어올렸고, 영국이 방위계획서와 군축안을 수정했다. 또한 소련공군이 대규모의 재무장 프로그램을 시작했으며, 중동의 6월 전쟁은 모두에게 비무장 비행장이 기습공격에 얼마나 취약한가를 일깨우는 등의 문제가 더욱 심화되었다.

그 후 매년 NATO의 다양한 훈련들이 이 새로운 개념을 바탕으로 실시되었다. 시나리오들은 모두 한 가지 주제, 즉 바르샤바 조약기구 측이 대규모 공격을 감행한다는 것을 전제로 서방측이 여러 가지의 경보시간을 갖는 것으로 해서 이리저리 변형해 본 것들이었다. 이 '공격'은 일단 재래식 전력으로 감행되고, 며칠 지나지 않아 하는 수 없이 핵무기가 동원될 것으로 상정되었다. NATO 회원국들은 1967년 이후에도 1952년 리스본 목표가 발표되기 이전에 비하여 중부 유럽에서 장기적으로 재래식전을 수행할 능력이 부족했다. 그러나 이제는 NATO 공군력에 더 중대한 책임이 주어져 있었다.

이 수정 전략은 1985년까지도 유효했는데, 당시 영국 국방부의 백서에는 그 3개 요소로써 "소련의 공격을 맞받아 치는 것……재래식 전력과 핵전력을 연계하여, 전략핵전에 어울리지 않는 경우에 공격 대안이 되고, 상대편의 작전지역 내 핵 사용을 억제함으로써 억제력을 높이는 핵전력……(또한) 이 같은 공격으로 적은 대규모의 (재래식)전력 사용 계획에 차질을 빚게 된다. ……전략핵 전력은 궁극적인 억제력을 마련한다."[39] 고 나타내고 있었다.

항공력에 의존

바르샤바 조약기구 측은 많은 지정학적, 군사적 유리함을 갖고 있었다. 그들은 동서남북으로 하나의 땅덩어리를 이루고 있었으며, 넓고 깊숙히 전력을 배치하거나 보강, 재보급할 수 있었고, 소련의 주력 근거지에서 모두 상대적으로 가까운 위치에 있으며, 중부지대에서 임전태세에 있는 병력이 현저히 많았다. 또한 모든 예측 가능한 상황에서 NATO 회원국들에 대한 침공의 시기, 장소, 정도, 방식을 우선 선택할 수 있는 입장에 있었다.

반대로 NATO는 전방 방위에 주력했으며, 그것은 개념상 수동적일 수밖에 없었다. 중부지대는 북부와 서부 측방에서 지리적으로 격리되어 있었다. 후방은 중부의 경우 얄팍했고, 남서부 측은 영국과 미국으로부터 바다를 통해 멀리 떨어져 있었다. NATO 회원국들의 정치적 자세의 성격상 신속하고 일사불란한 군사적 대응은 힘든 문제였다. 오직 각국의 전선방어 지상군 중 일부를 전체 전방방어로 차출하거나 유사시에 전용할 수 있을 뿐이었다. 따라서 NATO 항공력의 전투기여도는 매우 높을 수밖에 없었다.

공중조기경보기(AWACs)는 평시 정찰에 기여했으며, 적대행위 개시 초기에 경보를 제공하여 NATO 공군기들이 바르샤바 조약기구군 측 공군이 치고 들어온 공역(空域)에서 밀집방어를 전개할 수 있게 해주었다. 방공기들은 지대공 방어전력과 합세하여 본토기지들, 전력보강 중심지, 그리고 보급로 등을 보호하여 전장상공에서 국지적 공중우세를 확보하도록 되어 있었다. 개전 초기에 전장에서 겪을 수밖에 없는 화력의 열세는 공중지원을 비롯하여, 적의 지상군 진격위력을 떨어뜨리기 위해서는 적의 제 2 제대 보강 병력들에 대한 종심공격을 통해 보충될 수 있을 뿐이었다.

바르샤바 조약기구군 공군의 개입은 공중전으로 차단하며, 또 NATO의 비행장보호를 위해 대공작전으로 적의 항공력을 약화하도록 했다. 초기의 전략적 증강과 지속적인 작전구역 내 기동성 확보는 공수부대(Air transport forces)의 책임이며, 개전 후 한참 뒤에야 대규모의 지상, 해상 수송부대의 도움을 받을 수 있다. 갈수록 무인기의 도움을 크게 받게 되겠지만, 전술정찰 역시 유인기 자원의 할당을 필요로 한다. 미 공군 F-111과 영국의 토네이도 GR-1을 비롯한 '이중 목적'의 전역 내 항공기의 기여는 특히 중요한 것이었다. 그들은 주야를 가리지 않고 전천후로, 전투구역 너머 깊숙한 곳의 비행장과 지상군 관련 표적들을 재래식무기로 공격할 수 있었다. 최악의 경우 유럽연합군 최고사령관은 작전구역 내에서 핵을 사용할 권한을 위임받을 수 있는데, 그런 경우는 바르샤바 조약기구 측의 공세에 NATO의 재래식 지상군 방어벽이 붕괴될 경우였다. 또한 핵 전력은 NATO정책에 중대한 연관성을 갖는 것으로 인식되어, 재래식 전력에 의한 방어→전역핵 전력 동원→전략핵 사용에 이르는 확전 과정의 각 국면에서 중요한 역할을 하도록 되어 있었다.

따라서 강력한 재래식 전력으로나 필요할 때 핵전력을 동원할 수 있는 수단으로서나 NATO 공군이 전쟁수행 전략에서 차지하는 비중은 평시 억제태세에서 중요한 요인이 되게끔 하였다. NATO에서 항공력의 이 모든 면모를 망라하는 공식적인 교리는 없었다. 모든 주요한 명령은 긴밀히 결집되어 있었으며 유럽연합군 최고사령관에서 주요한 하급 지위관들에게 이어지는 지휘선 자체도 분명하게 구축되어 있었다.

그러나 유럽연합군 총사령관이 갖고 있던 중대한 문제는 개전 후 첫 48

시간 동안 방공과 공중우세권 확보 및 공세적 공중지원 모두를 같은 항공기에 의존할 수밖에 없다는 점이었다. 수년 동안 NATO 회원국들은 경제적 부담 때문에 방공이나 공세적 공중지원 전용기 대신 다목적 항공기를 구입해 왔다. 다목적기로 가장 널리 배치된 기종의 예로는 F-16 전폭기를 들 수 있었다. 요격 전문기는 영국 공군의 토네이도 F-3들과 영국과 독일의 다루기 편리한 F-4가 있다. 또한 영국 공군의 A-10와 몇 안 되는 해리어기, 그리고 영국, 독일의 토네이도 GR-1이 있었다. 이 토네이도기와 미 공군의 F-111은 대항공전, 대비행장전(anti-air field) 수행 능력도 갖추고 있었다. 평시에 주로 방공 목적으로 훈련받은 미 공군의 F-15나 프랑스의 미라쥬 2000 등도 지상 표적을 공격하게끔 할 수 있었다. 유럽연합군총사령관의 문제를 더욱 복잡하게 만들었던 것은 토네이도 GR-1, F-111, F-16 일부 등 자기 휘하의 가장 유력한 전투항공기들 중 일부가 '이중 목적'이어서, 재래식-핵탄을 모두 투하할 수 있었다는 사실이었다.

따라서 개전 초에 유럽연합군총사령관이 겪는 딜레마는 이중적이었다. 첫째 항공력의 어느 정도를 방공에 투입할 것인가? 둘째 이중 목적기들 중 얼마를 초기 전투에 투입하지 않고 작전구역 내 핵무기 투하에 대비하게 할 것인가?

바르샤바 조약기구의 항공력

이런 딜레마는 현실화된 일이 없었으나, 바르샤바 조약기구측 공군의 세력 확대가 자체 전략개념에 의해 항공력을 배분할 정도가 되었기 때문에 잠재적 해결 방식은 매우 수용하기 힘든 것이 되었다. 심지어 1994년에도 핵무기의 역학에 대해 서방 분석가들 사이의 의견 불일치는 소련 총참모부에서 수십 년 동안 익히 보아 온 일이었다. 그러나 바르샤바 조약기구의 탈을 쓴 소련은 원한다면 핵전 확산을 막을 수 있으리라는 것이 두루 합의된 견해였다. 1970년에서 1978년 사이에 소련 방위비는 실질가격 기준 매년 4퍼센트

씩 증가했으며, 당시 소련 GNP의 11~13퍼센트 정도를 차지했던 것으로 알려진다.[40]

신세대 MiG-23, MiG-27, SU-17, SU-24, SU-25들은 소련군에게 대단한 공격력을 부여해 주었으며 새로운 소련 무기체계의 등장과 더불어, 그 작전 개념을 소련과 동구권 군사 출판물에 널리 공공연히 게재되기 시작했고, 1980년대 바르샤바 조약기구의 공군력에 대해 주어져 있던 요건을 NATO도 훤히 알고 있었다. 그 첫째 임무는 작전구역(TVD)에서 제공권을 확보하는 것이었다.

1981년 12월 폴란드 공군의 알렉산드르 뮤지알(Alexander Musial) 대령은 그것을 다음과 같이 설명했다.

"최근에 치른 전쟁 대부분에서 공군은 항상 자국 육군의 전투행로 결정에 상당한 영향을 미친다는 사실이 밝혀졌다. 따라서 공군의 전투 관련 문제는 많은 주목을 받았으며 앞으로도 많은 주목을 받을 것이다. 적의 공군과 핵미사일 그룹을 격파하거나 크게 약화하는 것은 적의 전력을 급격히 떨어뜨리기 때문이다. 공중우세권을 확실히 장악함으로써, 지상군은 TVD 내 작전을 유리하게 전개할 수 있게 된다 …….

적의 공군과 미사일 그룹은 일차적인 전쟁수행 과제를 수행할 곳 즉 TVD 중심 지역에 배치될 것이며, 그곳에는 최강의 지상군과 공군이 자리잡을 것이다. 서유럽의 TVD가 그중 하나이다. 따라서 다른 어떤 작전구역도 공중에서의 상황 변화에, 우리 공군이 효과적인 사용에, 그리고 적 공군의 격파 여부에 크게 의존하며 전황이 전개되지 않을 것이다. 이것은 공중에서 주도권을 잡는 쪽이 전투상황을 조성할 수 있기 때문이다."[41]

한편 소련과 그 동맹국들의 고위 육·해·공군 장성들이 참석한 모스크바의 보로실로프(Voroshilov) 총참모대학에서, 이 공중우세권 확보 개념은 항공기 할당, 출격률, 타이밍 등의 세부에 이르기까지 다듬어져서 실체를 갖게 되었다. 이는 "전선공군(Frontal Aviation) 항공기의 60퍼센트와

중(中)급, 중(重)형 폭격기 연대의 75퍼센트가"[42] 일차 '타격' 제대로 배치되어, "24-36시간 동안 적의 비행장 활주로, 지휘부 등을 파괴하는 임무를 맡는 것이었다."[43] 이에 대해 유럽연합군 총사령관은 총참모부의 항공력 관련 요약문을 읽고, 공중작전에서 전개될 수도 있는 상황에 대해 숙지하고 있었다.

" …… 공중작전 수행을 위해 조직되는 비행단은 다음과 같을 수 있다. — 서부 작전지역은 3~4개 전선항공군(front air armies), 1~2개 장거리항공군(long range aviation corps)과 별도의 사단, 해군항공대, 그리고 바르샤바 조약기구 회원국들의 공군, 군과 전선공격을 위한 수단과 조직, 그리고 작전적 제대와 커다란 국토방공군부대(PVO)들로 구성 가능하다."[44]

공중작전의 수행에 대한 이후의 메모는 다음을 강조하고 있다.

"적의 주 항공대에 대한 공격시 주력군은 전투기들에 의해 계속 보호를 받는다. 이 목표를 이루기 위해, 적 전투기는 비행장에서 또는 공중전을 통해 분쇄되어야 한다 ……. "[45]

그러나 이 '공중작전'은 독자적인 활동은 아니었고, 제병합동 공세에 앞선 중요한 조치일 뿐이었다. '비행과 우주비행(Aviation and Cosmonautics)' 같은 소련의 공식 군사비행지(誌)는 거의 모든 기사마다 제병합동 공세작전을 다루고 있었다.

공중작전으로 개전 초에 공중우세가 확보되면 전술전투기들이 기갑사단의 진격을 도우며 전방으로 날아간다. 그외 모든 형태의 공중지원은 공중환경이 양호한 상태에서 효과를 발휘한다. 항공기의 공대지 공격은 NATO의 지상 방어진을 깨뜨리고, 보급대를 격파하며, 바르샤바 조약군의 측방을 보호하고, 지상군의 돌파구를 마련해 준다. 헬리콥터는 고정익기들과 지상군의 화력을 도우며, 병력을 적 제대의 후방으로 수송하고 고정익 수송기들과 함께 보충병력수송과 재보급 수송을 빠르게 실시한다. 모든 공중활동은 기동력있는 지대공방어의 지원을 받는다.

후속군 공격(FOFA)

그러나 1970년 후반에 미 육군은 새로운 개념을 선보였다. 이것은 본래 '공지전투(Airland Battle)'로 알려진 것으로, 항공력 중심이었던 NATO전략에 큰 반향을 일으키고, 모스크바에까지 영향을 미쳤으며, 사막의 폭풍작전에서는 다국적군의 접근법을 구성하고, 급기야 1990년대 중반 현대화되어, 모습을 드러내게 되었다. 몇 가지 면에서 그것은 소련의 연합작전 개념과 흡사했으나 그것은 NATO의 일직선적이고 그리 잘 배치되지 않은 지상방위 시스템의 약점을 충분히 고려하고, 신기술(ET : Emerging Technology)에 의해 그 약점을 극복할 수 있도록 짜여진 것이었다.

'공지전투' 개념은 1982년에 개정된 미육군 야전교범 100-5 '작전'(FM100-5 Operation) 에서 비롯된다. 그것은 한 차례의 공격으로 적의 선도제대를 저지하고 그 주위, 상공에서 공격을 동시에 펼쳐 적의 후속제대를 차단, 격파함으로써 수적으로 우세한 바르샤바 조약기구 지상군을 격파하려는 것이었다. 그러나 그것은 NATO의 구역 밖에서도 적용이 가능했다.

'확대된 전장(extended battlefield)'의 표현은 방어구역의 3배 확장을 내포하고 있었다. 첫째 종심전투에서, "아직 아군과 접촉하지 않은 적 부대를 공격하여 적의 시간표에 차질을 가져오고, 지휘·통제에 혼란을 야기하며, 적의 전쟁계획을 뒤흔들어 적의 기세를 꺾는다." 둘째 "전방전투를 지속적으로 전개하여 적의 후속제대에 대한 공격, 적의 병참대와 기동계획의 파괴를 통해 시간이 지날수록 근접전투에서 승기를 굳힌다." 셋째 "전투에서 투입되는 자산들의 범위가 높은 수준의 육군 그리고 합동군의 표적 획득수단, 공격자산에 중점을 두는 쪽으로 확장된다."[46]

버나드 로저스(Bernard Rogers) 장군은 결국 당시 미 육군의 전쟁철학은 후속군 공격(FOFA) 개념 등을 만들어낸 당시의 NATO 수정교리와 독립적이었다고 강조했다.

FOFA는 '다국적인 산물'이었고, "두가지 모두 서로 비슷한 점을 어느 정도 가지고 있으나, 공지전투는 범세계적으로 적용이 가능하고 유럽연합군 사령부에게 부여된 억제·방어 임무와는 다소 동떨어진 면모를 가지고 있다."[47] 그 동떨어진 면모를 보면, 미 육군은 단기전에 중점을 두는데, FOFA는 좀더 장기적 관점을 취한다는 것과 그리고 공지전투는 방어중심적인 FOFA에 비해 반격에 두드러진 무게를 싣고 있다는 점 등이 포함되어 있다.

이보다 약간 뒤의 세미나 발표문에서, 유럽군 최고사령관으로서 로저스 장군은 FOFA 개념의 근본 원칙과 실체 및 요건을 정립했다.[48] 그는

"바르샤바 조약기구와 NATO의 재래식 전력 사이의 갈수록 늘어가는 차이를 신중히 고려해야 하며" 따라서 유연한 대응 전략의 재래식 전력 부분에 주목해야 한다. 이를 통해 NATO의 전체 억제 태세가 강화될 수 있다. 중요한 점은 "현대식 무기체계의 늘어난 사정거리, 정확성, 그리고 기동성이 전장의 범위를 늘렸다는 것이다."

구체화 과정에서, FOFA는 기존의 군이 "병력충원, 무장, 훈련, 유지, 강화에 일정 기준을 정립하고, 핵심적인 현대화를 계속하며 서방의 앞선 기술개발을 최대한 활용하여 바르샤바 조약군을 효과적으로 공격하고 그들의 통신을 방해하며, 레이더를 무용지물로 만들 수 있을 재래식 수단을 구입할 것"을 필요로 한다.

그는 계속해서 이 개념을 구체화하기 위해 '전반적 구조'를 개별 아이템화 할 것을 주장했다. 그것은 실시간 초계, 표적획득과 정밀 첩보활동, 대응력 있는 C^3I구조와 FEBA후방의 공격에 필요한 '정밀하고 결정적인' 무기체계 등을 포함하는 것이었다.

이 '새로운' 개념은 신생기술(Emerging Technology)을 통상적인 전쟁개념에 접합한 것이라고 보아야 했다. 그리고 이 '요건'들의 양극단을 모두 만족할 수 있는 대단한 기술들이 새로 개발되었는데, 합동정찰 표적공격 레

이더시스템(JSTARs)은 FEBA후방 100마일 내의 이동·고정 표적들을 포착할 수 있었고, 다연장 로켇체계(MRLS), 아파치 공격헬리콥터, 항법보조위성(NAVSTAR GPS)과 다수의 정밀유도탄(PGM)은 적의 전차, 교량, 레이더, C^3망 같은 특정 표적에 반격을 가할 수 있는 것이었다.

이 교리의 선언은 때마침 레이건 행정부의 출범과 때를 같이했으며, 소련이 아프가니스탄을 침공한 다음 카터 행정부의 국방비가 대폭 증가해 가고 있던 상황이었다. 1985년 달러화 가격 기준으로는, 미 국방예산은 1980년에서 1985년 사이에 53퍼센트나 증대하였다.[49] 미국과 소련 사이의 기술경쟁이 격화되어 있었으나, 소련의 방위예산 증대와 자원배분 편중이 소련 경제에 미치는 악영향은 그때까지는 서방세계에서 감지되고 있지 않았다. 소련의 기술개발 현황은 파악하고 있었을 수 있지만, 그 전모 또는 영향까지는 알 수 없었다. 서방세계는 한편으로 많은 관료주의적 이유와 산업 관련 문제 때문에 소련에 비해 무기생산 소요시간이 더 길었으며, 그에 따라 동방측이 계속해서 미국의 기술 우위에 따른 유리함을 좀먹어들 수 있게 되었다.[50] 결국, 컴퓨터, 전자, 스마트 무기, 특수용도 무기, 광학기술, 로봇기술, 항공기 엔진 등에서 미국은 1985년에도 그러한 우위를 누리고 있었지만, 미국의 입장에서 보면 소련은 그것들 중 다수 부문에서 격차를 좁히고 있다고 생각되었다.[51]

그러나 정작 소련에서는 그처럼 생각하고 있지 않았다. 소련 정·군계 지도자들은 자신들 체제의 심각한 경제문제를 인식하고 있었으며(※7장 참조), 새로운 역동적인 NATO작전 개념에 사용될 첨단기술 분야에 미 정부가 적극적으로 자원배분을 늘려 가는 상황으로 인하여 자신들이 그나마 누리고 있던 군사적으로 유리한 부문도 사라질 것이라고 예측하고 있었다. 정치적, 군사적 대응은 예측했던 대로 박자가 잘 맞았다. FOFA가 도발적이며 안정을 해치고, 군비경쟁을 부추키고 위험천만인데다, 미국이 독선적으로 NATO 동맹국들을 주무르는 또 하나의 사례에 불과하다고 서방 국가들을

향해 선전전을 전개했다.[52]

한 가지 흥미롭고 전형적이었던 소련의 대응이 모스크바의 미국-캐나다 연구소에 근무하던 한 젊은 학자에게서 나왔다.

"로저스 계획을 실행에 옮긴다면 중부유럽에서의 모든 군축협상 가능성이 위험에 처할 수 있으며, 신뢰구축 과정에 심각한 문제를 초래할 수 있다 ……."[53]

7장에서 설명하겠지만, 이 주장을 한 연구원은 1990년대 러시아 군사력의 재구축 과정에서 중요한 역할을 담당하게 된다.

FOFA를 주의 깊게 검토한지 2년 후, 소련 총참모부는 그것이 크게는 장차전에 미칠 영향에 대해, 그리고 작게는 소련의 작전에 미칠 영향에 대해 공식적인 논평을 내기 시작했다. 1984년 5월 오가르코프(Ogarkov)원수는 다음과 같이 말했다.

"재래식무기의 현저한 질적 발전은 필연적으로 작전 준비·수행의 성격을 바꾸어 놓는다."[54]

그 다음 달에는 총참모대학 학생 하나가 고도 정밀무기는 "화력전의 강도를 끊임없이 높임으로써 현대전의 양상을 바꾸어 놓았다." 고 썼다. 그에 따르면 변화의 정도는 이제 통상적인 '근접사격 전법'을 "실제적으로 적의 진형 전체를 놓고 동시에 사격하는 것"으로 바꿀 정도가 되었다고 했다. 그는 또 나중에 소련군에 미친 재래식 무기 발전의 영향을 더욱 천착하고 있다.

"전장 진행속도가 일반적으로 빨라지면서 지휘관과 참모들이 결정을 내리고 실행에 옮길 시간이 크게 줄어들었다. 이것은 정보의 수집, 분석, 결정, 지시, 부대간 조정 등의 과정을 신속하게 진행하는 것이 무엇보다도 중요하게 만들었다. 이제 과거의 일반지침은 더 이상 유효하지 않다. '대 조국전쟁'에서 연대와 대대는 보통 3, 4일이 걸려 공격을 준비하였다. 이제 그 시간은 훨씬 줄어들었다."[55]

요약하면, FOFA는 소련의 종래 군구조, 교리, 군사행동 과정을 과거지사로 만들어버리는 것으로 인식되었다. 군 특유의 비관적 성향과 좀더 많은 자원을 따내기 위한 로비로서의 제스처일 가능성을 염두에 두더라도, 소련 총참모부가 재래식전의 발전상황이 미국과 그 동맹국들에 유리하게 전개되고 있음을 확신하고 있었다는 강력한 증거가 있다. 당시 NATO의 이론적 계획 외에 실제 힘을 그들이 얼마나 파악하고 있었는가는 서방세계에서 계속 논란의 대상이 되는 문제였다.

예를 들면 1990년이나 되어서, 그 해의 군축협정이 조인되기 이전, 그리고 NATO와 바르샤바 조약기구 사이의 대립이 '공식적으로' 종식되기 이전에 중부유럽연합군 부사령관은 "후속군 공격을 위한 우리의 능력을 향상하기 위해" 아직도 '세 가지 핵심적인 요소들'이 필요하다고 밝히고 있었다. 그것은 움직이는 표적을 포착하고 식별하기 위한 초계시스템, 대응력 있는 데이터 기능과 지휘체계, 그리고 전천후, 주야 불문의 개량 대전차무기라고 하였다.[56] 1984년에 로저스 장군은 FOFA가 10년 동안 NATO 회원국 전체의 예산을 1퍼센트 정도 늘려왔다고 추정했는데[57], 1990년까지 그 수치는 더 늘지 않았다.

하지만 이 개념은 이론가들 사이에 많은 논쟁을 불러왔으며, 1990년대에 재등장하게 되면서, 각 군 사이의 논쟁에도 불을 붙였다. 일부 비판론자들은 그것이 상호 연관적인 기술에 너무 많이 의존하고 있다고 지적했다. 전형적인 비판이 1984년 스티븐 캔비(Stephen Canby)가 말한 두 개의 간명한 언급이었다.

"어떤 시대에나, 질적으로 새로운 무기의 도입은 다음 전쟁이 전과 같지 않으리라는 예견으로부터 출발했다. 지금까지 그 예측은 언제나 빗나갔다. 정밀무기도 그렇게 되지 않으리라는 보장은 없다."[58] 또한 "자동화된 전쟁수행은 예측 가능한 범위 내에서는 고도로 유연하지만, 그 범위 밖에서는 완전히 비유연적이다." 따라서 "자동화는 적이 우리의 예측 밖으로 행동할 경우 극히 비유연적이 될 수밖에 없다."[59]

다른 사람들은 이 개념의 이면에 있는 작용원리를 문제삼았는데, 그들은 NATO의 선형방어선이 바르샤바 조약기구의 첫 공격으로 붕괴된다면 FOFA는 의미가 없게 된다고 지적했다. 반면 소련이 방어선 돌파에 전력을 다하기 때문에 갖게 되는 유연성으로 인하여, 작전 기동부대나 후속제대의 위치와 방향은 매우 파악하기 힘들 것이라고 했다.

유럽에서는 공군측의 비판이 별로 없었으나, 미 공군은 공지전투 교리가 1982년 이래 공군과는 전혀 협의 없이 육군 단독으로 만들어져 왔음을 문제삼았다. 처음 '공지전 응용 기구' 요원은 대체로 랭글리(Langley) 공군기지와 포트 먼로에서 충원되었다. 1978년에 출간된 '프라이머(Primer)'는 전술공군이 전투에 기여할 필요를 제시하였고, 아마도 1973년 이스라엘의 경험을 되살려, 아군의 지상공격군을 이용해 '적의 방공우산을 제거해 버리는' 일의 중요성도 지적하였다.[60]

그럼에도 불구하고 이 교리는 미 육군이 단독으로 만든 것이었고, 1953년 4월 메이어(Meyer) 장군과 가브리엘(Gabriel) 장군이 함께 서명한 비망록은 공지전투 교리에 입각해서 육군과 공군이 전술훈련에서 공조한다는 내용을 담고 있었으나, 기존의 공군교리나 우선 순위가 이것으로 바뀔 수는 없었다.[61] 더욱이 공지전투는 군단수준에서 수행하도록 되어 있었던 반면, 그 행동반경을 최대로 하고 유연성을 극대화하기 위해 미 공군은 군 수준에서 움직이게 되어 있었다. NATO 작전구역에서 기존의 지휘 구조는 시스템이 유지되기에 충분할 만큼 유연했으나, 걸프전 당시 슈워츠코프 장군이 공군력의 우선 순위를 다르게 두었기 때문에 당시 미 군단 사령관들이 공중지원의 부족을 항의했던 일은 우연이 아니었다. 이 사태를 한꺼풀 벗겨보면 미 육군은 그 자체가 공중지원 자산인 무장 헬리콥터를 운용할 수 있는 권한을 주장했고, 미 공군은 이에 대해 그것이 전술공군의 임무를 잠식할 것을 우려한 것으로, 뿌리깊은 대립이 드러나게 된다.

그러나 1991년 이전의 FOFA개념은 NATO 안보에 기여한 바에 있어서, 재래식 유연반응 공격력을 강화했던 것보다 다른 것이 많았는데, 그것은 다름 아닌 소련에 끼친 도미노적인 영향이었다. 7장에서 좀더 본격적으로 설명하겠지만, 소련 총참모부는 첨단기술 개발 상황과 FOFA를 자신들의 군사력에 비추어 처음부터 심각하게 받아들였다. 그들은 당시의 소련 경제, 산업기반이 그 같은 기술이나 대항기술을 만들어내기에는 너무 취약하다는 사실을 절감하였다. 따라서 서방의 군사력 성장 속도를 늦추고, 다시 힘을 축적하여, 첨단화된 소련 방위산업 기반을 구축하도록 군축과 경제재건을 동시에 추진하는 것이 그들이 진지한 방침이었다. 1985년에 그들은 신속한 경제 재건이 불가능하다는 것을 예측하지 못했고, 또 군축이 그들의 동맹을 와해케 하고 전체 소련 군사체제가 붕괴하는 사태를 초래하리라는 것도 알 수가 없었다.

유 산

따라서 항공력은 핵무기 부문에서 유리했던 당시의 서방측 기술 수준을 감안한 최초의 NATO 전략 개념을 형성했으며, 23년간 유연반응을 지지했고, 마침내는 붕괴될 때까지 재래식 군사기술을 있는 대로 짜내도록 위협하여 소련의 종말을 가져왔다. 베를린 장벽의 붕괴가 소련과 공산주의의 동유럽 지배, 그리고 서방에 대한 위협의 종식을 상징하는 것이었다면, 처음으로 그 군사체제의 철옹성에 금이 간 것은 첨단기술의 힘을 이용하고, 정연한 교리로 무장한 NATO 공군력의 압력에 의해서였다고 할 수 있다.

그렇다고 하면 교리를 써 내려간 펜은 아마도 당시의 항공력이라는 검보다 강했을 것이다. 이제껏 가장 유려하고 객관적인 FOFA 분석은 1987년, 고르바쵸프가 자신의 경제 개혁에 총참모부의 지원을 기입하기 시작한 지 2년 뒤 인 그가 일방적 군축을 시작하기 직전 시점에 미 의회의 기술평가국(OTA)에서 나온 것이었다. NATO의 '현재 후속군 공격능력'의 분석에서,

이 보고서는 그 무엇보다도, "NATO의 현행 정찰, C^3체계 및 절차는 움직이는 표적의 정확한 위치를 적시에 보고할 수 있도록 설계되어 있지 않다. …… 대부분의 기존 공중투발무기는 다수의 장갑차량을 파괴할 수 없다. …… NATO 공군기 중 동독국경을 넘어 150킬로미터 이상 비행할 수 있는 항공기는 거의 없다. …… 주야 구분 없이, 전천후로 작전 가능한 NATO항공기도 별로 없고, 모두 다른 임무를 중복 수행하고 있다. …… 지상발사 무기는 현재로서는 크게 기여할 수 있는 것이 없다 …… ."62)

다시 한번 교리가 그 집행력을 앞서나간 것이었다. 다행히도, 이때는 가상적이 NATO의 위력을 곧이 곧대로 믿었고, 제풀에 쓰러지는 데 한몫 할 수 있었다.

이 같은 경우는 1993년 6월, FM100-5에 걸프전의 경험을 염두에 두고 다시 한번 수정을 가했을 때 재연되었는데, 이제 확장-수축을 장거리로 실시하는 기동력과 화력으로 특징지어지는 다차원, 비선형 전투에 대한 강조가 계속되었고, 직접 대적시와 FEBA후방에서의 동시 공격시에 JSTARs 같이 시간과 공간을 초월하여 각 부대를 한데 엮어 주는 시스템에 의해 유도되는 지대지 무기로 지원받게 되었다.

그 이전의 것들과 마찬가지로, 개정된 FM100-5도 사고와 행동, 공격에서 신속함을 발휘함으로써 최대한 강력한 공세 또는 반격을 취하려고 하는 오랜 전법에 기반하고 있었다. 그러나 적이 항공력을 보유하고 있는 경우에는, 아군의 제공권이 확보된 다음에야 승리를 노릴 수 있었다. JSTARs 항공기와 그 지상 부대들(병참, 보수대에다 기동전투부대의 후속대원 포함)은 보호를 필요로 했던 한편, 헬리콥터 부대는 아직도 유리한 공중 환경을 필요로 했다. 적의 정찰대나 초계통제 연락망은 제거해야 했으며, 그것이 실패하면 적 자신이 아군의 각개 전대를 위치 파악하고 요격해 올 기회를 잡을 수 있었다. 뚜렷한 전방 라인이 없거나 재빠르게 변화하는 유동전에서 피아 구별은 모든 형태의 직·간접 화력지원에 있어 중요해진다.

일부 육군 인사들이 반대 주장을 펴기는 하지만, '공지전 III' (Air-Land Battle III)는 1990년대 중반 시점에 아직 효과가 입증되지 않은 교리였다. FOFA는 유럽 중앙부에서 필요했던 적이 없었다. 1991년 1월 걸프전에서의 카프지 전투는 그저 소규모 접전에 지나지 않았다. 그해 2월말의 100시간 동안의 지상전은 벌써 도망갈 궁리를 하고 있던, 대체로 정적이고, 노출되어 있으며, 힘이 빠지고, 사기가 떨어지고, 사분오열된 데다 정보력을 상실한 이라크 육군을 상대로 벌인 것이었다. 걸프전에서의 지상전은 5장에서 다루겠지만, 전쟁수행의 모든 것을 포괄하는 개념을 기반으로 한 것이라기에는 너무 소규모이고 대표성이 떨어졌던 것으로 보인다.

더욱이 위험했던 것은 이 교리가 제공권의 확보를 기정사실로 하고 있었다는 점, 그리고 육군이 필요한 대로 관련 군단 지역별로 항공 자산을 투입하도록 하고 있었다는 점이다. 해당 군단 영역이 유일한 관련 영역일 경우에만 그 같은 전제가 믿을 만할 터였다. 80여 년의 성공적인 육군-공군 사이의 협력으로 축적된 교훈이 더 넓은 안목을 제공해 주리라는 희망은 상황이 적합할 때만 의미가 있다. NATO의 본래 영역이 아니었던 지역에까지 관심범위를 확장하는 것은 한 군의 독주로 돌아가는 일을 저지할 것이다. 만일 그렇게 되면, 그것은 항공력의 합동 사용이 가져온 크나큰 혜택이 아닐 수 없다.

비록 냉전이 열전으로 치닫는 대신 다행히도 사그러들기는 했어도, 그것이 45년 동안 항공력에 의해 지배된 일은 장래에 대한 '교훈'의 목록에 막대한 기여를 하였다.

- 제 4 장 -

「 군비 통제와 항공력 」

1985년에 유럽에 동서간 군사 대립은 무한정 계속될 듯이 보였다. 그러나 그 후 6년 안에 바르샤바 조약기구가 해체되고, 재래식무기 감축협정이 조인되고, 소련 공군의 대부분이 동유럽에서 철수한 데다 소련 공군 자체가 소련의 붕괴의 결과 와해되기 시작하였다.

이 대립의 종식은 두 개의 근원을 가지고 있었다. 그 하나는 거의 10년 전부터 시작된 군비통제 협정의 결과였다. 그리고 더욱 계량하기 어렵지만 더욱 중요했던 두 번째 원인은 국방비가 소련 경제에 미치는 영향을 줄여 보려고 했던 고르바쵸프의 개혁 드라이브였다. 군비통제 협정은 1990년 11월의 유럽 재래식 전력(CFE)협정에서 정점에 달했다. 경제재건 노력은 이후 소련에서 불붙기 시작하였으나 1994년에도 소련의 군사안보는 쟁쟁했다.

시기적으로 보아 1960년대 이후부터 동서 양측은 군비통제 안을 내놓아 왔는데, 대부분의 경우 제안 측의 군사적 지위를 향상시키고, 가능하면 선전 효과를 극대화하려는 것이 그 목적이었다. 최소한 대부분의 경우 그것은 상대방에게 제스처 이상으로 인식되지 못했다.[1] 그러나 1972년에는 양측이 대립상태에 있는 각기의 국가들과 중립 또는 비동맹 국가들이 참석하는 유럽안보 협력회의(CSCE)를 개최하기로 합의하였고, 프랑스를 제외한 양 진영 국가들은 상호 균형감축(MBFR)에 대하여 논의하였다. 두 협상 모두 공군의 포함 문제를 놓고 커다란 의견 대립을 빚었다. 이 의견 차이는 양 진영이 항공력에 대해 다른 전략 인식을 가지고 있었던 데서 기인했다.

1973년 10월 비인에서부터 표명되었던, MBFR에서의 바르샤바 조약기구 측의 애초 입장은 핵·재래식의 공군과 지상군의 감축을 요구하고 유럽 중앙 지대에서 외국 주둔군이 철수한다는 것이었다. NATO는 이에 대해 핵 전력을 제외하고 지상군만을 대상으로 규정하는 것으로 응답했다.

양측은 중부전선에서 주둔할 바르샤바 조약군의 규모에 대해 합의를 볼 수 없었다. NATO측은 바르샤바 조약기구 측의 수적 우세를 믿어 의심치 않았던 한편, 바르샤바 조약기구 측은 당시 병력이 이미 균형 상태에 있다고 주장했다. 전력 축소안의 실행을 확인하는 절차에 대해서도 그들은 합의에 이르지 못했다. NATO의 입장 때문에, 1975년도에 도중 중단된 회의에서 54대의 핵무장 가능 미군 팬텀 F-4들이 거론된 것을 제외하면 항공력에 관한 주제는 거론되지 않았다. 그에 대하여 수호이 피터(Fitter)전폭기를 같은 수 감축하겠다는 바르샤바 조약기구 측 제의는 그것들이 낡은 기종이라 어찌됐든 교체될 것으로 여긴 NATO에 의해 거부되었다. 이같이 잠깐 항공력이 이슈가 되었으나, 1979년 신형 미사일이 배치되면서 이내 MBFR에서 이후의 중거리 핵전력(INF) 회담에까지 관심 주제는 핵무기 쪽으로 옮아갔다. 그러나 F-4의 감축을 포함하면서 그에 상응해 소련 전차대의 철수를 요구하기로 한 NATO의 제안은 10년 뒤 군축협상을 복잡하게 만들고 NATO의 대표적인 계산 착오를 두드러지게 만드는 전례가 되었다.

15년간 계속된 MBFR 회담을 비인에서 제대로 된 결론 없이 끝났으며, 이것은 민·군 참여자들에게 생활 수준의 대폭 향상을 보장해 주었지만 정작 유럽의 안보 상황에는 거의 기여하지 못했다. NATO가 수적으로 열세에 있다고 여기고 있던 데다 무기와 전략 배치면에서도 밀리고 있다고 보았기 때문에 '양자 동률 감축'을 요구하는 바르샤바 조약기구 측 제안이 번번이 거부되었다. 감축결과 사찰 문제를 놓고 마지막으로 회담이 결렬되면서 1988년까지는 아무런 진전을 볼 수 없었는데, 1988년부터는 비인에서 새로운 협상들이 시작되었다.

1973년 7월 헬싱키에서는 첫 CSCE회담이 개최되면서 유럽 안보협정의 2단계 흐름이 시작되었다. 여기에 참여한 국가들은 양 진영의 모든 국가들과 중립국들, 비동맹 국가들이었다. 참가국들은, "이 회담에서 규정된 바에 기초하여, 주요한 군사활동의 사전 통보, 또 상호 합의하에 상호교환 초빙한 참관단들이 군사활동을 참관하게 하는 것 등의 신뢰구축 수단에 대한 적절한 계획안을 검토하기로 하였다. 각 위원회와 소위원회에서는 또한 중요한 병력 이동의 사전통보 문제를 다루고 그 결론을 제출하기로 하였다."[2]

MBFR 회담에서처럼, 헬싱키 회담에서도 지상군 병력의 수를 주관심 대상으로 하여 지상군 감축 문제에만 열중하였다. 최종 결과물인 '신뢰 구축 수단과 안보 및 군축에 대한 특정 사항에 대한 문건'에서 제시된 내용 중에 1975년 8월 참가국 외무장관들이 합의한 유일한 사항은, "25,000명 이상의 중요한 군사 활동을, 독자적이거나 또는 부속되는 항공 해군 요소까지 쳐서"[3] 사전 통보한다는 것뿐이었다. 1975년의 활동, 아니면 해·공군 합동활동'은 제외한다고 함으로써 서방측의 입장에 남아 있던 모호성을 배제하였다.[4]

따라서 공군에 대한 서방측의 입장은 한결같았다. 최소한 당시(1975)로서는 소련과 공군 문제를 협상하지 않는다는 것이었다. 이후 10년 동안, 헬싱키 회담에서 합의된 사전 통보 의무는 양측 모두가 준수하였고, 보다 소규모의 군사 활동에 대해서도 합의하에 사전 통보 및 참관단 교환을 실시하였다.[5] 총 130회의 군사활동이 사전 통보되었고 72차에 걸쳐 참관단 초빙이 있었다. 그러나 그 중 어느 것도 공군이나 해군 훈련을 포함하고 있지 않았다.

엘싱키 회담의 또 다른 면 하나는 상당히 제한적이었고 특수했던 CBM 협정보다는 훨씬 영향이 컸던 장기적 중요성이었다. MBFR 회담이 유럽 중부 전선에만 신경을 집중했던 한편, CSCE에서는 250km 넓이의 영역을 포괄, "유럽 참가국들이 접하고 있거나 근방에 있는 ……"[6] 소련의 영토까지 포함하게 되는 '유럽'을 대상으로 하고 있었다. 이 같은 규정은 소련의 '유럽' 지역을 모두 포함하자는 주장과 전혀 배제하자는 주장 사이의 타협이었다. 이것은 소련 영토 내에 배치된 전력이 서방의 안보에 미치는 영향에 주목하고, 장차의 상황 개선을 준비하려는 것이었다.

소련의 아프가니스탄 침공으로 동서관계가 험악해지고 신세대 중거리 미사일을 유럽에 배치함으로써 긴장이 고조되었지만, 1977년에서 1978년까지 베오그라드에서, 그리고 1980년에서 1983년까지 마드리드에서 CSCE회담은 속개되었다. 마드리드에서는 이후 스톡홀름 회담에서 논의될 많은 제안들이 제출되었는데, 안보 및 신뢰구축 수단(CSBM)과 유럽 재래식 군축(CDE)를 망라하는 내용을 담고 있었다. 프랑스 측의 제안 하나는 해당 지역을 '대서양에서 우랄 산맥까지'로 정의하고 있었는데, 이것은 1990년 CFE 협정에 계승되는 해당 영역을 최초로 정의내린 것이었다.[7] 서방은 소련이 해당 영역을 대서양 연안까지 확대되는 것을 맞는 한편 소련의 유럽 지역을 모두 포함하려고 했고, 공군과 해군의 활동은 협의 대상에서 계속 제외하려고 했다. 오직 '유럽의 안보에 영향을 마치고', '사전 통보 대상이 될만한 지상군 활동과 직접 연관을 갖는' 공군·해군의 활동만이 사전 협약된 조건하에 사전 통보될 수 있었다.[8] 다시 한번 서방측의 입장은 일관성을 띠었고, 우랄산맥 서쪽에서의 소련의 군사활동 전부가 다음 협상 과정에서 다루어지게 된 이상, 점점 더 유리해지고 있었다. 그때까지 대상 영역 내에 포함되므로 소련의 공군력도 대략 견제되는 한편 북아메리카에 있던 NATO의 전략공군 기지들은 꺼릴 것이 없었다. 당시 서방측 분석가들이 그 같은 점을 마드리드-스톡홀름 협상과정에서 알아차리고 있었다는 증거는 없다. 사실 이들 협상이 서방측의 항공 전략이나 장차 대비 정책에 어떤 영향을 주었다는 증거도 없는 것이다.

그럼에도 불구하고 스톡홀름에서는 공군이 연합작전에 참여했을 경우 사전 통보를 할 수도 있다는 데 서방이 약간의 합의를 보고 있다.

참여국들이 (연합작전에) 공군을 포함할 경우는 그것이 헬리콥터 전력을 제외하고 200회 이상 출격을 포함할 경우에 사전 통보 대상이 된다.[9]

다시금 공군의 독자적 활동까지 사전 통보 대상에 넣자는 바르샤바 조약기구 측 주장은 서방에 의해 거부되었다. NATO 회원국들은 지상이 불안과 위험의 원천이라고 계속 주장했으며, 어떤 경우에도 항공 활동의 사전 통보는 사찰시 많은 어려움을 야기할 것이라고 지적했다. 반대로 바르샤바 조약기구 측은 '최신 타격 무기로 중무장한' 해군력과 '높은 기동성과 효과 높은 타격 무기를 갖춘' 공군이 담당하는 군사행동의 위험성을 계속 강조하였다.[10]

1986년 초 미하일 고르바쵸프와 에두아르드 셰바르드나제(Eduard Shevardnadze)의 영향하에, 공군 활동의 사전 통보 문제를 차후의 회담에서 논의하기로 할 정도로 소련의 입장은 완화되었는데, 다음과 같은 문구를 통해 스톡홀름 회담에서의 그 결연한 의지를 드러내고 있다.

"소련의 장차 유럽 신뢰 및 안보 구축 수단과 군축 협의 과정에서 공군과 해군의 독자적 활동을 사전에 통보해야 함에 관한 문제들을 제기하고자 한다 …… ."[11]

더 나아가서 상호 참관과 군축 결과 사찰을 위해 특정 지역 방문 사찰과 공중 사찰을 실시하는 문제까지 의무 조항으로 넣자는 데 다중적 합의가 이루어졌다. 기동훈련에 상대방을 초청하는 것 외에, CSBM 합의 사항의 준수 여부를 살피기 위해 각 회원국 영내에서 매년 3회의 사찰을 실시하기로 하였다.

만약 고르바쵸프의 일반적인 제안에 휩쓸려 이루어진 것이 아니었다면, 스톡홀름 협정은 유럽 안보와 평화에 일대 도약을 의미할 수도 있었을 것이다. 사전 통보 의무제, 참관단 교환과 군사 지역 사찰 등은 군사적 대결의 장벽을 열어 젖히고, 바르샤바 조약기구 국가들의 기밀주의와 기만으로 파악이 곤란했던 몇몇 작전적 실체를 드러내 보여 주었다. 사실 분명 소련이 CSCE 과정에서 어느 정도의 정치적 이득을 보았어도, 군사적 이득을 본 것은 서방이었다. 불안의 원천으로 지상군을 지목한 서방측의 입장이 대부분 관철되었고, 공군에 대한 제한은 아예 없거나 최소한도만 주어졌으며, 바르샤바 조약기구 측 전략종심에 대한 서방측의 인식은 스톡홀름 협정에서 명시된 '대서양에서 우랄산맥까지'에 반영되어 그 두 문자를 딴 ATTU라는 약어를 만들 정도까지 되었다.

1987년과 1988년에 스톡홀름 문서에 규정된 내용들은 상대적으로 큰 마찰을 빚지 않고 실행되었다. 73회의 군사 활동이 사전 통보되고, 31차의 참관단 방문이 있었다. 소련측 군사훈련들 중 오직 하나만이 사전 통보 대상이 될 수 있는 항공 활동을 포함하고 있었다. 유럽 각지의 군사시설 사찰도 시행되었다. 이러한 통계수치는 고무적으로 보이지만, 보다 중요했던 점은 유럽에서의 재래식 전력 대치 상황에 있어서의 모든 문제에 대한 새롭고 혁신적인 접근을 담고 있던 당시의 제안들이었다.

고르바쵸프의 주도

1985년 3월 소련의 최고지도자가 되기로 내정된 아주 초기부터, 미하일 고르바쵸프는 서방에 대해 보다 유화적인 태도를 선호했다. 외교관 교환, 정상 회담, 핵무기 감축 합의 관련 진전 등은, 앞서 보았듯이, 스톡홀름에서의 보다 유연한 대응과 동반했다. 1985년 10월 파리에서, 고르바쵸프는 '합리적 충분성(reasonable sufficiency),' '비도발(non-provocative)' 또는 '방어적(defensive)' 국방 원칙을 언급했다. 이 같은 표현들은 엄밀하지 못한 것들이

나, 소련에서는 초유의 것들이기도 했다.[12]

이 개념들은 1986년 모스크바에서 개최된 제27차 당 대회에서도 반복되었으며, 그해 4월 동베를린에서 행한 연설에서 더욱 범위를 넓혔다. 당시 제안이 담고 있던 내용들(유럽 지상군과 공군의 감축, 그리고 유럽에 주둔한 미국과 캐나다 병력의 감축)은 대체로 MBFR회담의 내용과 유사했으나, 스톡홀름 협정에서도 두 가지의 개념이 차용되었다. 즉 기지사찰의 가능성과 '대서양에서 우랄산맥까지'로 해당 영역을 규정하는 것이었다.[13]

7월 모스크바에서 그는 서방측의 관점 하나에 문제를 제기했다. "이렇게 생각해 봅시다. 서방측이 수적 우위를 갖는 유형의 무기를 감축하고, 이에 응하여 우리도 우리측의 수적 우위를 해소하는 겁니다."[14] 바르샤바 조약기구 측이 실제적으로 몇 가지 부문에서 수적 우위에 있다는 사실은 인정한 것은 서방측에 대단한 양보를 한 것이었다. 그러나 이것은 NATO측이 '타격' 항공기 부문에서 수적 우위에 있음을 인정하라는 압력이기도 했다. 1987년 2월에 모스크바에서 개최된 '핵무기로부터 자유로운 세계를 위한 국제포럼'에서 그는 더 나아가 불균형 감축안을 더 손질해서 내놓았다.

"양측 전력이 불균등한 부문이 있다면, 우위에 있는 쪽이 전력을 감축해 평준화해야 합니다. 이것은 중요합니다. …… 그러한 방법으로 서로간의 기습 공격 가능성을 줄이거나 완전히 배제할 수 있을 것입니다. 가장 위험한 종류의 공격무기는 서로 사정거리 밖으로 밀어버려야 합니다."[15]

이 발언은 소련 군비통제 정책의 가장 유연하고도 유화적인 움직임의 계속을 잇는 것이었으나, 한편으로 양 진영 사이에 전략 인식상 존재하는 깊은 불일치를 더욱 분명히 하는 것이기도 했다. NATO에게, 안정을 저해하는 요소는 중부 유럽에서 바르샤바 조약기구 측이 갖는 지상군의 수적 우위, 전후방 근접성, 군 구조와 교리의 우위 등이었다. 서방세계에 대한 위협은 연합 전력으로 신속한 공세를 펼쳐, 소련 자체로부터 꾸준한 보급을 받는 시나리오였다.

반면 소련 또한 NATO의 항공력이 안정에 끼치는 악영향을 예의 주시하고 있었다. 1987년부터 1988년까지 소련 대변인은 서방측이 '타격', '공격' 항공기 면에서 가진 양적·질적 우위를 일관되게 강조하면서, '공격용' 항공기와 '순수 방어용' 전투기-요격기를 구분하려고 하였다. 당시 공군력과 관련해서 소련의 인식과 가능한 협상 입장에 대한 설명이 이후 소련 일반참모총장이 된 세르게이 아크로메예프(Sergei Akhromeyev) 원수에 의해 1988년 9월 스톡홀름에서 시도되었는데 이 연설은 각국어로 번역 출간되었다. 그는 (1) 타격항공기 (2) 항공모함 발진 전력 (3) 전투기 비행 등의 세 가지 쟁점을 정립했다.

NATO 국가들은 바르샤바 조약기구 국가들보다 전술 타격 면에서 수적으로 앞서며, 약 1,500대 정도 항공기를 더 보유하고 있다. 유럽과 항공모함대의 NATO항공기들 전체에서 약 70퍼센트가 타격항공기이다. 여기서 한 가지 의문이 생긴다. 항공작전은 지상군 작전보다 덜 위협적인가? 투입 전력의 규모, 속도, 기동력과 타격력에서 공군이 지상군을 능가한다는 것은 분명하다. 타격 비행은 전략 기습 공격을 가능케 하며, 한시간 반에서 두 시간 정도면 D-1에서 1천 킬로미터 떨어진 지점의 표적까지 공격할 수가 있는데, 일 천 킬로미터라면 작전 구역을 모두 포괄한다. 그 정도 시간에 전차나 화포가 작전 구역을 횡단하는 것은 불가능하다.

다목적기를 적재한 항모 특전대는 막강한 타격력을 지니고 있다. 항공모함 하나하나는 100대 가량의 항공기(그중 80대는 핵무장이다)를 적재할 수 있는 떠 있는 비행장이다. 미 해군의 다목적기 항고 15척 중 7척이 서대서양 함대에 배속되어 있다. …… [16] 나중에 그는 이렇게 연설하였다.

" 전술 타격비행에 있어, 우리는 그것을 군축 회담의 합의된 최종목표 —기습 공격력의 철폐— 다음의 의제에 포함할 것을 주장한다. 그 대신 우리는 NATO의 주장을 절반 수용하여 해군 비행대 문제를 의제에서 빼기로 동의했다. 순전히 방어용인 전투기 문제도 제외되어야 함은 물론이다."[17]

10주 뒤 1988년 12월 7일 UN 총회에서의 연설에서, 고르바쵸프는 소련의 외교, 방위정책을 폭넓게 검토한 끝에 "소련의 유럽 지역…… 그리고 유럽의 동맹국들의 영토에서 ……"[18] 800대의 항공기를 일방 감축하기로 했다고 선언했다.

마침내 1989년 1월 바르샤바 조약기구 회원국 국방장관 회담에서 다음과 같은 장문의 발언이 나오게 되었다. "바르샤바 조약기구와 북대서양 조약기구의 유럽과 인근 해역의 전력과 무장 정도의 상호 비교."

그것은 '유럽 내 전력의 상관관계'를 도시한 상세한 도표와 차트를 포함하고 있었다.[19] 그에 따르면, 바르샤바 조약기구측은 공군과 방공대, 해군의 전술 전투기에서 전반적인 수적 우위를 갖고 있으며, 그 비율은 7,876대 대 7,130대, 1.1대 1이라고 인식하고 있었다. 그러나 지상 표적에는 사용이 불가능한 'AD요격기의 경우' 1,829대 대 50대로 36:1의 비율이었다. 반대로, '해양 전투항공기'의 경우는 692대 대 1,630대로 1대 2.4라는 비율이 되었다. 통틀어서, '공군 및 전술 해양 비행대의 공격기 총수(폭격기, 전폭기, 지상공격기 모두)'는 2,793대 대 4,075대로 1대 1.5의 비율이었다. 전투 헬리콥터의 경우, '해군의 것까지 포함해', 총 2,785대 대 5,270대로, 1:1.9로 바르샤바 조약기구가 불리했다.[20]

이 같은 소련의 입장은 겉치레의 전략분석의 혼동, NATO 개념에 대한 몰이해, 위기 시 소련측의 의사결정이 취약할 가능성, 그리고 수십 년간 소련이 해온 반서방 선전에 스스로 기만된 결과 등이 한데 뒤엉켜 나온 결과였다.

소련 총참모부는 NATO 공군의 우수성과 그것이 전쟁에 엄청난 기여를 하리라는 관측에 의심이 없었으며, 특히 미 공군의 위력을 높이 평가하고 있었다. 앞서 보았듯 항공력이 NATO전략에 미친 결정적인 영향은 서방에서 출판물로 널리 알려져 있었고, 모스크바도 그에 대해 소상히 알고 있었다.

바르샤바 조약기구 측의 첫 번째 공세는 '공중작전(Air Operation)'이라는 연합 전력 공격으로 NATO의 항공력을 무력화하려는 것이 될 터였다. 따라서 NATO가 그전에 얼마만큼이든 공군력을 감축한다면, 특히 바르샤바 조약기구 측의 제공권 전투기들은 고스란히 살리는 불균형 감축이라면, 오직 바르샤바 조약기구 측의 전략 입지만 강화하는, '협상에 의한 승전'이 될 터였다.

더욱이 NATO 공군력의 잠재적 위협은 1980년대 초 모스크바에서 갈수록 심각하게 받아들여졌다. 여러 영향력 있는 기고가들이 첨단 기술이 전쟁에 미치는 영향에 대하여 기술했다. 1984년에 일반참모총장이었던 오가르코프 원수도 이 같은 의견에 적극 찬동하고 있었다. 1984년 5월 그는 다음과 같이 기술했다.

"필연적으로 군사작전의 준비와 실행과정의 성격 변화를 유발하게 될 재래식 파괴 방법의 질적 도약 …… 복합적이고, 장거리이고, 높은 정밀성을 갖는 최종유도 전투 시스템을 자동 추적, 파괴하는 기술 …… 그저 국경지대가 아니라 전 국토로 전장을 순식간에 확대할 수 있는 …… 질적으로 혁신적인 전자통제 시스템 …… 등은 얼마 전까지의 전쟁에서도 사용이 불가능했다. (이 모든 것은) 전쟁 개막시와 그 최초 작전의 위력을 엄청나게 증대한다."[21]

그 같은 사고는 핵전의 확대가 동서 대결시 불가피하다는 초기 소련의 이론에 대한 재평가와 맞물려 이루어졌다. 이제는 길게 끄는 재래식전을 예상할 수 없었고, 더 문제를 복잡하게 만들었던 것이, 이 새로운 군사기술은 방어자 측에게 공격자에게 선제공격을 취할 정도까지는 안될지 몰라도 초전에 주도권을 확보할 수 있도록 해줄 것이었다.[22] 그 같은 분석은 '방어적' 교리가 중요하다는 시각을 더욱 굳혀 주었는데, 그렇지 않아도 미국이 최근 신형 PGM과 순항미사일을 도입, 장거리에서 다원적 위협이 오고, 적에 대한 반격이 어렵고 최종 유도 시스템이라 요격도 여의치 않게 되었다 하여

NATO의 항공력에 대한 두려움이 가중되면서 이 같은 경향은 가중되고 있었다.

소련 총참모부에서는 한결 같았던 것으로 보이는 이 같은 분석은 고르바쵸프의 경제·정치 개혁에 군부가 초기에는 성원을 보냈으며 그의 재래식 전력 감축 움직임도 환영했던 이유를 설명해 준다. 서방이 누리고 있는 듯이 보였던 기술적 우위를 극복해야만 했다. 그러나 소련 경제는 비틀거리고 있었고, 그 산업 기반은 노후하여 한계에 달해 있었다. 경제 재건을 한다면 기술의 현대화가 가능할 것이고, 신무기 생산도 가능할 터였다. 그리고 군축 협상을 통해 서방의 발걸음을 늦추고 시간을 벌 수 있었다. 1985년 총참모부에서 내놓은 언급 하나는 현대식 산업기반과 신무기 사이의 관계에 대해 그들이 갖고 있었던 생각을 잘 나타내 준다.

오늘날 첨단무기의 연속 생산과 최신 전투 기술이 개발에 있어 요구되는 것은 일반적인, 통상의 것이 아니라 최첨단의, 대개는 유일무이한 장비이다. 이 장비들은 기본적으로 새로운 도구, 수치해석 제어기, 로봇공학, 최신형 컴퓨터와 유연한 생산시스템 등이다.[23)]

NATO 항공력에 대한 소련의 전략적 입장은 일관성을 띠고 있었으며 이것은 NATO의 공지전과 후속군 공격 개념 해석에서 더 날카롭고 학술적인 것이 되었다. 군축 시기에 스톡홀름에 모습을 보이기 아홉 개월 전에, 아크로메예프원수는 NATO 활동에 대한 총참모부의 인식을 다음과 같이 설명했다.

"매년, 미군과 NATO군은 갈수록 공격적이고 타격 지향적이 되고 있다. ……동시에, 신형 무기체계를 써서 장기적인 재래식전 공격을 대비하는 문제에 점점 더 중점이 두어지고 있다. 이 과정에서 결정적인 역할은 돌연한 기습공격과 그에 이은 대규모의 공세에 주어지고 있으며, 그 공세는 소련과 그 동맹국 전역에 동시에 가해지는 것이다. 이것은 정확히 미국과 NATO의 최신 작전-전략 개념인 공지전, 후속군 공격 등의 목표이다".[24)]

NATO의 평시 배치 상황에 대해 가장 피상적인 정보 수집만 했더라도, 그들이 최소한 아크로메예프원수가 예상했던 것과 같은 정도의 공세를 펼칠 만한 지리적, 수적 조건을 갖추고 있지 않다는 사실을 알 수 있었을 것이다. 마찬가지로 널리 출판된 공지전과 FOFA교리도 그것들이 바르샤바 조약군의 후방에까지 미치는 반격을 위한 것으로, 동유럽의 조약군을 공격하되 소련 후방까지 밀고 들어가지 위한 것이 아님이 알기 쉽게 나타나 있었다. 더욱이 아크로메예프는 미 육군의 작전 개념에서 필수 조건으로 되어 있던 미 공군의 협조가 불투명했다는 사실을 전혀 눈치채지 못하고 있었다.

분명 어떤 위협을 한껏 부풀리는 것은 정치적으로 편한 수단일 수 있으며, 그것은 소련 총참모부만 하는 일이 아니었다. 그것은 바르샤바조약 군의 기갑부대가 아니라 NATO의 항공력이 유럽의 안정을 저해하는 주 요인이라는 것을 부각시키려는 신중하고도 조율된 노력의 일환이기도 했다. 아크로메예프의 입장에는 다른 동기가 있었을 수도 있다. 그와 그의 동기들은 심각한 문제들(경제·산업의 침체를 통제할 수 없는 것에서부터 KAL기 격추 문제, 1987년 5월 매티어스 러스트(Matthias Rust)가 붉은 광장에 착륙한 사건 등에 이르기까지)에 이전의 소련 정부들이 보인 무기력증을 보아 왔다. 그들이 NATO군의 공격 가능성을 믿었다면, 그들은 모스크바 당국이 그것에 대응하거나 선제공격을 신속하게 결정할 가능성에 대단히 회의적이었을 것이다. 따라서 총참모부 스스로가 계획하고 있는 것과 흡사한 마비(paralysing) 공중공격으로 적이 이들을 볼 가능성을 줄이는 편이 더 중요하게 생각되었을 것이다.

그러므로 1988년 말 소련은 겉으로는 일치단결된 바르샤바 조약기구를 대표해서 장래의 재래식무기 감축협정 대상에 공군기를 포함하는 문제에 적극 나섰으며, 그 입장은 총참모부의 지지를 받을 수 있었다. 그것은 MBFR와 CSCE 회담이 이루어지기 대충 16년 전부터 시작된 구도였다. 이 구도는, 어느 정도 유연성이 있었으나, 스톡홀름의 CSCE 회담 기간 중 내내 계속되었다. 이제 1989년 3월 비인에서 시작되도록 되어 있던 CFE 협정에서도 이 구도는 그 힘을 잃지 않을 터였다.

서방의 대응

1973년부터 몇 가지 이유로 해서 군축 협정에 공군력을 포함하는 데 대하여 서방측은 일관되게 반대해 왔다. 그 하나는 지상군 분석에서는 보통 있는 일로, 양측 모두 상대방의 기존 공군력 규모에 대해 수긍하지 않았다는 것, 그리고 바르샤바 조약기구 측이 자신들이 주장하는 균형 상태에 맞추어 상호 감축을 실시할 것을 주장했기 때문이었다. 또 다른 이유는 중부 유럽까지 서로가 두고 있는 거리에 차이가 있었다는 점(북미를 기준으로 보면)과 동독과 경계선에서 소련까지 공군기지가 끊이지 않고 이어져 있다는 사실에서 기인했다. 이때 '상호적' 감축을 실시한다면 바르샤바 조약기구는 중부 유럽에 공군력을 재투입하기에 훨씬 유리한 지리적 조건에 놓이게 될 것이었다. 위기 시에 대서양을 가로질러 대규모이고 신속한 전력 보강을 해야 할 NATO의 현안 때문에, NATO는 군비통제 협정이나 심지어 CBM에서도 그 같은 보강 활동 가능성을 저해할 의사가 전혀 없었다. 그리고 마지막으로 NATO의 지상과 해상발진 공군력이 전시에 담당하게 될 역학은 대단히 복잡하고 다단한 것이어서, 그것을 제한한다는 것은 전혀 고려 밖일 수밖에 없었다.

그럼에도 1986년부터 고르바쵸프의 군비통제 주도 움직임은 국제적으로 NATO가 높은 도덕적 지지를 받는 것을 위협하고, 서방 국가들이 NATO 고위 특수대(High Level Task Force)에 일치단결해서 전력을 차출하는 일도 곤란하게 만들었다. 단 각국 공군의 입장은 요지부동이었다.25)

처음에 NATO 군사참모들은 고르바쵸프의 움직임에 대해 조심스럽게 반응하고, 이전에도 소련 당국이 평화공존과 국방 구조조정을 역설했던 적이 있음을 상기하며 의혹을 표시했다. 이미 1977년 1월에 브레즈네프는 소련의 군사교리에 아무런 공격요소도 없으며 오로지 방어 위주라고 선언한 적이 있었다.[26] 이 같은 입장은 소련 대변인들이 끊임없이 반복하였는데, 그 동안에 소련 지상군의 현대화와 확충 작업이 계속되었고, 공격 첫 시점에 파괴력을 극대화할 수 있도록 설계된 작전기동전단(Operation Manoeuvre Groups)을 다시 손질하기도 하였다. 서방 참관단원들과 분석가들은 소련의 군비 획득 프로그램과 생산에 아무런 둔화 조짐도 찾아볼 수 없었고, 그것은 고르바쵸프 취임 후 첫 3년 동안에도 그러했다. 40년 동안의 대결을 벌인 이후 바르샤바 조약기구 측 전략을 훤히 아는 서방의 군사 참모들은, 보로실로프대학에서 동독의 기갑사단 준비 태세를 점검 기획한다는 것도 알고 있는 마당에, 고르바쵸프의 연설들이 이전의 소련 지도자들의 그것처럼 군 구조 조정보다는 선전전에 진짜 목적이 있는 선언들이 아닌지 의심할 수밖에 없었다. "이미(방어적인 재래식) 교리를 선언해 쌓는 사실이 분위기를 좋게 바꾸고, 세계 정세를 호전시키고 있다."[27]는 자족적 코멘트가 모스크바에서 나왔어도 의심의 눈초리는 전혀 가시지 않았다.

그 같은 의심에도 불구하고 고르바쵸프의 군축 주도는 신뢰할 만하다는 것이 일반적으로 군 내부에서 통용되는 견해였는데, 그 이유는 불균등 협정, 기지 사찰과 소련 영토를 군축 대상 영역에 포함한다는 세 가지의 새로운 양보를 받아 낼 수만 있다면 서방세계의 안보는 향상될 것이기 때문이었다. 서방측 대응을 구상할 책임은 군사 부문에서 육군에 의해 도맡아지고 있었는데, 그것은 NATO군 내부에서의 수적 우위를 반영하는 한편 서방에의 위협이 지상 침공일 것으로 보는 NATO 회원국 공통의 견해 또한 나타나는 것이었다. 전통적으로 독립적인 지위를 누렸던 미 해군도 이 같은 육군 주도 추세를 어쩔 수가 없었는데, 미해군 측 대변인들은 NATO 동료 회원국들이 강력히 주장하는 대로 군축 협상에 해양력을 포함하는 조치에 반대 의견이 었지만 그것은 관철되지 못했다.

육·해·공군 어디 출신 인사도 군에서 군축 전문가로 경력을 인정받지 못했다. 따라서 헬싱키, 마드리드, 스톡홀름, 비인에서 근무했던 군 인사들이 삶의 질은 나아졌더라도 군 경력에 보탬이 되지는 못했다는 사실은 이상할 것이 없다. 더욱이 서방 세계의 평화운동과 크렘린의 배후 조작설 사이에서 서방 군사계의 인식은 빈번히 진동해야 하는 어려움이 있었다. 때때로 서방 군사체제에 대해서 잘못된 정보에 의존하거나 공공연히 좌익 색채를 띠는 비판론자들이 주장하는 것과 군비통제 협정 과정에서 성과를 높인 학자들의 주장 사이에 별 차이가 없어 보이고는 했다.

육군과 해군의 동료들이 가지고 있던 일반적인 의혹과 주의에 덧붙여, NATO공군 참모들은 자체적인 이유에서 고르바쵸프의 노선을 회의하였다. 소련측 대변인들은 '공격용' 항공기와 '방어용' 항공기의 구분을 일관되게 주장하면서, 소련의 방공대(PVO) 및 여타 바르샤바조약군 공군 소속 전투기와 요격기를 군축 협정 대상에서 제외하려 했을 뿐 아니라 중부 유럽 전투비행단에 배치된 MiG-23, MiG-29 등 구형 전투기와 요격기까지 논외로 하고자 했다.

이 같은 용도 구분은 기술 차원에서나 운동 차원에서나 맞지 않았다. 많은 바르샤바 조약기구 전투기들은 사실상 다목적으로 운용될 수 있었으며 공대지 작전훈련과 공대공 작전훈련을 동시에 받아 왔다. 그러나 더 중요한 점은 전투 요격기로 배치되었을 경우 작전 환경에 미칠 영향이다. 그 같은 환경에 대한 예측들은 보로실로프 총참모대학에서 바르샤바 조약기구 회원국들과 그 우방국들의 고위 장교들에게 상당히 자세하게 제공되어 있었다.

"전략적 군사활동 작전구역(TSMA)에서의 현행 작전은 공군의 대규모 공격으로 시작되는 것을 특징으로 한다. 이 사실은 제 2차 세계대전과 중동전 그리고 베트남전에서 입증되었다."[28]

이것은 보로실로프 참모대학의 '전략적 작전시 방공(Air Defence in a Strategic Operation)'연구 첫머리에 나와 있는 말이다. 계속해서 이 연구는 국가 방공대가 전방으로 진격하여 전방 공·육군 부대의 전방 전투기대와 합류하여 '주공격 방향으로' 확실한 공중 지원을 한다는 것 즉 연합 전력공격 또는 '반격'을 1천 킬로미터 후방에서부터 실시한다는 작전계획을 자세하게 설명하고 있다. "따라서 TSMA에서의 공격전을 위해 전방군과 해군이 해당 지역을 점령하는 시기에, 종심, 계층화 방공망이 수립된다."29) 여기서 방어용 전투기들은 실제적으로 후속 대대 보강과 병참 지원을 보호하며 후방에서 전방까지 바르샤바조약군의 지상전 중세를 공중지원하는 역할을 담당하게 된다. 요약하면 바르샤바조약군의 연합 전력 공세에서 전투 요격기들은 그저 하나의 구성요소였을 뿐 아니라 공중 반격을 격멸하는 역할 곧 NATO항공기들의 방위 또는 반격 기회를 없애는 역할이 그런 공세의 성패를 좌우하게끔 되어 있었다. 따라서 NATO 공군 참모들이 바르샤바 조약기구 측의 제의를 NATO항공력을 약화하기 위한 또 하나의 음모라고 간주했던 일은 이상할 것도 없었다.

더욱 문제를 복잡하게 만드는 점이 있었다. '유연하고도 적절한 대응'이라는 NATO의 전략은 재래식 전력에서 작전구역 핵무기를 거쳐 소련 종심부까지 공격할 수 있는 미국의 전략핵에 이르기까지 특별한 대응 방식을 정해 놓지 않은 채 전략적 억제망(網)을 구성한다는 의미를 내포하고 있었다. 전략공군 사령부의 폭격기들은 서방 측 억제 태세에 불가결한 요소였다. 소련의 PVO소속 전투 요격기들은 기본적으로 이 폭격기들을 요격하기 위해 있었다. 따라서 PVO의 전방배치 가능성을 모르는 바 아니더라도 서방세계가 PVO감축을 한결같이 주장하는 것은 무리가 있었다.

소련측 입장은 어떻게 보면 더 당황스러운 것이어서, 보로실로프 참모대학에서 상세히 설명된 교리·작전계획과 서방측 위협의 실제 사이에 연관성을 부인하는 것이었다. 소련이 SAC의 돌파력에 순수하게 관심을 쏟고 있다면, 유럽 중앙부로 요격기들을 전진배치해 연합 전력공세를 돕게 하면서 본토 하늘은 비워 두는 조치가 큰 문제될 것이 없었다. 총참모부에서 중부

유럽의 표적들을 SAC공세 시작 이전에 공략할 수 있다고 가정하지 않는 이상에는.30)

서방측의 관심사는 MBFR에서 드러났으며 CSCE협정은 여러 차례 재개되어야 했다. 위기 시에, NATO는 대서양을 건너오는 병력의 신속 보강에 크게 의존할 것이다. 이 보강활동이나 보강 전력규모를 제한하는 그 어떤 것도 협상의 대상이 될 수 없었다. 또한 특정 지역 내로 항공기 사용을 규제하는 제의도 받아들여질 수 없었다. 첨단 전투항공기의 작전 가능 범위와 속력은 지리적 제한을 불가능하게 만드는 데도, 북미에서 중부 유럽까지 도달하는 데 필요한 시간이 바르샤바 조약기구 측과는 차이가 심했기 때문에 서방측은 한결같이 어떤 제한도 받아들일 수 없다는 입장을 고수했다.

마지막으로 영국과 프랑스는 소련측 제의에 반대할 또다른 이유들이 있었다. ATTU에서 어느 정도의 전력을 축소하든 미국과 소련은 항공력의 약간분만 감축하면 되겠지만, 영국과 프랑스의 경우는 공군은 완전히 없애야 할 수도 있었다. 이론적으로는 그 같은 점은 양 진영의 유럽 국가들에게 공통될 것이었으나, 세 가지의 요인 때문에 두 나라의 입장은 특별해졌다. 첫째 두 나라 모두 유럽 바깥 세계에 이해관계를 지니고 있었으며, 그것을 유지하기 위해 해외 파병을 하는 일이 잦았다. 둘째 '타격' 항공기의 감축은 양국의 준전략 핵전력에 불균등한 영향을 미칠 것이다. 그리고 세 번째 요인은 그 같은 제한은 미국과 우랄 산맥 바깥쪽의 소련측 항공 회사에 영향을 미치지 않는다고 할 때 양국 항공산업의 경쟁력이 상실된다는 것이었다.

결국 서방측 공군 인사들은 CFE회담에서 주도권을 육군측에 넘긴 것에 오직 기꺼울 따름이었으며, 그 육군 인사들은 지상에만 눈높이를 맞추고 항공력의 황당하고 복잡하며 회담 자체를 깰 위험마저 있는 문제들을 신경쓰지 않을 자세가 되어 있었다. 이 같은 자세가 계속되었더라면 CFE협상도 MBFR의 전철을 밟아 교착 상태에 빠지거나 서방측의 전략 계산에 큰 착오가 빚어졌을 것이다. 그때 마침 미국 정부가 서방측 입장에 극적인 변화를 선도하고 나섰다.

1988년에 사적이며 목소리를 낮춰서, 소수의 서방측 항공계 인사들과 국방분석가들이 공군에 대한 한 일체의 협상을 거부하는 방침에 대해 의문을 제기하기 시작하였다. 그때까지도 군비통제는 물론이고 CBM에 대해서도 공군과 관련해서 진지하게 생각해 본 군 내부 항공력 전문가는 없었다. 그러나 모스크바 측의 군축 드라이브로 인해 민·군 분석가 모임들에서 군비통제와 CBM협상 과정의 모든 문제를 논의하는 것을 더 이상 무시할 수 없게 되었다. 점차적으로 서방측 입장의 '대안'이 구축되어갔다. 아직도 NATO군 소속으로 있는 전문가들은 자신들의 견해를 공식적으로 밝히기 꺼렸는데 그러한 입장 표면이 바르샤바 조약기구와 서방측의 반군사 단체들에게 좋은 선전거리를 제공할까 겁내서였다. 더욱이 대안 입장론의 일부는 당시 비밀로 분류되어 있어서 결코 공개될 수가 없었다.

여러 해 동안 서방측 군사 정보 팀은 바르샤바 조약기구 측 항공기의 수와 위치를 객관적 정확성을 갖고 추적해 왔다. 인공위성으로 정보를 수급할 수 있게 되면서 소련 전역을 종횡으로 누비며 공군기지들을 감시할 수 있게 되었다. 예를 들면 적어도 1967년에서 1989년까지 영국 공군은 신형 소련 항공기나 중요 무기체계의 출현을, 그 세세한 사양에 대한 정보는 좀더 시간이 지나서야 수집할 수 있었지만,[31] 제때에 모르고 지나친 일은 없었다. 그 결과 1988년 11월 NATO가 출간한 바르샤바 조약기구 공군의 항공기 보유대수는 총 8,250대보다 크게 다르지 않았다.[32] 고정 배치-지상발진 항공기에서 바르샤바 조약기구 측이 누리고 있는 우위는 고정익기가 약 2:1, 헬리콥터는 1.5 : 1인 것으로 추정되었다.

이 같은 수적 불균형은 1980년대 중반까지 NATO참모장에게 큰 문제가 아닌 것으로 받아들여져 왔다 .바르샤바 조약기구 측의 전력에 대해 빈번히 실시된 실제 전력조사는 NATO공군의 질적 우위가 그 양적 열세를 보충한다는 결론으로 끝나고는 했다. 그 중에서도 으뜸이 되는 것은 항공대원과 지상 군수원의 수준, 항공기와 무기의 질적 우위, 그리고 훈련과 리더십의 우위 등이었다. 그러나 1988년 말에는 몇 가지의 새로운 방황이 장기적으로 NATO측의 질적 우위에 어두운 그림자를 드리우게 되었다.

그 실제 영향력은 그에 못 미쳤으나, 가장 널리 알려진 문제는 서방의 민간 항공이 계속해서 성장하면서 몇몇 NATO 회원국 공군에서 계속적으로 인력 유출이 일어나고 있다는 점이었다. 특히 미국, 서독, 노르웨이, 영국에서 이 같은 현상은 두드러졌다. 한편 민간 경제의 성장과 고급 기술자, 엔지니어들에 대한 기회의 증대가 공군 경력이 있는 지상요원 사병들을 유혹하였다.[33] 지상요원 충원 문제는 그런 대로 해결할 수 있었으나, NATO의 공군 지휘관들은 항공대 파일럿들과 비행 지휘관들을 비롯한 요원들의 평균 숙련도가 저하됨에 따라 정기적으로 대책회의를 가졌다. 일부 국가는 NATO에서 협의된 승무원 대 항공기 비율을 유지할 수 없었던 데 비해 많은 나라들은 작전 경력이 없는 장교들로 충원하거나 아예 공석을 두게 되면서 전선 비행대가 위기 시에 전시 인력을 확보할 수 있도록 예비 인원을 확보해 두지 못하는 지경까지 이르렀다. NATO의 전선 전투비행단은 보통 비행단과는 달리 항공기 수보다 25내지 50퍼센트 많은 대원을 확보해 두곤 했었다. 이 인력 충원 비율은 훈련을 포함한 평화시 보통 비행을 위해, 지상훈련 과정 등으로 일시적으로 결원이 생길 경우를 위해 마련된 것이었다. 위기 시에는, 비행 경험과 역할 수행 경력이 있는 비행대원으로 비행단 규모를 확충하게 되어 있었다. 그러나 이제는 훈련병이나 본부대원들을 차출해야 했다. 이러한 인력 위기의 결과, 일부 역할에서 전선 근무 경험 인력 수준과 전체적 인력 확보 수준이 위험할 정도로 저하되었을 뿐만 아니라, 위기 시 약점을 보강하는 능력도 저하되게 되었다. 자원의 제한이 일부 NATO 회원국 공군의 경우 바르샤바 조약군의 수준에 근접할 정도로 비행대원의 비행시간을 떨어뜨리면서, 그것을 벌충하기 위해 전선에서 장기간 고정 근무를 할 수 없게 되는 상황을 초래하여 문제는 더욱 심각해진다.

한편 가족 생활의 기대치 상승이나 전투 훈련의 부담 증가, 지원 예산의 축소 등 여타의 요인들도 항공대원의 이직율을 높이고 신규 충원을 어렵게 하고 있었다. 특별 수당제 등으로 파일럿의 이직을 막으려 하였으며, 이는 가령 미 해군과 노르웨이공군에서 실시된 것과 같았다. 그러나 그 효과는 일시적일 뿐이었다. 미 공군의 문제점은 미 공군보다 예비 비행단과 주방위군 측이 인력 충원에 성공하는 경우가 많아지면서 고조되었다. 이 현상은 정규군보다 그들 측이 월별 비행시간이 더 많은 고참병들을 확보한 결과의 반영이었다. 당시 NATO가 바르샤바 조약기구 측의 침략 의지를 아직 믿고 있었음을 생각하면, 서방 국가들의 공군 인력 충원과 숙련도가 대중에게는 널리 알려져 있지 않은 채 관련 부처 내에서만 문제시되고 있었다는 사실에 놀랄 필요가 없을 것이다.

반대로 소련 비행대원의 자질과 훈련 수준이 개선되고 있다는 껄끄러운 조짐이 있었다. 아프가니스탄에서 얻은 교훈은 헬리콥터 작전을 위시해서 유럽 여단의 작전 방식에 영향을 미쳐가고 있었다. 신형 장거리 전투 요격기는 소련 공군이 지상 관제에 보다 덜 의존할 수 있게 해 주고, 보다 많은 자유 작전범위(free ranging) 전투기들이 적의 요격을 격퇴하며 대규모의 폭격기와 호위 전투기대를 운용할 수 있도록 해주었다. 페레스트로이카의 영향과 공군 제대에 정치장교들이 미치는 영향력의 감소는 조종사들의 재량권을 늘려주었고, 전문성이 더 인정받고 훈련에 유연성이 늘어나게끔 하였다. 모든 소련 공군 연대들이 이 같이 개선되었다고 결코 말할 수 없으나, 그런 추세가 있었음도 부인할 수 없다. 사실 당시 서방세계에서는 소련 공군이 서방과 똑같이 인력 충원과 유지 및 자원 확보 등에 신경을 쓰고 있으며, 여기에 더하여 정비비용 증가의 문제로 고심하고 있다고 알려져 있었다.[34]

이제껏 서방측이 우위를 보여 왔던 두 번째 측면인 항공기와 관련 장비 그리고 무기의 질적 우위는 아직도 유효했으나, 그 차이는 역시 좁혀지고 있었다. 신세대 소련 항공기와 무기들이 속속 취역했다. MiG-29, MiG-31,

SU-27, TU-160, TU-95H 베어(Bear H) 등이 그들이었고, 신형 공대공·공대지무기를 갖춘 신형 헬리콥터들이 나와, 서방측의 기술 우위의 종막을 시사하였다. 동시에 미국에서 '차세대' 군용기 사업은 갈수록 자금 운용에 대한 비판적 조사 대상이 되어갔던 한편, 1970년대 후반과 1980년대 초반의 서유럽 방위예산 팽창 경향은 뒤집히고 있었다. 총칭해서 '스텔스 기술'로 알려진 기술들 덕분에 서방측의 기술 우위는 유지될 수 있었으나 그 기술은 몇 안 되는 미군 공군기들에 한정되어 있었고, 여차하면 소련에게 이내 모방 당하여 대응수단에 취약해질 수 있는 기술이었다.

만일 고르바쵸프의 재건·개방 정책이 소련 공군 전체에 적용되었다면 당시 바르샤바 조약기구 측이 누리고 있는 누적 우위에 더하여 작전 능력의 대폭 향상이 일어날 수 있었다. 더 나아가 MiG-29 펄크럼(Fulcrum)나 SU-27 플랭커(Flanker)는 공중작전과 연합 공세에 필요한 전술 및 장거리 호위 역할에 이상적인 항공기들이었다. '방어위주의 국방'에 적합한 공군의 배치와 훈련 그리고 교리 전략 등도 수정을 필요로 하지 않았다.

아이러니하게도 소련 공군의 모든 개선 상황은 서방세계에서 널리 알려졌으나, 그것은 결코 서방의 전투력을 증대해야 한다거나 그 개선의 억제 수단으로 군비통제 협정을 요구해야 한다는 주장으로 이어지지 않았다.

일부 군사 전문가들은 군비통제 협상 과정에 공군을 제외할 경우 유럽에서 지상군이 감축된 다음 공군력이 전황에 미치게 될 영향은 대폭 늘어갈 것이 틀림없다고 보았다. 이때 공군력에서 누가 더 유리하게 되는가에 대해서는 서방의 견해가 둘로 나뉘었다. 당장은 NATO가 유리할 것이지만 장기적으로는 결과가 매우 불투명했다. 공군 참모들은 몇 가지 증거를 제시하며, 협상 과정에 공군을 포함할 경우 얻을 수 있는 장기적인 유리함보다 당장의 작전제한으로 얻는 위험이 더 중요하다고 주장했다.

마지막으로 소수의 사람들은 소련 공군의 제안들이 분명 비현실적이기 때문에 서방은 그 원칙은 수용하되 ATTU의 모든 전투항공기를 협상 대상에 포함하자는 역제안을 제시하였다. 그리하여 바르샤바 조약기구 측의 수적 우위를 없애고, 소련 서부 지역도 서방의 사찰에 노출되게 해야 한다고 주장했다. 그리고 이후로는 CFE이후 동서간 구도에서 NATO가 불리한 입장에 서게 되리라고 예측했다. 이 견해는 서방 군사계에서 별 호응을 얻지 못한 채 1989년 초 런던에서 처음 공표되었다. 이 장에서 논의한 문제들을 검토한 끝에, 필자는 다음과 같이 결론짓는다.

요약하면 NATO가 항공력에 관한 한 CST(재래식무기 안정 회담)에서 매우 신중하게 움직여야 할 충분한 이유가 있다. 항공기는 지상을 점령할 수 없으며 서유럽이 지상군 침략 없이 공군의 기습공격으로만 유린될 시나리오는 생각하기 어려웠다. 반면 대규모이고 아측의 무장을 무력화하려는 의도의 또 요격이 불가능한 근접지원기까지 동원된 공습이 있은 다음 지상공격이 시작되는 것은 육군과 공군 최고위 인사들에게 의견이 분분하게 만들었다. 그리고 지상군의 감축이 크면 클수록 전투항공기가 지상군을 요리할 가능성도 커지게 되어 있었다. 따라서 장기적으로는 NATO가 지상군 쪽에서의 소련의 수적 우세만큼이나 공군기의 수적 우세를 신경 쓰지 않을 수가 없었으며, 특히 신세대 소련 항공기와 무기의 경우 그 동안 서방이 수적 불리를 극복하기 위해 확보해 놓았던 기술적 우위를 거의 좁히거나 아예 없게 만들어 놓은 것이었다.

이 모든 고려의 저변에는 아마도 서방의 많은 군인들과 여타 인사들이 공유하고 있었을, 조심스러움이 깔려 있었을 것이다. 고르바쵸프 서기장의 UN선언이 실제로 군비 감축, 병력 철수, 군사개념 등의 재정의로 이어질 수 있을 것인가? 그가 안고 있는 여러 문제들이 저 거대하고 다루기 힘들며 뿌리가 튼튼하고, 특권을 갖고 이해관계에 깊이 관련되어 있는 군사체제에 대한 그의 영향력이나 지도력을 약화하지는 않을까? 그리고 비록 그가 자신의 의지를 장성들에게 관철한다 해도, 경제회복과 군사력 슬림화를 달성한 소련의 장기적 야심은 무엇일까?

하지만 몇 가지 점에 대해서는 서방세계가 확신을 갖고 있었다. 소련은 군비통제와 군축협상 과정에서 계속 명분을 갖추고 있으려 할 것이며, 유럽과 미국의 관계에 계속 틈새를 넓히려 노력할 것이고, NATO의 유럽 회원국들 사이의 불화를 계속 조장하면서 자체의 초강대국 지위를 유지하는 데 주로 군사력에 의존해 나갈 것이다. 이 같은 확신을 바탕으로 CST협상은 적극 추진되어야 하지만 충분히 조심할 필요가 있었다. 항공력에 대하여 그 같은 협상 과정에서 실수라도 하면 소련의 외교술에 넘어갈 뿐만 아니라, 보다 영속적이고 장기적인 군사적 유리함을 그들에게 안겨줄지 몰랐다. 아마도 주의해야 할 문제는 "항공력을 회담 대상에 포함할 것인가 ?"가 아니라 "언제 포함할 것인가 ?"[35]가 될 형편이었다.

CFE협상

한편 1989년 1월 10일에 NATO와 바르샤바 조약기구의 23개 회원국들은 비인에서 유럽 지역의 재래식 전력에 대한 협정을 "비인의 CSCE 회담이 끝나고 늦어도 7주가 지나기 전에"[36] 개시하기로 합의를 보았다. 그 목표 중에는 "안정과 안보에 문제가 되는 전력 불균형을 해소하고, 우선 순위를 따져서, 기습공격을 펼칠 수 있는 능력과 대규모 공세작전을 펼칠 수 있는 능력을 우선 제거한다."[37] 는 것이 포함되어 있었다. 그 목표들은, 다른 여러 수단들 외에, "감축, 제한, 재배치, 상호 최대 보유한도 설정 …… "[38] 등에 의해 추구될 것이었다. 이 협상의 주제는 "대서양에서 우랄산맥까지 이르는 유럽 지역에 위치한 참여국가들의 …… 재래식 전력으로 …… 해군과 화학무기는 논외로 한다."[39]

1989년 3월 6일 비인에서 NATO측 협상자들에 의해 제출된 최초의 입장표명서는 항공기를 언급하고 있지 않았다. 그 대신, 이 제안서는 "유럽의 안정에 가장 위협이 되는, 수직으로 불균형이 심한, …… 전차, 화포, 장갑수송차 등 기습공격과 지상공격에 필요한 전력을 위시한 전 수준의 전력"에 초점을 두고 있었다. 이들 무기체계들은 또한 영토의 점령과 유지 즉 침략자의 최대 목표에 긴요한 것들로 여겨졌다.[40] 이들 무기체계들의 최대 보유수를 제한할 것을 제안하며, NATO는 덧붙여서 '충분성(sufficiency)'원칙을 제시하였다. 이것은 어느 국가도 이 같은 무기류를 전체 무기류의 30퍼센트 이상 보유하지 않으며, 각국의 영토밖에 주둔하는 '주둔군'의 최대병력 수도 규정해 두자는 것이었다.

이에 응하여 바르샤바 조약기구 측 대표들은 다음과 같은 제안을 내놓았다.

"제1단계(1991~1994이내)에서 모든 협상참가국들은 NATO와 바르샤바 조약기구 사이의 전력 불균형과 불균등을 해소한다. …… 그리고 기습공격이나 대규모의 공세를 펼칠 수 있는 능력을 감축하기 위해 노력에 나선다. 이러한 목적을 위해 가장 안정을 저해하는 유형의 무기의 감축에 주목해야 한다 …… ."[41]

예상했던 대로 바르샤바 조약기구는 그 '가장 안정을 저해하는' 무기체계 목록 첫머리에 '단거리 전술비행 공격항공기'를 '전투 헬리콥터'와 함께 전차보다 3번째 뒤에 놓았다.[42] 반면 '전술용'은 소련 공군에서 중앙 통제되는 중·장거리폭격기 연대와 중·동부 유럽 및 소련 군관구에 산재되어 있는 전술 공군 사이에 기술적 지침을 제시했으며, 이를 통하여 바르샤바 조약기구 측의 모든 제공된 전투기와 방공요격기들은 대상에서 제외하였다. 이 제안서는 더 나아가 "두 정치 군사 동맹들이 보유하고 있는 최저 수준보다 10~15퍼센트 낮은"[43] 특정 부문 전력의 공동 최대 보유한도를 설정하라고 제안하였다.

3월 23일까지 계속된 제1차 협상과정에서는 NATO 대표들이 기 기존 입장을 고수했기 때문에 항공기 문제는 전혀 거론되지 않았다. 5월 5일에 시작된 제 2차 협상과정은 항공 문제를 논의하기 시작할 전망이 불투명한 상태였다. 그러나 당일 전반적으로 유화적인 개회 연설을 한 그리네프스키

(Grinevskiy) 소련 대사는 각국 대표들에게 이 협상은 "기습공격을 수행하는 데 가장 중요한 무기체계에 중점을 두는 것으로 …… 우리의 파트너들은 모든 재래식 전쟁을 열어왔던 타격 전술항공기들을 제외하고 있다"[44] 고 상기토록 하였다.

나흘 뒤에 소련의 고위급 군사 대표 타타르니코프(Tatarnikov)는 타격항공기와 장갑차의 파괴 범위와 전력을 비교하는 긴 연설을 했다. 그는 이렇게 주장했다.

"조리에 맞게끔 …… 그리고 협상 대표자들의 권한에 비추어 이 같은 비교를 한 결과, 감축협상 우선 대상은 무엇보다 전술 타격항공기여야 합니다. 이 같은 유형의 공격무기를 감축하지 않고는, 유럽에서의 안정과 안전보장은 무망할 것입니다."[45]

이틀 뒤에 미국 대표는 서방측의 기존 입장을 되풀이하여, 소련측이 주장하는 구별은 억지로 만들어낸 것이다. 항공기의 우선 순위는 별로 높지 않다. 타타르니코프 장군이 보는 것보다 더 복잡한 문제들이 항공기 본연의 기동성 때문에 생기게 되어 있다. 바르샤바 조약기구 측은 지금의 협상 단계상 자신들에게는 아무런 손해가 없으므로, 유럽전에서 항공기의 수적 우위를 누릴 자신을 하고 그 같은 제안을 하는 것이다 등으로 바르샤바 조약기구 측을 공박했다.[46]

5월 23일, 바르샤바 조약기구측 대표들은 자신들의 군축안에 관해 처음으로 자세한 수치를 발표하였다. '타격' 고정익기에 중점을 두는 입장은 여전하였다. 양 진영 모두 1,500대의 고정익기와 1,700대의 헬리콥터를 최대 보유수로 하자는 것이었다. 또 어느 나라도 두 종류의 항공기를 공히 1,200대 이상 보유할 수 없으며, 조약 가맹국은 그 국외에 350대의 항공기와 600대의 헬리콥터를 최대로 파병할 수 있다고도 하였다. 이러한 제한은 ATTU 내에서 네 가지 지역조건(접경, 전방, 중부, 후방)에 따라 다시 각각 수적 제한을 받는다. 더 이상의 항공기 개념 정의는 없었으나, 실제적으로 요격기, 해양

훈련기(지상발진), 중대형 폭격기 등이 논의 대상에서 제외되었다.

이 시점에서는 양 진영의 입장 완화가 불가능해 보였다. 한편 브뤼셀에서 NATO직원들은 5월 29일~30일에 걸쳐 연례 북대서양 조약기구 정부 수뇌회담을 개최할 준비를 하고 있었다. 공군측 사람들은 그 과정에 참여할 것 같지 않았고 떠날 채비 중이었다.

그러나 7일 만에 부시 대통령과 그의 측근 자문위원들에 의해 서방측 입장에 극적인 변화가 이루어지게 된다. 미국 대표들은 브뤼셀의 NATO 인사들을 방문하였고 5월 25일에는 3명의 영국 국방부 고위 관리들이 단 몇 시간 전에 연락한 후 워싱턴으로 날아가 미 국방성의 동급 인사들과 회담, 미국이 군비통제 협상에 전투항공기를 포함하기로 한 결심을 확신하였다.

5월 30일 NATO가 랜스(Lance) 단거리 지대지 미사일의 후속판에 대해 내린 결정은 한동안 유보되었다. 이에 대한 언론 코뮤니케는 5월 30일에 브뤼셀에서 나왔다.[47] 그러나 랜스 미사일에 대한 결정은 1992년까지 유보되면서, NATO의 비인에서의 원 입장의 고수와 맞물리고 있었는데 이 문제는 처음에 전투항공기를 협상 대상에 포함하기로 한 부시 대통령의 결정에서 관심을 돌리게 하고 있었다.

"우리는 지금의 군비통제안을 확장, 대서양에서 우랄산맥까지의 지역 내에서 현재 양 진영이 보유한 헬리콥터와 모든 지상발진 항공기들을 각기 15퍼센트 낮은 수준을 최대 보유 대수로 하기로 하며, 감축된 무기는 폐기될 것이다."[48] 이에 따라 CFE협정의 성격과 폭은 완전히 달라졌다. 앞으로도 갈 길은 자갈밭이었으나 적어도 두 진영이 같은 길로 접어든 것이었다.

부시 대통령의 예상외의 움직임을 보인 데는 몇 가지 이유가 있었을 것으로 보인다. 제 2차 협상과정에서 소련이 지상군을 감축하고 서방측의 군비통제 구도를 수용할 자세를 보인 결과 부시도 보다 유화적인 태도를 보일 수 있었을 것이다.[49] 유럽 주둔군총사령관과 미 의회 국방위 상하원 의원

대표들은 5월 초 영국에서 열린 국제회의에서 항공기 포함 문제를 논의했었다. 이것은 아마도 NATO의 정책결정자들과 고문진에 의해 '대안적'인장이 심도 있게 논의된 최초의 사례일 것이다.[50] 당시 부시 대통령은 모스크바에 대해 성공적인 선전전을 전개하는 셈치고 보다 적극적인 자세를 취하라는 서방세계의 압력을 받고 있었다. 항공기 군축을 수용하면 핵전력 대신 재래식 전력에 중점을 두려는 서방측의 입장이 강화된다. 의회에서는 군비통제에 그처럼 적극적 입장을 취함으로써 향후 방위예산 사용내역 조사를 효과적으로 할 수 있다고 여겼다. 아마도 이보다 더 중요했던 이유로, 당시 미 합참 의장이던 윌리엄 크로위(William J. Crowe) 제독은 이 같은 입장 변화로 소련과 바르샤바 조약기구 측이 누리고 있는 재래식 전력상의 우위가 많이 감소될 수 있으리라고 여겼다.[51] 이것은 미군의 고위관계자가 이제까지는 동방 측이 항공력의 '우위'를 누려왔다고 공식 인정한 최초의 사례였다. 이것은 또한 바르샤바 조약기구 측의 재래식 항공전력을 감축하는 것이 NATO의 장기적인 최고 이익이 된다고 조용히 주장해 온 사람들이 마침내 성공했음을 나타내주기도 하였다.

그러나 이 태도 변경은 단지 광범위한 원칙에만 합의하는 것에 불과했다. 전투항공기에 대한 구체적인 정의도 없었고, 양 진영에서 어느 정도로 감축을 할지 수치도 제시되지 않았다. 당시에는 이미 각 진영에서 제시한 최대 보유수치를 적용하는 것으로 받아들여지고 있었다.[52] NATO측에서 보면, 15퍼센트 감축이 요구되며 그에 따라 서방은 600대의 고정익기와 375대의 회전익기를 폐기하며, 바르샤바 조약기구는 약 4,800대의 고정익기, 1,575대의 회전익기를 폐기하는 것이 되었다.

양 진영의 군사 참모들은 우왕좌왕하고 있었다. 부시 대통령의 결단은 소련 총참모부가 수세로 돌아서게끔 했다. 항공기도 군축 대상으로 하자는 그들의 주장은 관철되었으나, 그 조건은 정치적으로 회피하기 어려우면서 군사적으로는 그때까지 예측되었듯이 그들의 공중작전 수행 능력이 제거될 뿐 아니라 별도 역할이 부여된(방공 등) 어떤 항공기들을 제외하느냐 하는 어려운 결정을 하게끔 강요하는 조건이었다. 부시 대통령의 결단은 소련 정책결정자들에게 완전한 충격이었으며, NATO의 공군인사들도 당황하기는 마찬가지였다. 7월까지 어떻게 대응해야 좋은지에 대해 모스크바에서 논란을 거듭하고 있었다는 증거가 있다. 소련공군 측은 PVO기를 포함해야 한다는 NATO의 제안이 공군을 일체 군축 논의에서 제외하는 것과 마찬가지로 수용 불가능하다고 강력히 주장했다. 이 주장은 외교부에서 이내 묵살했으나, 이제 군비통제 협상에 의해 소련 방공이 심각하게 위협받고 있음은 확실해져 있었다.[53)]

브뤼셀에서는, 항공기 포함 문제를 계속 검토하고 체계화할 공식 기구가 없었으며 이제 동맹의 결속이 느슨해지면서 일방적인 국가 이익의 관철이 표면화되는 게 아니냐는 우려가 제기되는 중이었다. 그럼에도 NATO 공군 참모들은 부시 대통령의 '선언'을 겨우 4주 남짓한 기간에 구체적인 기획안으로 만들어 제출하라는 지시를 받았다. 곧 NATO가 지난 11월에 내놓은 항공기 수가 훈련기나 예비기 등을 포함하고 있지 않았기 때문에 관리들은 두 가지 요인을 고려해야 했다.

앞서 산출된 수치는 NATO 회원국 각각의 발표 내용과 바르샤바 조약군의 전선 배치 전력에 대한 첩보 결과에 기초하고 있었다. 사실은 양 진영 모두 훈련기들에 폭탄을 탑재할 수 있었으며, 어떤 경우에는 영국 공군이 포클랜드 전쟁에서 보여 준 것처럼, 일정 역할을 위해 설계된 항공기가 전혀 다른 식의 무기를 위해 재빨리 개조될 수도 있었다. 둘째 양 진영 모두 예비 항공기를 공개하지 않았다. 그중 일부는 첨단 항공기로 취역 항공기 소모에 따른 대체용이었고, 다른 적은 수의 항공기라고 해도 그와 동수의 전차와 화포에 비교해 보면 군축과 이후의 입증에 있어서 정확한 수치를 얻을 필요가 분명히 드러난다. 결국 전 NATO 회원국들은 각자의 항공기 보유량을 수정해 발표했으며 정보부는 바르샤바 조약기구의 전투력을 재평가하게 되었다.

동시에 NATO 회원국들의 독립적인 국가관계 때문에 NATO공군 참모들은 더 어려움을 겪어야 했다. 모든 유럽 협상국가들은 양 진영 공히 15퍼센트씩 항공전력을 감축한다는 제의에 , 그것은 각자의 전력 완성도에 큰 차질을 빚을 것이라고 민감하게 반응한 반면 미국, 캐나다, 소련은 ATTU지역의 전국 공군 일부만 감축하면 되었다. 미국은 F-15, F-16, F-111급의 모든 전선 배치용 항공기의 폐기에 완강한 입장이었다.

'전투항공기'와 '전투 헬리콥터'의 개념 정의도 결론을 내리기 어려웠다. NATO 참모들은 개념 정의를 이뤄내는 데 어려움을 겪었는데, 장차 바르샤바 조약기구 측이 더 이익을 보지 않도록 배려하면서 가능한 한의 작전적 유연성을 유지해야 했기 때문이다. 그 결과 1989년 6월 동안 각국의 국방부와 NATO 사령부들은 야간에 엄청 많은 연료를 소모해야 했다.

그 결과물은 7월 13일, 영국 대표에 의해 비인에 보고되었다. 바르샤바 조약기구 쪽은 총 12,000대였다. 새로 제시된 최대보유한도인 NATO 기존 전력의 85퍼센트는 5,700대의 고정익·지상발진 전투항공기와 1,900대의 헬리콥터들로 양 진영에서 준수될 것을 요구하였다. ATTU내에서 이 두 종류의 항공전력을 한 국가가 30퍼센트 이상 보유할 수 없었다. 즉 ATTU내에서 한 국가는 최대 3,420대의 전투항공기와 1,140대의 전투 헬리콥터를 보유할 수 있었다. 이 최대 한도에 맞추기 위해 배치 제외된 항공기와 헬리콥터는 폐기되어야 했다.[54]

전투항공기는 다음과 같이 정의되었다. "항시 지상발진하는 고정익 또는 회전익기로, 애초 설계시나 이후 개조시에 폭탄을 투하하거나, 공대공 또는 공대지 미사일을 투하하거나, 기총사격을 하거나, 그외 파괴 무기를 사용하는 항공기이다. 여기에는 항시 지상발진 항공기나 그 같은 항공기의 변형으로 또 다른 군사적 기능을 수행하는 항공기가 포함된다."[55] 전투 헬리콥터도 비슷하게 정의되었다.

이 NATO측 제안은 제 2차 협상 마지막 날 제시되어, 동구권에서 설사 어떤 대응책을 수립했었다 해도 제시할 시간이 없도록 만들었다. 그러나 이후 7월 21일, 아크로메예프(Atchromeyev)원수는 UN군사위에서 연설하며 국가안보에 대한 소련의 기본 입장을 밝혔다. 특별히 그는 '공격 항공'과 '전투기 항공' 사이에 '전술 항공'을 구분하는 구분법을 견지했다.

"전투항공기란 방항공 전투기와는 달리, 잠재 적의 공습에서 전장을 방위하기 위해 설계된다."[56]

제공권 전투기의 체계적이고 중요한 역할을 이처럼 점잖게 무시한 발언은 좌중의 공감을 얻지 못했고, 모스크바에 이미 수립되어 있었던 보다 현실적인 평가에도 부합하지 않는 것이었다. 그러나 독자적으로 본토방위를 맡는 항공력의 존재에 대한 그의 이유 설명은 보다 설득력이 있었다. 그는 좌중에게, "소련의 영토는 2천 1백만 평방 킬로미터에 달한다. 일반적으로 우리 나라의 지전략적 상황은 그리 좋지 않다. 어느 방향으로나 본토 공습이 들어올 수 있다. 때문에 우리는 특별한 공군 곧 국토방공군(national air defence force)을 유지하여야 한다. …… 이 공군은 어떤 공격적 무기체계도 갖추고 있지 않으며 소련은 타국의 행동 때문에 어쩔 수 없는 경우가 아닌 이상 이 공군을 배치할 생각이 없다."[57]라고 하였다.

왜 모든 '전술항공기'들이 협상 대상에 포함되어야 하는 가는 한 비범한 소련 분석가에 의해 설명되었다. 즉 아크로메예프원수는 자신의 의도와는 달리 그 속마음을 드러내 주었다.

"전술항공기를 점령하고 유지할 수 없으며 영토의 점령이야말로 통상적인 침략의 목표라고 생각하기 때문이다. 그것은 분명 사실이다. 그러나 전술항공기를 적절히 사용할 경우, 보다 적은 수의 전차와 기관총을 동원하고도 영토를 점령할 수 있음을 알아야 할 것이다."[58] 라고 한 것이 바로 그것이었다.

한편 모스크바에서는 9월 7일부터 비엔나에서 개최되는 제 3차 CFE협상에서 항공기 문제를 타결짓기 위한 최초의 움직임을 보이고 있었다. 지상군 문제에 집중되었던 첫 주가 지나고, 9월 28일에 동독 대사는 항공기에 관한 새로운 제안을 제시했다. '공격' 항공기에 중점을 두었던 처음의 접근은 포기되었다. 그 대신 서방측의 그것과 흡사한 '전투항공기' 개념이 나왔다. "고정익기 또는 회전익기로 유도·비유도 로켓, 폭탄, 총탄, 여타 전투 수단을 쓰거나 정찰, ECM 등을 사용하여 지상의 표적을 공격하거나 지상과 공중에서 회전(會戰)하도록 무기와 장비를 갖추게 설계된 항공기."59) 현실적 범주화로의 움직임이 구체적 지적에 의해 강화되었다. "타격항공기, 전폭기, 지상공격기, 전술 전투기, 정찰기, ECM 항공기"60) 그러나 이 개념 전의들은 "전선 비행대(전술 공군)의 전투항공기"61)를 위한 것이었다. '전투 헬리콥터'에 대한 정의도 비슷하게 이루어졌다. 좀더 폭넓은 정의를 내리면서, 이전의 최대 보유한도 역시 수정되었다.

"대상 지역 내에서, 각 진영 소속 국가들은 최대 4,700대의 전투항공기와 1,900대의 전투 헬리콥터를 보유할 수 있다. 개별 국가의 경우 최대로 전투항공기 3,400대, 전투 헬리콥터 1,500대를 보유할 수 있다. 각국이 해외에 파견한 전력의 최대치는 1,200대의 전투항공기이다."62)

피상적으로, 양측 제안의 차이점은 크지 않았다. 고정익기 최대보유수의 경우 1천대(4,700대와 5,700대)였고 헬리콥터의 경우도 비슷했다. 이러한 움직임을 환영하면서도, 서방측 분석가들은 제외되는 항공기들의 정도를 지적했다. 동구권측 제안은 명백하게. "방공부대의 방공 요격기들로, 국토 방위를 목표로 하는 항공기들 …… 전략·항로발진 항공기에서부터, 공중·해상 발사 순항 미사일에 이르는 ……. "63)을 대상에서 제외하고 있었다. 다만 "방공의 필요성이 존재하지 않을 경우"64) 요격기들에도 별도의 보유 한도를 설정한다는 단서만 남기고 있었다.

서방측이 보기에는 이 추산에서 소련의 1천 5백대의 PVO요격기들이 제외되었을 뿐 아니라 소련이외 바르샤바 조약기구 회원국들이 보유하고 있는 전투기 1,200대도 제외되어 있는데, 이들 전투기는 각국의 국방 외에 중부 유럽에서의 지상전에 참여할 수 있는 전력이었다. 더우기 '전술 항공기' 들에서 전투항공기를 규정하면서 훈련기와 지상발진 해양 작전기가 제외된 한편, SU-24 펜서(Fencer)와 TU-22 백파이어(Backfire)중형 폭격기들의 위치가 모호해졌다고 지적되었다. 게다가 미국의 항모 발진 항공기들에 대한 바르샤바 조약기구 측의 태도는 방공 요격기를 따로 두어야 한다는 근거 설명에서 명백히 드러나 있었다. 다른 말로 하면 이 새로운 군축안은 장차 ATTU지역에서 바르샤바 조약기구가 사용할 수 있는 여분의 항공기를 더 많이 남겨두도록 고안된 것이었다.

제 3차 협상의 남은 기간 동안, 상호교환하는 정보와 군축 결과 입증에 대한 원칙들까지 합의가 이루어졌다. 그러나 항공기와 무기의 개별적인 심층 사찰에 대한 바르샤바조약 기구의 제안은 외국 영공 비행과 인공위성 문제와 마찬가지로 자세히 논의되지 않았다. 이 협상과정이 막바지에 이르러, 10월 19일에, 양측은 아직도 협상 결과에 포함되어야 할 총 수치와 그 분류에 대해서마저 합의에 이르지 못하고 있었다. 비록 유화적인 발언은 많이 나오고 있었지만.

11월 9일 제4차 협상이 시작되었으나, 동유럽 공산주의 정권들의 몰락이 가속화되고 또 같은 날 베를린 장벽이 무너지면서 협상이 분위기가 잡히지 않았다. 협상 과정 동안 온통 지상군에만 논의가 집중되었는데, 다만 NATO공군 참모들은 뚜렷이 나타나고 있던 바르샤바 조약기구의 군사적 응집성 저하에 맞추어 방공을 포함하여 협동작전력이 급강하하는 상황에 따라 전력 재평가에 착수하였다. 그러나 12월 14일에는 양측이 7월 13일과 9월 23일에 취한 입장들을 재확인하는 조약안 문건을 내놓았다.

12월 14일 이후 공식적으로는 아무 진전이 없었지만, 서방측 요원들 사이에는 동구의 예기치 못한 정치 변동이 너무 대폭적이어서 1990년의 CFE 조약은 그 의미가 줄어들었다는 인식이 공유되고 있었다. 제 5차 협상과정에서는, 2월 8일에 항공기와 헬리콥터에다 전차와 장갑차까지 포함하는 NATO측의 새 군축안이 힘을 얻었다. 이 제안은 9월에 바르샤바 조약기구가 제안한 것처럼 양 진영의 항공기 최대 보유치를 4,700대로 낮춰 잡은데다, 방공 요격기는 500대라는 별도의 상한선을 설정하고, 비무장 훈련기는 완전히 대상에서 제외하는 것이었다. 헬리콥터는 공격용과 공격가능용(attack-capable), 그리고 적 기갑차량을 공격하거나 통합된 회력 통제-무력 동원 체제의 일부로 공대공 유도탄을 사용하지는 않는 '전투지원용(combat support)'으로 세분되었다. CEF의 최대 보유치는 이중공격용과 공격가능용 헬리콥터에 각각 1,900대의 상한선을 두며, 전투지원용은 정보 교환과 기지 사찰 대상으로 삼는 것으로 그치기로 했다. 소련의 입장을 고려해 준다는 제스처는 계속해서, 무기를 제거했을 경우 헬리콥터 성격을 재부류해 주기로 하는 규정으로 표현되었다. 이 최종 제안은 소련이 Mi-8기 같은 다목적 헬리콥터를 민간용으로 전환 가능하도록 해주는 것이었다.65)

계속해서 30퍼센트라는 NATO군축안의 충분성 원칙은 모든 나라가 2,820대 이상의 항공기를 보유하지 못하며, 단 소련은 500대의 요격기를 보유할 수 있고, 또 1,140대의 전투 헬리콥터를 보유할 수 있다는 것이었다. 이는 NATO가 약 800대의 항공기와 400대의 헬리콥터를, 그리고 바르샤바 조약기구는 4,900대의 항공기와 3,000대의 헬리콥터를 감축해야 한다는 의미였다.66)

나흘 뒤 바르샤바 조약기구는 양측 항공기 최대보유한도는 4,700대로 하되 요격기에 따로 설정하는 보유 한도는 1,500대로 하고, 전투 가능 훈련기도 그와 비슷한 수준으로 한다는 제안을 내놓았다. 이를 모두 합한 총 상한선은 7,700대가 되며, 그것은 아직도 지상발진 항공기들을 배제하며 NATO가 CEF이전에 발표한 전투항공기 보유한도보다 1천 대나 많은 수였다. 따라서 어쩌면 당연하게도, 민간 분석가들이 양측의 차이가 좁혀지고 있음을 주목했지만, NATO 군사관계자들은 바르샤바 조약기구가 계속해서 수적 우위를 누리는데다가 항공기들을 제한적인 전술 항공에서 무제한적인 해양 항공으로 빼돌림으로써 군축 조약을 우회하려고 하고 있다고 관측하고 있었다.

동시에 소련은 바르샤바 조약기구의 해체가 갖는 의미에 대해 점점 더 주목하고 있었다. 1989년 3월에 CFE협상을 시작했을 때, 바르샤바 조약기구 회원국들이 보유한 항공기들은 소련 자신의 군사력의 연장으로 생각하는 일이 자연스럽게 보였다. 하지만 그로부터 12개월이 지난 시점에서는 헝가리, 폴란드, 불가리아, 루마니아, 체코슬로바키아는, 더 이상 우호적인 정부에 의해 통치되고 있지 않았으며 독일과의 장래 관계도 불분명했다.

2월 8일의 NATO측 군축안에 의하면, 소련은 전투항공기를 3,320대만 보유할 수 있었고, 이전까지의 우방국들은 총 1,880대, NATO는 5,200대를 보유할 수 있었다. 모스크바 쪽에, 그러한 제안은 수용될 수 없었다. 그리하여 '추가적인' 보유한도와 지상발진 해양항공기에 대해서 소련측 입장은 요지부동이었다.

1990년 여름에 NATO가 독일의 통일 쪽으로 일을 추진하고 있을 때, 소련은 점점 더 비인에서의 입장이 고독해지고 있었다. 이와 동시에 소련 내부의 정치 문제도 다원화되고 심화되어 갔다. NATO 관계자들은 소련 자체의 군사적 불안 가능성에 점점 더 촉각을 곤두세웠다. CEF에서 더 유화적인 대화가 오고갈 수 있느냐는 한편으로 바르샤바 조약기구의 몰락이 가져올 영향에 의해, 다른 한편으로 이제껏 CEF의 제약을 받지 않았고 방위산업에서 우선권을 가지고 대량 생산되어 온 항공력을 필두로 장차 소련이 어떤 군사적 모험에 나설지 정치적인 보장이 되지 않는다는 점에 대해 유의해야 했다.

그럼에도 양측 주장의 차이는 7월 4일 바르샤바 조약기구 측의 제안에서 조금 더 좁혀졌다. 2월 12일에 제시된 총 7,700대의 상한선은 6,950대로 줄었으며, 그것은 4,700대의 '전술 전투항공기', 1,500대의 방공 요격기, 그리고 750대의 전투 훈련기로 이루어져 있었다. 이 군축안은 전투 훈련기들의 무기와 무기 유도체제를 제거함으로써 이미 군축 대상에서 제외되어 있던 '일반 훈련기'들로 바꿀 수 있다는 조항을 포함하고 있었다.67)

이 군축안은 지상발진 해양 항공기를 대상에서 제외했으며, 각국의 최대 보유 한도에 대해서도 언급이 없었다. 이 군축안은 전투 훈련기들의 '개조'를 허용했지만 그것은 어떤 기능으로 개조되었든 원래 전투용이었던 항공기는 계속해서 전투용으로 조약기구 측의 행보가 인식 범위 내에 있어서도, 서방측은 아직 전력 우회가 가능하다고 우려하고 있었다. 긴급 상황에서는, 일찍이 포클랜드전에서 영국이 했던 것처럼 무기 체계를 장착해 순식간에 전투항공기들이 탄생할 수가 있었다. NATO에서 회람되고 있던 보고서들 중에는 벌써 일부 소련 전투 비행대가 전술용에서 해양 항공용으로 바뀌었으며 그 같은 전환 과정은 언제든지 재개될 수 있다는 내용의 것들이 있었다.

다음 2개월 동안, 지상군 감축에 대한 협상이 하나하나 걸림돌을 제거해가던 것과는 달리, 항공기나 헬리콥터 부문에서는 진전이 거의 없었다. 사실, 항공 부문의 협상은 오히려 후퇴하는 양상이었다. 소련은 Mi-24헬리콥터의 두 가지 변형인 Mi-24R정찰 헬기와 Mi-24k 폭격-화력 통제 헬기를 '전투용' 범주에서 제외하고자 했다. 또한 Mi-26 중형 수송 헬기도 제외해야 한다는 것이었는데, 그것은 비무장이며 여러 민간 활동에 쓰인다는 이유에서였다. 덧붙여 소련은 자체 한도 헬리콥터 수를 40퍼센트로 늘리고 싶어한다고 알려져 있었다.68)

반면 군축 회담을 둘러싼 정치 환경은 개선되고 있었다. NATO의 7월 6일의 런던 선언은 7월 16일 고르바쵸프의 기꺼운 수긍을 받아, 양 진영 모두 독일의 통일을 받아들이게 되었다. 소련과 바르샤바 조약기구 회원국들 사이의 쌍무적 조약들은, CFE의 결과가 어떻게 나오든, 소련군이 동유럽에서 대폭 철수하고 그에 따라 바르샤바 조약기구가 대규모이고 질서정연한 기습공격을 서방측에 가할 가능성은 실제적으로 불가능하게 될 것임을 시사하였다.[69]

역설적이게도 이 같은 발전은 항공기에 대한 입장 차이를 좁히는 것이 아니라 이 문제가 CFE 체결에 장애가 되지 않도록만 하려는 움직임에 대한 소문들과 동반하였다. 항공기 문제를 협상의 '2단계'로 미룬다는 소문이 나돌고 있었던 것이다. 공식적인 부인에도 불구하고, 이 소문은 워싱턴에서 아주 유력했고, 일부 유럽 국가의 수도와 NATO 사령부에서도 만만치 않아서 이 조약에서 항공기를 제외하면 심각한 정치 · 군사적 오점을 남기게 되지 않을까 하는 우려를 낳고 있었다. 항공기 관련 협상이 아무리 난항이어도 장차의 상황을 생각해 보면, '제 2차 CEF'를 제대로 이끌어낼 수 있을지는 의문이었다.[70]

그러나 10월 초 독일이 통일되면서 중부 '지역'의 군사적 상황 전체가 뒤바뀌었으며, 한편으로 소련의 가장 강력했던 동맹자가 사라져버렸다. 서방측은 보다 많은 양보를 할 준비가 되어 있었다. 10월 3일 뉴욕에서 회담을 가진 후, 제임스 베이커 미 국무장관과 셰바르드나제 소련 외무장관은 CEF 조약의 골간이 될 기본 사항들에 합의했다. 베이커는 소련이 총 5,150대의 전투항공기를 보유할 수 있으며, 추가로 정치적인 제약은 받으나 조약상 구속은 받지 않는 400대의 지상발진 해양 항공기를 허용한다고 발표했다.[71] 더욱이 베이커는 소련이 37퍼센트의 헬리콥터를 보유하여 양 진영 모두 2천대씩 가질 수 있도록 한다는 데 동의했다. 이것은 앞서 NATO가 제시한 상한선에서 1천 대 더 되며, '충분성'원칙에 의한 수치보다 7퍼센트 증대한 수치였다. 마지막으로 소련은 군축 대상에 NATO의 항모 발진 항공기들을 포함하려던 시도를 포기했다.

이제 협상의 최종 단계를 위한 정지작업은 마무리되었으며, 그 최종 단계란 합의된 원칙들을 구체적인 숫자로 나타내는 작업이었다.

조약의 체결

(전투항공기)

어쩌면 당연하게도, 11월 19일 파리에서 조인된 CEF조약에서 항공 관련 조항은 18개월 앞서 비인에서 시작된 최초의 협상 시에 모든 참가국들이 합의했던 사항들을 반영하고 있었다. '전투항공기'의 정의는 공격과 방어 구분을 하지 않고 사용되었으며 "초계나 전자전 같은 군사기능을 수행하는 항공기인 이상"[72] '그와 유사한' 개념들을 포괄하였다. 그러나 '전투 훈련기' 개념이 새로 들어갔는데 이것은 이 조약의 제 2차 사전 양해각서에 따로 다루었다. "각 조인국들은 조약 제4장과 6장에 명시도니 전투항공기의 상한선에서 그 같은 류의 항공기(전투훈련기) 550대 이하를 자유롭게 초과할 권한이 있으며, 그런 류의 항공기 중에서 MiG-25U 류는 130대 이상을 넘을 수 없다."[73] 전선 전투기들이 훈련용 변종은 전투항공기로 칠 수 없다면서 "현재 무장해제되었거나 이 조약이 발효하기 40개월 내에 무장해제된 항공기 최대 550대를 허용한다."[74]는 소련의 주장이 수용되었다.

전투항공기의 총 수에 대한 합의 사항은 소련의 요청에 따라 NATO가 점차 많은 수를 허용하는 식으로 이루어졌다. 양측은 총 6,800대의 전투항공기를 보유하며, 각국은 최고 5,150대를 보유하도록 되었다.[75] 항공기나 헬리콥터에 구역 제한은 주어지지 않았다.

그 전 달에 지상발진 해양 항공기에 대해서 이루어진 잠정 협정은 이 조약에 포함되지 않았다. 그 대신 양측이 각기 430대를 보유하고 각국이 최고 400대 이상을 보유하지 않는다는 동시 선언이 이루어졌는데 이것은 '정치적 구속'만을 둘 뿐 입증의 의무를 수반하지 않았다. 양측이 보유한 항공기 수가 NATO측은 약 150대, 바르샤바 조약기구측은 약 510대로 그리 많지 않았지만, 이 내용은 서방측에서 대폭 양보한 것이었다. SU-20이나 TU-16

같은 몇 가지 소련의 이미 조약상 제한된 항공기들은 소련 해양 항공대에 편입되어 있는 상태였으며, 만약 입증의 의무가 없다면 그 항공기의 재배치나 조약 무시를 막을 방법이 없었다. 조약 체결에 환호하는 소리에 묻혀 버렸던 서방측의 우려는 이후 소련이 조약에 명시된 감축 대상 항공기 중 1,295대만을 감축하고 6,445대는 남겨두겠다고 선언하면서 다시 고조되었다.[76] 앞서 일방적 군비 축소를 단행하겠다는 선언과 우랄 산맥 이동(以東)으로의 항공기 재배치는 분명 앞뒤가 맞지 않았으며, 서방측의 의혹은 단순히 40년 동안의 상호불신에서 비롯된 것만은 아니었다.[77] 각 조약 당사국들은 90일 내에 각자의 감축 선언을 수정할 수 있었으며, 1991년 2월 18일 이전에 소련은 자체 보유한 MiG-25와 SU-15의 변조 전투기들의 수를 총 166대에서 6,611대로 고쳤다.[78] 1991년 3월, 미 해군 인사 하나는 1988년 이후 670대의 항공기가 소련 공군에서 해군항공대로 이첩되었다고 발표했다.[79] 만약 그렇다면, 적어도 비슷한 숫자의 해군 항공기가 1990년 11월의 '정치적 협약'을 준수하기 위해 퇴역할 필요가 있었다.

한편 NATO는 유명한 '행거 퀸(hangar queen)'[80]을 포함하는 전투 가능한 항공기들을 모두 규정한 후, 704대의 미 공군기를 포함해서 고작 5,531대만을 발표했다. 그 결과 CEF에서 제한하기로 한 종류의 항공기들 중에서, 소련 해양 항공대로 이첩된 항공기까지 쳐서 볼 때, 다만 고정익기-지상발진 전투항공기에서만 소련이 NATO에 수적 우위를 유지하게 되었다.

(전투 헬리콥터)

전투 헬리콥터의 정의와 규제는 일련의 합의를 필요로 했다. 양측은 각기 2천대의 전투 헬리콥터를 보유할 수 있으며, 개별 국가는 최대 1,500대를 작전구역 내에 둘 수 있었다.[81] '전투 헬리콥터'는 '공격 전문이고', '다목적 공격이 가능하거나 전투 지원용'인 헬리콥터로 규정되었다.[82] 소련은 정보 교환과 현장 사찰을 조건으로 1백대의 Mi-24R, Mi-24k 헬리콥터를 보유할

수 있었는데, 이것은 '공격 전문'부문에서 '충분성'을 상회하는 수치였다.[83]

'다목적 공격' 헬기는 무장장착대(hardpoint)와 무기 발사장치를 제거 또는 변조해서, 아니면 모든 화력통제·조준 시스템을 제거하여서 '전투 지원용'으로 바꾼다는 조건에서 군축 대상에서 제외키로 합의되었다.[84] 그 같은 용도 변경은 사진 촬영 또는 현장 확인을 통해 입증되어야 했다.[85] 마지막으로 모든 전투 헬리콥터는 정보 교환과 군축 사실 입증, 사찰의 대상이 되었다.[86]

연장된 자료 공개 기간이 끝나기 전에, 소련은 또한 그 보유 공격 헬리콥터 총수를 150대에서 1,480대로 올렸다. 1989년 2월에 발간된 애초의 '전력 배치'에서는 총 2,200대의 '전투형 헬리콥터'가 있다고 되어 있었으나, 그 세부 분류는 되어 있지 않았다.

협력 안보에서의 항공력

1990년 11월의 CEF조약에서 애초의 22개 서명 국가는 1992년 7월의 최종 승인 시점에는 29개국으로 늘었다. 1992년 11월의 명목적인 국제 관계는 헤이그에서의 각국의 조약 승인에서 찾아볼 수가 있었다.[87]

조약 비준의 지연은 기본적으로 1991년에 소련이 붕괴하고 이후 조약의 내용을 독립 국가연합의 당사국들과 일일이 합의해야 했기 때문이었다. 새로 조약에 참여한 국가는 그루지야, 몰도바, 아제르바이잔, 우크라이나, 아르메니아, 벨로루시, 카자흐스탄이었다. 5월 15일에 이들 7개국과 러시아는 타슈켄트에서 전투항공기와 헬리콥터를 포함한 군축대상의 수량 조정에 합의했다. 소련에 배정된 5,150대의 항공기와 1,500대의 헬리콥터 중에서 러시아가 각기 3,450대와 890대를 보유하기로 했으며, 우크라이나는 1,090대와 330대, 벨로루시는 260대와 80대를 가지며 나머지는 그외 소국가들에게 배분되었다.[88]

이 배당은 모스크바에서 면밀히 검토되었으며, 그 내용은 7장에서 자세히 설명하기로 한다. 러시아측의 보유량은 우랄 산맥 동쪽에 배치된 원 소련 공군력은 포함되지 않은 숫자였으며, 따라서 총 러시아공군력은 8,000대 이상의 전투항공기를 보유하고 있을 것으로 추정되었다.[89] 그러나 상당수의 소련 전투항공기가 동유럽에 파견되어 있거나 소련 서부에 있었다. 1989년과 1990년에 동유럽에서 철수한 항공대의 대부분은 벨로루시, 우크라이나, 코카서스 지역에 재배치되어 있었다. 결국 러시아 공군은 그 최정예 항공기 다수를 잃고, 공군기지와 보수, 병참 시설 등도 잃어서 정치·경제적 불확실성이 만연될 경우 제 위력을 발휘하기 어렵게 되었다. 항공기의 첨단화가 더욱 요구되었음은 물론이고, 공군 기지와 인프라 개량을 위해 준비되었던 대규모 계획도 공화국들이 분열되면서 피해를 보았다. 군축 조약의 다중적인 효과와 내홍(內訌)에 대한 분개 역시 1994년 현재까지도 옐친 정권에 대한 군부의 비우호적 태도에 한몫하고 있다.

CEF조약과 1919년의 베르사이유 조약이 독일군에 미친 영향을 비교하는 것은 아직 성급하다고 할 수 있다. 러시아 총참모부는 그들의 '전략 공간' 또는 '가까운 해외(near abroad)'에서 전개되는 사태를, 구 소련의 영역을 수복하고픈 향수와 함께 우려하고 있으나 서방에 대한 분개와 어쩌면 풀리지 않았을 의구심이 어떤 뚜렷한 공격적 자세와 결부되지는 않고 있다.

뿐만 아니라 베르사이유 조약에는 결여되었던 지속적인 안정 요소가 CEF조약에는 구비되어 있다. 예를 들면 조약 자체만 해도, 제14, 15, 16조는 모든 조인국이 충분한 군축 현황 사찰을 받을 것을 명시하고 있다.[90]

더구나, 1992년 3월 4일의 비인 문건은 1989년 이후의 CSCE 회담에 결론을 내린 것인데, 처음으로 모든 협정 조인국에게 각자의 '평시 정상 조건에서의 공군기지' 방문을 합의하고 있었다.[91] 이 방문은 초청국이 지정되는 공군기지에 한정되는 것이었으므로 자체적으로는 큰 진전이라고 할 수 없었지만 CEF 과정에 상당한 기여를 해주었다.

세계 항공력에서 최대의 잠재적 중요성을 지니는 그리고 사실 이외의 모든 군비통제 활동에 영향을 주는, 세 번째의 수단을 앞서 NATO와 비소련 바르샤바 조약기구 회원국들에다 러시아, 벨로루시, 우크라이나, 그루지야가 1992년 3월 24일 헬싱키 CSCE 리뷰 회담에서 조인한 개방항공 조약(OST)이었다. CEF조약의 14조는 조인국에게 공중사찰에 대한 협상권을 부여하나, 1994년 초에는 이미 미국, 캐나다, 체코 공화국, 덴마크, 슬로바키아와 그 외 몇몇 조인구들이 OST를 비준하고 그에 따른 과정을 이행할 채비를 하고 있었다. 본래 1955년 아이젠하워 대통령에 의해 제의된 이 성공적인 방안을 1989년 부시 대통령이 미, 소, 그리고 그 동맹국들의 영공에서 비무장 공중 정찰을 실시토록 한다는 내용으로 공식 제시되었다. 1990년과 1991년에서 협상국들은 논의를 계속, 점차 항공기 준비, 센서, 정보 분석과 배분, 주파수와 항공로 제한 등의 문제에 합의해 나간 결과 73페이지짜리 조약이 완성되었다.[92)]

관측 비행의 할당량이 각 조인국에 차등 배분되었다. 예를 들면 미국과 벨로루시, 러시아에는 각기 42회가, 스페인, 불가리아, 그리스, 헝가리, 아이슬랜드, 그리고 당시의 체코슬로바키아에는 각기 4회가 배분되었다. 각 회원국들의 다수 비행장들이 '공중 개방 비행장'으로 지정되었으며, 이들 비행장을 중심으로 관측 비행이 이루어지며 관측 비행 고도는 엄격히 규정되었다. CEF조약과는 달리, OST는 조약 당사국의 모든 영토를 포괄했으며, 이것은 러시아와 미국에 모두 이익이 되었다.

걸프전이 인공위성 정보수집의 실제적 한계를 드러낸 후, OST는 더 많은 중요성을 인정받게 되었다. 1993년 6월에 공중 교통과정 관리와 카메라 촬영의 기술적 조절을 실험하기 위한 러시아의 AN-30 수송기 비행이 영국 상공에서 실시되었다. OST는 광학, 적외선, 합성개구레이더 센서를 허용하고 있었으나, 이 비행은 광학 정찰만을 허락받았다. 비행계획에는 두 곳의 핵 발전소, 영국 공군의 레이더기지 1개소, 군 전자전 훈련소 1개소, 비행장 2개소, 탄도미사일 조기경보 기지 1개소, 잠수함 건조장 1개소, 핵잠수함 기

지와 도크 각 1개소가 들어 있었다.[93)]

허용된 센서 중에 SIGINT가 명백히 제외되어 있었지만, 다른 센서들을 조합하고, 사전에 국제 민간항공의 영역으로 '위험하다'고 고지된 공역을 제외한 어디든 항해할 수 있도록 자유권을 부여한 것은 중대한 신뢰구축 수단이었다.

세 가지 수단이 함께 취해졌다. 즉 CEF와 CSCE 공군기지 방문 그리고 OST는 '협력' 안보 개념을 처음으로 성공리에 적용한 사례가 되었다. 이 협력 안보란 항공력의 첫 백년간 풍미한 '집단' 안보와 대비되는 개념이었다. 그것이 가능했던 이유는 이미 동서간 긴장이 완화되었기 때문이었으며, 따라서 이후의 상황 진행은 근본적인 의의를 갖지 않는 것이었다는 비판이 있을 수 있다. 하지만 그러한 주장은 그 상호적 관계를 무시하고 있으며, 전투항공기와 그외 무기의 보유 상한선에 대한 합의가 이제 1천년 이상 끊임없이 전쟁이 일어났던 지역에서 성취되었다는 의의는 결코 적다고 할 수 없다. 더욱이 20세기 항공력의 혁신은 안정을 더욱 그리고 어쩌면 결정적으로 저해할 수 있는 요소로 되고 있다. 이제 21세기의 문턱에서, 항공력은 기존 조약들과 합치되어야 하며 따라서 더 이상 분쟁의 실마리가 될 잠재력을 제한받고 있음도 사실이다. 세계의 다른 지역에서의 지정학적 조건들이 상당히 다르기는 하지만, 유럽에서는 OST의 확대나 CEF-CSCE식의 협정에 의한 평화공존의 확대 가능한 모범이 마련된 것이다. 그러나 유럽의 경우 이 같은 협정에 도달할 만한 충분한 유인이 양측에 있었다는 것, 그리고 최근에 합의된 조약 이후 항공력의 가공할 위력이 군축 협정 과정에서 난제였음을 쉽게 잊을 수 있게 되었다는 것은 분명한 사실이다.

앞서 거론했듯이 CEF협정은 공군 구조가 수정될 수 있고 무기체계 재배치가 상대적으로 용이한 상황에서 전투항공기에게 가능한 것과 가능하지 않는 것을 판별하는 문제점을 부각하였다. 보다 첨단의 항공기가 적 방어선을 무력화한다면 가장 원시적인 무기도 상당한 위력을 발휘하게 된다.

다른 모든 무기와 같이, 공격용과 방어용의 구분은 억지라고 할 수 있다. 무게, 크기, 전투 가능 반경 등으로 항공기를 구분하려던 진지한 시도들은 스마트 무기를 장착하고 공중재급유를 받는 경량 전투항공기 앞에서 무색해진다. 기지에서 출격해 수 분 내로 요격이 힘든 고도까지 상승이 가능하고, 수 백 마일 반경을 장악할 수 있는 항공기에게 배치 구역의 제한은 무의미하다. 항모에서 비행장을 공격하거나 그 반대의 경우가 가능해지면서 해상발진이냐, 지상발진이냐의 구분이 어려워지고 있다. 이것은 전 세계 해군에게 있어 이미 상식이 된 사실이다. 유연성이 증대할수록, 전투항공기의 무소부재(無所不在)성도 증대되고, 그 역할, 성격, 위치, 그외 전통적인 군축 개념으로 그것을 규정하기가 더욱 어려워진다. 따라서 유럽에서의 성공을 본 따 타 지역, 가령 중동이나 환태평양에서의 공군에 적용하려는 시도는 많은 문제를 초래할 수 있다. 사실 항공력 제한에 관한 '교훈들'은 그 적용에 대한 '교훈들' 역시 남겨 주었다. 그것은 당시 당 지역의 정치나 기술적 상황에 합당해야 한다는 것이다. 즉 협력 안보 개념에서의 항공력은 1989년 5월 이전에 비해 지금의 국제 안보 상황에서 더 절실하다.

- 제 5 장 -

「걸프전 : 하나의 특수한 예인가 아니면 미래에 대한 지침인가」

승 리

이라크와 미국이 이끄는 UN 다국적군 사이의 걸프전은 1990년 8월 2일의 쿠웨이트 침공으로 시작하여 1991년 2월 28일의 휴전으로 끝났다. 그러나 양측의 전투는 1월 17일부터 시작되어 겨우 43일간 계속되었다. 2월 24일까지 전쟁은 거의 대부분 공중에서 이루어졌다. 이후 100시간 동안 전개된 지상전에서, 이라크 군의 저항은 약하고 분산되어 있었으며 대체로 보아 없다시피 했다. 공군 기획관들의 낙관주의는 거의 완전히 들어맞은 듯했다. 다국적군이 수천의 전사자를 내리라던 예측은 무색해졌고 사담 후세인의 호언장담은 웃음거리가 되었다. 이라크 군이 쿠웨이트에서 축출되는 데는 다국적군 병사 340명 전사, 776명 부상으로 충분했다.[1] 물론 이중 약 25퍼센트의 전사와 10퍼센트의 부상은 아군의 사격에 의한 것이었다.[2]

비관론자들의 우려가 근거없는 것은 아니었다. 이라크 공군은 MiG-21, SU-24, MiG-23, MiG-25와 프랑스의 F-1를 포함한 700대 이상의 전투항공기를 보유한 세계에서 5번째의 공군이었다. 게다가 쿠웨이트 작전구역

(KTO)과 이라크에 11,000기의 미사일과 8,500문의 대공포가 포진되어 있었다. 바그다드 자체가 무르만스크(Murmansk)보다 더한, 그리고 동유럽의 어떤 도시보다 배나 더한 방공망으로 보호되고 있었다.[3] 다국적군 항공기의 소모율 예상치는 들쭉날쭉했다. 1967년에 이스라엘 공군은 1천 회의 출격으로 20대의 항공기를 상실, 2퍼센트의 소모율을 기록했으며 6년 뒤의 욤 키푸르 전쟁에서도 비슷한 수치가 나왔다. 1990년 12월 미 공군 대장(퇴역) 찰스 도넬리(Charles L. Donnelly)는 하원 군사위원회에서 다국적군이 10일 간 2만 회를 출격하여 100대의 항공기를 잃을 것이라고 자문했다. 당시에는 그해 10월 글로슨(Glosson) 중장이 대통령 자문에서 80대 이상을 잃지 않을 것이며 아마 50대 정도를 잃으리라는 소견을 밝힌 사실이 알려져 있지 않았다.[4]

이라크 지상군은 총 병력이 1백만을 상회하는 것으로 추산되었고, 그중 주전투전차원 5천, 장갑차원 5천, 100mm 이상 중포병 3천이 포함되어 있었다.[5] 게다가 이라크는 화학무기와 어쩌면 생물학 무기를 보유하고 있을거라 알려져 있었다. 이 같은 위험요소 때문에 다국적군은 63개소의 야전 병원, 두 척의 병원선, 1만 8천 개의 병상을 전쟁지역에 투입했고, 이것으로 모자랄 경우에 대비해 5,500병상을 유럽에서 1만 7천~2만 2천 병상을 미국에서 투입할 수 있도록 해 놓았었다.[6] 다국적군의 신속하고도 압도적인 승리의 원인분석은 언제나 공통의 요소를 지적한다. 2월 21일 합참 의장 콜린 파웰(Colin Powell) 장군은 상원 군사위에 출석하여 다음과 같이 발언했다.

"이제껏 항공력은 결정적인 전력이었으며, 이 작전(campaign)이 끝날 때까지 결정력을 유지할 것으로 봅니다. 지상군과 상륙 전력이 이 계산에 포함되겠지만… 무엇보다도, 본인은 항공력의 위력이 일취월장할 것으로 기대합니다."[7]

휴전 직후 체니 국방장관은 다음과 같은 판단을 내놓았다.

"그토록 신속하게 이라크 군이 무너진 이유는 …… 본인의 생각으로는 …… 우리가 그들을 대상으로 전개한 작전의 성격 때문이라고 여겨집니다.

이라크 군은 이란과의 전쟁에서 매우 유능했으며, 8년간의 이란·이라크 전쟁에서 노련해져 있었고 소련제 무기로 잘 무장되어 있었습니다. 어느 모로 보나 이라크 군은 삼류군대가 아니었습니다. 그러나 이라크 군은 우리의 일련의 공중작전(Air Campaign)에 의해 또 우리가 최종적으로 실시한 지상전 방식에 의해 문을 걷어차자마자 나동그라지는 식으로 패배한 것입니다."[8]

이상할 것도 없지만 많은 항공계 인사들이 의기양양해 했다.

"이전의 전쟁에서 항공력의 영향력은 언제나 논쟁의 중심에 있었으며, 끝도 없이 전개되는 논란의 진원지였다. 그러나 걸프전에서 그것은 명백히 압도적이고 결정적인 위력을 보였다. 공중에서의 혁혁한 승리는 또한 몇 가지를 상징적으로 함축하고 있다. 그것은 항공력의 성숙과 항공력의 지배력 확보 그리고 새로운 전쟁 수행 패러다임 곧 3차원 전쟁 패러다임의 필요 등을 나타내 주고 있다. …… 사막의 폭풍작전은 역사적 기준에서 볼 때 거창한 작전은 아니었지만, 거의 아무도 예측하지 못한 그 같은 상징적 사건들의 집합이었다. 그것은 많은 전쟁수행 방식의 근본적 변화와 군사작전에 대한 새로운 접근법의 필요성을 담지하고 있다. 이라크측에서 보자면 사막의 폭풍작전은 구식 모델에 연연한 결과 얻은 뼈아픈 교훈이다. 이제 변화의 시간이 왔으며, 공군이 그 선두에 서야 한다."[9]

이 글을 쓴 사람은 1991년 조급한 결론을 경고하면서, 다음과 같이 썼다. "걸프전은 20세기 항공력의 하나의 신화가 되었다."[10] 라고.

항공력을 그렇게까지 높이 평가하지는 않으며 항공력이 더 이상 '끝도 없이 전개되는 논란'의 대상도 아니라고 보는, 다른 시각의 분석이 있었음도 그리 기이한 일이 아니다. 국방성과 각 국방부서에서는 항공력의 지배력을 받아들일 경우 군비획득 프로그램과 자원 배분 및 군 구조조정과 경력 설정 등에서 타군측이 반발하게 되는 사태를 맞을 수 있다는 점을 우려했다. 궁극적으로 외교상 문서는 합동군의 성공이라고 기술되어 있었다. 의회에 제출한 국방성 최종 보고서는 사막의 방패작전과 사막의 폭풍작전에서 39일간의 공중전을 131페이지에 걸쳐 다루고, 100시간의 지상전을 106페이지에 걸쳐 기술하고 있으며 해상 작전에는 85페이지를 할애했다.

1993년에 어떤 미 육군 분석가가 관측한 바에 의하면, "아마도 첨단기술의 압도적인 영향력을 목격하면서 가장 널리 퍼지게 된 환상은 항공력만으로 이라크를 쿠웨이트에서 몰아내고 모든 UN결의를 수용토록 만들 수 있었다는 것이라 본다. 적이 항공력에서 치명적으로 약했던 것이 거의 저항을 해오지 못한 원인 중 하나이며, 항공전(Air Campaign)이 궁극적 승리에 지대한 공헌을 했음을 의심할 여지가 없다. 그러나 이 같은 분석은 몇 가지 점에서 문제가 있다." 그것은 일단 만일 전략 항공전이 사담 후세인에게 뒤로 물러서도록 압력을 넣었다면, 보다 적은 수의 지상군을 배치했을 경우 그가 전쟁을 오래 끌 심산을 세우게 되었을 것이며 따라서 "이라크가 모든 UN결의를 수용하게끔 만든 것은 궁극적으로 지상전이었다"11)

항공력 자체만으로 쿠웨이트로부터 이라크를 축출할 수 있었겠는가 하는 논쟁은 오늘날 20-20 조준계 덕분에 다른 곳에서 이 같은 일이 재발하지 않나 하며 샅샅이 살피고 있는 상황에서 큰 중요성을 띠지 않아 보인다. 그럼에도 불구하고, 이 논쟁에 종지부를 찍을 수도 있을 최종적 견해가 이제 나와 있다. 그것은 묘하게도, 미 육군 대변인 맥오슬랜드(McAusland) 대령이 한 관측이다.

알려진 것처럼 이라크 지상군이 2월 24일, "쿠웨이트시의 염기제거 시설을 파괴하고 있었다면," 그리고 이 행동은 그들이 떠날 채비를 하고 있었다는 것을 의미한다는 슈워츠코프 장군의 추측이 맞다면, 또한 "뿐만 아니라, 그들이 이 시를 버린다는 것은 쿠웨이트에서 전면 철수하려는 것을 의미한다"12)는 관측이 정확했다면, 그 날짜는 매우 중요했다. 시설 파괴 명령은 분명 그날 일찍이 아니면 더 전에 내려졌을 것이다. 그러나 지상전은 24일에야 개시되었고 22일 이후 쿠웨이트 유정(油井)의 파괴 속도가 빨라진 것과 함께, 다국적군의 지상전 공세가 개시되기 전에 쿠웨이트에서 이라크 군이 철수할 채비를 하고 있었다는 충분한 정황 증거들이 있다. 분명 그러했다면, 항공력이 다국적군의 목표를 자체적으로 달성했으며 사막의 군도작전은 사막의 가축몰이 작전 이상의 의미가 없었던 것이 된다. 미 공군 참모총장 메릴 맥픽(Merrill McPeak) 장군은 1991년 "이는 사상 최초로 야전군이 항공력에 의해 격파된 사례이다."[13] 라고 발언하여 온갖 비난을 받았다. 이렇게 되면 그의 주장은 옳았다고 할 수 있다. 하지만 이라크 군의 동태에 대한 증거가 완전하고 의심할 여지없이 확보될 때까지 최종 판단은 유보되어야 한다.

독특한 전쟁 ?

이전의 전쟁에서 얻은 '교훈'을 장차전에 적용하려는 시도에는 위험이 따른다. 그 적용이 엄격하게 이루어진다면, 해당 지휘관은 지난 전쟁을 또 한 번 치르고 있다고 비난받을 것이다. 반대로 지난 전쟁 결과를 무시한다면, "역사에서 아무 것도 배우지 못했다"고 비난받을 것이다. 비록 '정확한' 교훈을 솜씨 있고 객관적으로 이끌어내었다 해도, 다른 지역에서 벌어지는 장차전에는 부적합할 수가 있다. 따라서 분석가에게 가장 힘든 작업은 어떤 전쟁에서 그 시기와 장소에만 국한되는 요소와 그렇지 않고 다른 장소에서 장래에도 되풀이될 수 있는 요소를 구별해 내는 일이다.

걸프전의 면모들이 독특한 것인지의 여부는 장래가 되어야 알 수 있을 것이다. 그러나 상황의 조합과 이 전쟁의 성격은 특별했음을 분명하고, 그 같은 점은 상호작용을 하면서 항공력의 효과를 크게 높여 주었다. 사실 그 같은 조건의 조합이 항공력의 사용에 미친 영향은 매우 긍정적이었으며, 이때 전쟁사에서 많은 승리가 문턱에서 무너져 패배로 돌아가 버렸음을 기억할 필요가 있다. 걸프전은 능란한 외교술, 과학적인 계획, 분명한 상황인식과 목표 추구, 상상력 넘치고 재기발랄한 지도부와 유능한 전문가들을 갖춘 다국적군의 전쟁이었다. 하지만 비록 이 경우에 항공력으로 전쟁에서 이긴 것이 옳다고 해도, 또한 최소한 그 결과를 좌우하는 위력을 보여 주었다 해도, 그것이 다른 지역에서도 전쟁의 양상을 바꿔 놓을 것이라고 확언하기에는 부족하다. 이 전쟁의 조건과 특성을 점검하면서 대안 시나리오까지 짜는 일은 상당한 주의를 필요로 하는 일이다.

항공력이 그토록 위력을 떨칠 수 있도록 도와준 상호작용 요인들에는 다국적군의 행동을 정당화해 준 놀라울 정도의 여론의 일치, 지리적 조건의 유리함, 지형과 기후의 유리함, 다국적군의 압도적인 기술 우위, 상당한 수적 우위, 이라크의 전략 부재, 그리고 전투원의 수준에 있어서 다국적군 측이 예상외로 우월했다는 점 등이 있었다. 애초부터 이 같은 면모들은 다국적군 지휘관들에게 포착되고 활용되었는데, 그것은 역사상 유례를 찾아보기 힘든 일이었다.

국제 정치적 환경

이라크가 쿠웨이트를 침공한 일에 대해서는 국제 여론에 보기 드문 일치가 이루어졌다. 그것은 그 사태의 이미지 인식, 국제법 위반에 대한 인식, 크고 무력이 우월한 국가가 약소 인접국을 침공한 데 대한 인식, 국경을 강제력으로 변경한 대 대한 인식, 석유 생산시설과 석유 보급에 대한 위협의 인식, 그리고 독재적이고 사악한 정권에 대한 인식 등이 우연히도 합쳐진 결과였다. 그 같은 인식들은 UN안전보장이사회에서 만장일치의 비난을 가져오게 했으며, 미국이 주도하는 다국적군 결성에 힘을 보태 주었다.

이 같은 국제 여론의 통일은 실제 차원에서 더 많은 의미를 가지고 있었다. 당장 문제는 이라크 군이 남하하는 것을 억제 또는 필요하면 차단하여 사우디아라비아와 인근 페르시아만 국가들을 보호하고 지원하는 문제였다. 세계 이곳저곳을 빠르게 누빌 수 있는 항공력의 능력이 최대한 활용되어야 했다.

8월 2일 부시 대통령은 미 항모 인디펜던스(Independence)호를 아라비아 해에서 오만(Oman)만으로 진입케 하고, 아이젠하워(Eisenhower)호는 지중해에서 홍해로 진입토록 지시했다. 8월 8일에 이 항모들은 페르시아만 북부와 이라크 남서부를 공격할 채비를 완료했다. 8월 6일에는 버지니아의 F-15들과 사우스캐롤라이나의 82공정사단을 사우디아라비아에 배치하라는 대통령 지시가 내려졌다. 24대의 F-15가 8월 7일 출발하여 1시간 만에 작전 지역에 도착했다. 4시간 만에 이들 F-15들은 이라크-사우디 국경에서 전투 공중초계 임무를 시작했다. 9일에 처음 다란(Dharan)에 도착한 82공정사단의 선발대와 2개 여단 병력이 8월 21일에 실전 배치에 들어갔다. 배치 첫날과 둘째 날에 군사 공수사령부는 역내에서 91회의 임무 수행을 했다.[14] 이 임무들은 전투항공기의 배치를 돕고 최초의 CENTCOM 사령부 요소를 운송하는 것이었다. 8월 10일까지 45대의 F-15C, 19대의 F-15E, 24대의 F-16, 12대의 영국군 토네이도 F-3, 그리고 112대의 재규어기가 전투 공중초계에 임하거나 기지에서 출격 대비태세에 있게 되었다. 8월 23일에는 500대 이상의 전투항공기가 작전구역 내에서 대기하고 있었으며, 여기에는 F-117A, F-4G 와일드 위즐, F-111, 디에고 가르시아(Diego Garcia)기지의 B-52G 등이 있었고 이들은 E-3 AWACs, EC-135, U-2/TR-1, KC-10, KC-135, C-130의 지원을 받았다. 이제 사담 후세인의 남하 기회는 완전히 차단되지는 않았더라도 상당히 힘들게 하였다.

1천 대 이상의 항공기(대부분 무장하고 있던)가 미국에서 작전구역까지 직접 파견되었으며, 그것은 아조레스제도와 영국, 스페인, 독일, 이태리, 그리스, 이집트에서 발진한 거의 1백대 이상의 공중 급유기의 도움을 받았다.[15] 국제 여론의 통일 덕분에 직접 비행에 의한 항공기 파병과 현지 시설 사용이 가능했다. 이 지원은 1973년 미 공군이 이스라엘을 지원하기 위해 장거리 출격을 했을 때와 1986년 리비아를 공격했을 때의 제약과 대조를 이루는 것이다. 나중에는 몇몇 동구권 국가들이 자국 영공 통과를 허용했고, 태국과 인도도 태평양에서 그 같은 비행을 허락했다. 그러한 협력이 없었다면

1990년 8월 그토록 신속하고도 대규모의 대응을 해낼 수가 없었을 것이다. 해로로 병력을 파병하려면 72일이나 걸렸을 것이며, 따라서 한동안 미 공군기는 공수 물자와 역내에 사전 배치해 두었던 물자만으로 버틸 수밖에 없었을 것이다.16)

이처럼 다국적군의 항공력이 조기에 작전구역에 진입할 수 있었기 때문에 이후 공중과 해상 및 지상으로 전력 증강을 하는 동안 항공력으로 보호가 이루어질 수 있었다. 두 개의 주 공두보는 리야드와 다란이었고, 주요 해상 진입 창구는 알 주베일(Al Jubayl)과 다만(Damman)이었는데 이는 모두 이라크 공군의 공격 범위 내에 들어 있었다. 이후 AWACs, 전투 공중초계와 공중재급유 등을 조합함으로써 이라크 공군이 다국적군의 지상군 강화 중에 먼저 공격해 올 위험이 현저히 감소되었다. 제공권은 북부 사우디에서 처음부터 장악되어 있었다.

국제 협력에 의해 얻어진 두 번째이자 가장 중요했던 유리함은 현지 공군 기지들에 접근하고 지원을 받을 수 있었다는 점이다. 당시 사우디아라비아, 바레인, 오만, 아랍에미리트, 터키, 이집트의 공군 기지를 사용할 수 있었다. 21개의 일급 비행장과 몇 개의 이급 비행장이 다국적군에게 개방되었다. 카미스 무샤이트(Khamis Mushait)같은 공항은 F-117 기의 근거지가 되었는데, 강화 격납고를 갖추고 현대식 생활과 근무조건을 제공하는 초현대식 비행장이었다. 그외 알 카지(Al Kharj)나 타부크(Tabuk)같은 비행장은 활주로와 관제탑이 매한가지였다. 결국 영국군은 초기에 공수 우선 순위를 탄약과 침상에 두었다. 다란과 리야드의 주 전장 진입기지는 길고 현대식 활주로와 각종 작전 시설을 갖췄고 그리고 대부분의 민간 공항보다 넓은 진입 공간이 있었으나, 그래도 공간은 충분치 못했으며 다른 비행장이 병용되어야 했다.

미국과 영국 공군 모두 사우디아라비아와 사전에 맺었던 군사관계의 덕을 보았다. 영국 항공사는 알 야마마(Al Yamamah)에서 근무하는 300명의 민 · 군 인력과 다란에서 토네이도 GRI와 F-3 쪽으로 돌리는 계약을 맺었다. 그들 중 약 2백명을 걸프전 중에 남아서 영국 공군의 정비에 큰 보탬이 되어 주었다. 미 공군과 사우디아라비아의 관계는 제 2차 세계대전 이후 계속되었으며, 다란은 아시아에서 미군의 주요 보급기지가 되었다. 당시부터 미군공병들은 다란비행장을 재건하고 타이프(Taif), 할리드 국왕 군사도시(King Khalid Milltary City), 카미스 무샤이트 등의 기지를 새로 건설해 왔다. 이에 덧붙여 F-15와 E-3 AWACs를 훈련 프로그램과 함께 사우디아라비아에 판매한 일은 미 공군과 사우디공군의 협력 체제를 더욱 굳건히 했다. 그 같은 인프라가 없었다면 사막의 방패작전에서 보인 투입전력의 규모와 신속함은 불가능했을 것이다.[17]

작전구역 북부에서는 증명된 힘(Proven Force) 작전에 터키 인셀리크(Incerlik)공군기지가 사용되었는데, 이 작전에는 F-15, F-16, F-111와 EF-111, E-3B, KC-135A를 포함하는 95대의 전투항공기와 31대의 지원기가 동원되었다.[18] 1월 18일 이후 이라크는 남북 양쪽에서 공습을 받았고, 따라서 이라크 정부는 북부에서 전력을 차출해 바그다드 남부의 방공망을 강화할 엄두를 내지 못했다.

그러나 현지 정부들의 지원은 그들의 공군 기지를 제공하는 것 이상이었다. 그 중 가장 중요했던 것은 작전 구역 내에서 연료 공급이 원활했다는 것이었다. 온도고정 제트 연료와 JP5를 제외한 모든 지상 차량연료와 대부분의 제트기 연료는 사우디아라비아 오만, 아랍에미리트에서 제공되었다. 연료를 공군기지까지 배송하는 일도 현지 정부의 도움에 크게 힘입었다. 사우디아라비아는 8백대의 범용 트럭과 5천대의 유조차를 동원해 사우디아라비아의 연료를 다국적군에게 날랐다. 한편 영국 공병대는 여섯 개의 펌프기지와 100km짜리 연료를 다국적군에게 날랐다. 한편 영국 공병대는 여섯 개의 펌프기지와 100km짜리 연료 파이프라인을 알 주베일(Al Jubayl)에서 영국 공군 주둔기지까지 가설했다.[19] 덧붙여 미 공군은 작전 구역 지상 연료

재보급 자산의 92퍼센트를 본토에서 날라다 설치했다. 전쟁의 절정기에는 미 공군기들만 하루에 1천 5백만만 갤런의 제트기 연료를 소비했다.[20] 종류와 사용자에 따라 연료를 자세히 분배한 내용은 1994년인 현재 초까지 비밀로 되어 있으나, 다국적군 공군과 지상군은 아마도 하루 최대 2천만 갤런까지 소모했을 것이다.[21] 공군의 경우 미 공군 KC-B5 급유기만 보아도 6만 9천 이상의 수요자에게 1억 3천 6백만 갤런의 연료를 수송한 것으로 나타난다.[22] 1990년 8월에서 1991년 2월까지 다국적군의 총 연료 수송량은 아마도 2억 갤런을 넘을 것이다. 그 중에 아마도 2/3은 현지 조달되었을 것이며, 대부분 주둔 지역 정부의 지원을 받았을 것이다. [23]

불가피하게 연료 보급이 원활히 조정되는 데는 약간의 시일이 소요되었다. 처음에는 기존 기지의 보유량이 바닥을 보였기 때문에 파병 비행대들은 현지 연료 보급을 확보하려 서로 경쟁을 벌여야 하는 입장에 있었다. 8월 11일, 한 증원된 전투기 비행대는 재급유를 받고 전투준비 태세를 갖추기까지 여섯 시간이나 기다려야 했다.[24] 비슷한 식의 경쟁이 액체 산소와 액체 질소 확보를 놓고도 벌어졌으며, 전화나 내무반 침대, 돼지고기 통조림 수송 트럭 등도 경쟁의 대상이었다. 적어도 한 번은 돼지고기 통조림 트럭이 공식 협의에 따르지 않고 물물교환에 의해서도 아니라 다국적군이 지원의 균등 배분을 위해 '적당히 조정'하는 식으로 해서 한 나라에서 '빼돌려진' 적이 있었다. 주둔국 정부가 지원 제공으로 얻는 이익은 완전히 일방적인 것은 아니었다. 다목적 업무, 물품 적재 공간을 위한 ISO 컨테이너의 총비용은 3개월 만에 550달러에서 2만 5천 달러까지 치솟았다. 그러나 전반적으로 보면 사우디아라비아가 주둔 미군을 지원하면서 얻는 소득은 1991년 8월 1일까지 134억 달러에 달했다.[25]

사우디아라비아, 오만, 디에고 가르시아 등의 사전 배치 자원에 미국이 접근하고 얻은 것은 때대로 다른 곳에선 차단될 수 있었다. 그 같은 시설에 접근하려면 해당국의 승인을 그때그때 얻어내야 했기 때문이다.[26] 미 공군은 아라비아 반도에 10억 달러 어치의 연료, 탄약, 장비를 배치해 두고 있었으며 그 영해에는 3척의 함선을 배치하고 있었다. 사전 배치된 탄약은 실제 전쟁에서 사용된 양의 약 절반을 차지했으나, 대체로 범용, 다연발탄이 주류였다. 그렇지만 이 정도의 탄약이면 항공기가 3,500회 출격해 사용할 분량이었는데 이것은 이후 공수 대상 무기를 최신기술무기(PGM 포함)에 집중할 수 있도록 해 주었다.[27]

이처럼 다국적군이 국제적 지지를 받고 있었다는 사실은 반대로 말하면 이라크가 국제적 고립에 처해 있었음을 의미한다. 다시 한 번 역사적인 사례를 반추해볼 필요가 있다. 이전에 소련의 위성 국가들은 위기 시나 전투 시에 소련의 지원을 받았다. 가령 1973년의 이집트, 1982년 베카 계곡의 실패 이후 시리아, 그리고 북베트남 등이 모두 그러했다. 그러나 1990년에는 비록 밝혀지지 않은 수의 소련 기술자들이 이라크에 남아 있었으나, 대부분 소련제 무기로 무장한 이라크 군에게 예비품 지원이나 전력 보강, 재보급 등은 일체 없었다. 아마도 군비 보유량의 한계를 깨닫고는 이라크 공군이 감히 그 준비 태세 향상을 시도하지 못했을 수 있다. 다국적군 공군이 이라크와 요르단 레이더망 범위를 넘는 고도를 날며 계속 급유기, AWACs, 전투기 CAPs의 완전한 지원을 받는 80대나 되는 비행단을 연습 비행케 하는 동안[28] 이라크 군은 훈련을 못 하는 피해를 점점 보고 있었다. 영국 공군 작전구역 사령관 뢰튼(Wratten)원수는 이후에 이같이 발언했다. "2개월 동안에 아니면 그보다 조금 더 전, 적대행위가 시작되기 전에는 …… 이라크측은 보통 24시간에 2백 회에 좀 못 미치는 출격을 했으며 그것은 모든 역할을 포함하고 있었다. 가끔 이라크 공군은 1백회 이하로 출격률을 낮추었고, 1991년 1월 15일 직전의 시점에는 거의 비행을 하지 못했다."[29] 뢰튼 원수는 이라크 공군의 전력을 더욱 줄여 놓았으며 따라서 첫 공격일에 이라크 공군이 겨우 25대의 요격기를 띄우고 그 후 며칠간 평균 30회의 공격만을 가해온 것은 별로 놀랄 일이 아니었다. 사실 이라크의 처지는 고립된 것보다 더 나빴을 수 있다. 1월에 소련이 지급해 준 방공 전자장비, 통신 설비, 설치 내용과 그외 자료를 다국적군에게 제공, 다국적군이 이라크의 방공망을 무력화하는 데 도움을 주었다는 소문이 있다.[30)]

마찬가지로 유럽 군수업자들이 만든 300개의 HAS(강화 항공기 격납고)에 대한 정보 역시 다국적군의 손에 들어갔다.[31)] 1월 26일 그러한 격납고들에 대한 PGM 연합 공격이 시작되면서 이라크 공군기들은 급히 퇴각하여 이란으로 도피하였다. 국제적 고립 때문에 이라크 군은 도피처도 마땅치 않았다. 이란-이라크 전쟁의 초기에, 이라크 공군기는 당시 더 위력적이었던 이란 공군을 피해 국외에 있었다. 묘하게도 다수의 TU-16 폭격기들은 리야드 공군기지를 도피처로 삼으려 했었다고 한다.[32)]

1991년 이란으로 도피한 이라크 공군기들에 대한 보고서가 1월 20일 회람되기 시작했으나, 1월 26일에는 이란 안보회의에서 대규모의 공군기 도피가 있었음을 분명히 시인하면서도 이라크 공군기를 되돌려보내 달라는 요청은 거부했음을 분명히 하였다.

"어느 쪽에서든 이란 영토 내에 불시착하는 항공기가 있다면, 전쟁이 끝날 때까지 억류될 것이다."[33)]

이 전쟁이 끝난 다음 이란정부는 148대의 이라크 공군기가 이란에 착륙했으며 따라서 이라크가 군사력을 재건하는 데 약간의 도움이 될 수 있었다고 밝혔다.[34)]

이라크측 자료에는 이 공군기 피난을 이라크 정부가 지시했다는 증거가 없고, 그것이 과연 계산된 계획에 따른 것이었는지, 아니면 그들을 보호하고 있던 HAS가 차례차례 파괴되는 가운데 절망에 빠진 개별 항공대나 파일럿이 독단적으로 행동한 것이었는지 요즘 들어서는 의문이 인다. 필자는 1992년 4월에 한 권위 있는 이란 정부 관료로부터 이라크 공군기 파일럿의 약 절반만이 아라크로 돌아가기를 원하여 그대로 되었으며 나머지는 정치적 망명을 허락받았다는 강력한 증거를 전달받았다. 그들이 전쟁 도중 버려진 것이라면 아마도 80- 90프로는 귀환을 희망하지 않았을 것이다. 다른 시각에서 보면 1991년에 이라크 공군과 적대했었던 이란 정부가 그리 피난처로 적당하지 않았을 수도 있다. 이라크가 국제적 고립에 빠짐으로써 직접 나타난 결과는 모든 공군 기지가 공격의 위협 앞에 노출되고, 복구가 불가능하며, 전력의 소생도 기대할 수 없고, 한국 전쟁 당시 압록강을 넘어 중국 군이 지원을 해 온 것처럼 어떤 전력 보강도 이루어지지 않았다는 것이었다. 반대로 거의 모든 다국적군의 비행장이 이라크 공군이 어찌해볼 수 없는 영역에 있었고, 이라크가 다국적군의 항공전(Air Campaign)을 흐트러뜨리기 위한 절망적인 시도를 했음에도 그러했다.

요약하면 이 전쟁에서 항공력을 사용하는 데 있어 '국제적'지원이 상당히 있었으나 그것은 다국적군에 소속된 다른 국가들의 항공력 제공이 주된 것이 아니었다. 영국 공군의 비행장 공격과 전술정찰을 예외로 한다면, 미 공군, 미 해병대, 미 해군은 자체만으로도 항공전을 수행할 수 있었을 것이다. 그러나 그토록 대규모로 신속하게 지상발진 항공전이 가능했던 데는 기대 이상의 국제 공조가 이루어진 데다 공군 지원과 전역 활동이 거의 대부분 현지에서 연료를 조달할 수 있었던 점이 크게 작용하였다. 장차의 시나리오에서, 이 두 가지 고려사항은 적어도 항공력의 사용 시 공군기지의 확보 문제에 있어 필수적인 고려사항이 될 것이다.

항공모함의 대안?

그 같은 결론은 곧바로 걸프전의 경험에 비추어 장차 지상발진 항공기의 대체 또는 보완용으로 항모 발진 항공력을 사용하는 문제를 생각하게 한다. 항공전이 시작될 무렵에는, 6척의 항모가 대기중이었다. 3척은 홍해에, 3척은 페르시아만에 있었으며 398대의 고정익기를 출격, 그 중 202대가 공격-타격기 또는 다목적기였다. 총 110,837회의 다국적군 항공기 출격 중, 항모 항공기는 18,120회 출격했으며 그 중 4,855회가 타격, 3,805회는 전투방공 목

적이었다.[35)]

항모의 많은 장점과 단점이 이 전쟁에서 여실히 드러났다. 항모 2척 중 한 척은 지중해에서 홍해로 진입한 다음 8월 8일에 작전해역에 나타났으며, 다른 1척도 인도양에서 페르시아만 내부까지 진입에, 각각 4- 6일이 걸렸다. 그러나 미국과 일본에서 나머지 항모들이 출발하여 도착하는 데는 반 달 이상이 걸렸다. 더욱 중요한 점은 그들 항모가 작전구역에 배치되는 데 국제적 합의는 필요 없었다는 점이다. 예측 가능한 장래에 지상발진 항공에 대한 그 같은 장점은 유지될 것으로 보인다.

일단 자세를 잡으면, 항모 항공대는 스커드미사일이나 재래식 공중공격을 당할 위험이 거의 없었는데, 이라크는 그들을 추적해 낼 능력이 없었기 때문이다. 다른 지역의 적이 지상발진 타격 정찰기를 보유하고 있고 전략적, 전술적 주도권을 기동대에 허용하지 않을 자세가 되어 있는 한 그러한 유리함은 계속되리라고 보장할 수는 없다.

걸프전에서 이라크가 다국적군의 대량 보복(대체로 핵무기에 의한)을 유발할 위험 때문에 화학-생물학 무기 사용에 제한을 받았을 수 있다. 만약 그러했다면, 핵은 산 야신토(San Jacinto) 순양함(특수 무기 플랫폼으로 설계되었다) 같은 미 해군 함정에서가 아니면[36)] 기동함대의 토마호크 전술적 대지공격 유도탄(TLAM : Tactical Land Attack Missile)을 갖춘 항공모함에서 사용되었을 것이다. 사실 항공전(Air Campaign)의 첫날밤 미 해군은 전 작전기간 중 이라크에 사용한 총 282발의 토마호크 미사일 중 2/3를 사용하였다. 그 공세는 이라크의 C^3와 방공시스템을 무력화하는 데 큰 기여를 했는데, 그 시스템들은 공중에 있어서 TLAM들은 적의 발전소들을 직격하여 발전기를 엉망으로 만들고 적의 방공망을 더욱 무력화하였다.[37)]

그러나 토마호크 미사일은 항모에서가 아니라 수상함들에서, 그리고 일부는 잠수함에서 발사되었다. 재급유 없이 약 200해리의 공격 범위를 가지고 있는 항모 발진 항공기로 불가능하다면, 해군의 타격 비행 중 2/3는 불가능했을 것이다.[38] 다수의 지상발진 항공기는 한결같이 공중 재급유에 의존했으나 항모발진 항공기에 대한 공중재급유(AAR : Air-Air Refueling)는 초기에 그들의 힘의 투사범위를 좁힐 가능성이 있었다. 대형 재급유기는 항모에서 발진이 불가능했고, 소형 재급유기나 '동기종간 재급유기(buddy-buddy)'를 더 많이 탑재하려면 다른 함재기들의 수를 줄일 수밖에 없었다. 이륙시 중량과 착륙시 문제점들은 논외로 하더라도, 위기 시에 항모의 적재 가능공간을 늘리는 경우는 거의 있을 수 없었다. 걸프해역에 배치된 6척의 항모는 모두 최대한의 항공기를 탑재하고 있었다.

미 해군은 전후에 1척 이상의 항모들의 행동을 온전하게 할 시스템을 결여하고 있었다는 점에서 비판을 받았다.

"먼저 계획한 표적을 타격 후에는, 전쟁의 진행 속도에 맞추어 여러 척의 항모들를 연환한 타격은 시도될 수가 없었다. …… "[39]

일부 고위 해군 장성들은 해군이 공군의 항공임무 수행체계(ATO : Air Tasking Order)에 종속되어 '독립성'이 제한받을까 우려를 표했다. 또 다른 사람들은 ATO가 시의 적절한 대응에 부적합하다고 비판했다. 그 같은 우려는 미 중앙사령부와 미 해군 사이의 연락체계가 맞지 않아서 매일의 ATO가 인편으로 미 해군에 보내져 미 해군의 행동지침이 되고 있던 상황 때문에 더욱 심했다.

ATO의 경직성에 대한 연합군의 불평 중 일부는 다른 것들에 비해 더 타당성이 있었다. 지상과 육지의 많은 부대는 전화로 직접 ATO를 지시받았다. 해병대와 미 해군은 자체 목적을 위해 다수의 쏘티 수를 마련해 둘 수 있었으나[40] 그것은 기뢰를 부설하고 샤트 알 아랍(Shatt-al-Arab)의 수로로 유유히 빠져나가던 이라크의 기뢰 부설선 아카(Aka)호를 잡는 데 별 도움이 되지 못했다.[41] 고정익기 항모가 기뢰 때문에 움직이지 못했던 경우는 없지만, 그 작전반경은 이라크의 기뢰 부설 해역을 피해야 했기 때문에 더욱 한정되었다.[42] 장래 다른 지역에서 활동할 항모에게, 기뢰에 대한 대응수단이 필요할 것이다. 그것은 항모를 보조하는 기능을 하는 복합기동함대에 기뢰 대응함선을 추가하거나, 항모의 항공기나 헬기에 기뢰 대응능력을 부여하므로서 전투력을 희생하는 조치를 취해야 함을 의미한다.

그 같은 제한 요소가 있음에도, 항모의 항공공격과 지원은 공중전에 혁혁한 기여를 하였다. 홍해의 항모전단은 사우디아라비아에 있던 지상발진 전력보다 이라크 공군기지에 더 근접해 있었다. 이와 마찬가지로 페르시아만의 항모들은 궁극적으로 동부 쿠웨이트와 남동 이라크를 근접공격 할 수 있게되어 출격률을 극대화할 수 있었다. 1월 17일 미 해군과 미 해병대의 항공기들이 '상당수의' 전술적 공중유인체(TALD : Tactical Air Launched Drone)를 발사하여 적의 레이더 유도 방공망을 교란했다. 이것은 미사일 공격을 유도하였고, 아마도 이 때문에 이라크 군이 다수의 다국적군기를 격추했다고 주장하게 된 듯 하며, 결과적으로 적의 지대공 미사일(SAM)과 고속대레이더 미사일(HARM), 그리고 그것을 발사하는 타격기의 소재를 밝혀냈다.[43]

보다 많은 PGM을 구비하면 장래의 항모전단의 타격-공격력을 간단하게 향상될 수 있을 것이다. 걸프전에서 미 해군은 대규모 PGM 공격을 가할 만한 수의 PGM을 확보하지 못하고 있었다. 가령 홍해의 항모전단은 MK80 일반목적탄에 장착할 LGB키드 594개만을 갖고 있었다.[44] 해군의 신형 스탠드오프 지상공격 미사일 AGM-84E SLAM은 일곱 발만이 발사되었고, 그것은 500 파운드 짜리 탄두만을 장착하고 있었다. 미 해군은 미 공군의 GBU-28이나 BLU-109E 같은 고속 관통 PGM을 한 발도 갖고 있지 않았다.[45]

그러나 그 같은 자원을 이용 가능했다고 하더라도, 40대 이상의 전투항공기를 운영하려면 1척 이상의 항모가 필요했다. 걸프전에서 항공력은 여러 상이한 종류의 표적들을 순서대로가 아니라 병행적으로 공격하는 데 사용되었다. 이전까지는 적의 방공망을 무너뜨리고, 제공권을 장악하며 전략적, 전술적 표적을 연속해서, 최종 파괴에 이르기까지 공격해야만 했다. 그러나 이제는 현저히 향상된 폭격 정밀성에 의해 그리고 폭격의 강도와 규모가 커짐에 따라, 1월 15일처럼 적의 방공망, C^3, 핵-화학무기 생산시설, 발전소, 석유시설, 비행장, 스커드미사일 발사대, 지상군을 동시 공격하는 것이 가능해졌다.

그 같은 동시 병행적인 작전수행 방식이 항모 기동함대의 범위를 넘어서 사용되는 것은 충분히 가능하다. 그것은 바로 1991년에 일단의 미 해군장교들이 "사막의 폭풍작전에서의 항모작전에는 그리 잘 적용된 것이 아니었다. 항모들은 1986년 리비아 공습 때와 같은 일회적 공습에는 적합하지만, 연속적 공습에는 부적합하다. 해군에서는 이 같은 견해가 지배적이다. 그러나 이러한 견해는 한국전과 베트남전에서 항공모함이 사용되었으며 우리가 항모에 쏟아 부은 막대한 투자가 그 같은 제한적 유용성으로 인해 정당화될 수 없다는 점등을 살피지 않고 있는 것이다. 사실 이러한 항모 관련 의견은 실제 전쟁 결과보다는 정치적 입장에 약간 더 뿌리를 두고 있다."[46] 라고 주장한 데서 찾아볼 수 있다.

'실전 결과'가 '정치적 고려'와 차이가 있다는 이 흥미로운 판단을 무시한다면 항공모함의 장기적 전망은 자명하다. 사실 한국과 베트남전에 대한 언급도 그 의도와는 달리 그들의 주장을 스스로 약화하고 있다. 한국과 베트남은 모두 긴 해안선과 좁은 내륙을 갖고 있다. 두 작전지역 모두에서 미 해군은 방해받지 않고 작전을 수행할 수 있었다. 항모 기동대에 의한 힘의 투사가 매우 바람직한 선택의 하나로 계속 남게 될 것은 틀림없다. 이제까지, 군비획득 관련 논쟁은 복합 지상발진, 자유 배치 공군에 비해 비용이 너무 많이 든다는 점에 집중되어 왔다.

한편으로는 항모, 그 항공기, 자체 방어를 위한 전력 마련의 필요, 보조함의 필요, 도크에서 재정비해야 하는 시간, 이동에 소요되는 시간과 일부 외국의 시설에 의존해야 할 필요성 등이 있었고, 다른 한편에는 지상발진 항공기와 그 비행장, 그 배치가 작전구역 중심인 점과 기지에 마련해야 할 조건들, 그리고 장기작전을 위해서는 해상보급을 받을 필요가 있다는 점 등이 있었다. 장래를 바라보자면, 생산성이 효과성을 따지는 보다 실제적인 조건이 될 것이다. 항모 발진 항공기들은 지상발진 항공기들과 마찬가지로 해대공, 공대공 위협을 받지만, 이 떠다니는 공군기지가 기뢰나 공습, 해안에서 발사하는 대함 미사일 등에 취약하고, 아마도 곧 작전영역과 하중, 공격규모 면에서 한계에 달하게 될 것이어서, '고위(해군) 장성들'의 견해 즉 이제 항공모함을 '소규모 전쟁용'이라는 견해가 불행하게도 진실에 가까운 것이 아닌가 하는 생각이 들게 된다.

장차전에서, 지상발진 항공력의 장거리 배치는 국제적 지원의 결여로 한정될 소지가 있는 반면 항모 기동대는 그렇지 않다. 만약 포클랜드전에서처럼, 적이 한정적인 항공력밖에 동원할 수 없는 경우라면, 항모 항공력은 '실제의 전력'인 동시에 '정치적 수단'이 될 수 있을 것이다. 그러나 첨단무기가 계속 확산되어 나가고 개도국의 전문 능력이 향상된다고 할 때 그 같은 경우가 현실화될 가능성은 줄어들게 된다.

날 씨

걸프전 작전 구역에 도달했을 때, 해상발진, 지상발진 항공력을 모두 날씨 덕을 보았다. 8월과 다음 해 1월 사이 기간에, 다국적군기는 거의 항상 계속되는 쾌청한 낮 날씨와 맑은 밤 날씨를 맞이해 그들의 공중전 능력을 최대한 발휘할 수 있었다. 당시 역내 미 공군의 기록으로는 1월과 2월 사이에 지난 14년간의 기록에 비추어 약 13퍼센트는 구름이 끼는 날씨가 될 것이라 보았고, 기획-표적선정 과정에서의 돌발 사태까지 고려하면 20퍼센트 정도는 악천후를 각오해야 하는 것으로 나타났었다.47)

사실은 날씨가 그보다 더 나빴다. 미 공군 기상대는 다국적군이 바그다드와 쿠웨이트 상공에서 보통 나타났던 것보다 약 두 배나 많은 구름층을 만났다고 판단했다.[48] 지상전은 30일간 항공전을 준비하고 난 다음에 기획되었다. 그나마 9일이나 지연되었는데, 대체로 날씨가 그 원인이었다.[49] 43일간의 전쟁 기간 중 31일간 중부 이라크 상공 1만 미터 지점은 25퍼센트가 구름으로 덮여 있었다. 21일간은 구름층이 50퍼센트를 넘었으며, 9일 동안은 75퍼센트를 넘어섰다. 레이더 유도 B-52와 무인 TLAM을 제외한 모든 공세적 공중작전이 이에 영향을 받았다. 개전 후 둘째 날과 셋째 날, F-117의 출격 중 반 이상은 바그다드 상공의 구름 때문에 실패하거나 취소되었다. 이후 이틀 동안, A-10는 보통 하루에 200회 출격하던 것을 총 75회 밖에 출격하지 못했다. 개전 2일째에 바그다드 북부에 미사일 생산공장에 가해진 F-16기 공격은 악천후 때문에 표적을 전환해야 했다. 10일 후 시계가 나쁘거나 하층운이 깔린 하늘 때문에 15퍼센트의 공격이 취소되어야 했다. 3주 후에는 이라크에 대한 공격 중 50퍼센트가 날씨 관련 문제로 전환 또는 취소되었다. 2월 25일에는 F-117의 비행이 모두 취소되었다.

4일 동안의 지상전 기간 중 날씨는 계속 좋지 않았다. 지상에서 3만 5천 피트위에 깔린, 빙점을 포함한 두터운 구름층에서부터 지상에 깔린 안개 위의 맑은 날씨에 이르기까지 여러 가지 기상 조건이 표적 식별에 장애를 주었다. 불타는 유정(油井)에서 올라오는 매연 구름 때문에 조건은 더욱 나빴다. 몇몇 경우에는 낮은 고도로 비행할 필요가 있기 때문에, 헬리콥터만이 성공적인 작전 수행이 가능했으며 그 근접 지원도 지상군의 공세가 병참, 기획 지원 역량을 넘어서 버릴 때는 더 이상 수행할 수 없었다.[50]

악천후가 다국적군 작전 수행에 미친 악영향은 이라크의 저고도 대공방어(LLAD)미사일과 대공포 그리고 경화기 사격으로 더 심화되었다. 작전 구역 내에 1만 1천여 기의 미사일과 8,500문의 대공포가 있었던 것으로 알려져 있으나, 겨우 13대의 다국적군 공군기가 레이더 유도무기에 의해 격추된 것으로 여겨지고 있다. 이처럼 피격률이 매우 낮았던 이유는 HARM과 ALARM에 의한 능동적 제압, 그리고 ECM과 전술회피 등 수동적 수단으로 설명된다. 전쟁 초반에 이라크 공군의 전투력이 소멸되는 것과 함께 이루어진 그러한 무력화는 글로슨 장군과 퇴튼 원수가 자신들의 비행대들이 적 요격 회피와 공격을 위해 중위 고도로 옮아갈 수 있도록 하였다. 이를 통해 그들은 상당량의 AAA를 회피했고 1만 2천 내지 1만 5천 피트 상공에서 IR SAM의 위협에서도 벗어났다.[51] 이 결정은 탁월했다. 전장 상공에서 저고도 공습이 재등장했고, 지상전 첫날 4대의 항공기가 지상의 대공사격에 희생되었다.

중간 고도에서 작전해야 했던 점과 악천후로 인하여 지상전 개시를 늦춘 두 가지 작전적 제약 요인이 발생했다. 첫째로 앞서 시사한 것처럼, 공세적 화력 사용에 제한이 따랐다. 모든 승무원은 민간인 희생과 부수적 피해를 피하도록 엄격한 행동 제한을 받고 있었다. 민간 목표에 피해를 줄 위험은 브리핑 때마다 거론되었다.[52] 사실 일찍이 전쟁의 역사에서 민간인이 공습의 피해를 당하지 않도록 그토록이나 노력이 기울여진 적은 없었다.

그러나 중간 고도 비행 결과 F-16 같은 첨단항공기를 사용할 경우에라도 비유도탄의 정확성은 현저히 떨어졌다. 파일럿들은 훈련받은 고도보다 높은 고도에서 폭격을 해야 했다. 확산탄(CBU)과 소형지뢰의 효능은 감소했으며 조준 실패가 잦았다. PGM은 그 유도체계에 따라 달리 영향을 받았다. 구름이나 안개는 레이더 조준계에 간섭, 레이더 유도탄의 유도가 불가능해지게 만들 수 있었다. IR 추적기는 우천시 효능이 떨어지고 그외 온도를 변화케 하는 요인의 영향을 받았다. 모든 유형의 시계장애는 전자광학적 표적획득과 식별에 장애를 가져왔다. 분명 일부 다국적군 파일럿은 최대한의 정밀성을 내려다가 저고도에서 목숨을 잃었다. 그 같은 노력이 없었다면, '아군' 공대지 공격의 드문 희생은 틀림없이 더 많이 일어났을 것이다.

날씨가 항공작전에 미친 두 번째 영향은 전투피해 평가(BDA)에 대한 것이었다. BDA는 작전 기간 내내 다국적군 지휘관들을 혼란스럽게 했다. 사막의 폭풍작전의 기획 목표는 다국적군의 지상 공세가 시작되기 전 이라크 지상군의 전력을 반 이하로 떨어뜨리는 것이었다. 이것은 실로 항공력에 부여된 요구로써 초유의 것이었다. 그 표적에는 전차, 장갑 수송차량, 화포 등이 포함되어 있었다.[53] 공전이 진행되면서 폭격효과에 대한 서로 다른 평가는 지휘선 내에서의 마찰과 언론 보도의 불일치를 낳았다. 슈워츠코프 장군은 나중에 의회에서,

"BDA는 …… 커다란 혼란이 야기된 영역이었습니다. …… 몇 가지 부문에서 의견 일치가 이루어지지 않았습니다. 사실 폭격 피해의 실제에 대하여 당시 CENTCOM의 입장과 달리하는 여러 기관의 입장이 있었습니다."[54] 라고 증언했다. 2월 6일 국방성에서 이라크 지상군에 대한 공습 효과가 '대단치 않다'고 보고되었던 반면 프랑스 정부 대변인은 "이라크 지상군의 전력이 30퍼센트 감퇴되었다"[55]

라고 자신 있게 발표했다. 지상전 전야가 될 때까지, 슈워츠코프 장군은 이라크 지상군의 전력 감퇴를 그 보유 장비 소모 차원에서만 보는 입장을 철회하고 더 많은 변수를 아우르는 보다 주관적인 입장으로 선회했다. 그리하여 CENTCOM은 전선 배치 이라크 지상군의 전력이 50퍼센트, 후방 제대는 75퍼센트로 감축되었다고 평가했다.[56]

날씨는 BDA의 열악함의 원인이 되지는 않았으나, 문제를 악화하는 데 상당한 기여를 했다. 예를 들면 전쟁 초반의 짙은 구름은 1월 21일까지 많은 전략표적에 대한 적절한 초계를 불가능하게 했으며 그리하여 처음부터 정확한 계측이 어렵게 만들어 전쟁 전에 세워졌던 계획대로 이틀 만에 BDA가 가능할 수 없도록 하였다.[57] BDA는 인공위성의 정보, U-2/TR-1, F-4, 토네이도 GR-1A, 미라쥬 F-1등 전문 초계의 활동, 파일럿의 보고와 표적 조준 시스템의 정보 등에 의존하였다. 대체로 초계 자산이 너무 적었고, 조정도 잘 이루어지지 않았으며, 해석도 차이가 분분할 수 있었다는 데 의견이 일치된다. 그 결과, 공격 전, 후의 정보 배급이 종종 부실하거나 늦었다. 파일럿 보고들은 보통 과장되는 경향이 있었기 때문에 의심해야 했으나 국방정

보국(DIA)의 분석가들은 너무 치나치게 조심하는 경향이 있었으며, PGM의 피해 정도는 항상 분명하지 않았고, 이라크의 기만 때문에 오산이 자주 있었다. 이는 다국적군이 사막의 폭풍작전 시작 시점에 이라크 지상군의 규모를 정확히 추산하는 데 실패함으로써 가중되었다. 쿠웨이트 작전구역에 54만명이 있을 것이라던 애초의 추산은 이후 33만 6천으로 수정되었다.[58)]

오직 반복적인 저고도 또는 장애물이 없는 중고도의 광학 화상초계만이 의문점을 해소하고 해석의 차이를 없앨 수 있었다. 다국적군의 사상자 수를 늘림이 없이 보다 이르게 지상전을 개시해도 되었을지도 알 수 없다. 다행히도 다국적군 공군은 BDA의 문제점을 궁극적으로 없앨 만큼 막강한 화력을 충분히 갖고 있었다. 그러나 장래 다른 곳에서도 그러하리라는 보장은 없다.

그러나 한 가지 기상 예측은 확실했다. 중동의 차원에서는 당시 걸프전의 기상 조건이 열악한 것이었지만, 그래도 다른 지역 차원에서 보면 상당히 양호한 편이었던 것이다. 유럽의 겨울이나 동남아시아의 몬순기에는 1만 피트 이하의 상공은 80~90퍼센트가 구름으로 덮여 있고 한다.[59)] 파일럿들은 걸프전에서보다 저고도 비행을 해야 할 경우가 두 배는 되고, '윤공(輪功)'은 불가능하다. 바다의 상황과 바람의 방향은 항모작전을 더욱 제한한다.

지 형

더구나 걸프전 작전구역의 지형을 다른 세계 지형과 비교해 보면, 그 교훈을 장차전에 적용하는 일에 더욱 제한적이 될 수밖에 없다. 남부 이라크와 쿠웨이트 지역은 대체로 건조하거나 반건조의, 거의 기복이 없는 지형을 보인다. 대도시와 인구밀집 지역은 많지 않으며, 주 도로와 철도망은 제한적이며 이라크 지상군은 주로 민간이들 거주 지역에서 거리를 두고 배치되어 있다. 그 결과 지상 표적을 탐색한 레이더파는 깨끗하고 바르게 돌아왔으며, 그것은 JSTARs에서 철조망이 바람 속에 사방을 가로지르고 있는 '형상'으로 표현한 것처럼 되었다. 획득 시스템이 근방에 있을 때는, 수송대나 장갑차대같이 움직이는 표적이 쉽게 포착되었다. 가령 보스니아 같은 다른 지역에서처럼 레이더파를 방해하여 은폐하려는 움직임은 없었다. 이라크 군의 화포와 전차는 비록 은폐 상태에 있더라도 '전차 추적' 항공기의 IR화상에 포착되었고, 특히 모래와 금속이 다르게 냉각되는 야간에 이는 더 용이했다.

쿠웨이트 작전구역의 배후에는 티그리스강과 유프라테스강이 가로놓여 있었고 하울 알 하마르(Hawr al Hammar) 늪지대도 있어서 그 위를 가로지르는 많은 다리들이 이라크 군의 보급과 퇴각에 필수 불가결했다. 그 다리들은 눈에 뻔히 보이는, 취약한, 그리고 매우 중요한 차단 표적이었다. 은폐한 이라크 군이 그리 많은 탄약을 소비하지 않으며 유지 보급량도 적었다지만, 일용품 보급은 배다리나 가교가 급히 설치되었음에도 갈수록 어려워졌다. 휴전 시점까지 37개 차량용 교량과 9개 철도 교량이 파괴되었으며 그외 9개 교량이 심각하게 피해를 입었다.[60] 일부 부대, 특히 공화국수비대 소속 부대는 충분한 식량·음용수 보급을 받고 있었던 것으로 보이지만, 전선 병력의 대부분과 알 카프지(Al Khafji)에서 붙잡힌 포로들의 대부분은 영양 실조와 나쁜 건강 상태를 보이고 있었다. 종심 차단 공격으로 전체 적군의 필수 보급조차 힘들게 되었던 것으로 보이며, 남은 보급량은 이라크의 '기동' 예비대중 정치력이 있는 측이 독점했던 것으로 보인다.

이러한 국지 지형은 정글로 뒤덮인 말레이시아나 베트남, 산악 투성이의 아프가니스탄, 삼림과 산악의 보스니아 등과 대조된다. 그 같은 지역에서 전개되는 전쟁은 그 어떤 것이라도 걸프전에서 다국적군이 직면했던 것과 매우 다른 도전을 항공력 기획관들에게 제시할 것이다.

기술 격차

이러한 정치, 환경적 유리함은 다국적군의 현저한 기술 우위에 의해 최대한도로 이용될 수 있었다. 그러나 전쟁 수행시에 기술 자체가 유리함을 가져온 바는 그리 크지 않았고, 그것을 이론적으로 완전히 숙달하고 있음으로 해서 유리함이 효과를 보았다. 이것은 상당히 널리 알려져 있으며, 이 전쟁의 다른 성격에 의해 제한되고, 제한하였는데, 그중 몇 가지 기술 요인들은 다른 곳에서의 장차전에도 심대한 영향을 미칠 것으로 보인다. 여러 가지 중에서 세 가지 요인이 보다 자세한 분석을 할만한 가치를 지닌다.

첫 번째는 F-117로 대표되는 스텔스 기술로, 이것은 적어도 20년간의 연구개발 결과로 등장한 것이다.[61] 아마도 어느 정도 지나면 이것의 대응책이 개발되어 F- 117의 상대적으로 무적의 끼(無敵性)가 줄어들게 될 것이다. 그러나 F-117의 작전에 중대한 제한을 가할 정도가 되려면 초강대국 급의 자원을 동원해서 그 대응수단을 개발하여 배치해야 한다.

F-117에는 분명 약점이 있다. 그것은 초음속을 낼 수 없고, 방어용 무기를 탑재하지 않으며, F-15나 SU-27에 비교해 보면 기동성이 뛰어난 항공기라고 할 수 없다. 또한 그 공격 시스템을 프로그램하는 데 수 시간이 소요되고, 매우 장거리의 작전 수행을 하거나 악천후에서 작전수행을 하는 것이 모두 불가능하다. 그러나 일찍이 그 어떤 항공기도 아니 그 어떤 재래식무기나 무기 플랫폼도 전쟁수행 과정에 그토록 심대한 영향을 미친 것이 없었으며, 또한 장차 전투에 그같이 장기적인 영향을 담보하는 개념의 전투수단도 없었다.

걸프전에서의 F-117 의 활약은 널리 알려져 있다. 작전 구역에는 42대의 F-117가 배치되어, 모두 적의 공격에서 멀리 떨어진 안전지대인 남서 사우디아라비아의 카미스 무샤이트(Khamis Mushait) 근교 할리드 국왕 기념공항(King Khalid Airbase)에 주둔하고 있었다. 이들은 1,271회 출격했는데, 이것은 전체 다국적군 공격의 약2퍼센트에 해당하지만 그 전략 목표의 거의 40퍼센트를 아무런 피해 없이 파괴해 냈다.

F-117은 고전적인 전법인 은폐와 기습에 제 3의 차원을 전자전 영역에서 부가했다. 텍사스의 켈리 공군기지 내에 있는 미 공군 전자 안보지휘 및 전자전 센터에서, 이 작전구역의 디지털 지도가 작성되었는데, 여기에는 미

국이 끌어 모은 정보를 토대로 이라크 방공레이더의 위치, 주파수, 유효 반경 등이 기입되어 있었다. 대체로 이 같은 업적은 사막의 폭풍작전 개시 두 달 전에 공표되었다.[62]

F-117은 완전 은폐가 가능했던 적이 없지만, 내장 기술 장비들 덕에 그 레이더, IR, 광학 신호 반사율이 현저히 줄었으며 그리하여 포착 가능 반경이 크게 줄 수 있었다. 캘리 공군기지의 AFB에서 나온 정보는 매 공격 전마다 그 항법 컴퓨터에 전달되었고, F-117은 아무 방해 없이, 어떤 지원도 없이, 바그다드에 완벽한 기습공격을 가했다. 다른 몇몇 PGM 플랫폼과 마찬가지인 정밀 폭격이 스텔스기의 명성을 높여주었으나, 사실 보다 장기적으로 중요성을 갖는 것은 이 같은 부가적 차원이다. 이전의 항공전(Air Campaign)에서는 적의 방공망을 분쇄하거나 표적까지 공중전을 해 가며 접근해야 했다. F-117은 다른 어떤 항공기들보다도 순항 미사일과 함께 개전 초야에 동시 공격을 이루어 냈다. 이후 PGM 탑재 전폭기 32대, 급유기, 방어제압 및 전투기 대응기를 포함하는 75대의 복합 비행대가 핵무기 제조용 발전소를 공격했다. 이 비행대의 피해는 전무했으나, 이라크 방어군측은 이들의 내습을 포착하고 발연탄을 터뜨려서 표적을 완전히 가리고 공격이 어렵도록 만들었다. 다음날 밤 8대의 F-117이 같은 표적에 포착되지 않고 도달하여 16발의 그친 16급 폭탄을 투하했다.

폭격의 몇 가지 면에서 제 2차 세계대전, 베트남전, 걸프전의 비교가 이루어졌다. 마이클 듀건(Michael Dugan) 장군은 4천 5백회의 B-17 출격, 95회의 F-105 출격이 F-117 1회 출격과 맞먹는 표적 파괴효과를 가져왔다고 분석했다.[63] 미 DOD의 보고서 하나는 폭격 정확도를 B-17 3300피트, F-105 400피트, F-16 200피트, F-117 10피트 이하로 비교했다.[64] 하지만 여기서 다시 강조하는데, 중요한 것은 CEP의 감소 자체보다는 적어도 하나의 표적을 완전 파괴할 때까지 몇 대의 항공기가 출격해야 하느냐 일 것이다.

항공기 출격 필요 횟수의 감소와 폭격 효과의 증대는 단지 항공기 차원에서의 경비 절감만이 아니라 무기 구입량, 훈련량, 인적 자원, 유지비, 연료, 병참, 관사, 심지어 연금 등에까지 광범위한 경비절감을 가져온다. 즉 모든 공군 구조·지원 분야에서의 경비절감이 이루어진다. F-117은 이제까지처럼 전투에서 언제까지나 난공불락일 수는 없겠지만, 앞으로 상당 기간은 적수가 없을 것이다. 전천후 작전 능력과 강화된 공격력만 추가된다면 이는 더욱 가공할 무기체계가 될 것이다. 공중 재급유 지원을 받을 수 있다면 F-117은 전 지구를 포괄할 수 있는 국제 병기가 될 수 있을 것이다. 그 '조상님'격인 노드롭(Northrop) B-2가 국지전에서 완전한 작전능력을 보여 주었을 때 그것이 직접적으로 가져온 군사적 압력은 대단했다.[65]

공중조기경보통제(AWACs)

항공전에서 계속 제기되는, 그러나 해결되지 않은 문제 하나는 "다국적군의 공중조기 경보기가 F-117의 위치를 파악할 수 있었을까?", 그리고 그것과 결부되어 "그랬다면, 어떻게 그럴 수 있었을까?" 또 "그럴 수 없었다면, F-117은 다른 비 스텔스기들의 비행과 작전을 어떻게 식별할 수 있었을까?"이다. 아마도 곧 이 문제에 걸린 군사기밀은 해제될 것이다. 분명 F-117은 피아 식별을 제대로 해냈으며, 그 방법은 치밀한 공로-활동 공역-활동시간의 계산에 의해서나, 중간 중간의 '스쿼크(squawk)', 또는 제공권 확보 후의 직접적인 음성 교신을 통해서였을 것이다. 어찌 어찌해서 F-117 스텔스기는 작전구역 내 E-3에 의해 매일 조정되는 평균 2,240회의 출격들 중 일익을 담당하게 되었다. 다국적군의 항공력 사용에 있어서 중심이 되는 항공기 하나를 고르라면 그것은 미 해군의 E-2C 호크아이(Hawkeye)의 측면 지원을 받는 E-3였다. E-3는 448회 출격했고, 호크아이는 1,183회 출격했다. 그러나 E-3는 5,546시간 동안 비행했던 반면, 더 출격이 잦았던 호크아이는 내구력과 제반 능력이 부족하여 총 4,790시간 비행했다. E-3 쪽의 기술력이 더 뛰어났다.

최초로 다섯 대의 미 공군 E-3가 미 공군과 영국 공군의 요격기들과 함께 8월 8일 리야드에 도착했다. 그 이후에 이들은 이라크 공군의 동태를 모니터하고 사우디아라비아 국경을 따라 방어적 전투공중초계를 실시하여, 궁극적으로는 1월 17일 이후 진행된 대규모의 공중 통제를 연습하였다. AWACs가 없었다면 사막의 폭풍작전을 위한 지상군 증강 과정 중 호위를 그만큼 확실히 할 수 없었을 것이고, 따라서 공중임무명령(ATO)도 제대로 적용될 수 없었을 것이다.

1월 17일까지 11대의 미 공군 E-3가 리야드에서 대기하게 되었으며 다른 3대는 터키의 인셀리크(Incerlik) 공군기지에서 출격했다. 사막의 폭풍작전 기간을 통틀어 4대의 미 공군 E-3가 사우디아라비아 상공에서 계속 활동했으며 한 대는 합동 터키 상공에 있었다. 여기에 더하여 NATO의 E-3들은 지중해 상공을, 사우디 공군 E-3 한대는 남부 사우디 상공을 맡아 기본적으로 통신 릴레이를 수행했다. E-3의 업적은 계량 가능하다. 아마도 겨우 한 대의 다국적군 공군기가 이라크 요격기에 격추되었고, 아군 사격에 희생된 다국적군기는 없었으며, 공중 충돌도 없었고, AWACs의 피해나 AWACs 요원의 부상도 일체 없었다.[66] 전쟁이 끝날 때까지 다국적군은 33대의 항공기를 격추했고, 그 중 16대는 '시각 범위 외'의 미사일 공격에 의한 것이었다. 이것은 항공전 사상 초유의 기록이며, AWACs의 공중 초계 통제에 의해 다국적군기가 적의 시각 식별 범위 밖에서 적을 최대 사거리 미사일로 공격할 수 있었던 덕분이었다.

이라크 공군도 3대의 'AWACs'를 보유하고 있었다. 아드난(Adnan)이라는 이름으로 알려진, 소련제 기체에 프랑스제 레이더를 탑재한 것이었다. 그것은 E-3와는 별로 유사성이 없었다. 아드난기에는 컴퓨터나 데이터 연결망이 없었다. 그것은 겨우 몇 대 안 되는 전투기들만 통제 가능했고, 음성 송수신을 사용해야 했으며, 지상의 방공시스템과 연결되어 있지 않아 보였다.[67] 그것은 다국적군의 표적이 되는 일 외에 항공전에 전혀 보탬이 될 수 없었다.

E-3가 사막의 폭풍작전에 기여한 막대한 기여는 전혀 의외의 일이 아니었다. 그것은 20여 년 전 처음 개발되어 항공전에 혁명을 가져온 이래 서방측 분석에서 단일한 항공력 혁신으로 최대로 평가받아 왔다. 그것은 계속해서 세부 능력을 개선해 왔으며, 아주 상이한 기상 조건에서 작전하면서도 성과가 떨어지지 않았다. 1991년에 오면 은밀 음성통신기술, 합동전술정보표시체계(J-TIDS)가 개발되어 다른 여러 방공 시스템과 C3, IFF 레이더, NAVSTAR GPS 등과 연결이 가능해지면서 그 능력은 더욱 향상되었다.

JSTARs등 다른 뛰어난 자산들과 같이 다국적군의 E-3는 방어적 요격체제에 의해 지속적으로 보호받았다. 그 자산들이 항공전에 기여한 중대한 기여는 이미 소련 공군에게 알려져 있었으며 1990년 이전에 MiG-25(대 레이더 미사일을 갖춘)를 이용해 소련 공군이 실시하는 대(對) AWACs 전술 보고서가 서유럽에서 발견된 적이 있다. 그러나 E-3는 여전히 잡기 힘든 표적이며, 미사일의 사정거리 훨씬 밖에서 공격기를 포착하고 식별이 가능한 항공기이다. E-3는 자체적으로 ECM 방어를 전개할 수 있는 능력이 있다. 그것이 정태적인, 지상의 방공-통제 수단에 비해 갖는 상대적인 약점은 가까운 장래에 대부분 보완되리라 본다.

전자전

보충적측면에서, F-117와 E-3는 사막의 폭풍작전에서 다국적군이 전자기 부문의 우위를 누린 사실을 보여 주고 있다. F-117는 그에 관련된 이라크 군측 기술의 한계를 드러내 주었다. E-3의 거칠 것 없는 활동은 한 중립적 전문가가 전쟁의 '4차원'이라고 칭한 부문에서의 다국적군의 우위를 나타내 주었다.[68] 사막의 폭풍작전 시작 후 처음 몇 시간 동안, 이라크 방공망은 전쟁사상 초유의 규모와 강도를 갖는 전자전과 화력 전개에 의해 인식능력과 활동력을 잃은 채 차차 힘을 잃어 갔다. 한편 다국적군의 전자전에 대응하려는 바그다드의 시도는 완전히 헛수고였다. 전투구역 내에는 약 100대의 다국적군 전문 전자전 항공기가 있었고, 여기에 더하여 방어진압용 F-4G 와일드 위즐기와 미 해군의 전파방해-공격용 EA-6B가 있었다. 사막의 폭풍작전 중 이라크의 통신과 레이더는 미 공군, 미 해군, 미 해병대, 영국 공군, 그리고 프랑스 군의 신호정보 수립기들에 의해 모니터되었다. 이를 감지했으나 SIGINT 노출 위험을 막을 능력이 없었던 이라크 공군은 그 방공 레이더 몇 개를 사용하지 않으려 했으나 별 소용은 없었다. 사실 다국적군의 1월 15일자 기습은 그 레이더 중 일부는 그때까지 꺼져 있던 중이었기에 그 만큼이나 완벽할 수 있었다.

압도적인 전자전 승리는 이후 다국적군이 거둔 모든 승리의 밑바탕이 되었다. EF-111A, EA-6B, EC-130 등은 이라크 레이더와 전투기의 통신을 통제하고 방해, 파괴, 차단하여 이라크의 방공 시스템을 먹통으로 만들고 마비시켰다. 미 육군과 해군의 무인 유인물이 이라크의 SAM 레이더를 활성화하면, HARM 대 레이더 미사일을 갖춘 F-4G나 EA-6B의 공격이 SAM에 가해졌다. 그리고 영국 공군의 토네이도기들도 낙하산 투하 ALARM 미사일로 방어 제압에 일조하였다. 장거리 초계, 조기 경보 레이더를 파괴 또는 방해한 덕분에 공격자들은 여유 있게 적진으로 진입할 수 있었다. 지상의 요격-통제 레이더들은 미사일 유도-획득 레이더들과 함께 동시에 또는 순차적으로 전파방해를 받았다. 이라크 공군의 요격기들은 지상 관제를 받을 수도 그리고 적을 인식할 수도 없었다. 이라크의 SAM이나 AAA는 자동 발사되거나, 유도 없이 발사되거나, 아니면 둘다였다. 한편 이라크의 잔류 주파수에 대한 지속적인 다국적군 측 모니터 덕에 방어 제압항공기는 10분 안에 표적 정보를 입수할 수 있었다.

전자전의 우위로 제공권의 신속한 장악이 가능했다. 그것은 다시 전략·전술 표적들의 체계적 파괴, 이라크 지상군의 고립, 격파, 사기 저하, 이라크 군 공중초계 불가능, 그리고 다국적군 지상군 배치, 증강, 재배치 과정을 순조롭게 했다.

전차전은 스텔스나 AWACs와 같이 걸프전 당시의 기술 혁신은 아니었다. 제 2차 세계대전 이후의 꾸준한 발전이 1982년 베카 계속에서 극적으로 등장하여, 이스라엘 군은 한 대도 잃지 않으면서 시리아 공군기 84대를 격추하는 위업을 달성했다. 당시 이스라엘 군은 1- 2대의 ELINT기와 약간의 전파방해 항공기 그리고 우월한 전투기와 무기들을 가지고 용감하지만 분명이 앞선 기술을 이해할 수 없었던 시리아 파일럿들을 무찔렀다. 1991년에 이 양상은 재연되었으나 훨씬 큰 규모로 그러했고, 이라크 공군은 상황의 불리함을 훨씬 빨리 깨닫고 처음에는 HAS에, 나중에는 이란 국경을 넘어 도피하는 쪽을 택했다.

우위의 스펙트럼과 예외 사항들

다국적군의 기술적 우위는 항공전과 공대지전의 모든 면을 지배했으되, 하나만이 예외였다. 그것은 스커드전투(the Scud battle)였다. 인공위성 초계가 버티고 있었지만, 인공위성통신과 특히 NAVSTAR를 이용한 GPS는 일부 항공기와 많은 지상 단위들을 포착하는 데는 뛰어나지 못했다. 항법상의 정밀성과 불과 수 피트까지 표적의 위치를 잡아내는 능력은 아직 항공력에 의해 최대한 이용되지 못하고 있었다. GPS가 스텔스기와 폭탄과 미사일에 적합하게 된다해도, 그것은 전략 공중공격의 비용이 훨씬 중대함을 의미할 것이었다.

적어도 이론적으로는 항공기술에 있어 다국적군의 우위가 그렇게까지 완전한 것은 아니었다. 이라크 공군의 MiG-29와 SU-24는 F-16과 토네이도기에 근접한 위력을 갖고 있어 효과적인 반격을 취할 수 있었다. 양측은 미라쥬 F-1를 운용했다. 유일하게 상대의 추종을 불허할 만큼 위력적인 항공기는 F-15E 스트라이크 이글(Strike Eagle) 뿐이었다. 다른 어떤 항공기도 F-15E의 전천후성, 주야 무차별성, 다기능성을 흉내내지 못했다.[69] 걸프전에 파병된 2개 비행대대는 적의 비행장, 지상군, 방공대, 전략표적들, 보급로와 교량 등을 공격하는 임무를 맡고 있었으며, 임무 수행을 위해 여러 종류의 PGM을 사용했다. F-15E는 공대공 전투기를 공대지 전투에 응용하여 성공을 거둔 가장 최근의 사례이며, 더 다양한 기능을 장래에 부여함으로써 전술적 유연성과 비용절감을 무기와 시스템의 상호운용성(interoperability) 확보를 통해 도모할 수 있다는 유력한 증거이다.

공중 전력이 이 전쟁에서 또 다른 기여를 했으나 아직 완전한 운용 단계에 이르지 못하고 있다. 즉 그것은 미 공군과 육군의 합작 프로젝트인 E-8 합동 초계 - 표적 공격 레이더 시스템(JSTARs)이다. 두 대의 항공기가 해당 작전구역에 파견되어 쿠웨이트 구역 내에서의 이라크 지상군의 위치 및 이동 상황을 레이더로 모니터 하였다. 그러한 복합적인 초계-표적선정 시스템은 다른 어떤 나라도 소유하지 못하고 있으며, 가까운 장래에 개발할 수 있을 것 같지도 않다. JSTARs는 카프지 전투 당시 이라크 지상군의 움직임을 모니터하고 표적화했으며, 낮게 깔린 구름과 연기의 층을 뚫고 1백시간 동안 전장을 모니터하여 신속하게 움직이는 다국적군 지상군에게 아주 귀중한 정보를 제공해 주었다.[70]

걸프전에서 JSTARs의 성공은 그 성과를 높여주었으며 20대의 항공기 외에 지상 기지시설과 지원 시스템을 획득하는 프로그램을 계속할 수 있게 되었다.[71] 공중재급유만 받으면 E-8기는 또다른 지역에서도 전략 군사력 배치와 확대 순찰 임무수행을 담당할 수 있어 그 전천후 활동력을 인정받았다. 문제는 레이더 위주의 E-8기 센서가 레이더파에 새도우나 차단 또는 분산을 일으키는, 산악 지형 또는 여타 지형 조건에 취약한 점을 개선하는 데 있다. 그 공대지 작전능력의 범위는 고도와 수평각의 조합으로 얻어지는 가시 범위 내로 국한됨으로써 공대공 작전을 수행하는 AWACs의 활동 가능 범위보다 현저히 떨어진다. 이러한 상황이 계속된다면, 보다 접근이 용이한 고도 가치 표적으로써 AWACs보다 더 적의 공격에 취약해질 수 있다.

패트리어트 대 스커드

다국적군이 걸프전에서 화려하게 펼쳐 보인 첨단기술 수단 중에서 가장 두드러졌던 것은 보통 소련제 SS-1B/C 스커드미사일과 맞섰던 패트리어트 방공 시스템이었다. 의회에 제출된 DOD의 최종 보고서는 패트리어트 미사일의 성공을 계량화하지 않았다. 이 무기 자체가 어떤 디지털 자료도 보존해 두지 않는 시스템이었고, 설사 여러 소스로부터 얻은 데이터를 분석한다고 해도 " …… 확실하고, 계량화된 패트리어트의 성공률을 밝혀내기란 불가능할 수 있다."[72]

걸프전 이전에 스커트미사일은 그것의 위협은 부정확하고 통제가 불가능하며 탄도미사일이어서(화학탄두를 장착한다 해도), 동맹국들에 어느 정도의 정치적 영향은 주겠지만(특히 이스라엘이 이라크에 보복 공격을 펼칠 경우), 다국적군에게 어떤 전술적, 작전적 위협이 될 수 없는 거의 무의미한 무기로 치부되었었다. 그 고정 사이트, 지원 기지, 생산 시설, 비밀 사이트일 가능성이 있는 곳들과 기동 발사대를 위한 지원 시설 등을 공격하여 스커트미사일의 공격력을 약화시킨다는 계획이 서 있었다. 그러나 발사대 자체에 대한 공격 계획은 없었다.[73]

이러한 정치적 오산의 전모는, 슈워츠코프 장군이 이스라엘의 스커드 공격에 대한 반응과, 만약 이스라엘이 참전할 경우 다국적군은 정치적으로 참담한 피해를 입을 수 있다고 워싱턴이 우려한다는 내용을 밝힌 것에서, 여실히 드러난다.[74] 당시 패트리어트미사일은 이라크의 구식 무기의 집적거림을 분쇄해 버릴 수 있는 미국의 초첨단 기술력의 상징으로 여겨졌다. 항공기에 대항해 지점 방위를 하도록 설계되었고, 이제 탄도미사일에 대한 지점 방어를 하도록 성급하게 개조된 이 미사일은 특정 상황하에서의 격추율이 놀라울 정도로 높았다. 호바르(Khobar) 시의 미군 병영에 떨어진 스커드 공격이 일으킨 참사는 컴퓨터 정비 중에 방어팀이 가동하지 못하고 있던 상황에서 발생한 것이 분명했다. 통틀어 42기의 스커드미사일이 이스라엘에 발사되고, 43기가 사우디아라비아에, 3기가 바레인에 발사되었다. 158발의 패트리어트미사일이 발사되었으며, 즉각 96퍼센트의 격추율이 발표되었으나 나중에 이는 확실하지 않는 것으로 드러났다.

걸프전에서, 패트리어트미사일과 스커드미사일은 그 존재가 없었다. 어느 쪽도 전투의 추이에 영향을 미치지 못했다. 스커드미사일이 갖고 있던 정치불안 유발 능력은 신뢰 구축 수단이었던 패트리어트에 의해 무력화되었다. 스커드가 종합 ECM을 장비하고 보다 정확성을 띨 때까지는, 미국의 유도 기술도 패트리어트를 계속 개량하겠지만, 패트리어트 측이 재래식 군사력의 우위에 있게 될 것이다. 그것이 장차에는 별 문제가 안 될 수도 있겠지만, 스커드에 화학, 핵, 생물학 탄두를 장착했더라면, 결과가 판이해질 수도 있었을 것이다. 그랬다면 95퍼센트의 요격률을 가지고도 이스라엘의 복수욕을 누를 수는 없었을 것이다.

한편으로 다른 전쟁에서는 표적이 된 나라 자신 또는 그 나라를 대표하는 세력의 대량보복 위협이 그러한 전력의 사용을 억제할 수 있다. 하지만 스커드 전투는 항공력의 장래 사용에 보다 중요하면서 더 영향력이 강한 문제 즉 기동력이 강하고 은폐가 용이한 단위를 어떻게 다루느냐 하는 문제를 제기한다.

미국의 걸프전 이전 초계는 스커드 발사대의 수와 위치에 대해 정확한 데이터를 제공하는 데 실패했다. 36기의 이동식 발사대와 28개의 고정 사이트가 알려졌다. 고정 사이트들에 공격이 가해졌으나 모두 두 개소의 사이트만 파괴 또는 반파되었다.[75] 하지만 처음부터 이들의 위치가 모두 알려져 있었다 해도, 이동 발사대의 위치 파악과 파괴는 역시 어려웠을 것이다. 1월 18일 이후의 기간, 텔아비브의 분노, 바그다드의 환호, 워싱턴의 공포가 최고조에 달했을 때, 다국적군 항공기 출격의 1/3이 스커드 파괴 전역에 동원되어, 매일 600-700회의 출격을 실시하고 있었다.[76] 최악의 날씨에도 대 스커드 경계 태세는 유지되었다. 이동식 스커드 발사대 파괴 주장이 공중공격대나 기동함대로부터 끊이지 않고 나왔다. 걸프전 항공력 연구반은 각종 증거를 수집하고, 전후 UN과 그외 이라크를 방문한 연구반들의 수집 자료를 결집, 대 스커드 전역은 다른 지역에서의 장차전에서 고속이동 표적을 위치파악, 조준, 파괴하는 문제에 많은 것을 시사한다고 결론을 내렸다.

이동식 발사대를 파괴했다는 보고의 전부는 아니더라도 대다수의 무기센서에 비슷한 모습으로 비춰진 유인물이나 차량, 또는 '스커드와 흡사한' 성격을 불운하게도 갖추고 있던 다른 것들을 파괴한 것이었다. 통찰력 있게도, 1990년 말 중앙 기지들에서 스커드 운반 차량이 사라진 것은 그것들이 분산하여 작전하고 있음을 나타낸다는 보고서가 DIA에서 나왔다. 이 보고서는 또한 기동 표적을 추적하고 핵개발과 관련된 은폐된 표적들을 포착하는 데 인공위성과 단기적 전략 초계에 의존하는 일이 얼마나 위험한가를 뚜렷이 지적하였다.

80퍼센트 이상의 스커드미사일이 야간에 발사되었다. 이들은 발사 전 전자파를 방출하지 않으며 발사되었고, 6분 내에 기지를 떠나면서 아마도 상당히 유사한 유인물을 떨구고는 발사대 자체는 다시 은폐에 들어갔다. 42대의 발사대가 실제로 스커드 공중 순찰에 의해 목격되었는데, 고작 8회 밖에는 그것들에게 무기를 발사할 만큼 항공기가 접근해 보지 못했다.

전쟁 발발후 일주일이 지나고 나자 스커드미사일의 발사 빈도와 강도는 현저히 떨어졌다(하루 4.7발에서 1.5발로). 이것은 대 스커드 작전이 강도 높게 진행된 데 따른 제약의 결과였다. 이것이 과연 위협 때문인지, 실제적 파괴 때문인지는 분명하지 않았다.

"기울인 노력에 비하면, 소수의 스커드가 파괴되었을지 모른다. 그러나 결코 전쟁 중 보고된 만큼이 파괴되지는 않았다. …… 다국적군의 고정익기로 이라크의 스커드 이동발사대를 실제로 파괴했는지 확인할 길이 없었다."77)

걸프전 당시 다국적군의 기술적 우위를 따져 볼 때 다른 작전지역에서 항공력을 사용할 경우에 대한 교훈은 뚜렷하지 않다. 첨단 기술을 집중 사용한다 해서 보다 단순하고 심지어 '구식의' 장비를 원천 봉쇄하지는 못한다. 어떤 무기나 체계의 궁극적인 효과를 판단하는 기준은 그것의 정치적 수단으로서의 효용으로, 그것은 그 작전적 효능과 꼭 같이 가는 법은 없다.

수적 우위

NATO가 바르샤바 조약기구와 전쟁을 했다면, 소련의 수적 우위를 기술적 우위로 제압하기 위해 모든 수를 다 썼을 것이다. 그러나 걸프전에서는 다국적군이 AAR과 SAM을 제외한 모든 항공기와 무기에서 압도적인 우위를 보이고 있었다. 이라크 공군은 3,380대의 항공기를 보유한 다국적군과 맞서며 5:1의 열세에 있었다. 다국적군의 EW기만 해도 160대에 달했다. 이라크 공군은 개전 첫 주에 매일 평균 30회의 출격을 했으나 차차 줄어들다 결국 전혀 출격하지 못하게 되었다.[78] 다국적군은 평균 2,500회의 출격을 했으며, 개전시부터 2월 26일까지는 3,159회, 3월 1일의 최저 932회씩 매일 출격했다.[79] 이 수치는 영국 공군이 제 2차 세계대전 중 1천 회의 공습을 실시했던 두 가지 경우와 비견될 것이다. 다국적군 항공력의 규모는 기획관들이 중심 표적 명단에 80에서 400개를 넣을 정도로 대단했다. 1만 2백발의 비유도탄이 투하되었고, 9,342발의 레이저 유도탄, 5,448발의 지대공 미사일, 2,039발의 대레이더 미사일과 333발의 순항 미사일이 발사되었다.[80] 사막의 폭풍작전에서 다국적군이 행한 약 11만 회의 출격 중, 60퍼센트는 무기 투발, 나머지 40퍼센트는 '지원' 임무로 출격했다.

이러한 통계 수치가 장래 다른 지역에서의 항공력 사용에 얼마나 참고가 될 수 있을지는 불분명하며, 적어도 무기투발 임무와 '지원' 임무 사이의 인위적 분류는 계속되지 못하지 않을까 싶다. 그것은 전자방해책(ECM)과 공중재급유(AAR)가 없으면 무기투발기들은 표적에 도달하지 못하거나, 매우 취약한 상태에 놓이거나, 그 둘 다가 되거나 할 것이기 때문이다. 적재품의 구성을 바꾸고, 그 규모를 줄이며 출격 회수를 줄임으로써, 계속 기술적 우위를 유지한다 해도, 방공 측은 더 나은 형편이 될 수 있을 것이다. 걸프전에서는 질과 양의 시너지 효과가 있었다. 스텔스, EW, PGM에 의해 선도되고 AAR에 의해 확충된 기술력으로 항공력은 그토록 큰 규모로 동시적인, 그리고 지속적인 무력화와 파괴를 달성할 수 있었다. 다른 지역에서 장차 그러한 위법을 재현할 항공력의 능력은, 이미 앞서 검토한 다른 요인들 중에, 작전 구역 내 질과 양의 균형을 잡을 수 있느냐 여부에 크게 좌우될 것이다. 특정 조건에서 항공력이 성취할 수 있는 일의 범위는 다른 측의 항공력이 그것을 차단할 수 있는 능력에 따라 영향받는다.

인적 요소

일부 이라크 공군 파일럿들은 싸우기를 바랐는데, 분명 전쟁 초기에 출격했던 100여 명의 파일럿들은 영웅주의에 의한 단독 행동을 한 것이며 그 중 일부는 결의에 차서, 나머지는 초조한 마음에서 그러하였다. 그러나 일반적으로 최고위급에서부터 보통 파일럿에 이르기까지, 이라크 공군은 무력한 모습을 보여 주었다. 지상에서 기만과 유인 또는 은폐를 구사하며 스커드미사일 공격을 감행했던 모습이 공중에서는 재현되지 않았다. 정통한 이라크 공군 정보원이 없는 상태에서 (이라크 공군 파일럿은 아무도 포로가 되지 않았다) 분석은 외부 관측과 이전 행태로부터의 연역에 기인할 뿐이다.

최고위 수준에서 사담 후세인 자신이 전략에 무지했으며 그외 장성들도 그에게 전략을 가르쳐 줄 의사가 없었거나 능력이 모자랐다. 그는 자신의 지상군을 육·해·공, 삼면으로의 공격에 취약한 지역에 노출되도록 했다. 그는 분명 다국적군이 자기 생각대로 움직이리라고 기대했고, 그를 공격하리라고 널리 알려져 있던 가공할 항공력을 경시하거나 무시하였다.

소련 고문단도 별 도움이 되지 않았다. 나중에 나온 모스크바의 언급은,

당연히 소련이 이라크에서 행사하고 있던 영향을 부인하며 1991년의 파국 이후 소련 공군 고문단이 이라크에 주재했음을 부인하는 것이었다.[81] 그럼에도 불구하고 이라크 공군의 방공 시스템은 소련의 것을 본 땄으며 근접지상통제 원칙도 소련 공군의 것과 흡사했다. 전략 수준에서 소련측의 자문은 역효과였을지 모른다. 1990년 소련 총참모부는 서방의 연합전력 작전조정 능력에 대해 정통하지 못했던 것으로 알려져 있다.[82] 서방측의 교리나 경험을 따져볼 때 소련 고문단이나 이라크 공군이 1월 17일의 압도적인 공습에 준비할 여지가 없었다. 바그다드와 소련은 장기화되는 지상-공중전은 막대한 다국적군의 인명 피해를 낳으리라는 추측을 공유하고 있었다.

세계의 대부분의 분석가들은 이라크 공군이 전혀 반격을 해내지 못했던 것 또는 다국적군의 전력증강 시기에 선제공격을 취하지 않은 것이 전략적 실수라는 데 동의한다. 그것은 아마도 원래는 복수심에 불타는 초강대국이 아니라 이스라엘에 대해, 그리고 특히 이스라엘 공군에 대해 준비된 비유연적 자세의 결과였을 것이다. 강화 격납고, 필요 이상으로 많은 활주로와 유도로, 대규모의 활주로 보수 장비, 지하 C3벙커, 그리고 다중 방공체계에 대한 투자와 잘 조직된 은폐-배치술은 대개의 경우 격파 불가능한 이스라엘 공군을 격파하려는 것이 아니라 그 공격력을 완충하기 위한 방위 수단들이었다.

“그는(사담 후세인) 최첨단 항공기에 투자하고 그 능력 개발을 위한 노력을 전혀 기울이지 않은 듯하며, 그의 파일럿들은 같은 편제의 다른 유형으로 비행해 본 적이 없는 것 같다. 공중 재급유는 자주 시행되지 않았으며 야간비행작전은 거의 무시되었다. …… 따라서 그의 자산 전체는 상당한 규모였으나 …… 하나의 전쟁 법칙, 공세 작전에 활용될 수가 없었다. 이라크는 이란과의 전쟁에서 교훈을 얻지 못했던 듯 하며, 현대 항공전을 놓고 대체로 방어적이며, 비 공격적이고, 기계적인 태도를 계속 취하고 있었다.”[83]

그 결과 AWACs, JSTARs, 공중재급유기 같은 고가치 자산은 거침없이 비행할 수 있었다. 공중 관리는 기본적으로 아군의 분열을 방지하는 것으로부터 시작한다. 스커드미사일을 제외한다면 다국적군의 자산 배분을 위협하는 존재는 없었다. 그리고 무엇보다도, 다국적군은 전략, 전술적으로 선제권을 확보하고 있었다. 일단 다국적군이 기선을 제압한 이상, 아무리 막강한 적도 그것을 무산키는 어려웠을 것이다. 하물며 이라크에게 그것은 무리였다.

다국적군과 인적 요인 면에서의 차이는 그보다 클 수가 없었다. 미 공군 지휘관들은 서방세계에서도 최고였다. 항공전, 고전 전략이론, 국제 정치에 통달한 사람들이었다. 영국, 미국, 그리고 호주 같은 항공력 중심 국가들의 공군에게 중동과 아시아에서의 군사작전은 1990년대의 항공력에 적합한 교리개념을 시험하기 위해 첨단기술을 사용해 볼 수 있는 기회였다.[84] 공군 지휘관들은 엄격한 훈련을 마쳤으며, 일부는 베트남 전에서의 개인적 경험을 자신들의 의사결정에 응용하고 있었다. 공중 근무자와 지상 근무자들은 사기가 높고 잘 훈련되어 있었다. NATO 대원들은 미국과 캐나다에서 EW 환경 설정을 해 놓고 여러 차례 대규모 방어, 공세 작전을 연습해 보았다. 그들의 기술은 사막의 폭풍작전 이전 수개월 전부터 사우디아라비아에서 갈고 닦였다. 한 전문 관측통은 이같이 말했다.

"야간에 160대의 급유기로 재급유를 받는 400대의 전투기들의 활동을 교신도 없이, 빡빡한 타임 스케줄에 맞추어, 급유기를 잃거나 공중 충돌도 일으키지 않고 물론 공격에 혼선은 절대 초래하지 않으며, 조정한다는 과제를 생각해 보라. 그러면 작전 담당자가 그토록 대단한 압력 하에서 작전을 수행하려면 얼마나 대단한 기술과 능력을 가져야 하는지 짐작이 갈 것이다."[85]

사상 최초로 대규모 공전에서 아군기에 의한 격추가 한 건도 일어나지 않았다. 다만 미군기에 의해 9명의 영국군, 11명의 미군 지상군 병사들이 희생되는 사소한 비극이 있었을 뿐이다. 그러한 일은 카프지에서 행한 수 천 회의 출격과 100시간의 지상전 와중에서 생긴 일이었다. 이와는 대조적으로, 손실된 미군 전차 10대 중 7대, 미군 장갑차 25대 중 20대가 '아군' 지상군 화기에 의해 파괴되었다.[86] 다국적군은 전투 중 39대의 고정익기와 7대의 헬리콥터를 잃었고, 각각 8대, 14대를 다른 이유에서 잃었다. 고정익기 손실에서 탑승자의 실수로 그 손실이 유발된 경우는 기존의 고정익기 전투 중 손실 대 비전투 손실 비율에 비해 현저히 낮았는데, 제 2차 세계대전, 한국전, 베트남전, 그리고 아마도 아프가니스탄 내전에서 그 비율은 약 50:50이었다.

영국 군의 손실에 대한, 미군 손실과 연관되며 계속 결론이 나지 않던 의문도 마침내 풀리게 되었다. 1,500회의 영국 공군 토네이도 GR-1 출격에서, 6대의 항공기가 손실되었다. 그중 단 한 대만이 저고도 JP-233으로 대비행장 공격에 나섰다가 표적에서 떠난 뒤 추락했다. 다른 다섯 대 중에는, 세 대가 SAM에 당했는데, 셋 중 둘은 유탄에, 하나는 SAM 위협 경보를 듣지 못하고 중고도 공격을 당했다. 나머지 둘 중 하나는 지표면에 돌진하였고, 또 하나는 도발로 자폭했다.[87] 두 차례 있었던 지상에서의 사고 원인을 캐기는 어려웠는데, 영국군의 경험은 다른 곳에서 항공력을 효과적으로 활용하기 위해서는 평시 훈련 조건이 가능한 한 실전과 흡사하게 맞추어져야 한다는 견해를 더 확고히 해 주었다. 전쟁의 역사가 전개되고, 3차원이 모두 활용되어감에 따라, 참여 인력의 질적 수준은 계속 전쟁 결과에 크게 영향을 미칠 것이다. 기술의 수준이 아무리 달라지더라도.

모두를 위한 교훈

이라크가 이스라엘과의 전쟁에 대비했다고는 해도 이라크는 1982년 베카 계곡에서의 참패를 잊고 만 듯하다. 한편 사막의 폭풍작전의 '교훈'은 세계 도처의 여러 군에 의해 자세히 분석되어 왔다. 다국적군 참여국들은 그 결점을 찾고 그것들을 시정할 계획을 세우는 것을 목적으로 했다.

그러나 다른 연구가 진행되었다. 한때는 몰라도 가까운 장래에 사막의 폭풍작전에 비견될 만큼 대규모의, 고강도의, 그리고 첨단 기술을 동원할 수 있을 전망이 없는 나라들과 장래에 그런 작전의 대상이 될 소지가 있는 나라들(침략적인 이 둘을 둔 나라들이나 그 침략적인 이웃들)은 사막의 폭풍작전에 불쾌한 감정을 드러냈으며 초강대국이나 강대국 연합의 위세를 우려했다.

사막의 폭풍작전에 대한 한 명민한 인도 분석가는 동일한 장비를 제 3세계 국가가 갖추었을 경우에 대해 논평하고 있다. 가령 AWACs에 대해서는 다음과 같이 말한다.

"비록 우리가 애초의 구입비용 문제를 무시한다고 해도, 그러한 체제를 유지하기 위해 필요한 비용은 개발도상국에게는 너무 벅차다. …… 최첨단 장비를 보유한다고 해서 그 효과와 가동이 보장되는 것은 아니다. …… AWACs를 의미 있게 운용하려면, 복합 인프라가 있어야 하는데 그 비용은 막대하며, 인적자원과 교리 또한 개발되어야 한다. …… C^3I 지원을 포함하는 시스템을 전자장비와, 운영, 조정에 필요한 비용은 그러한 시스템이 개발도상국에 유입되는 것을 차단하고 있다. 재원의 제한은 다른 현대화 사업에 투자 우선 순위가 돌아가도록 한다."[88)]

그는 또 다국적군의 전투 훈련 역시 모방이 용이하지 않다고 지적한다.

"실전을 방불케 하는 훈련은 막대한 비용을 요구하며, 그런 비용은 개도국이 감당할 수 없는 것이다. 이라크와 같이 재정 압박을 겪고 있는 제 3세계 국가는 신속히 악화되는 정치-군사적 상황에서 필요한 훈련 수준을 유지하기 위해 큰 압박을 받는다. …… 훈련은 장비의 수명을 줄이며 낡고 고장난 장비를 대체할 경제력에 무관히 존재한다 ……."

네어 장군에 따르면, 이는 다시 외국의 장비 교환 여력 및 그 외국의 선의에 의존할 수밖에 없게 된다.[89)]

사담 후세인보다 더 명민한, 아마도 서방 군사참모대학에서 교육받은 지도자라면 만약 자신이 초강대국과 맞서는 모험을 시도할 경우, 다국적군이 이라크와 겨룰 때와 같이, 유리한 조건을 최대한 이용하고 적의 상대적 취약점도 최대한 이용해야 한다고 결론 내릴 것이다. 다음의 가상 시나리오는 어떻게 그러한 상황 이용이 가능한가를 보여 준다. 매 단계는 신빙성이 있으나, 사실 전체적으로 이러한 시나리오가 현실화되리라고는 보기 어렵다.[90)]

한 침략자는 인접국 정부의 의사에 반하여 그 나라를 병합하려고 한다. 그는 자신의 목표를 정당화하고, 목표국 정부의 입장을 공략하며, 서방세계의 신제국주의 조짐에 대해 그 지역 국가들의 의혹을 극대화하기 위해 외교 공세를 펼친다. 그는 목표 지역의 소요를 부추기고 인종 탄압이나 부당한, 식민지 시대에 확정된 국경선 문제 등 모호한 문제들을 제기할 방법을 찾는다. 한편 그는 미국, 유럽, 러시아의 무기 판매 경쟁을 이용하여 자기 군대를 강화하는데, 이동식 로켓 발사대, 이동식 SAM과 AAA, 그리고 이동식 C^3 시스템 등에 중점을 둔다. 그는 민간의 GPS 수신기를 다량으로 구입하고 구소련의 화학전 전문가들을 초빙하며, 다수의 구소련제 제 3세대 지대지 미사일(SSM)을 구입한다. 그는 구소련의 기뢰를 다량 구입하고 직업을 잃은 구소련과 서방의 전문 인력을 군사고문으로 고용한다. 국제적 대응은 비효과적이고 국제적 공감대는 부분적으로만 형성되나, 초강대국의 대항 위협은 증가된다. 이 국제 침략자는 군사 행동이라는 최종 도박을 감행하고, 사막의 폭풍작전에서 그가 배운 교훈을 활용한다.

상선을 사용하는 그의 특수부대가 기뢰를 부설, 초강대국이 사전에 지역 내에 배치해 두었던 군사 자원에 접근하는 것을 차단하며 침략 대상국의 항구를 봉쇄한다. 그는 앞서 조사해 둔, 은폐된 사이트에 이동식 SSM을 배치한다. 그는 민간 지구를 이용해서 그의 전투항공기 일부를 배치-은폐한다. 그의 항공 대원들은 서방 출신의 계약직 파일럿들에 의해 훈련되고, 종교 또는 국가적 광신주의에 의해 사기가 넘쳐, AWACs, JSTARs, 공중급유기 등 고급가치를 지니는 표적들에 필요하다면 자살공격도 감행할 준비가 되어 있다고 알려져 있다. 그는 이동식 SAM과 AAA를 표적 국가와의 접경지에 배치, 마을이나 소도시 등 어디에나 배치 가능한 지점마다 배치해 둔다. 모든 배치는 야간에 진행되어, 전자파가 없고, 자연적인 은폐와 위장을 이용하며, 필요하다면 추가적 은폐를 위해 연막을 사용한다. 원래 장비 위치에는 유인물을 배치해 준다. 제시간 내에 표적국가의 공군기지들에 특수부대와 지대지 미사일로 공격을 퍼붓는 한편, 지상군이 국경선을 넘는 동시공격이 펼쳐진다. 침공의 전 과정은 몬순 또는 악천후가 예상되는 시기로 계획된다. 만약 초강대국이, 다국적군을 구성하든 않든, 개입하기를 원한다면, 해당 지역까지 계속 전투를 하며 접근해야 하게 된다.

이러한 시나리오는 미국, 영국, 프랑스를 위시한 서방 국가들이 국제 경찰 노릇을 하는 데 큰 관심이 없고, 각자의 국익이 크게 좌우되지 않는 분쟁에 인명 피해를 내는 데 열의가 적은 시점을 노릴 수 있다. 또한 유럽이나 태평양에서 대규모의 전력 감축이 이루어져, 걸프전에서와 같은 작전을 전개할 바탕이 제거되고, 방위비 감축이 1991년과 같은 대규모 전력 동원 전망을 더욱 어렵게 하는 시점을 노릴 수도 있다. 만약 침략자가 적절한 과정을 거쳐 표적 국가에서 민주적 선거를 실시할 것을 약속하고, 그의 지역 외교전을 교묘히 계속해 나간다면, 그는 최소한 서방측이 쉽사리 움직이지 못하게 만들 수 있을 것이다.

사실 네어 장군이 간결하게 요약한 것처럼, 하나의 새로운 억제 방식이 국제적으로 선을 보인 것이다.

"제 3세계 국가가 초강대국을 상대로 싸워 이길 가망성이 없다고 생각하는 이상, 초강대국은 제 3세계 국가의 도발에 대한 응징의 수준을 감당할 수 없을 정도까지 매길 수 있고, 그렇게 해야만 하며, 그리하여 그들의 침략 시도를 원천 봉쇄할 수가 있다."[91]

네어 장군은 분명 지역 침략국이 초강대국의 억제를 피하려고 할 경우 역(逆) 억제 개념이 성립 가능하다는 점을 언급하지 않고 있다. 이것은 장차 항공력의 운용에 있어 흥미로운 의미를 가지며, 마지막 장에서 다루어지게 될 것이다.

결 론

걸프전에서 발생한 많은 상황들의 합동을 다른 지역에서도 재현될 법하지만, 역사는 그것이 불투명함을 제시하고 있다. 항공력이 전쟁 결과를 판가름했으나, 그것이 다음에도, 다른 곳에서도 그러하리라는 보장은 없다. 기술은 그 어느 때 보다도 항공력 이론가들의 꿈과 예언에 가까이 다가갔으나, 상이한 환경에서는 그러지 못할 수 있고, 장기적으로 볼 때, 공격에서 방어적 대응수단으로 넘어가는 기술 발전의 진자 현상에 종속될 전망이 크다.

항공력은 지상군의 대체 전력이 될 수 있음을 보여 주었다. 그것은 설사 지상을 점령하지는 못할지라도 적 지상군의 영토 점령을 저지할 수 있음을 증명했다. 그것은 이제 적의 전략적 심장부까지 돌입하여 어떤 알려진 고정성 정치, 경제, 군사표적이든 최대한의 정확성과 최소한의 부수적 피해, 인명 피해를 입으며 위협할 수 있음을 보여 주었다. 그리고 그것은 전략 기습이 가능하며 최고로 유리하다는 사실을 증명함으로써 어떤 어두운 조짐을 일게도 하였다. 그것은 제공권을 적에게 빼앗겼을 경우의 치명적인 결과를 여실히 보여 주었다. 이 결론만으로도 앞으로 항공력이 사용될 수 있는 전장이라면 그 어디라도, 항공력이 지상 및 수상 전의 결과를 좌우하지는 못하더라도 최소한 강한 영향을 미칠 것이라고 짐작할 수 있다.

항공력의 영향력 유무와 강도는 앞서 논의한 측면들의 존재 여부에 따라 결정될 것이다.

분명히, "대부분의 경우 항공력이 전쟁을 복잡하게 만드는 선택지로서 작용하게끔 하는 강력한 전제조건"[92]이 존재한다. 그 조건은 항공력을 운용할 수 있는 국가들에게 적용된다. 그러나 아직 세계사상에 항공력이 그 상대적 약점들을 최대한 이용하도록 훈련되고 동기부여 된, 탁월한 지휘하의 군사력과 맞붙은 예는 없다. 그리고 제 2차 세계대전 이후 두 진영이 공히 훌륭한 장비를 갖추고 질적 수준도 높은 항공력을 가지고 교전에 들어갔던 경우도 없었다. 미국이 가까운 장래에 항공력을 앞세우고 패권을 떨치리라는 전망이 있는데, 그 중 후자의 가능성이 전자의 가능성보다 더 높아 보인다. 한편 육군과 해군의 아직 남은 항공력 회의론자들은 적국의 항공력의 위력을 다시 살펴보아야 할 것이고, 항공력 지상주의자들은 1991년에 그 신화가 현실화될 수 있었던 모든 조건들을 다시 검토해 보아야 할 것이다.

- 제 6 장 -

평화유지 활동 : 제약 조건, 가능성, 의미

보스니아의 진창

걸프전에서 항공력이 막강한 위력을 떨친 지 6개월이 채 지나지 않아서, 새롭고 매우 다른 전장이 형성되었다. 이번에는 유럽의 중심지대 자체에서 전쟁은 벌어졌다. 1991년 6월 크로아티아와 슬로베니아는 유고연방에서 분리되어 나오며, 유고군과 불꽃 튀는 대립에 들어갔다. 대립은 그해 10월, 보스니아-헤르체고비나가 크로아티아, 보스니아, 세르비아와 접전을 벌이면서 재연되었다. 유럽공동체의 주선으로 수 차례 정전이 되었으나 곧 무산되었고, 1991년 12월, UN 안전보장이사회는 평화유지군을 파병할 것과, 사이러스 반스(Cyrus Vance)를 대표로 하는 중재단을 파견할 것을 결의했다. 1992년 7월에 1만 4천의 UN '평화유지군'이 이 지역에 모습을 드러냈음에도 휴전, 위장된 평화, 더욱 치열해진 전투 재개의 패턴이 반복되었다. 민족주의의 열광과 증오가 보스니아-헤르체고비나를 사로잡고 구 유고의 다른 국가들까지 집어삼키려 함에 따라 수백만의 가정에 상상을 초월하는 공포가 밀어닥친 모습을 TV는 전해 주었다. 세르비아인들은 일반적으로 가장 호전적이라고 여겨졌으나 세르비아만이 적대행위를 벌이는 것은 아니었다.

일련의 과정을 거쳐, 역사가들은 EC, CSCE, NATO, UN이 휴전을 종용하기에 충분한 압력을 행사함에 있어 조정에 실패한 이유를 숙고하게 될지 모른다. 그들은 1994년부터 오늘날까지도 이 지역에 만연해 있고 오래 억눌려있던 적의가 폭발하지 않도록 어떤 외부의 압력도 가해지지 않았다고 결론지을 수 있었다.

종종, 평화 강제 임무에 항공력이 기여할 수 있었을 잠재력에 대하여 논의가 있었으나 거의 언제나 군의 일부 인사들간의 의견 교환에 지나지 않았다. 그것은 필연적으로 관련국 정부들의 정치적 고려 때문에 제 힘을 발휘할 수 없었다. 묘하게도 항공력의 응용은 걸프전에서의 항공력 사용에 대해 회의적이거나 비관적이었던 많은 민간 인사들로부터 강력히 제기되었다. 보스니아의 이슬람계 소수파가 세르비아 침략자들에게 고통을 당하고 있는 듯이 보이자, 어쩌면 당연하게도 몇몇 이슬람 국가와 단체들은 UN이 이라크에 대해 취한 것과 같은 행동을 취해야 한다고 요구하였고, 그들의 요구가 무시됨에 따라 형평의 부재를 불평하고 종교적 열정에 호소하였다. UN군에 지상군을 참여토록 한 나라와 그렇지 않은 나라들 사이에서는 더 심각한 분열이 나타났다. 전자는 보통 자국 병력의 피해를 두려워하여 UN의 이름으로 공습을 실시할 것을 주장했다. 반면 후자는 현재의 분쟁을 사기 넘치고 체계적인 조직으로서 든든한 지원을 받았던 티토의 빨치산들이 제 2차 세계대전 당시 독일의 수천 점령군을 괴롭혔던 사실과 무리하게 비교하면서, 이 문제를 더욱 모호하게 만들었다.

당시, 어떤 형태의 군사행동도 인도주의적 원조를 옹호하고 확대하기 위한 계획에 차질을 발생시킬 것이라는 생각이 널리 퍼져 있었다. 그러나 분명 한때 '신국제질서'의 주창자들이었던 국가들이 보여 준 우유부단함과 갈팡질팡함에는 1992년과 1993년에 워싱턴, 런던, 본, 파리, 브뤼셀에서 군사참모들이 부르짖었던 불확실한 '나발'이 한몫 단단히 했음은 의심할 여지가 없다. 그들이 항공력의 효용에 대해 고려했던 대부분은 확실한 토대를 지닌 것들로, 일부는 최근의 사태에서, 또 일부는 항공력 자체 만큼의 연륜이 있는 문제에서 연루된 것들이었다.

1992년 7월까지 인도주의적 원조의 방해와 인종주의적 적대 행위에 대한 국제적 격앙으로 미 국방 장관 체니(Cheney)는 '미국의 독보적인' 항모 발진 또는 공군 전투기들과 근접지원기, 정보 수집기 등을 제공하여 인도주의적 구호 활동을 위협 또는 방해하는 표적들을 제어하자는 건의를 하게 되었다.[1] 그러나 그는 그처럼 제한적인 목적으로 전력을 운용하는 것과 "유혈을 멈추게 하고, 교전 단체들을 갈라놓아, 힘을 사용해서 목적을 관철할 수 있음을 보여 주도록 하는 것 사이에는 분명한 차이가 있다.… 이 상황을 분석하기 위해서는 아직 풀지 못한 문제가 많다."[2]는 입장을 분명히 했다.

그 후 수 주 동안 공군의 개입 요구는 더욱 고조되었다. 영국의 자유민주당 당수이며 퇴역 영국 해병 장교로 인기가 높은 패디 애쉬다운(Paddy Ashdown)씨는 사라예보에서 선언하기를 UN이 중폭격기를 구 유고 상공에 띄워 폭격으로 위협, 양측을 진정토록 해야 한다고 하였다.

"그것으로 전쟁이 멈추지는 않을 것이다. 그러나 필요하다면 무력을 써서, 중형 무기와 전차를 동원해서 그 강도를 줄일 수는 있다. 그런 식의 압력을 행사할 공군의 기술력이 없다는 것은 말도 안 된다. 이로써 전쟁은 낮은 수준에서 동결되며, 공격 대상이 된 일반인들이 개인화기를 써서 스스로를 보호할 기회를 갖게 된다. 그것은 지금 우리가 목도하고 있는 참혹한 포격전을 끝나게 할 것이다."[3]

그러나 UN의 항공력 사용을 열심히 외치는 목소리들의 한편에는 완고하게 거부하는 목소리도 있었다. 한 영국정부 관료는 폭격을 해서 '세르비아를 굴복케 하는 일'의 어려움을 강조하면서, 세르비아의 생활 공간이 "완전히 상호 연결되어 있기 때문에, 난민과 학살자들을 구분할 도리가 없다.…… 그들이 중화기를 고아원, 병원, 난민 수용소, 학교 등에 감추게 된다면 속수

무책일 수밖에 없다."[4] 이 견해는 한 지명도 있는 서방 분석가에 의해 뒷받침되었다.

"항공력은 이처럼 엉망진창인 분쟁에 통제력을 발휘하기에는 적합한 수단이 못 된다. 그런 분쟁에 조직화된 군대 외에도 다수의 어중이떠중이 민병대가 연관되어 있으면 더욱 그렇다. 응징공격을 한다고 할 때 적합한 표적은 무엇이겠는가? 공습을 실시한 후, 소수파 사회가 분노에 찬 보복을 받는 일을 어떻게 방지할 것인가?"[5]

8월에 존 메이저 영국 수상은 조심스럽고 모호하게 "UN임무 수행이나 병력 동원에 영국 공군을 동원할 가능성을 배제하지 않는다"[6]고 발언했다. 하지만 당시 작전지역에 파견된 영국 공군 전투항공기는 한 대도 없었다. 파견된 항공기가 있었다고 할지라도, 메이저 수상은 유명한 성공회 신부인 '우익 신부 로저 세인즈베리(the Right Reverend Roger Sainsbury),' '짖는 대주교(Bishop of Barking)'의 의견을 상당히 존중했을 것이며, 로저 세인즈베리는 "병력을 파견하고 NATO가 세르비아 표적들을 폭격하게끔 미군기들을 전면 보조하라. …… 강력한 서방의 행동만이 NATO가 사라예보 주민들을 구할 수 있게 해준다. …… 본인은 이 문제에 대해 지도력을 발휘하지 않는 교회의 일원이라는 데 자괴감을 느끼며, 언론인들도 이 점에 대해 부끄러움을 느껴야 마땅하다고 본다."[7]라고 메이저 수상을 설득했을 것이다.

결국 아무 행동도 취해지지 않았다. 평화회담이 일단 개최되었으나 서로간의 적의만 확인하고, 휴전에 대한 원칙적인 합의만 본 채 끝나고 말았다. 2개월이 지나 10월 9일이 되었을 때, UN안보리는 '보스니아와 헤르체고비나 상공에서 군사비행을 금지하며', '금지조치 준수를 감시하기 위해' UN보호군 구성을 요청하며, '이 금지조치 집행에 필요한 여타 수단에 대한 보고서 작성을' 사무총장에게 요청하였다.[8]

세르비아 공화국은 48대 이하의 고정익 항공기와, 약 30대의 헬리콥터를 보유하고 있다고 알려져 있었다. 이들 항공자산은 종종 경량급이지만 식별이 불가능한 폭탄을 가지고 크로아티아와 보스니아계를 공격하는 데 이용되었다. 더욱이, 세르비아 지상군은 가끔 여전히 베오그라드의 통제하에 있는 연방 공군의 지원을 받았다.[9] 세르비아가 UN결의를 무시하고 있음은 10월 10일과 11일에 수 차례 보스니아계 마을을 폭격함으로써 곧바로 나타났다. 1992년 10월과 1993년 4월 사이에 UN결의안은 500여회나 무시되었으며, UN측 자료에 의하면 10월 12일 이후 비행은 대개(전부는 아니지만) 비무장 훈련 비행이나 지역 수송 또는 부상자 후송 비행이었다고 하더라도 대단한 자세가 아닐 수 없었다.

당시 UN결의안 781호는 거침없는 세르비아 지상군으로부터 일반인들을 보호하지 못하며, 인도주의적 구호활동을 차단하는 '공식', '비공식' 병력에 전혀 위협을 주지 못하는, 대체로 효과 없는 정치적 제스처로 간주되었다. 사실 보스니아 세르비아계와 베오그라드 세르비아계 모든 항공기는 이미 UN 경제제재로 인해 연료, 윤활유, 예비연료의 부족을 심각하게 겪고 있었다. 그렇지만 민간인들의 피해를 실제로 줄일 수 있는 조치가 취해지지 않자 큰 문제가 되고 있었다.

한편, UN결의안의 긍정적 효과는 NATO 공군기들이 이전의 적들과 협력할 기회가 생겼다는 점이었다. 때때로 미 해군의 E-2C 호크아이 항공기의 지원을 받는 NATO, 영국, 프랑스의 AWACs 항공기들은 UN을 위해 초계임무를 수행하며, 아드리아해 상공을 하루에 2회씩 비행하고, 헝가리 영공을 이용해 별도로 2회의 비행을 했다. 통신 문제는 부다페스트에 있던 NATO 장교들과 3개 헝가리 공군기지에 대기하며 AWACs에 대한 세르비아측 요격을 격퇴할 준비를 하고 있던 헝가리군의 MiG-21에 의해 보강되었다.[10]

이러한 부정적 견해에도 불구하고, 1992년 12월까지 NATO의 방위참모들은 비행금지구역 강제에 필요한 수단을 검토하기 시작했다. 하지만 또다시 모호한 입장을 나타냈다. 스톡홀름에서 개최된 12월 14일의 CSCE회담에서 이글버거(Eagleburger) 미 국무장관은 '비행금지구역'을 강제할 새 UN결의안에 지지를 표해야 하는가를 각국 정부에게 문의했다. 같은 시각 '다국적군의 공허한 대응'에 대한 날카로운 비판이 헨리 키신저, 조지 슐츠, 로널드 레이건, 지미 카터 등을 포함한 유명한 미국 인사들에 의해 제기되고 있었다. 클린턴 대통령은 군사적 수단에 의해 비행금지구역 강제를 집행하는 방안에 지지를 표했다. 그러나 런던에서는 영국 군사참모부에서 "비행금지구역의 강제에 적극 반대하며 효과적 작전수행에 있어서의 어려움에 대한 경고를 발한다."는 소리가 나왔다.[11] 국방장관 리프카인드(Rifkind)는 미국측의 반발에 대하여 단지 "뭔가 해야한다."는 말로만 해서는 아무 소용이 없으며, "우리들, 군에 책임을 지고 있는 사람들은 명명백백한 군사적 해결책이 존재하는가에 기초하여 판단을 한다."[12]라고 대답하였다.

이 발언은 세르비아측이 이미 군사적 해결방안을 채택했는가 여부를 묻고 있었던 반면, 세르비아의 공중활동이 미미하며 그 위력은 크지 않다는 것, 근접 전투공중초계가 없이는 세르비아의 헬리콥터들을 잡기는 어려운데, 바냐 루카(Banja Luka)와 크닌(Knin) 근방의 비행장들이 부수적 피해를 입을 가능성은 높으며, 따라서 군사적 행동을 취했을 경우의 소득은 세르바아측의 보복이 인도주의적 지원에 가해지고 UN 지상군에 게릴라식 공격이 가해질 위험에 비해 많지 않다는 것을 영국측이 계산한 결과가 반영되고 있었다. 다국적군의 단결은 독일 항공대원들이 NATO의 영역 밖에서 AWACs 항공기를 조종하는 일이 헌법에 저촉되는가 여부를 놓고 독일 정부가 둘로 갈라져 논쟁을 벌이면서 더욱 흔들리게 되었다.

이 논쟁이 1993년까지 결판이 나지 않고 계속되는 동안, 미국은 2월 말에 포위된 회교 주민 거주지역에 인도적 지원물자를 공수함으로써 보스니아 내전에 개입할 뜻을 비쳤다. 4월 중순까지 매일 약 30회의 비행으로 2천 톤의 식량과 50톤의 의약품이 공수되었다. 물자는 1만 피트 상공에서 투하되었으나 보통 40미터 오차라는 기대 이상의 정확도를 기록했는데, 그것은

NAVSTAR(항법위성)의 GPS(범세계 위치정보체계) 데이터를 이용해 항공기의 위치를 수정하고 화물 투하시 탄도 자료를 컴퓨터 처리함으로써 가능했다.[13]

보스니아의 어마어마한 참상에 비추어 보자면, 이러한 물자의 양은 대단치 않은 것이었다. 하지만 굶주림은 누구에게나 시급한 문제였으며, 제파(Zepa), 레가티카(Regatica), 고라즈드(Gorazde)의 주민들은 감사에 벅차, 이 공수 활동의 정치 군사적 동기에는 유념하지 않았다. 애석하게도 이 활동은 모두로부터 갈채를 받지 못했다. C-130수송기들은 세르비아 대공포(AAA)와 대공미사일(SAM)의 최대 사거리 내에서 비행했으며, 지난 9월에는 이태리 수송기 한 대가 사라예보 근교에서 격추 당했다. 리프카인드 국방장관은 이 공수활동이 별 가치가 없다고 보고했으며, 만약 영국 공군기가 참여할 경우 역시 격추 당할 것이라고 주장했다. '리프카인드의 생각은 미국측이 기본적으로 별 가치가 없지만 매스컴에서 빛이 나는 일에 영국을 끌어들이려 하고 있다는 것이었다'라고 영국의 한 국방부 관리가 언급했다.[14] 실제 미 공군의 C-130들은 프랑스와 독일 수송기들과 협동했으나, 영국 공군의 수송 활동은 계속 사라예보 비행장을 통함으로써 지상군의 교전이 벌어지고 있는 상공을 지나야 했으며, 사라예보를 둘러싼 구릉들로부터 지대공 공격을 당할 위험이 있었다.

한편 평화협정 제시와 교전 재발의 순환이 계속되면서 분노와 비탄과 불안은 증폭되기만 하다가 1993년 3월 31일 UN안보리는 816호 결의안에서 지난 10월에 설정한 비행금지령을 강제 집행할 때가 되었다고 밝혔다. 4월 8일, 북대서양 정상회담에서 NATO가 4월 12일부로 강제 집행에 들어간다는 결의가 이루어졌다. NATO의 행동은 1992년 6월 경우에 따라 지원을 하기로 한 오슬로 NATO 각료회의의 결의와 UN의 권한을 빌려 NATO 스스로 평화유지 활동을 벌여온 것과 합치된 것이었다.[15] 미국, 프랑스, 네덜란드에서 온 전투기들에 이어 영국과 터키 전투기들이 속속 합류했다. 작전은 이태리의 비센차(Vicenza)에 본부를 둔 NATO 참모들에 의해 협의 조정되었다. 한편 AWACs 항공기 지원에 대해 있을지도 모를 제한은 4월 8일 독일 공군이 NATO 권역 외의 보스니아에서 활동하는 일을 합헌이라 판시한 독일 헌법재판소의 판결로 해결되었다.

다시 한 번 비행금지구역 강제집행의 정치적 파장이 지상의 상황보다 더 중요하게 여겨졌다. 비행금지를 어기는 사례는 4월 12일 이후 현저히 감소되었다. 그러나 앞서 밝혔듯 이미 그 군사적 중요성은 대단치가 않았다. 하지만 이 UN결의안은 자위 이외의 상황에서 보스니아 내의 군사력 사용을 용인한 최초의 경우였다. 이것은평화유지 활동과 평화 강제 활동 사이의 선을 넘는 중요한 첫 발자국이었다. 두 번째로 중대한 정치적 사건은 NATO 군사력이 그 영역을 넘어서, 1949년 NATO 조약에 규정된 것처럼 '무장 공격을 당할 경우'의 집단 방위를 실시한다는 차원을 넘어서 군사력이 투사되었다는 사실이었다.[16)]

그러나 1993년 말까지 어떤 강제집행 활동도 실시되지 않았다. 심지어 AWACs 항공기 한 대가 비행금지 위반행위를 목격했을 때도, 전투공중초계 중인 전투기들이 그들을 발견하고 식별하는 것은 항상 가능하지는 않았다. 예를 들면 1993년 4월 두 대의 미 해병대 소속 F/A-18, 두 대의 프랑스 미라쥬 2000, 그리고 두 대의 영국 공군 토네이도 F-3가 여러 AWACs 항공기들의 항적 접촉보고를 제대로 활용하지 못했다.[17)]

영국 공군 대원들은 비행금지 위반 항공기를 공격했을 때 지상의 인종청소 행위가 더욱 극심해지리라는 생각이 널리 퍼진 상황에서 실제로 할 수 있는 일이 없음을 개인적으로 한탄하기도 했다. 그들은 오직 상대 항공기들에게 UN결의안 816호를 위반하고 있음을 경고하고, 즉각 착륙하거나 이 지점에서 물러나지 않으면 공격하겠다고 위협할 권한만을 부여받고 있었다. 금지 위반자들은 대개 헬리콥터였고, 일부는 회교도, 일부는 세르비아계였다. 비행금지구역이라는 것이 회교도들을 보호하기 위한 것이었고, 세르비아 헬리콥터들은 보통 적십자 마크를 달고 있었기에, 영국 공군은 공격했을 경우 자칫 'CNN효과'에 의해 국제여론의 질타를 받을 것을 우려했다. 다행히도 그들의 직업 의식과 정치적 민감성 덕분에 그들은 스스로의 감정과 적대적이라고 인식된 표적과의 격돌을 모두 자제할 수 있었다. 결국 비행금지 위반자들은 마음 내키는 대로 이착륙을 하는 경우가 많았고, 아마도 자신들의 임무를 수행한 후 착륙하거나, 계곡으로 빠져 레이더 범위 밖으로 달아나기도 했다.

그러므로 어쩌면 당연하게도, 항공력의 활동 증가를 지지했던 측들은 비행 금지구역의 '강제 집행'에 의해 내디딘 첫 발짝에 대해 실망했으며 계속해서 직접 공격행위에 들어갈 것을 요구했다. 미국의 매파는 미 공군 참모총장 메릴 맥픽의 다음과 같은 발언에 의해 고무되었다.

"세르비아의 포대를 폭격하는 것은 아주 효과적인 것이며 공습항공기가 '거의 아무런 위협도 느끼지 않게 해 줄 것이다. 우리에게 시간만 있다면 그들의 포대를 남김없이 제거해 주겠다."[18]

UN주재 미국 대사 매들린 올브라이트(Madeleine Albright)는 클린턴 대통령에게 보내는 서한에서 "공습을 통해 구조대에 가해지는 위협을 줄이고 세르비아계의 전선 보급을 늦출 수 있을 것."[19] 이라고 적었다.

합참의장 콜린 파웰 장군은 반대로 공습이 일으킬지도 모르는 역효과와 장기적으로 문제의 복잡성에 대해 신중하게 고려할 것을 계속 주장했으며, 부의장 데이빗 제레마이어(David Jeremiah) 제독은 맥픽 장군의 발언을 정면으로 공박했다.

"사막에 흩어져 있는 전차들을 때려잡는 일과 창고, 학교 등 그 외 민간 시설 옆의 포대를 잡는 일은 별개의 문제다. 이 나라 구석구석에 퍼져 있는 게릴라들을 상대로 공습을 실시하는 것은 단견에 지나지 않는다."[20]

한편 4월 28일 브뤼셀에서, NATO의 고위 군사대표들이 이틀간의 토론을 벌인 끝에 공습이 부정확할 수 있고 자칫 세르비아계가 UN지상군에 보복을 가해올 수 있으며, 그럴 경우 UN지상군은 철수하거나 대규모 보강되어야 한다는 우려 섞인 결론을 내렸다. NATO군사위원회 의장이던 영국의 리처드 빈센트(Richard Vincent)원수는 만약 공습을 실시한다면, "우리는 어떤 목표를 달성해야 하는가에 대한 가장 분명한 지침을 받아야 한다. 그것은 구 유고에 대한 우리의 전략이 아주 기본에서부터 바뀔 가능성을 내포한다. …… 전쟁의 제1원칙은 이것이다. 가서 시작하기 전에 무엇을 할 것인지 결정해 놓으라는 것."[21)]

그러나 영국의 장관과 담당 관료들은, 파웰 장군과 빈센트 원수의 경고를 받아들이면서도, 공습이라는 선택지를 배제하는 데는 아주 신중하였다. 예를 들어 리프카인드 장관의 경우 세르비아의 거점들을 폭격하는 일이 아마도 가장 가능성 있는 서방측의 개입 방법임을 확인하면서, 보궐선거를 위해 모인 청중들 앞에서 "특정 형태의 군사행동, 특히 공중에서의 행동의 경우 때때로 침략자들을 뿌리뽑고 특정한 위협에 충분히 대처할 수 있다. 그것이 그 동안 지지되어온 결과를 달성할 수 있음에 대해서는 매우 신중하게 접근해야 한다."[22)]

이 시기에 세르비아측 정보체계가 서방의 항공력 정책을 파악하기 위해 노력하고 있었음을 염두에 두지 않을 수 없다.

분쟁의 이 시점에 항공력이 가질 수 있는 효과를 의심하는 정책 토론의 부재로, 대중의 여론이나 정치인들의 의견은 별로 도움이 되지 못했다. 매스컴의 보도는 적국을 전형적으로 악마화하여 내보내는 경우가 대단히 많았는데, 특히 UN이 소말리아에서 다른 군사작전을 시작한 후로 그러한 경향이 짙어졌다. 1992년 12월 그들의 당면 과제는 '모든 수단을 동원하여 인도주의적 구조작전의 안전성을 확보하는 것'[23)] 이었다. 1992년 미 해병대가 완전무장을 하고 상륙하면서 언론이 벌집 쑤신 것처럼 되자, '희망을 주기(Provide Hope)'작전은 다소 수정되어 작전구역 내의 전력을 가지고 치러지게 되었다. 1993년 6월 파키스탄 병력에 의해, 모가디슈(Mogadishu)에서 미군의 공습 몇 시간 전, UN이 인도주의 작전 실행에 장애가 된다고 판정한 군수 물자와 에이디드(Aideed) 장군에 대하여 실시된 것이었다.

모가디슈의 '교훈'을 보스니아에 적용하면서 한 두 가지 특이 사항들을 추가하는 일은 어렵지 않았다. 런던의 「데일리 텔레그래프(Daily Telegraph)」지의 1면 기사는 외국인 혐오증에 빠지는 경우가 거의 없었건만, 이러한 내용을 담고 있었다.

"소말리아에서의 미군의 행동은 참담할 따름이다. …… 이번 주말의 공습은 미국의 가장 고약한 군 전통을 반영하고 있다. 그들은 최소한의 인명 피해로 복합적인 목표를 달성하려고 하며, 병사보다는 폭탄과 탄환을 동원하려 한다. …… 이 점은 보스니아에서 비교할 수 없을 정도로 심각한 모습을 드러낸다 ……."[24]

이 기사의 작성자는 또한 사회기구와 정부를 복구하는 데 많은 시간과 노력을 들여야 하며, '신속복구' 후 신속 철수하는 방식을 피해야 한다고 주장했다.

대부분의 관측자들 그리고 물론 모든 군인들은, 압도적인 기술력으로 아측의 인명 피해를 줄이는 방식을 강력히 지지할 것이다. 모가디슈에서의 미군의 전술에 대한 보다 적절한 비판은 그것이 잘 조직된 화력을 가진 적을 상대로 설정된 '시가전 전술'에 기초하여 이루어졌다는 것이다.[25] 평화유지 활동에 투입된 지상군의 90퍼센트가 일반 전투 훈련을 받은 것으로 추정되지만,[26] 그 나머지 10퍼센트 병력이 받은 훈련이 중요하다.

그 특별한 병력이 없다면, "몇 가지 취약한 영역이 드러나게 된다. …… 예를 들면 민-군 관계의 발전에 대한 불충분한 주의, 군사임무와 다른 임무 요소 사이의 구분에 대한 이해 부족 등이 발생할 것이다. 덧붙여 UN작전에 대비한 훈련은 엄격한 군율과 지역 문화 요소들에 대한 이해가 포함되어야 하며, 후자의 경우 파면 지역의 언어 이해, 인종집단, 종교, 관습 등에 대한 지식을 포함한다."[27]

항공대원을 위해 필요한 특수 훈련은 확실히 정해져 있지 않고, 「데일리 텔레그래프」지에 나타난 것과 같은 부정적 사건에도 불구하고, 1993년 중반 구 유고에 대한 공습으로 소수민족 집단을 보호하고 UN군에 대해 점점 접근하고 있는 지상군 화력을 차단해야 한다는 분위기는 고조되어 가고 있었다. 세르비아 군이 사라예보 봉쇄를 강화하고 비행장과 인근 UN병력에 대한 포격을 반복함에 따라, '데니 플라잇(Deny Flight)'작전에는 공격 요소가 포함되기 시작하였다.

6월 10일 아테네에서 NATO의 장관들이 모여 UN군 보호를 위해 공군력 동원을 요청하면서, 혼란은 전형적인 일보(一步)를 내디뎠다. NATO 사무총장 뵈르너(Wörner)가 '안전지역' 내의 병력에 국한된다고 거론한 반면, 미 국무장관 워렌 크리스토퍼(Warren Christopher)는 이 요청이 보스니아 내의 모든 UN군에게, 그들이 공격받거나 도움을 요청했을 때 해당된다고 발언했다. NATO의 성명 하나는 "요청한 구역 내에서의 활동시 UN군에게 공중 지원을 실시"라고 모호한 언급을 하고 있었다. 영국 외무장관 더글러스 허드(Douglas Hurd)는 크리스토퍼 국무장관과 입장을 같이 했고, 쥬페(Juppé) 프랑스 외무장관은 이 요청이 6개 회교도 주민 거주지에 주둔한 병력에만 해당된다고 못 박았다.[28)]

NATO 중부유럽 공군사령부(Headquarters Allied Air Forces Central Europe)의 참모들은 NATO군의 공격활동을 조정하고 지휘-통제망을 구축하는 임무를 맡고 있었는데, 이들의 활동은 정치인 상급자들의 화려한 활동에 비해 눈에 띄지 않았다.[29)] 그럼에도 불구하고 준비는 계속되었으며, 여기에는 전방공중통제 임무를 위한 UN지상군의 훈련사항 설정도 포함되어 있었다.

7월 중순까지 미 공군의 A-10, OA-10, AC-130, EC-130H와 영국 공군의 재규어, 네덜란드 공군의 F-16A, 미 해병대 및 미 해군의 F/A-18과 A-6 등이 포함된 혼성 NATO 공군이 이태리의 여러 공군기지와 아드리아해의 미 항모 '시어도어 루즈벨트(Theodore Roosevelt)'호에 대기하게 되었고, 공중 재급유 지원은 영국 공군과 미 공군이 맡게 되었다. 8월초까지 UN과 NATO 사이에는 지휘-통제에 대한 협의가 전혀 이루어지지 않았다. 허드에 의하면, 8월 3일에 NATO 의회는 "우리(영국)의 병력이 위험에 처하지 않도록, 그리고 제네바 평화협상의 진전 여부에 따르도록 UN의 지침대로 실시되는"30) 공습계획 준비에 동의했다.

당시부터의 보고서들에는 미국과 NATO 동맹국들 사이에 단지 지휘-통제 문제만이 아니라 전략, 전술에 대해서 이견이 나타나기 시작하였다. 미국은 미 해군의 제레미 부어더(Jeremy Boorda)제독(당시 NATO의 남부유럽 방면군사령관)이 전체 지휘권을 장악, 보스니아 군 지휘관들과 "보스니아 세르비아계의 지휘를 맡고 있는 사람들"31) 을 포함하는 다양한 표적에 대한 공습을 임의로 실시하려고 했다. 보스니아 내 UN군을 지휘하면서 그러한 미국의 행동에 최대의 수혜자가 될 벨기에의 프랜시스 브리케몽(Francis Briquemont)중장은 반대 입장을 분명히 했다.

"사라예보를 포위한 보스니아 세르비아계에 대한 공습이 지상에서의 상황을 복잡하게 만들고, 이 지역의 지도를 자세히 들여다볼 것을 요구한다. 지도를 보면 보스니아 세르비아 군은 사라예보에 매우 가깝게 위치해 있으며, 거의 사라예보 변두리와 일체를 이루고 있어, 비행장 활주로를 굽어 보고 있는 상태다. 그들이 더 가까이 진격한다면, 그들에 대한 공습은 사라예보 시 자체에 피해를 주고 특히 중요하기 짝이 없는 비행장을 파괴할 수 있다."32)

결국 8월 마지막 주말에 NATO군사위원회에서는 합의가 이루어졌고, 그 내용은 다음날 NATO 대사들에 의해 승인되었다. 이전의 대립이 심각했기 때문에 실제 공습이 실시되기까지는 여전히 난관이 많았다.

공습은 NATO 회원국, UN, NATO군사기구들 등의 3자에 의해 합법적으로 요청될 수 있었다. 공습 요청은 NATO의회로 이첩되어, 외무장관들이나 브뤼셀의 NATO 대사들에 의해 제네바협정 내용과 당시 보스니아의 지상 상황을 고려해서 검토된다. 공습 결정에는 만장일치가 필요했으며 여기서 승인되면 다시 뉴욕의 UN 사무총장에게 이첩되어, 제네바의 협상자들과 안보리의 의견을 듣게 된다. 작전 결정은 구유고 내 UN보호군(UNPROFOR) 사령관인 프랑스 장군 장 코(Jean Cot)와 부어더 제독이 내리는데, 두 사람 중 하나가 해당결정에 반대하면 그 결정 사항은 NATO와 UN으로 회부된다.

"보급선 보호, 전력과 연료를 재연결하고 지원 선단과의 접촉을 갖는"[33] 등의 다양한 목적에서 공습이 '격발'될 수 있다.

항공력의 성격 중에서 신속 대응력과 고속력이 상기될 필요가 있었다. NATO 의회에서 승인된 이러한 절차보다 공중근접지원에 더 복잡하고, 장애가 많으며, 제대로 돌아가기가 어려운 지휘-통제 구조를 상상할 수는 없었을 것이다. 한 미 군사기획관은, 분명 빈정거리는 태도 없이, "FAC(전방 항공통제관)는 NATO에서 논의되는 확대역할에 포함되지 않을 것이다. 그것은 작전구역 내 부대에 의해 정해지는 것보다는 사전에 규정된 표적에 대해 차단을 실시하는 역할이다. 표적들은 시시각각으로 변하는 것이 아니기 때문에 정밀 유도무기에 최적일 것이다."[34]

세르비아의 중화기 앞에 속수무책이었던 영국과 프랑스 지상군 지휘관들의 의견은 분명히 묵살되었다.

NATO의회가 만들어 놓은 궁여지책 또한 작전 과정에서 간단하게 시현되지 않았다. 전술항공통제반(TACPs)은 지상의 UN보호군 지휘관들에게 배속되어 있었다. 영국은 보스니아의 키셀라크(Kiseljak)에 설치된 공중작전조정센터를 담당했다. 공중 지원요청은 TACPs에서 키셀라크를 거쳐 비센차의 NATO연합 공중작전센터로 연결된다. 그리고 이론적으로는 이것으로 끝나지 않고 브뤼셀과 뉴욕에 공중지원 규모에 대해 문의하여야 했다. 가장 심한 경우에는(이 요청이 코 장군 휘하의 병력에서 나왔다고 할 때)

부어더 제독의 승인마저 받아야 했다. 8월말까지, 항공기의 배분은 비센차에서 일일 임무명령에 의해 결정되었는데, 이것은 걸프전의 방식을 답습한 것이었다. 그것은 다양한 항공기에 의해 20회의 근접지원 훈련출격을 포함하고 있었는데, 이것을 최소 4개 통신 채널을 통해 20명의 피명령자에게 전달했다. 아마도 실전의 긴박한 상황에서 TACPS의 긴급지원 요청은 사전 기획된 임무보다 우선시되었을 것이나, 이처럼 중복된 지휘선을 가진 복잡한 시스템에서 정확히 누구에게 어떻게 우선 순위를 둘 것인지는 확실하지 않았다.

긍정적 측면으로는, 정치적으로 수용 가능한 지휘 구조를 만드는 데 걸린 시간이 작전참모들이 평화 강제에 필요한 공중 전투훈련을 '10퍼센트' 더 추가할 수 있는 기회를 주었다고 할 수 있다. 7월에서 9월 사이에 1,500회 이상의 전투 훈련 출격이 실시되었는데, 이는 영국, 프랑스, 미국의 급유기, EC-130 지휘-통제-통신기, 그리고 AWACs 항공기의 지원을 받았다. 항공대원들은 잠재적 표적 지역들과 무기투발 관련 제한 조건들을 숙지할 수 있었다. 이러한 제한의 예를 들면, 모든 무기는 항공대원의 '완전한 적극적 통제하에서' 투발되어야 하며, 다탄두탄은 사용할 수 없다는 것이 있었다. 지상군의 교전 수칙은 극히 엄격했으며, 부수적 피해 또는 부상을 고려하는 것이었다. 한 젊은 파일럿은 이 작전의 성격을 명쾌하게 설명해 주었다. "이것은 진정 'TV법정' 상황이었고 우리는 생중계되는 앞에서 실수를 범할 수가 없었다."35)

1993년 12월에는 한 가지가 완성되지 못하고 있었다. 아무리 자유롭게 해석하더라도, UN안보리 결의안 816호는 강제권을 오직 '규정된' 구역에서만 정당화했다. 그것은 항공력이 비행장 이외의 세르비아측 지상표적을 공격하는 것을 용인하지 않았다. UN안보리에 이런 표적 이외의 표적공격에 대해 문의했을 경우 러시아의 거부권이 행사될 위험이 있었다. 따라서 보다 모호한 공격 승인 과정에 UN사무총장이 동의하도록 만들어야 했고, 그 결의안 자체가 안보리의 지지를 얻어내려 할 때 어떻게 해야 하는가에 대한 고민이 필요했다.

1993년 말까지 구 유고 지역의 지상 상황은 계속 호전되지 않았다. 끝이 나지 않는 평화회담의 상호 입장들은 전투원들이 확보했거나 잃은 영토에 따라 변화했다. UN군은 그들의 환영받지 못하는 임무, 지역의 여단들이 구호 활동을 담당토록 하는 임무를 계속 수행했는데 이를 통해 구호활동은 적대행위가 미치지 않는 종심에서 이루어질 수 없었고, 여러 수준에서의 성공을 달성할 수 있었다. 한편 그들의 머리 위에서 NATO 항공기들은 맥베드의 '백치의 노래' 보다도 한수 위인 '음향과 분노' 속에서 '위잉' 하고 날아다니고, 급강하를 하고 있었다.

행 동

1월에 NATO의 검(劍)은 세르비아계가 사라예보에 대한 포격을 강화하면서 다시 한 번 칼집에서 나왔다. 1월 11일의 NATO 정상회담 코뮤니케는 "우리는 사라예보의 옥쇄를 막기 위하여 공습을 실시할 준비가 되어 있음을 재확인한다 ……."[36] 라는 내용을 담고 있었다. 보스니아 세르비아계의 지도자 라도반 카라디치(Radovan Karadjic)는 공습이 평화의 진전을 위협하고 새로운 어려움을 낳으리라고 예언적인 발언을 했다.[37] NATO는 이 위협에 당황하지 않고 그 결의를 재확인하며, 이번에는 항공력을 사용하여 스레브리니카(Srebrinica) 인근의 캐나다군을 구출하고 투슬라(Tuzla) 비행장을 해방하겠다는 선언을 했다. 하지만 아무 조치도 실행되지 않았고, 그 사실을 모두가 당연하게 받아들였다.

1월 21일 UN 사무총장 부트로스-갈리(Boutros-Ghali)는 그다지 두드러지지는 않았으나 아주 중요한 발언을 했다. 자신이 구 유고 지역에 파견한 특별 대변인 아카시 야스시(Akashi Yashushi)의 요청이 있을 경우 항공력 사용에 동의하겠다는 것이었다. 그는 또한 아카시에게 가능한 군사작전에 대해 자세한 기획안을 제출하라고 요구했다.[38] 거의 눈에 띄지 않는 움직여 부트로스 갈리는 자신의 지휘-통제선을 단축하여 간편화했고, 그것은 작전 구역 내 UN과 NATO군 지휘관들과 가깝게 접촉하며 일하고 있던 아카시에게 그 후 3주만에 실제 공습허가가 내려갔기 때문이었다.

한편 항공 문제를 많이 연구하지도 않았고 최근 중동의 분쟁 진행상황에 대해서도 연구한 일이 없는 것이 분명한 한 세르비아 지휘관은 두 대의 SA-6 이동식 미사일 발사대를 자신의 손에 넣는데 열중하고 있었다. "이제 우리는 공중을 통제할 수 있다"고 그는 주장하였다.

"그리고 우리는 내습하는 비행체를 포착할 수 있는 최신 기술을 갖추고 있으며 어떤 항공기라도 격추할 능력 역시 있음을 아무도 망각해서는 안 될 것이다. 우리는 투슬라 공항에 항공기가 착륙하는 일을 용납하지 않을 것이다."[39]

그는 C-130, 노라틀라스(Noratlas), F-15E, 그리고 레이저 또는 대 레이저 유도탄을 탑재한 F-16을 구별하지도 못했다. 그러나 이 밀류치노비치 중령의 호언 장담을 꺾어 주는 기회는 기대할 수 없을 듯 했다.

1994년 2월이 되어 보스니아의 환경은 극적으로 변화하였다. 사실 첫 번째 움직임은 1월 24일 영국 육군의 마이클 로즈(Michael Rose) 장군이 벨기에의 브리퀘몽(Broquemont) 장군을 대신하여 지상군 사령관으로서 사라예보에 부임하면서 일기 시작하였다. 그는 부임 후 얼마 지나지 않아 2월 5일에, 세르비아계 곡사포탄이 사라예보의 회교도 시장에서 작렬하여 68명의 민간인이 사망하고 200명이 부상하는 사건이 일어나면서 강한 면모를 보여줄 기회가 없었다. 심지어 보스니아인들의 기준에서도 세계의 TV에 방영된 이 참상은 참혹한 것이었다.

2월 7일에 부트로스 갈리는 NATO 측에 사라예보를 위협하고 있는 세르비아계의 포대를 공습할 계획을 세워달라고 요청했다.[40] 2월 9일 NATO 의회는 보스니아 세르비아계의 최후통첩을 발하며, 그들이 10일 내로 사라예보 중심가로부터 20km내의 구역에서 중화기(전차, 화포, 곡사포, 다연장로켓발사대, 미사일, 대공포 등 포함)들을 철수하거나 UN의 통제하에 두도록 요구했다.[41]

10일 이후에 즉 1994년 2월 10일 24:00시 이후에 사라예보의 '무장금지구역(exclusion zone)'내에 남아 있는 중화기는 "그 직접적이고 필수적인 군사용 지원시설과 더불어, NATO의 공습 대상이 될 것이며, 이 공습은 UN 사무총장과의 긴밀한 협조 하에 이루어지며 NATO의회의 1993년 8월 2일자와 9일자 결의안에 합치되는 것이다……."

한편 로즈 장군은 지상에서 확고한 교전을 벌이면서 NATO의회의 최후 통첩을 보조하기 시작했다. 이것은 또다른 NATO측의 공허한 위협이 아니라 확실한 목표를 갖는 구체적인 최후통첩이라는 것이었다. 그것이 100퍼센트 그대로 시행되리라고 믿는 사람은 아무도 없었지만, 지난 수 개월 동안 끊임없이 공습훈련이 실시된 것을 무시하는 사람도 없었다. 민족주의자, 범세르비아계의 기회주의자 등에 의해 압력을 받고 있던 러시아 정부는 2월 18일에 실제상황이 개시되면서 이미 작전구역 내에 파병되어 있던 400명의 러시아 병력이 사라예보의 휴전을 강제하기 위해 재배치될 것이라고 선언할 때까지 불편한 상황에 있었다. 휴전은 성립되었고, 세르비아의 중화기는 계속 철수했으며, 최후 시간이 지날 때에는 국제 슬라브족의 연대에 대한 공식적 행사만이 침울해진 세르비아계를 위로하고 있었다. 작전구역 내에 파견된 100대의 전술 공중통제기들과 NATO 공군기들은 아직도 전투 태세를 취하고 있었다. 그것은 이전과 다를 바 없는 것 같았으나, 이번에는 더욱 강력한 위협이 실재하였다. 2월 11일에는 NATO가 세르비아의 포대를 공격할 경우 이제까지 허용하던 헝가리 영공에서의 NATO AWACs 항공기 활동을 금지하겠다는 헝가리 정부의 선언이 나와서, UN회원국들 간 협력의 취약성이 노출되었다. 헝가리 수상은 이렇게 말했다.

"헝가리는 공습에 참여하지 않을 것이다. 우리는 세르비아 및 세르비아 국민과 앞으로도 수백 년간 같이 살아야 한다. AWACs 항공기는 공습이 실시될 경우 헝가리 영공을 비행해서는 안 된다. 그것은 자연스러운 일이다."[42]

헝가리가 만약 세르비아와 무역관계가 중단될 경우 10억 파운드의 손해가 발생할 것을 우려했거나, 세르비아 내의 헝가리계 40만 명의 장래가 불투명해질 것을 염려했을 수 있었다. 그러나 그때까지 가장 중요한 협력자였던 나라가 군사행동 강화에 지원을 철회한 일은 공습문제에 대한 지역 내 조심스러움을 나타내 주고 있었다.

3주 째 보스니아 세르비아계의 공군은(몇 대 안 되는 전투 훈련기에 불과하지만) '데니 플라잇' 금지구역을 깨뜨리는 믿을 수 없을 만큼 무모한 행동을 감행했다. 6대의 '슈퍼 갈렙(Super Galeb)'은 바냐 루카 공군기지에서 포착됨이 없이 이륙, NATO의 AWACs 항공기에 탐지될 때까지 노비 트라브니크(Novi Travnik)와 부고즈노(Bugojno)등 보스니아 회교계 도시의 군수공장을 폭격했다. 전투 항공순찰 중이었던 두 쌍의 미 공군 F-16들은 착륙하라는 경고를 무시하고 보스니아 공역에서 벗어나려고 했던 갈렙기들에게 돌진하였다. 4대가 격추되고 나머지 두 대는 도주하여 바냐 루카로 귀환했다.[43] 이것은 NATO의 일원으로 활동하고 있던 NATO 공군기가 45년 만에 처음으로 분노에 차서 공격을 실시한 예였다.

이 급작스럽고 극적인 보스니아에서의 항공력 충돌의 의미를 과장하기는 아주 쉬웠다. 2주가 채 지나지 않아서 프랑스 병사 한 명이 세르비아 저격병에 의해 살해된 것이 틀림없어 보였다. 그러나 로즈 장군은 "이 경우에는 사격 당사자가 누구인지 불명확하기 때문에"[44] 보복 공습을 요청하지 않았다. 이틀 뒤 3월 12일의 늦은 밤, 다른 프랑스 군부대가 전차와 30mm 대공포로 공격을 당했다. NATO공군기들은 출격했으나 공격자들의 위치를 파악하지는 못했는데, 한편으로는 악천후로 시계가 나빴기 때문에 또 한편으로는 공격자들이 숲 속으로 후퇴했을 것으로 여겨졌기 때문이었다.[45]

반면에 항공력은 사라예보를 둘러싼 사태의 촉매 역할을 하고 있음이 틀림없었다. 결의에 찬 지상군 지휘관 한 사람, 비상한 결의를 보이는 NATO, 그리고 특정 구역과 시간대 내의 한정된 목표 등은 러시아가 외교력을 발휘해서 이 지역의 장기적 평화에 도움이 될 세르비아측의 위축을 불러오게끔 하였다. 바냐 루카에서 세르비아 파일럿들이 신속히 철수함으로써 서방측이 진지하다는 것이 재확인되었고, 그 외 철수가 요망되는 군 병력에게 만약 서방이 단결하기만 하면 항공력이 영향력 있고 힘을 행사할 수 있는 수단이 될 수 있음이 과시하였다. 그러나 다른 제약조건이 남아 있었다. 180대의 NATO 전투항공기들이 작전구역 내에 1994년 3월까지 공중급유나 공중전투초계 임무를 띠고 24시간 지상에서 대기 중이었다. 그러나 그들은 최소한도의 무력을 사용해서 부수적 피해가 발생할 위험을 피하여, FAC의 통제와 적극적 표적 식별을 갖춘 상태에서만 공격이 가능했다. AAA와 경화기에 의한 낮은 수준의 위협은 아직 남아 있었고, 가끔 날씨 때문에 수일간 작전이 불가능할 때도 있었다.[46] 지속적이며 결정적인 항공력의 사용 여지는 별로 없었다.

2년 간 구 유고 지역에서의 분쟁 해결에 항공력이 기여한 정도와 의지는 부처 이기주의적 간섭과 방임 아니면 그 둘 다에 의해 왜곡되었다. NATO 회원국들 사이의 정치적 알력과 미국의 국내 정치 사정 및 현저한 예산 감축과 평화유지 활동에서의 역할 분담 문제 때문에 각 군 사이에 벌어진 갈등이 문제의 원인이었으며, 평화유지의 대가를 분담하기를 원하며 새로운 예상 밖의 그리고 끝이 없을 것 같은 안보 부담을 안기를 극히 꺼리는 각국 정부들이 또한 문제의 원인이었다. 그리고 바로 그 정부들이 어떻게든 행동을 취해야 한다고 주장하는, 적대행위로 가득찬 매스미디어에 자극 받은 일반 청중들도 한몫하고 있었다. 여기에는 또한 적나라한 공포가, 억제요인이 그리고 전인미답의 기회가 있었다. 놀라운 것은 이때 항공력에 관하여 잘 알려지고 객관적인 공공의 토론이 이루어지지 않았다는 사실이다.

그러나 항공력 관련 정책형성과 집행에 대해서는 충분한 역사적 전례가 존재하고 있었다. 보스니아의 제반 상황이 장차 똑같은 조합으로 나타날 리는 없겠지만, 여러 개별적 면모들은 재현될 것인데, 보스니아 내전의 많은 면모들 자체가 항공력이 처음 사용되었을 때의 상황들과 유사하며 장래에 교훈을 남기고 있다. 보스니아에서 항공력의 역할, 또는 그것이 부재함으로써 나타난 효과와, 그것이 장래의 평화유지 및 평화 강제 작전에 미칠 잠재적 영향력은 보다 넓은 역사적 안목에서 분석되어야 한다.

평화유지 활동 환경

걸프전의 작전환경과 보스니아의 그것 사이에는 극적인 대조가 이루어진다. 걸프전에서는 이라크 군을 쿠웨이트에서 축출한다는 구체적이고 한정된 목표가 있었다. 보스니아에서는 군사력 사용의 목표가 불확실한 상태였다. 걸프전에서, 지형과 어느 정도까지의 기상조건은 항공력에게 유리하였으며, 이라크 지상군은 대체로 사막 지역에 배치되고 비전투원들과 격리되어 있었다. 그들의 증원, 재보급, 후퇴로는 많지 않고, 사용한계를 넘었으며 공격에 취약했다. 그러한 점들은 보스니아나 세르비아 군에게서 일체 찾아볼 수 없었다. 이라크 군과 그 일원적인 지휘통제시스템은 바그다드로부터 나와서 확실히 규정되고 의심할 여지가 없는 목표에 맞춰져 있었다. 전쟁은 해당 환경에 완벽히 들어맞았던 최첨단 기술을 이상적으로 활용하기는 했어도, 다분히 전통적이고 재래식인 성격을 띠고 있었다. 반면 보스니아 내전에서는 국지적으로 상당한 자율성을 가지고 움직이는 세르비아 군이 대규모이고 잘 분산되어 있으며, 은폐된 군사력을 가지고 자체 무기와 탄약 소모율을 조정하며, 이라크 군에 비해 차단에 의한 어려움을 크게 겪지 않고 있었다.

보스니아 작전구역의 이러한 면면은 공군기획관들에게 아주 상이한 문제를 던졌는데, 거기에 더하여 모든 평화유지 활동 환경에서 항공력을 사용할 때 부딪치게 될 장애가 있었다. 여기에 사용하는 '평화유지'라는 표현은 인도적 구제, 보호, 자위, 평화 강제 그리고 평화유지 등의 일련의 연속적 활동을 간단히 줄여서 부르는 명칭이다. 이 연속 행동의 상수(常數)는 내분 또는 외압에 의한 내홍(內訌)으로 지역적 또는 국가적 정권 정당성이 붕괴되는 것이다. 예를 들면 국제 구조 활동은 한 지역에서 발생한 국가적 재난이 피해 당사국의 대응력을 넘어서는 규모일 경우 시행된다. 그 나라의 국권이 무사하다면 그 환경은 우호적이고 유화적일 것이다. 그러나 이미 분쟁의 도가니에 빠진 지역에 국제 구호 활동을 실시할 경우, 당파적 이익이 개입되어, 구호 활동이 위협당하거나 방해받을 수 있다. 따라서 그러한 구호 활동은평화유지 활동의 연쇄 과정 속에 편입, 그 지역에서 모든 유형의 '평화유지' 대안을 고려하게끔 한다.

이 활동들은 독자적으로 시행 가능하며, 예를 들면 키프로스의 구호 활동시 항공력은 '그린 라인(Green Line)'의 순찰 임무에 국한되어 그리스와 터키계 키프로스 군 사이의 휴전 준수 여부만을 살폈었다. 그러나 보스니아에서처럼 구호 활동이 무장병력의 호위를 필요로 하고, 그것은 다시 압도적인 적 병력에 대항하기 위해 항공력 지원을 필요로 함으로써 항공력의 역할이 증대될 수도 있다. 또는 소말리아에서처럼 여러 활동이 종합될 수 있는데, 1993년 당시 구호 활동이 실시되는 과정에서 이 구호 활동을 차단하려고 한 것으로 인식된 소말리아 토후에게 징벌적 공습이 실시된 바 있다. 전통적 항공작전에서 목표를 달성할 기회와 그에 소요되는 비용과 노력의 계산은 일차적 고려 대상이었다. 하지만 평화유지 활동시에는 공중작전이나 다른 평화유지 활동 연속 과정상의 수반 활동의 타격 효과(knock-on effect)가 똑같은 중요성을 가지고 고려된다. NATO 사무총장 뵈르너가 1993년 11월 관측했듯이, 보스니아 내전의 교훈은 "자기 자신의 병력이 포로가 되는 상황을 피할 것."[47] 이었다.

또한 공습의 주체라고 인식될 수 있는 나라들의 작전구역 내 비전투원들에 대한 보복의 위험이 있을 수 있다. 그러한 보복에 대한 우려는 1992년과 1993년 보스니아와 소말리아에서 여러 차례 있었다. 그것은 결코 새로운 것이 아니다. 1920년도에 '제국 경찰활동(Imperial Policing)'이라는 이름으로 알려진, 대영제국의 항공 부문의 활동은 아프가니스탄과 인도의 국경에까지 확대되었다. 영국 공군기들은 이미 소말릴랜드의 '진정(鎭靜)'에 동원되었고 1920년대에 이라크와 그 외 중동 지역에 배치되었었다.[48] 1923년, 인도 제국 정부는 부족민과 그들의 마을에 공습을 가할 경우 발생할 인도적 문제에 의문을 품고, 특히 그러한 공격의 결과로 영국 기독교인들에게 가해질 보복을 우려했다. 그러한 우려 표명 중 한 예는 북서 방면 지사로부터 심라(Simla) 소재 정부에 보낸 서한으로, 보복에 대한 우려를 자세히 언급하면서 이시기에 벌써 적대적 언론의 진상 왜곡 문제까지 짚고 있는 것이었다.

"본인의 의견으로는 영국 부인들에 대해 저질러진 범죄는 어떤 식으로라도 그 부족에 대한 공중공격과 관련될 수 없습니다. 최근 처음으로 피해를 당한 부인은 1920년 3월 페샤와르(Peshawar)에서 납치된 윙필드(Wingfield)부인입니다. 그때까지 해당 부족에 공습이 가해진 경우는 전혀 없었습니다. 뒤이어 1920년 11월 포크스(Foulkes)부인이 살해당했으며, 와지르스탄(Wazirstan)의 라쉬카르(lashkars)에서의 경우를 제외하면 부족간에는 한 발의 폭탄도 투하되지 않았습니다. 각각 살해와 납치된 엘리스(Ellis)부인과 와츠(Watts)부인의 경우는 아잡(Ajab)과 그 일당들의 소행이며, 코하트(Kohat), 티라(Tirah), 파라치나(Parachinar)에 폭격 작전은 일체 없었습니다. 그가 보낸 많은 서한들에서 미루어 아잡은 자신의 범죄를 변호하기 위해 부족에 대한 폭격을 전혀 언급하고 있지 않습니다. 부족 폭격을 실시함이 마땅하다는 여론은 세 부류로부터 지지받고 있습니다.

(1)카불(Kabul)과 그 국영 언론.

(2) 사마르칸드(Chmarkand)와 알 무자히드(Al Mujahid)

(3) 인도 극렬파와 그 기관지.

이 셋은 때때로 영국을 포함한 다른 나라의 언론에서 공명되기도 합니다. 이런 식으로 범죄를 호도하려는 그들의 저의는 분석할 필요조차 없습니다. 그들은 항공기가 우리에게 부여하는, 부족민들에 대한 장악력을 두려워하며, 그에 따라 공포가 만연되는 것은 그들이 정부를 향해 휘두를 좋은 무기가 됩니다. 본인은 이 여론을 상기한 자들이 조심스럽게 퍼뜨리고 있는 것이야말로 교활한 대 선전선동의 일부라고 봅니다."[49]

따라서 한 나라의 정부가 자체 이익을 위해 군사력에 의지할 때는 매우 민감해지게 마련이다. 현대 평화유지 활동의 연속 과정에서 또 하나의 특색은 그것들이 초국가적인 권위, 보통 UN의 권위 하에서 이루어진다는 것이다. 그러한 특색이 의미하는 바는 항공력이 공식적인 국제 협약에 크게 구애받지 않으며, 권한을 부여하는 기관의 원칙에 보다 충실할 수 있다는 점이다. 1993년 모가디슈에서, 미군 헬리콥터와 고정익기가 도시 지역에 공격을 가한 일은 그것이 군사적으로 비효과적일 뿐만이 아니라 UN의 원칙에 완전히 반한 것이었기 때문에 비판을 받았다. 1993년 9월 당시에는 토후들이 에이디드 장군의 군대에 대하여 아녀자들을 '인간방패'로 내세웠다는 인식이 저변에 있었다. 미군 헬리콥터들은 파키스탄 병사들이 매복하고 있던 곳의 인근의 아녀자들에게 사격을 했으며, 이에 대하여 UN군 미측 대변인 데이빗 스톡웰(David Stokwell) 소령은 다음과 같은 발언을 했다.

"매복지에는 관측병이 없었다. 그 아녀자들은 위협세력으로 추정되었다. 그들은 무기 휴대와 관계없이 전투원으로 추정되었다."[50]

그 결과 무분별했던 미군의 공습과 평화유지 활동 특유의 제약점을 이해하지 못한 점에 대한 국제적 격앙이 세계 언론의 머릿기사를 장식했던 반면, 에이디드 장군의 자의적인 판단의 잔인성을 고발하는 것은 아니었다.

평화유지 활동과정에서 항공력, 또는 사실상 어떤 형태로든 군사력을 사용하는 개별 정부들은 국가 안보나 명확히 정립된 국가 이익을 신장 또는 보호하는 경우에 비하여 비판에 대해 더 민감한 경향이 있다. 각국 정부들은 평화유지 활동에 참여할 것인지 아닐지에 대해 계속해서 결단을 내린다.

영국은 국제 질서의 안정을 국익으로 보며, 국제법과 외교 활동을 분쟁의 중재역으로 삼으려는 나라이다. 하지만 그러한 일반 원칙을 지키기 위해 힘을 사용하는 것은 다른 경우보다 부적절할 수 있다. 예를 들면 이 원칙이 포클랜드에 대한 아르헨티나의 침공 시 위협당한 것은 틀림없다. 그러나 걸프전의 경우, 국가 이익과 국제 질서의 원칙이 우연히 일치되기는 했으나, 영국은 UN 다국적군에 참여할 것인가, 참여시에는 어느 정도의 기여를 할 것인가를 선택할 수 있었다. 평화유지 활동에 참여할 것인가를 선택하는 문제는 항공력의 사용에 있어서 몇 가지 중대한 시사점을 갖는다. 민주 정부는 평화유지 활동이, 국내 정치에 미치는 영향에 대해 특히 민감하다. 아군의 사상자는 즉각적인 중대성을 띤다. 거기에 만약 상대국의 구형 무기에 첨단 전투항공기가 손실된 경우까지 겹친다면(모가디슈에서 미군 헬리콥터가 격추된 것처럼), 국내 정치의 반대 세력은 사상자 문제까지 종합해서 정부정책에 반기를 들고 나올 수 있다. 정부의 결의는 부정확하고 무분별한 공습으로 희생된 무고한 희생자들과 부수적 피해를 대중 매체에서 집중적으로 보도할 경우 약해지게 된다. 포클랜드 전쟁에서처럼 정부가 표적 지역에의 언론 접근을 통제할 수 있는 경우는 드물다. 게르니카, 런던, 바르샤바, 드레스덴, 그리고 베트남의 몇몇 지역의 이름은 공습의 무시무시한 이미지로 덧씌워져 있다. 심지어 앞서 본 것처럼 걸프전조차도 이라크 민간인 피해를 최소화하려는 다국적군의 면밀한 노력이 있었음에도 알아마리야(Al Amariyah) 벙커에 대한 공격을 계속해서 그러한 노력을 무색케 하는 비극으로 거론되었다. 재난은 언론의 일대 주목을 받기 마련이다. 군사력의 과도한 사용이나 무능에서 빚어진 재난은 어느 곳에서 진행되는 평화유지 활동에서는 언론의 머릿기사를 장식하고, 대중의 지지를 약하게 한다.

그 결과 평화유지 활동은 종래의 군사 활동에 비해 더 지원의 제약을 받고, 정치적 입김에 크게 좌우되며 정치적으로 훨씬 민감하게 된다. 그러한 정치적 제약과 그것이 작전 수행에 있어 가지는 의미를 파악하지 못한 공군은 장차의 획득 문제와 항공력 운영에 있어 심각한 결과에 직면할 수 있다.

결국 각국 정부들은 장기적 개입시의 위험과 불확실한 결과가 예상될 경우에는 언제나 평화유지 활동에서의 정치적 목표를 확정하기를 꺼리는 경향을 보인다. 그 결과 보스니아 전에서처럼 군사참모들은 자신들의 군사력 사용의 근거가 될 정치적 위임이 분명히 주어지지 않는 데 대해 당혹해 하게 된다. 보다 유연한 접근이 필요하다는 사실은 1993년 11월 NATO 사무총장 만프레드 뵈르너에 의해 설명되었다.

"…… 군사개입의 목적은 꼭 전쟁 승리를 필요로 하지 않으며, 관련 당사자의 행동에 영향을 줄 수 있다면 충분하다. 우리는 제한된 정치적 · 외교적 목표를 달성하기 위해 제한된 군사적 수단을 가질 필요가 있다. 전부 아니면 전무라는 식으로만 생각해서는 안 된다 ……."[51)]

뵈르너 사무총장은 일반 원칙을 정립한 것이지만, 그러한 생각은평화유지 활동 중의 개별적 출격 하나 하나에 이르는 작전 수준에 영향을 준다.

걸프전에서 아직까지 베트남전에서의 '점진주의'의 기억을 곱씹고 있던 다국적군 최고사령부는 다국적군의 사상자를 많이 내지 않고 이라크를 신속히 격파하려는 희망에서 수적으로나 질적으로 압도적인 전력을 신중하게 집중 배치하였다. 이라크 병사들의 항복을 유도할 심리전을 위해 다대한 노력이 투입되었으나, 기본적인 목표는 다국적군의 승리를 보다 용이하게 하려는 것이지 이라크 군의 사상자를 줄이려는 것이 아니었다. 평화유지 활동의 궁극적이고 가장 복잡한 특성은 과정 전반에 걸쳐 타협을 이룩함이 목표가 된다는 것이다. 그것은 가능한 한 아군과 적군의 사상자를 모두 최소화해야 함을 뜻한다. 그것은 또한 최대한 많은 군사력을 투입해서 최소한의 실제 사용을 하게 됨을 의미할 수도 있다. 이는 다시 최소화된 전력이 사실상 아군의 안전을 위협함으로서, 전술기획과 무기선택에 어려움을 초래하게 한다. 이렇게 보면, 군 지휘관들이 평화유지 시나리오에 따라 전투를 하게 되는 것을 종종 꺼려한다는 사실이 당연하게 여겨진다.

취약성과 인명피해

이론상 항공력의 모든 역할은 평화유지 작전에 적용될 수 있으며, 특히 걸프전 식의 시나리오가 대규모의 재래식 전력 배치를 요하며 재현된다면 그러하다. 사실 최악의 상황에서 UN의 권위를 무시하고 핵무기 사용의도로 위협하거나 실제로 위협할 경우, 역시 핵을 제한적으로 사용하기로 하며 협상을 이끌어내는 대안이 고려될 수 있다. 그러한 상황은 뵈르너 사무총장의 제한적 군사력 사용 원칙을 크게 위협할 것이다. 다행히 저강도의 수준에서 항공력이 요청될 가능성이 더 높다. 그러나 어떤 식으로 항공력이 동원되든 그 초기에 평화유지 환경의 특성상 부가되는 한계와 제약에 대한 현실적 평가가 실시되는 것이 중요하다. 앞서 밝혔듯이 아군의 사상자는 참여를 할 것인가에 대해 민감한 영향을 미친다.

항공편으로 구호 활동을 제공하는 일은 보통 제공 국가에게 정치적으로 손해될 일이 없다. 보스니아에서는 1992년 이탈리아 수송기 승무원들의 생명이 어느 쪽에서 발사했는지 알 수 없는 SAM에 의해 희생되었다. 수송기는 특히 비행장에 접근 또는 이탈 시에 공격에 취약해지고, 활주로를 달릴 때나 화물하역 시 지상사격에 당할 위험이 많다. 일련의 예로 사라예보를 떠나거나 접근하는 UN기들은 SAM 조준 레이더나 그 외 무기체계의 탐지파를 받은 것으로 보고되어 있다. 보스니아 수도 내외에서의 자유로운 비행은 비행장이 직접 공격당하거나 사격전의 중심에 놓임으로써 완전히 중단된 적이 있다.

대공 사격에 수송기가 특히 취약함은 1990년대에 별로 특별한 일이 아니었다. 디엔비엔푸에서의 대대적인 실패와 케산(KheSanh)의 상처뿐인 성공은 아마도 제 2차 세계대전 이후 가장 유명한 전조들이라 할 수 있을 것이다. 그러나 평화유지 활동에서는 그러한 높은 취약성이 정부의 정치 생명을 좌우할 정도로 높아진다. 따라서 비행장과 그 외곽 지역을 지키기 위해 지상군을 배치해야 하는데, 그렇게 된다면 공수 활동은 결코 간단하지 않게 되며, 정치적으로도 문제의 소지가 있게된다. 문제를 해소하기 위해서는, 공수 활동을 지연시키거나 완전히 취소해야 하는데, 그러면 참여 국가들의 정치적 결의가 의문시되면 UN의 권위를 존중하지 않은 국가들의 사기와 결의가 그에 비례해서 고양될 것이다.

전투항공기도 지상 사격에 취약할 수 있다. 개인 화기의 효력에 대한 초기의 주장들 중 하나는 시적인 만큼 부정확했다. 소말리아의 뮬라 세이드 모함메드(Mullah Sey ed. Mohamed)는 1920년 공중에서 '제국경찰 행동'을 시행한다는 영국의 정책 대상이 되었다. 4개월 동안 뮬라의 군대는 12대의 영국 공군 소속 DH9기의 폭격과 위협을 받았다. 3월에 그는 평화 사절단에게 다음과 같이 말했다.

"영국은 12마리의 새들을 내게 보내오도록 했소. 그러나 그들은 내게 해를 입힐 수 없었소. 그들이 떨어뜨린 것들은 나의 흰 차일 꼭대기에 떨어졌으나 아무런 피해도 없었소. 이들 새 중에 네 마리는 프랑스에서 왔더군. 나는 여섯을 떨어뜨렸고, 넷은 프랑스로 돌아가 버렸소. 그러니까 둘만 남았지요."[52]

사실은 12대 모두 영국으로 무사히 귀환했으며 12개월 안에 뮬라가 죽고 그의 사적인 성전(聖戰)도 종지부를 찍었다. 1932년까지 영국 공군은 겨우 14명의 파일럿을 잃고 84명의 부상자를 내었으나,[53] 항공기가 자주 나타나는 적이 됨에 따라 그 취약성도 더해갔다. 예를 들면 1936년에는 팔레스타인에서 지상군의 사격으로 하루에 3대의 영국 공군기가 격추되었고,[54] 제2차 세계대전 이후 대공방어는 레이더와 미사일 기술로 더욱 발달했다.

수년 동안 저강도 작전에서 항공기의 위협은 계속 기본적으로 대공포에 의한 것이었다. 예를 들면 영국의 파일럿들은 1975년 오만에서의 작전 때까지 SAM에 부딪혀 보지 못했었다. 인도차이나에서 프랑스 공군은 전투 도중 650명의 파일럿을 전사 또는 실종으로 잃었는데,[55] 대부분 위치를 찾거나 제압하기 어려운 37-mm AA나 그외 비유도 지대공 사격에 희생되었다. 군사적으로 성공적이었던 알제리 전역 이후, 한 프랑스 공군장성은 대분란전(Counter Insurgency)시 '헬리콥터 운용 4대 수칙'을 수립했다.

첫째, A에서 B로 비행대를 몰고 갈 경우, 적은 어디에서도 나타날 수 있다. 이러한 형태의 전쟁에서 적의 소재를 모를 때, …… 비행 경로의 지상이 확실히 아군에 의해 장악되어 있을 필요가 있다.

둘째, 적의 지상 공격을 피할 수 있을 만큼 충분히 고공 비행을 할 경우, …… 지형과 적이 보유했음직한 무기의 유형을 고려해야 한다. 헬리콥터 비행시에는 1,500피트가 최소 안전고도이다.

셋째, 무장 헬기에 의해 가장 근접하는 호위를 받도록 한다 현재 한 대의 무장 헬기가 네 대의 헬기를 호위하는 비율이 좋으며, 20mm포와 2발 또는 4발의 SS-10또는 SS-11미사일로 무장한 헬기가 필요하다.

넷째, 목표 지역에 언제라도 전폭기가 출동해 공중 화력 지원을 펼 수 있도록 한다.

이러한 수칙을 따른다고 해서 격추나 전사가 일체 없으리라는 것은 아니다. 그러나 적이 아군을 공격하는 기회가 이로써 최소화될 수 있다.[56]

이는 소련제 휴대용 SA-7이 지난 10년 동안 반란군들에게 널리 퍼짐에 따라 종전의 기관총과 여타 소구경 화기들의 위력이 더해진 상황에 대한 보호 수단인 것이다. 전투의 규모가 베트남전 만큼 확대된다면 헬리콥터가 지상의 사격에 대해 갖는 취약성은 방어전술과 자기 방어책에 의해 감소될 수 있다. 베트남전에서 미국은 3,587대의 헬리콥터를 대부분 공격으로 잃었으며, 손실의 대부분은 지상 사격에 의한 것이었다. 인적 피해 면에서만 보자면 이 수치가 대단해 보이지만, 1965년에서 1973년까지 3천 7백만 회 이상 실시된 전투 출격의 수에 견주어 본다면[57] 0.01퍼센트의 피해에 지나지 않으며, 이것은 결코 미국의 해당 작전구역 전략에 장애를 초래하지 않았다.

그 다음의 대규모 대분란전인 아프가니스탄에서의 상황은 매우 달랐다.

1979년까지 소련은 초기적인 헬리콥터 작전에 대한 준비를 겨우 마무리했다. 아프간 내전의 초기 국면에는 중무장한 Mi-24헬기와 역시 자체 방어 플레어(적외선 탐지 교란용 화염탄)를 장착한 고정익 SU-25기가 소련의 전술 차원 작전 전개에 대단한 기여를 했으나, 그 시점에서도 전구의 국면이 소련 측에만 유리하게 전개되지는 않고 있었다. 1986년까지 아프가니스탄의 무자헤딘은 저고도 비행하는 소련의 고정익기와 헬기들을 상대로 중기관총, SA-7, 때로는 로켓 발사유탄까지 사용하였다. 그들은 비행장 근처나 항로 또는 착륙지 근방에 매복을 했으며, 그 전술은 앞서 알제리에서 FLN이 사용했던 것과 아주 유사했다. 소련 공군은 이에 무장 헬기와 고정익기의 화력 지원으로 맞섰으며, 이것 역시 알제리에서 사용되었던 대응 수단과 유사했다. 항공기의 손실 정도는 아주 다양하게 운용되던 소련 항공력을 심각하게 위협할 정도는 아니었다. 특히 헬리콥터는 "아프가니스탄에서 소련군의 가장 역동적이고 효과적인 작전 수단이었다. 작전이 분산 수행된다는 점과 대부분 접근이 불가능한 광활한 지역에서 작전해야 한다는 점 때문에, 헬리콥터 없이는 소련군이 무자헤딘을 지속적으로 압박하고 그들의 분산된 요새들에 보호와 보급을 유지할 방법이 없었다. 헬리콥터는 전투 전력의 기동력(반군이 결코 흉내낼 수 없는), 향상된 기습 효과, 대응 시간의 감축 등을 제공하여, 소련군이 반군의 위협에 신속하게 대응하며 직접 공격으로 기선을 제압하기 위한 가장 효과적인 수단이 되어 주었다."[58)]

그리하여 1986년에 아프가니스탄에서의 항공전과 소련군의 위치는 무자헤딘이 새로운 지대공 무기 3종, 즉 미국제 스팅거(Stinger)미사일, 영국제 블로우파이프(Blowpipe) SAM, 그리고 스위스제 엘리콘(Oerlikon) AA포를 도입하면서 극적인 변화를 겪게 되었다. 전술 습격이 확실히 가능해졌고, 소련군의 피해는 1987년까지 급속히 늘어, 보도된 바로는 하루에 항공기 한 대 꼴이 되었다.[59)] 모든 헬기와 고정익기 작전에 큰 차질이 빚어졌고, 그것은 직접적인 전력 소모와 AA를 피하기 위해 어쩔 수 없이 행해지는 고속

비행 그리고 더 높은 수준의 작전 준비 필요와 전투 효율성이 떨어지는 작전의 취소 등에 의해 야기되었다. 이 모두는 고고도 대공포와 중저고도 SAM의 결합으로 만들어 낸 결과였다.

파키스탄으로부터의 무기 보급로를 차단하려는 소련의 끈질긴 노력, 그리고 전술 비행 패턴에 대한 추가 수정에도 불구하고, 새로운 지대공 방위 무기의 도입은 소련의 군사력 효과를 떨어뜨렸을 뿐 아니라, 무자헤딘의 사기를 충천케 했고, 아프가니스탄에서 버티자는 소련의 결의를 더욱 흔들어 놓았다. 1989년 2월에 지역 군사 협정이 효력을 발휘할 때까지, 약 1천 발의 스팅거 미사일이 무자헤딘의 손으로 들어갔다. 이는 아마도 3백~4백 대의 소련 항공기를 격추하였다. 모든 활자화된 수치는 무자헤딘 쪽에서 나온 것이며, 따라서 비슷한 경우에서와 같이 다소의 과장이 있을 것이다. 하지만 정확한 수치가 어떻든, 소련이 감당하기 어려운 수치였음은 분명하며, 이는 본래 국가안보 이익이 위협되고 있다고 느낄만한 수치였다. 지대공 무기가 항공력의 위력을 극단적으로 줄여 버린 것이다. 더욱이 이 무기는 첨단 기술을 이용한 것이었지만 기술 수준이 낮은 비정규군에 의해 운용되고 있었다. 보다 덜 분명하지만 장차 작전에서 결코 떨어지지 않는 점은 항공기가 저고도에서 SAM을 피하려고 할 경우 구식 전법이 유리해진다는 것이었다.

평화유지 활동에서 더 지대하고 지속적인 의미를 갖는 요인이 두 가지 더 있었다. 첫 번째는 니카라구아의 산다니스타(Sandanista)정부가 소련제 SA-14 휴대용 미사일을 구입했다는 소식이었는데[60], 이것은 스팅거에 필적할 만한 소련의 미사일 군이 세계 시장에 곧 나오게 되리라고 상기해 주었다. 두 번째는 무자헤딘의 손에 들어간 스팅거의 상당수가 국제 암시장에 팔려서 소련의 손에 들어갔으리라는 의혹이 널리 퍼진 것이었다.

따라서 항공력을 필요로 하는 장래의 평화유지 작전이라면 어디서든 최신 지대공 미사일에 직면할 것에 대비해 두는 것이 현명할 것이다. 비록 적대 행위자 측이 자체적으로 첨단 기술을 보유하고 있지 않은 것으로 여겨지더라도, 해외에서 무기를 들여오는 일을 막기는 어렵다. 금수 조치는 강제하기 어려우며, 그 시점에서 이미 비밀히 수입 물량을 확보하고 있을 수도 있다.

공지 작전

따라서 장래의 평화유지 작전에서는 두 가지 경우가 일치될 때 민감한 반응이 나올 수 있다. 그중 하나는 확실치 않은 이유로 승무원이 사망하는 경우이며, 다른 하나는 적대 행위자 측이 다수의 첨단 SAM을 확보하고 불확실하고 예측이 어려울 정도인 대량의 저고도 경대공포(AAA)의 지원을 받게 된 경우이다. 이들 무기는 휴대용이거나 기동력이 높으며, 농가나 도시에서 쉽게 은폐할 수 있다. 그러한 위협은 어떤 곳에서든, 휴전 또는 강화조약이 맺어진 상황을 제외하고는 평화유지 활동 과정에 항공력을 도입하는 일을 어렵게 만든다. 비록 그러한 상황에서도, 불만을 품은 소수에 의해 공격이 가해질 가능성을 배제할 수 없다. 예를 들면 1979년 12월에서 1980년 3월까지 로디지아에서는 그 나라의 내전을 마무리지을 휴전 및 사면 협정을 지원하기 위해 파견되었던 영국 공군 헬리콥터들이 공격을 받았다. 보스니아에서 이탈리아 수송기가 격추된 사실이 증명하듯이, 심지어 인도적인 구호 활동조차도 다른 교전 당사자에게는 빨치산 행위로 이해될 수 있다.

보복의 위협은 항공력이 공세적으로 사용됨에 따라 증가한다. 일정한 상황에서는 그저 힘을 과시하는 것만으로 지상의 적대 행위자들이 적대 행위를 포기하게 만들기에 충분하다고 생각되었다. 그러나 실제 그런 일이 일어난 경우는 역사상 매우 드물며, 특히 교전 당사자들이 약탈과 만행의 습관대로 행동하는 것이 아니라 어떤 신념이나 유대관계에 힘입어 싸우고 있을 경우 그럴 가능성은 더욱 줄어든다. 항공력의 위협 공격이 있을 경우, 그들은 지체 없이 반격할 것이다. 보스니아에서처럼, 지상 공격이 계획되었을 경우 교전 수칙에 대해 전투원들 사이에 논쟁이 벌어질 수 있다. 선택할 수 있는 공격 방법은 비전투원을 지키기 위한 소극적인 것에서부터, 어떤 사건에 알려진 또는 의심이 가는 공격을 예방하기 위한 선제공격에 이르기까지 다양하다. 이중 전자의 방침은 1936년 팔레스타인의 영국군이 취한 것인데,[61] 당시 승무원들을 공격한 건물에 응사하는 것조차 금지되었다. 그런 반응은 인도적 견지에서는 찬탄할 만했으나 사실 극도로 비생산적인 것이었다. 그 이후 저항군과 장비들은 도시 지역에서 공습을 두려워하지 않게 되었고, 다시 한 번 개입 국가들의 의지가 의심을 받아야 했다.

그러나 공중에서의 반응이 즉각적이고, 정확하며 엄격한 것이 아니고서는, 공격을 한 저항군이 재빨리 후퇴해 버린 와중에 공습은 부수적 피해와 무고한 사상자가 발생할 가능성이 있다. 이와 같은 조건에서의 공습은 오히려 역효과만 날 것이다. 영국 제국경찰 활동의 초기에서처럼 공습은 개입 조건의 승복을 이끌어내고 제 3자인 국가들로부터 불복자들에 대한 지지가 약화되게끔 만들 수도 있다. 그러나 보다 최근의 사례인 베트남전에서 걸프전에 이르기까지의 경험은 보다 분노에 찬 반응이 개입자들에게 가해지고, 불복자들에 대한 지지가 더 강화될 수 있음을 시사해 준다. 특히 비전투원들에게 정치력이나 군사력이 없거나 거의 없을 경우에는 군사 행동의 목표가 상대를 격파하는 것보다는 복종을 이끌어내고 평화를 가져오는 데 있다면, 그것에 항공력을 적용하는 선택의 가치는 더욱 더 의문시된다. 그러나 이것은 평화유지 활동에서의 항공력의 공세적 사용에 대한 논의가 아니라, 무장이 잘 되어 있는 지역에서 비전투원의 사상 가능성이 높은 와중에 소규모의, 기동성 있는 적을 항공력에 의존해서 대응하는 선택에 대한 논의일 뿐이다. 항공력으로 저격병이나 그 외 소구경 화기를 상대하고, 기동성 좋은 휴대용 곡사포들을 잡게 하는 일이 때로는 불가능하지는 않더라도 극히 어렵기 마련이다. 그런 임무는 지상군에게 주어져야 한다.

항공력은 휴전 협정 불복자들이 전차와 화포를 사용하며, 보스니아에서처럼, 잘 알려져 있고 약하게 엄호되는 지휘·통제 포스트에서부터 아측 지상군이나 거점을 위협하는 전력에까지 조정이 잘 되어 있을 경우, 전력의 미비함을 보충하는 수단으로 사용될 수 있다. 이는 걸프전에서 항공력이 지상군을 직접 공격하여 이라크 군의 전력을 크게 줄여 놓음으로써 다국적군 지상군의 임무 수행을 한결 쉽게 했던 예와는 비교될 수 없다. 보스니아의 시나리오에서는, 저항군의 중화기에 의한 위협은 그것을 파괴함으로써가 아니라 그것을 포기하거나 철수케 하라고 강제함으로써 해소 가능했다. 예를 들면 UN군 수송대 지휘관 하나는 지상 공격기와 전투공중초계에 관해 정기적인 무선 교신을 하고 있었는데, 저항군은 이 수송대를 전차가 없는 상태에서 공격하는 것이나, 크고 적막한 도로에서 세우는 행동을 하기 전에 심사숙고했어야 할 것이다.

최소한의 힘을 사용한다는 원칙에 따라, 공중공격의 위협은 전차, 중포, 지휘관 등에 대한 정밀 공격이 있은 다음에, 그래도 저항군들이 물러서지 않을 경우에 취해져야 할 것이다. 그러한 표적들은 걸프전에서처럼 AA 방공포의 유효사거리 이상의 고도에서 발사된 PGM에 취약할 것이며, 따라서 아측 인명 피해 가능성을 최소화하면서 표적의 구분 가능성을 최대화할 수 있을 것이다.

이 시나리오에서 적의 화포나 전차가 그러한 공습을 피하기 위해 도시의 밀집 지역으로 후퇴했을 경우의 우려는 보다 줄어든다. 그들이 원래의 UN 또는 다른 아측 표적의 구역 밖으로 물러나 있는 한, 그들은 무력화되었다고 볼 수 있다. 그들은 계속해서 차후의 위협 가능성을 남기지만(평화 협정이 조인될 때까지), 항공력은 그들이 대피 지역에서 되돌아오지 못하게 하는 보장을 제공한다.

걸프전에서는 바그다드 시의 몇 개 전략표적에 대한 정밀 공격으로 부수적 피해나 민간인 사상자는 거의 없었다. 평화유지 작전에서는 그러한 공격의 잠재 파괴력이 그에 따라 유발되는 부수적 피해를 상회할 경우가 있다. 예를 들면, 만약 인근 국가가 UN의 권위를 무시하고 불복국가를 적극적으로 지원하고 있다는 확고한 증거가 있다면, 그 나라의 훈련소, 무기 저장소, 그리고 심지어 수송망마저도 적법한 표적으로 간주될 수 있다. 그러나 만일에 저항군 측이 독자적으로 활동하면서 외부의 암묵적 지지 이상의 것을 받고 있지 않다면 '피난처'에의 공습이 정당화되기는 어려워진다. 발칸에서의 예를 들면, 베오그라드에 대한 징벌적 공격은 보스니아에서의 전투에 별 영향을 미치지 못했고, 비전투원의 처지를 곤란하게 하고 이제까지 미온적이거나 UN에 협력적이던 측들이 보스니아 세르비아계의 지원세력과 합류할 위험마저 유발할 수 있었다. 따라서 냉정하게 볼 때, 도시의 피난지역에 대한 전술 또는 전략표적 공습은 평화유지 작전에서 타협과 유화의 목적에 역효과를 낼 수 있다.

도시와 촌락지역을 떠나서는, 공습으로 불복 세력의 무력 사용을 좌절케 하거나 힘을 저하시키는 것이 가능하다. 예를 들면 아측 지상군이 도달할 수 없거나 너무 멀리 떨어진 지역에 적이 도피하는 것을 막거나, 대규모 지상군의 결집을 차단함으로써, 그리고 불복 진영의 병력이 아측 지상군과 격리되었을 때 그들을 괴롭힘으로써 이러한 기여를 해낼 수 있었다. 개념상 그들 작전은 1950년대 말레이시아에서 행해진 것과 유사하나, 이 식민지 분쟁의 경험에서의 교훈이 참고되어 있다.

예를 들면 8대의 링컨(Lincoln) 폭격기로 구성된 호주 공군 비행대가 말레이시아에 17,500톤의 폭탄을 투하한 결과, 9년 동안 16명의 반군을 살해한 것으로 보고되었다.[62] 그러나 폭격기의 출현은 반군의 기동을 차단하고, 그들이 다시 조직을 정비하고 병영을 세우는 일을 방해했으며, 여러 차례 그들이 아측 지상군과 내키지 않은 접촉을 하도록 만들었다. 그러나 소위 '신속 대응' 공격은 그보다 더 파괴적이지는 못했다. 30분 간격으로 실시되는 공격은 항공기가 표적 지역에 도달하기 전에 반군이 '사라져' 버리는 일을 막기에는 불충분했다.[63] 심지어 반군과의 교전이 벌어졌을 때도, 정글은 그들을 정밀 공습으로부터 지켜 주었고, 제트기는 그 지역을 순회 비행하기에 충분한 연료를 갖출 수 없었다. 이 전역에서는 대공 사격은 거의 고려되지 않았었다.

말레이시아 사태에 대한 사후 분석을 금세기 말 평화유지 작전에 항공력을 동원하는 경우에 특히 적절히 응용할 수 있다.

"…… 공세적 항공작전이 성공하기 위해서는, 일정한 조건들이 충족되어야만 한다. 필자의 생각으로는, 첫째, 식별 가능한 표적. 둘째, 그 정확한 위치 파악. 셋째, 표적까지 정확히 운항할 수 있고 그 표적에 맞는 무기를 탑재할 수 있는 공군력이 그러한 조건들이다."[64]

14명이 사망한 작전을 포함하여 필자가 알고 있는 모든 성공적인 폭격작전은, 첩보원을 준비하여 조심스럽게 기획된 섬세한 작전이었다. 그것은 상당한 시간과 초정밀성을 요구했다. 특수요원이 항상 그 작전에 개입, 일종의 첩보원이 되었다.[65]

필자가 생각하는 항공력의 역할은 육군과 공군의 완벽한 협력에 의해서 달성된다. 공군의 기여는 그다지 대단한 것이 아니다. 공군력은 확실히 육군의 보조 전력일 뿐이다. 항공계 인사로서 우리는 이 작전에서 독자적 역할을 갖지 못하고 있다고 말할 수 있다. 우리는 육군과 민간의 담당자들과 긴밀한 협조를 해 나가야 한다.[66]

클러터벅(Clutterbuck)대령이 '첩보원'이라고 표현한 대상의 현대적 용어는 'HUMINT', 즉 기술적 수단이 아니라 사람에 의해서 적시에 보급되는 정보 보급체계이다. 항공작전을 연구하는 측은 각국의 공군뿐만이 아니다. 반군들도 무선 통신을 사용하지 않고, 가급적 야간에 또는 은폐 상태에서 이동할 것이다. 그들은 적외선 센서에 포착될 수 있으나, 말레이시아에서처럼, 그들의 산개해 버리기 전에 신속하게 공격하지 않으면 소용이 없다. 심지어 그들을 적시에 잡을 수 있다 해도, 그들에게 공대지 공격을 가하는 것보다는 적절한 정보 수집으로 그치는 것이 더 나은 평화유지 작전 중의 대안일 수 있다.

대체로 전부는 아니더라도, 공세적 공중작전에서 지상과 공중 사이의 긴밀한 협력이 절실한 편이다. 민간 출신에 의한 식민 정부 대신 현재는 UN이나 그 외 국제기구의 대표가 있다. 미 공군 같은 일부 공군은 그들의 '독립성'을 저해하는 듯한 작전들에 종래 보여 온 민감함을 재고해야 할 것이다. 작전구역 내 전투항공기의 작전 통제권을 외국 지상군 지휘관에게 넘겨주는 한이 있더라도.

사실, '저강도' '대분란' 작전에서의 경험은 항공력의 기본 기능이 지상군의 지원에 있음을 보여 준다. 그러나, '지원'은 마치 화포가 보병에 '종속'되는 것과 같은 '종속'을 더 이상 의미하지 않는다. 두 군은 상호보완적이다. 공세적 공중 지원은 저항군의 위력을 떨어뜨리고, 화력이나 병력을 결집하지 못하게 하며, 어쩌면 그들의 강경책 자체를 철회하도록 만들 수 있을지 모른다.

전술적 공중 이동성

공세적 공중 지원이 적의 전력을 감축하는 역할을 한다면, 전술 공중 기동은 아측 전력의 확대 수단이 된다. 이미 밝힌 이유에 따라 적측 대공포가 제압되거나, 약화되거나, 회피되었다면 헬리콥터와 고정익기 모두 평화유지 활동 전반에 걸쳐 막대한 기여를 할 수 있게 된다. 헬리콥터는 아측 보병대가 우호적이지 않은 지대에서 저항군과 동일하거나 그 이상의 기동력을 발휘할 수 있게 해준다. 3-4일만에 도보로 주파할 수 있는 영역은 20분 만에 헬리콥터로 돌아볼 수 있다. 헬리콥터 공정대는 반군의 지형과 거리상의 유리함을 줄이면서 그들을 측면 공격, 포위하고 동시에 항복이나 휴전 조건 수락을 이끌어낼 수 있다. 알제리 내전과 스팅거 미사일 출현 이전의 아프가니스탄 내전은 그러한 작전의 좋은 예이다. 사상자 후송, 병력 보강, 재보급, 그리고 신속하고 뚜렷한 군사지원을 고립된 민간 정부에게 제공하는 역할들은 평화유지 작전에 이들이 기여할 수 있는 역할들이다. 공중 기동 제공의 누적적인 영향은 특정 지역에서 필요한 지상군 규모를 감축하는 것으로 나타난다. 지역 전체에 영구 주둔군이 필요하다고 여겨지더라도, 공중 편으로 신속히 병력을 보강할 수 있는 능력은 전체적인 지상군 병력 수를 줄일 수 있다. 더욱이 분쟁으로 황폐화된 저개발국의 영토나 지역에서는 헬리콥터가 민간인들의 구호와 치료 후송에 사용됨으로써 평화유지 활동에 한층 기여하게 된다.

합동 연합작전

평화유지 작전에 항공력이 기여할 수 있는 바를 이처럼 부분적으로 살펴보면 그 활동이 광범위하다고 해서 임무가 복잡하지는 않으며 그에 따라 대단한 계획을 요하지 않을 것으로 생각할 수 있다. 공습과 공중기동의 조정은, 특히 하나의 항공기로 두 가지 역할을 모두 담당케 할 경우에는, 그 자체만으로도 세밀한 지휘·통제 구조 설계를 요한다. 그러나 여기에 추가로 무장 초계활동까지 맡겨지면 문제는 심각해진다.

1986년 이전 소련이 아프가니스탄에서 사용하던 수송 호위 모델은 '개구리 뛰기' 즉 헬리콥터를 써서 다음 고지 또는 협곡을 정찰하고 필요시 그곳의 적을 소탕하는 시스템이었는데, 이는 분명 평화유지 작전에서의 구호활동과 해당 지역 파견 지상군의 보호에 도움이 된다. 그런 전력이 적절한 교전 수칙을 갖추고 보스니아에 출현한다면 저항 비정규군은 또 다른 골칫거리를 안게 될 것이다. 그러한 무장 초계는 수송대나 아측 지상군에 대한 공격을 막기 위해 공중 근접지원을 실시해야 할 경우를 줄여줄 것이다. 사실, 지상군과 회전익기, 고정익기에 의한 연합작전의 전반적 군사 목표는 저항세력의 선제공격을 가능한 한 예방하는 것이 된다. 그러나 말레이시아에서의 '첩보원' 들의 경우처럼, 지상에서 정보원(源)에 가까이 접근하는 것은 무장 정찰이 반군이 은폐하고 있는 지역을 상대로 실시될 경우 긴요하다. 개입측의 전력이 무제한적인 자산을 운영할 수 있는 경우는 거의 없는 것이다.

몇 가지 경우에, '전통적인' 작전에서, 반군 측은 선공을 통해 극적이고 파멸적인 결과를 낳을 수 있는데, 그것은 비행장을 공격하거나 비행장을 교전 상태에 묶어둠으로써 항공 활동을 방해하는 것이다. 하나의 작전 기지에 의존하는 일은, 전방의 양호한 상태가 아닌 작전기지에 의존하거나 아예 비행장이 미비한 지역에서 작전하는 것처럼, 항공전을 수행하는 헬리콥터나 고정익기 모두에게 있을 법 한 일이며, 설사 이륙 거리를 줄이고 착륙 방식을 개선해도 이러한 일이 있을 수 있다는 사실에는 변함이 없다. 디엔비엔푸는 아직까지 미증유의 단일 최대 비행장 참사이지만, 그 이후에도 반군이 비행장의 방어를 뚫고 들어왔던 일은 몇 번 있었다. 키프로스 분쟁시 아크로티리(Akrotiri)와, 베트남에서 몇 차례, 그리고 아프가니스탄에서는 무자헤딘이 여러 차례 이 일을 해냈다. 이들 공격은 영국, 미국, 소련의 정책에 큰 영향을 주지는 못하였으나, 그런 작전이 평화유지 작전 중에 성공했다면 그 정치적 효과는 대단했을 것이다. 또한 한 발 이상의 이라크 스커드미사일이 만일 1990년 8월에 미 공군의 F-15들이 배치된 직후의 다란 공군기지를 가격했다면 UN 다국적군이 어떤 반응을 보였을 지도 상상해 볼 만하다.

그러나 평화유지 작전에서는 비행장에의 의존이 강력한 정치적인 유리함을 만들어 줄 수도 있다. 인종적 요인으로 UN의 개입이 촉발될 때는 그 결과에 최대의 이해관계를 걸고 있는 인근 국가들은 지상군 참여에 의사가 가장 없는 국가들이 되게 마련이다. 그러나 그들은 비행장을 제공하고 항공 공간을 통제해 줌으로써 개입군에 기여할 수 있는데, 1990년에서 1991년까지의 사우디아라비아, 터키, 그 외 페르시아만 연안국들과 1992년에서 1994년까지 이태리, 헝가리가 그러하였다. 그리하여 개입군은 공격당할 위험 없이 작전구역에 전략 공수를 실시하고, 작전구역 내 단거리 항공기의 주요 작전 기지를 얻을 수가 있었다. 그러한 조건에서라면, 장차 UN의 작전에서 비행장은 일부 걸프전 분석가들이 예측한 것보다는 더 쉽게 획득할 수 있을지 모른다. 비행장이 확보된다면 작전에 대해 지속적인 공중 지휘 · 통제를 유지하거나 거침 없는 전투 공중순찰을 실시할 수 있는, 대단한 유리함을 얻을 수 있다.

그러나 어떤 경우에는, 작전구역 내의 공군기지들이 적대적이거나 정치적으로 대립하는 진영의 손에 들어 있을 수 있다. 평화유지 작전이 국가간 위기를 해결하기 위한 것이거나, 내전 상황에서 가능한 제 3세력과의 합작을 꾀하는 것이라면(걸프전에서 그랬고, 필요로 할 것이다),평화유지 활동 기간 중 모든 공중 활동에 있어서 제공권의 완전한 확보가 긴요하다. 앞서 밝힌 이유에 따라, 주된 위협은 지상에서 오겠지만, 초기 국면에서부터 공중개입의 잠재력은 무조건 억제되어야만 하며, 만약 필요하다면, 제압되어야 한다. 그 강제집행이 가능한 이상 비행금지구역의 집행은 가장 중요한 수단이다. 따라서 평화유지 작전에서는 작전구역 내에 공중 통제력이 있는 전투항공기가 가능하다면 지대공, 공대공 위협을 모두 차단할 수 있는 위력을 발휘해 주도록 요구될 가능성이 높다. 제 3자측은 그들 자신의 비행장과 지원 인프라의 운명에 관심을 갖지 않을 수 없을 것이고, 따라서 그들의 항공기들이 평화유지 활동의 차단에 나설 수 있다.

대차대조표

걸프전에서는 20세기 후반의 항공력이 절정의 영광에 달했으며, 보스니아의 대 혼란 속(1994년 2월 이전)에서는 나락으로 곤두박질쳤다. 그러나 평화유지 작전이라는 특별한 작전 성격이 현재의 억제 요인들과 더불어 속속들이 이해된다면, 항공력은 그 활동에 참여할 것인가, 아닌가를 고민하는 정부들에게 많은 것을 제공해 줄 수 있을 것이다.

지상 병력을 필요로 하지 않는 평화유지 작전을 상상하기는 어려운 일이다. 앞서 설명한 이유에 따라, 대부분의 항공작전은 지상군과의 긴밀한 협력, 또는 지원이 없어서는 안 된다. 그러나 일부 국가는 그들의 임무를 항공력으로만 수행하려 하거나, 항공력을 써서 지상군투입 부담을 줄여 보려고 할 수 있다. 적대 전력의 감소 수단이자 아측 전력의 확대 수단으로서의 항공력은 계속해서 정치적, 경제적으로 매력을 가질 것이다.

항공력은 상대적으로 간단하게 배치-철수될 수 있으며, 특히 작전구역 내 아측 기지에서 운용되면서 실전이 벌어지는 구역에서는 떨어져서 운용될 경우 그 유리함은 증가된다. 이 특성은 분쟁을 해결하고 복잡한 정전 조건을 유지하기에는 장기적 정치 국면상 불충분할 수도 있으나, 이후에 베트남이나 아프가니스탄과 같은 상황에 빠질 위험을 피하면서 국제적인 의무를 수행할 수 있는 수단으로 정치가들에게는 매력적일 수 있다. 항공력으로 지상의 점령을 유지할 수 없음은 오래 전부터 논의되어 온 사실이다. 항공력으로 적군의 영토 점령을 매우 어렵게 만드는 것은 가능하며, 따라서 항공력은 불복하는 정치 집단들이 군사력에 의존하는 것을 좌절시키거나, 자신들의 정치 목표를 포기토록 하는 수단이 될 수 있다. 항공력은 다른 군사력과 마찬가지로, 정치적 대립을 종식시킬 수는 없으나, 정치적 화해가 분쟁의 지속보다 나은 평화유지 환경을 조성하는 데 도움이 될 수는 있다.

아측 항공력이 동원될 경우에는 적측이 자유롭게 중포, 전차, 고정식 지휘소를 써서 평화유지 활동을 위축시킬 수 없게 되고, 안전한 피신처, 확실한 보급로, 위협 당할 걱정이 없는 외부로부터의 군사지원은 생각할 수도 없게 된다. 매복, 도로 차단, 적측 군사력의 집중 배치는 모두 전술 공중초계와 공정 보병대에 의해 제약을 받는다. 거침 없이 민간인이나 UN지상군을 공격하던 비정규군이나 그 외 세력은, 특수 경보체계를 제공받지 않는 한, 공중으로부터의 공격에 취약해진다. 공중작전은 위협당하고 있는 지역 외곽의 안전한 기지에서 추진될 수 있다. 그 작전들은 수 시간 내에 시작, 강화, 축소, 연기, 종료될 수 있으며 그 과정에 대규모 지상군을 투입·철수하는 과정에서 일어나는 복잡한 문제들을 겪지 않아도 된다.

반면 만약에 적측이 유리한 기상 조건을 이용하거나 도시 지역을 이용하여 그 소재를 숨기거나, 부수적 피해 및 비전투원 피해를 유발하려 하거나,

가격이 싸지만 효과적인 대공무기(AAA)로 대형 참사를 일으키겠다고 위협할 경우, 그들은 개입자 측을 패배시킬 필요는 없으며 그저 그들의 노력으로 그들이 치를 준비가 되어 있던 정치적, 군사적, 경제적 대가 이상을 지불하도록 만들면 그만이다. 이것은 항공력으로서는 불쾌한 교훈이며, 보스니아의 시나리오에서 다른 어떤 전력보다 씁쓸함을 맛보았던 측이 항공력이다.

그러한 고려는 걸프전의 극적인 성공만큼이나 장차 항공력의 활용에 큰 영향을 줄 가능성이 높다. 계속되는 기술의 발전은 현재 복잡하게 제기되고 있는 장차적 군 구조, 훈련, 자원 배당의 문제와 상호작용해 갈 것이다. 1994년까지는 오직 한 나라, 미국만이 모든 전쟁, 즉 저강도 분쟁에서 대규모의 대륙간 전쟁에 이르는 모든 형태의 전쟁에 확신을 갖고 항공력을 투입할 21세기의 유일한 국가처럼 보였다. 만일 그렇게 된다면, 항공력이 국제안보에 미칠 영향은 실로 지대할 것이다.

- 제 7 장 -

「 "항공력 없는 러시아는 러시아가 아니다" 」

항공력은 동서간 40년의 대립에서 주축을 이루었다. 그것은 중부 유럽 지대 바깥의 위성국가들 사이의 분쟁에서 두드러진 역할을 했다. 서방 특히 미국의 항공력이 사막의 폭풍 작전의 위업 위에 탄탄한 자리를 구축한 것으로 보이는 반면, 러시아의 항공력은 지리멸렬해져 있다. 21세기를 내다볼 대 서방 정부들은 그 재기를 어느 정도 고려해야 할까? 1994년까지는 모든 예측이 낙관적이었으나, 1989년에서 1993년까지의 극적인 변화의 연속이 일단 진정된 후부터는 러시아 공군(VVS)은 재건 조짐이 보이며, 그것이 완전히 현실화되었을 경우에는 서방의 공중 패권을 궁극적으로 위협하고, 그에 따라 서방이 항공력을 정책 수단으로 사용하는 일이 곤란하게 될 수도 있다.

고르바쵸프의 군비통제안은 서방 공군 인사들에게 상당한 의심을 받았는데, 수개월 동안 그들은 소련 공군의 공세적 전투 훈련과 배치가 갈수록 첨단화되고 효과적으로 진행되어 가는 과정을 목격하고 있었기 때문이었다. 여기서 받은 인상은 자기 확신이 있고 첨단화된 군대가 앞서 제 3장에 설명한 작전 개념에 부응하여 신세대 항공기와 무기를 운용하려고 학습중이라는 것이었다. 그러던 중 돌연 전체 구조가 무너졌다. 일이 뒤엉키고 더욱 심각해지는 경우가 많았는데, 소련군의 동유럽으로부터의 철수, 사막의 폭풍작전에서 얻은 심리적 충격, 소련의 해체, 국내 경제의 붕괴, 그리고 군 구조 자체의 침식 등이 함께 일어났다.

동유럽으로부터의 철수

1988년 후반기에 실시된 소련 공군의 동유럽에서부터의 철수는, 영국 국방정보부 분석에 의하면, 독일 내의 소련 군 전단에서는 700대의 고정익기와 750대의 회전익기, 중부 유럽 군단에서는 고정익기 70대, 회전익기 150대, 남부 군단에서 고정익기 230대, 회전익기 130대, 북부 전단에서 120대의 헬리콥터에 달하여, 총 고정익기 1,000대, 회전익기 1,140대가 이 지역에서 철수했다.[1] 동독 지역만 보아도, 70개 레이더-무선 송신기지의 지원을 받는 110개 비행장과 헬리콥터 기지를 사용하던 소련 공군이 비트슈토크(Wittstock)의 제16공군 본부와 함께 철수했다.[2]

1989년에는 동유럽의 공산주의 정권이 하나 하나 무너져갔다. 1989년 11월에 모스크바에서 개최된 국제군사회의에서[3] 동독의 제독 한 사람은 소련측 제독들에게, 그 지난주에 자신도 참가하여 행했던 베를린 시위는 단순히 민주주의와 자유를 주장하는 것이었지, 바르샤바 조약기구로부터의 탈퇴를 의미하는 것은 아니었다고 변명하고 있었다. 그러나 소련측 인사들의 의심은 근거가 충분했다. 1990년 중반까지 소련은 체코 주둔군을 철수하는 데 동의했고, 헝가리로부터는 1991년 중반까지, 폴란드로부터는 1993년까지, 동독으로부터는 1994년까지 철군하는 데 동의했다.[4] 이 와중에, 1992년 모든 소련 공군기지들은 폴란드로 복귀했으며 1993년 말까지는 비행 대대들 모두가 단 하나만 남긴 채 동독을 떠났다.

또다른 복잡한 요인이 없었다고 해도, 그러한 규모의 재배치가 3년이 안 되는 시간에 대부분 이루어짐으로써 작전 효과성에 미치는 영향은 파괴적일 수밖에 없었다. 그러나 여기에 더하여 바르샤바 조약기구가 해체됨으로써 전술 지대공 포대에서 상호 조정되는 국가별 섹터들을 지나 소련 내지에까지 그물망을 뻗치고 있던 레이더, 요격기, 미사일의 네트워이 파괴되었다. 모스크바에서는 그때까지 동맹국들이었던 나라들의 돌연한 '약화'가 문제시되기보다는 소련의 취약한 서부 측방을 보호하고 있던 방공 체계가 상실된 것이 더욱 심각하게 문제시되었다.

공격력 또한 마찬가지로 약화되었다. 앞서 설명한 것처럼, 동유럽에 파병되었던 여단들은 바르샤바 조약기구의 항공전 대비와 이후의 총력 공격에 있어 필수 불가결한 역할을 맡고 있었다. 전진기지에서 철수한 소련 공군기의 다수는 후방에서 출격하여 전방에 도달, 서유럽에 대한 위협을 유지할 작전 거리를 확보할 수 없었다.

가능한 곳에서는 항공기들이 이미 유사한 기종의 항공기가 있는 기지로 복귀했는데, 항공대원들과 항공기들의 복귀-정착은 또 다른 문제였으며 이는 모든 계급의 병사들 사이에 큰 불만 요인이 되었다. 무주택 군인 가족의 수는 여러 가지로 파악되어 있다. 1991년 10월에 러시아 공군의 부사령관 아브라크 아유포프(Abrak Aiupov)중장은 무주택 공군 및 가족의 수가 20만에 달한다고 밝혔다. 그는 그의 많은 동료들과 마찬가지로 동유럽에서의 철수가 너무 졸속으로 이루어졌다고 생각하고 있었다('3년이 더 걸려도 될 일이었다')그는 무주택 공군을 방문하고 가까운 시일 내에 상황을 호전시켜 주겠다는 희망을 줄 수 없었기 때문에 자신이 말만 앞세우는 사람처럼 보일까 해서 환멸을 느꼈다. 그는 이미 한계에 달한 예산을 쪼개서 독일의 구 소련군 주둔 지역의 원상복구에 써야 한다는 사실에 더욱 분개했는데, "지면 2m 이하를 모두 바꾸어", "모든 시설과 건조물을 제거하고" 러시아 병력과 장비를 철도편으로 수송하는 비용을 폴란드에 지불해야 한다는 것이었다.[5] 그러나 이처럼 어려움이 많았음에도, 아유포프 부사령관은 자신의 최고의 임무를 확신하고 있었다. 그것은 "경계태세를 유지한다"는 것이었다. 이 발언은 고르바쵸프가 첫 번째의 군비통제 제의를 한 지 3년, 1990년 7월의 NATO 선언이 있는 지 15개월, CFE 조약 체결 후 11개월, 1991년 8월의 실패한 쿠데타 이후 2개월, 그리고 아마도 가장 중요한 것으로서, 사막의 폭풍작전 이후 9개월 만에 가장 점잖으면서도 솔직한 대화에서 나왔다.

걸프전의 영향

걸프전에서 다국적군의 압도적인 승리는 소련군, 특히 러시아 공군에게는 악몽의 현실화에 다름 아니었다. 1984년 5월, 당시 소련 일반참모총장 총참모장이자 제1국방상 오가르코프 원수는 「적성(赤星)」지의 기자로부터 "오늘날 군사 문제에서 가장 기본적인 변화는 무엇입니까?"하는 질문을 받았다. 오가르코프 원수의 지위를 볼 때, 그리고 그 메시지가 일간 군 신문을 통한 것임을 고려할 때, 그의 대답이 소련 총참모부의 관점을 대변하고 있다고 볼 수 있었다. 사실 그의 견해는 여러 차례 반복되고 발전되어, '방어적 방어'와 합리적 충분성이라는 허울뿐인 말이 통하던 시기에 약간만 타격을 받았을 뿐, 그대로 살아남아 오늘에 이르고 있다.[6] '적성' 지와의 인터뷰에서, 오가르코프 원수는 재래식무기에서 '질적인 도약'이 이루어지고 있다고 보았는데, "이는 필연적으로 작전 수행과 준비상의 변화를 유발하며, '질적으로 새롭고, 이전과 비교할 수 없을 만큼 더 파괴적인 형태를 갖는다.' '자동 축적-파괴를 복합 수행하는, 장거리, 초정밀, 최종 유도 전투시스템들 …… 그리고 질적으로 새로운 전자 통제시스템들은 단지 국경 부근만이 아니라 전 국토에 즉각적으로 능동적 전투 작전을 시행할 수 있으며, 이는 과거의 전쟁에서는 불가능했던 것'이다."[7]라고 말하고 있다.

이전에 소련의 교리는 재래식 화력으로 적의 자산을 파괴하는 것은 '동시적이 아니라 순차적으로' 가능하다고 규정하고 있었다. 이제는 오가르코프가 정의한 발전 때문에, 적의 전선 전반에 걸쳐 동시적이고 즉각적인 파괴가 가능해졌다.[8] 이러한 발전은 작전적, 전략적 전선과 후방에 이르기까지 심각한 위협을 제시한다. 1984년에 나온 또 다른 공식 견해도 이러한 예견을 포함하고 있었다.

"물자를 실은 트럭대열, 덤프차와 기지, 철로, 수송기 등을 비행장에서 파괴하고, 그외 대형 교량이나 그외 표적들을 작전적, 전략적 후방에서 파괴하면 전체 대형(사단, 여단)과 대규모 대형(전선, 군, 군단)의 붕괴를 초래할 수 있다."

더 고약한 것은, "이 상황은 만일 적이 병참선과 그 외 표적에 대규모 공격을 시도하여 성공할 경우 더욱 악화된다."[9] 그러한 견해는 동유럽에서 현실로 이루어지기 어려웠지만, 걸프전에서는 여실히 드러났다. 많은 소련 분석가들이 NATO전략은 대체로 유럽 전용으로 설계된 장비와 무기에 기반한 NATO군에 의해 실행될 것으로 생각했음은 별로 놀랄 일이 아니다. 사실 이 악몽은 더욱 심했을 수 있는데, 오가르코프 등은 비록 이 신기술을 사용한다고 해도 작전 수행에는 단지 몇 주가 아니라 수개월이 걸릴 것으로 보고 있었기 때문이다.[10]

걸프전의 충격 특히 사막의 폭풍작전 기간의 충격은 수개월 동안 소련 기획, 정책 참모들 사이에 대단한 반향을 일으켰으며, 그 정도는 러시아 공군의 재구성을 논할 지경에 이르렀다. 1991년 1월 당시 러시아 공군 최고 사령관이었던 사람은 러시아 공군의 '기관지'와 흥미로운 인터뷰, "비행과 우주비행(Aviation and Cosmonautics)"을 가졌다. 내부 증거들을 보면 사막의 폭풍작전이 발발하기 전 그 인터뷰는 끝났다가 이어서 주석을 달며 '변형'되었던 것으로 보인다. 이 인터뷰의 서문과 모든 질문들은 샤포시니코프(Shaposhnikov) 장군이 1990년의 국내 상황을 군사 항공과 연관지어 보고 있었음을 보여 준다. 그가 직면하고 있던 문제를 논한 길고도 폭넓은 언급에서, 그는 세 방면으로 걸프전을 '언급'했으며, 모두 약간씩은 궤도를 벗어나 있었다.

대원 훈련과 비행사고율과의 상관 관계에 대하여 "대규모 공습을 격퇴하고, '스텔스'기를 상대하는 수단으로, 무선전자 시스템과 그 외 수단을 폭넓게 이용하는 방법이 개발중이다." 라고 했고, 미국과 그 외 NATO군, 또 CFE 불참국들의 지속적 위협과의 상관관계에 대하여 "더욱이, 걸프 지역에서의 전쟁은 상황을 악화시켰으며 일본과 남한의 군사력이 증강되고 있다." 라고 했으며, 마지막으로 비행 훈련과 지휘 임무 사이의 상관관계에 대하여 다음과 같이 말했다.

"우리는 우리의 비행장을 파괴하여 제공권을 장악하려는 적의 대규모 공습을 대비한 전술 비행훈련을 다원화하려고 한다. 여기서 중점은 그러한 공격에서 우리의 항공기를 보호하기 위해 전자 대응수단 사용과 스텔스기를 상대할 새로운 수단 강구 등에 두어진다."11)

사막의 폭풍작전에 대한 초기의 소련의 군사력 코멘트는 대체로 방어적이었고 종종 모순에 빠져있기도 했는데, 이 파국으로부터 소련 군사 · 기술 고문단의 책임을 미루고, 성공을 주장하는 서방 언론 보도를 과장이라고 매도하고, 이라크 군의 무능함을 탓하며 다국적군의 승리를 압도적인 수적 우위 탓으로 애써 돌리려는 등의 내용이었다.12) 그러나 샤포시니코프 장군의 코멘트들은 실제 소련의 인식이 무엇이었는가를 보여 주고 있다. 소련이 방공 장막을 잃었을 당시 오가르코프와 그의 동료들이 느낀 최악의 공포는 이라크에 가해진 즉각적, 동시적인 공격의 짧은 소요시간과 높은 효과를 목격하고 더 이상 커질 수가 없을 지경이 되었다. 오가르코프 사령관은 소련이 이전 공격에 대응할 능력을 갖추고 있다는 그의 주장보다 더 많은 것을 알고 있었을 것이다.

1991년 6월 필자는 모스크바의 국방부 소련 총참모부의 150명을 조사, NATO의 정책 변화와 걸프전에 대한 생각을 질문하였다. 그중 첫 번째 질문에는 공손하지만 적대적인 태도가 표출되어 있었는데, "CFE에 의한 불균등 군축과 동유럽에서의 상황 변화를 고려할 때, 어떻게 소련의 방공을 준비할 것인가?"였다.

소련의 해체

1941년 6월의 기억과 소련 자체의 은폐-기만-기습 개념에서 무게를 얻은 소련의 예에서 보듯, 기습공격에 대한 염려는 이후 6개월 동안 더욱 커지기만 했다. 1991년 실패한 쿠데타 이후, 소련 자체가 해체되기 시작했다. 총참모부는 독립국가연합 안에서 연합방위체제를 유지하려고 헛되이 애썼다. 그러나 겨우 수개월 내에 모스크바의 방위선은 엘베(Elbe)강의 서쪽 방벽에서 드비나(Dvina)강과 드네프르(Dniepr)강의 유역으로 후퇴했다. 이후에 이 과정은 파벨 그라쳬프(Pavel Grachev) 국방장관에 의해 다음과 같이 요약되었다.

"바르샤바 조약기구를 토대로 해서 우리는 제1차적이자 주된 전략 지역을 창설, 이를 발판으로 삼아 공격에 나서려고 했다. ……(그리고 이 지역에) 엘리트 전력이 집중 배치되어 있었다. …… 두 독일이 통일되고 바르샤바 조약기구가 붕괴하자, 주된 방어 구역은 우리의 국경선까지 후퇴했다. …… 우리의 최강 전력의 일부를 재배치하면서, 우리는 그들을 벨로루시, 트랜스카르파티아, 오데사, 키에프 군관구(MD : Militaly District)의 병력 충원에 동원할 수밖에 없었다. 우크라이나 내의 3개 MD를 곧바로 민영화하기로 한 우크라이나의 결정에 의해, 우리는 매우 어려운 상황에 처하게 되었다. …… 모스크바 MD는 사실상 국경수비 MD처럼 되었다."13)

다른 말로 하면, 잘 조정된 군구조 내의 대부분의 전방 항공기지, 병참시설, 조기 경보레이더, 지휘통제단 등 여러 단위들이 파괴되거나 모스크바의 통제 밖으로 벗어나게 된 것이다. 이 상황을 더욱 심각하게 만든 것은, 동유럽에서 철수한 소련군의 다수가 벨로루시, 우크라이나, 코카서스 지역 등에 재배치되었던 반면, 그 외의 병력, 가령 우크라이나 프릴루키(Priluki)의 2개 TU-160 블랙잭 대대 같은 경우는 소비에트연방(USSR)의 창립 초부터 그곳에 배치되어 있었다는 사실이었다. 1992년 1월 국가연합군 최고사령관 직할로 하는 한편, TU-22 백파이어 C 미사일 발사항공기들을 우크라이나 국방부에서 모스크바의 관할로 옮겨달라는 요청은 거부했다고 분명히 밝혔다.[14] 2주 뒤, 우크라이나 국방부는 자신들이 TU-160기들의 지휘-통제권을 접수했음을 확인했다. 비록 우크라이나 공군장교들이 사견임을 전제로 자신들에게 전문 인력이 부족하고 유지보수 자원도 없음을 밝혔지만.[15]

이런 문제는 서부 측방에만 국한되어 있지 않았다. 1992년 초, 한 장군은 다음과 같이 관측했다.

"군사분쟁이 발발했을 시에 우리의 방위는 난감해질 것이다. 제 1전략제대는 완전 붕괴되었고, 이것은 비밀도 아니다. 그 이유는 우리가 제 1제대를 구축하면서 주변 지역들(키예프, 카르파티아, 발트 연안 군관구 등등)에 모든 것을 쏟아 부었기 때문이다. 이 때문에 우리는 독립국가연합 전략군에 방공 전력을 포함하고 그것을 집단안보 수단으로 간주하기를 바랐던 것이다. 그러나 불행히도 그것은 이루어지지 못했고, 결국 모든 것이 무너져 버렸다. 그리고 트랜스코카서스 군관구에서 우리는 전투부대보다 더 많이 공격받는다는 이유로 모든 레이더 기지를 해체해 버렸다. 다시 말해서, 우리의 방위력, 특히 남부의 방위력이 극히 허약해졌다. 그리고, 우리가 비행을 하려고 하면, 그것은 오직 중앙 전력에 의해서만 가능하게 되었다. 중앙집중식 방어체계는 더 이상 존재하지 않는다."[16]

모스크바에서 특별히 고려하고 있었던 것 중에는 항공기 공격뿐 아니라 탄도미사일의 경보를 담당해 주던 다수 조기경보 레이더시스템의 손실이 있었다. 미국과 소련 사이에 핵무기 감축이 논의되던 시절에도, 러시아 보수파는 탄도미사일 공격을 두려워하면서 변형 스커드와 장거리 중국제 스커드를 러시아 남부, 동부의 긴 변경지대 전역에 추가 배치했었다. 소련이 해체되면서, 라트비아, 벨로루시, 우크라이나, 아제르바이잔, 카자흐스탄의 레이더들은 네트웍에서 분리되었고, 이에 따라 소련 인공위성들의 모니터 기능에 깊은 골이 파여지게 되었다.

가령 라트비아와 러시아의 관계가 악화되었을 때, 이 발트 연안국은 리가(Riga)시를 행진하는 러시아 육군과 스크룬다(Skrunda)에서 레이더 기지를 운영하는 방위 기술자들 사이에 어떤 구분을 지을 준비가 되어 있지 않았다. 협상 테이블에서 라트비아가 유리한 입장이었다는 것과 러시아와 함께 조기경보 네트워의 도움을 받고 있었다는 점은 주권 원칙을 세워야 한다는 생각과 이들 기지에 러시아측 접근을 유지시키는 데 실제적인 어려움이 있다는 점에 의하여 묻혀 버렸다.[17] 미사일 조기 경보에 대한 신뢰는 전략 핵 억제와 안정성 확보에 있어 필수적인 요소였다. 그것이 없는 한, 경계 태세에 들 가능성이 줄어들고 오판의 가능성은 늘어나게 된다. 그러한 우려는 보다 힘있게 내려졌던 전략 미사일군 사령관 유 막시모프(Yu Maksimov) 장군의 경고에도 내재되어 있었는데, 그는 조기 경보체계가 "분해될 수는 없고 제거될 수 있을 뿐이며, 이는 세계 인류의 위협 상황을 조성한다."[18]고 밝혔다.

1992년 3월 19일에 벨로루시는 1991년 11월의 우크라이나를 본받아 자국 영역 내의 모든 방공 전력, 전술 항공, 폭격기대가 벨로루시 군소속에 들어간다고 선언했다.[19] 비슷한 조치가 러시아 연방 자체 내에서도 취해졌는데, 체첸 공화국과 코카서스 국가연합, 그리고 그 외 공화국들에서 그러했다. 독립 러시아 군은 1992년 5월 7일 옐친 대통령의 선언에 의해 수립되었다. '소련의 옛 국방부와 총참모부'[20]의 구조에 군 지휘-통제 기능을 맞춤으로써 과거와의 연속성이 모색되었다. 그리고는, 서방 군사시찰단의 시찰기간이 채 끝나기도 전에, 국제 동맹 유지의 임무를 띠고 있던 모스크바의 총참모부가 해체되고, 다음에는 소련 자체가, 다음에는 독립국가연합이 해체되어, 적어도 당분간은 러시아 홀로 남게 되었다.

1992년에 소련군이 공화국들 사이에 사분오열된 것은 공군과 방공군에 특히 가혹한 영향을 미쳤다. 지상군이 군관구 내에서 비교적 재량권을 갖고 배치되어 있던 반면, 소련의 항공력은 긴밀히 조정되고 통합되어 있었다. 소련 전체를 걸쳐 방공망은 튼튼하게 짜여져 있었으나, 장거리폭격기 같은 전략 자산들, 수송기 급유기, 초계/AWACs기, 전술항공기들과 육군 항공기들 사이의 상호 관계는 보다 엉성했다. 소련군 분해의 누적적인 효과는 러시아 공군 사령관 데니킨(Deynikin)에 의해 다음과 같이 묘사되었다.

"본인의 의견으로는 현재 군 상황을 1941년 철수 시점의 상황과 비교해 볼 수 있을 것으로 본다. 유일한 차이는 당시에는 우리가 러시아 내륙 깊숙이, 못 한 개까지 빠짐 없이 숨겨 놓을 수 있었다는 것이다. 그러나 오늘날에는 항공기의 차원에서 볼 때 우리의 최고 전력이 과거 한 나라였던 신생 공화국들에게 가 있다. 우리는 이제 러시아 공군의 기초부터 다시 세워야 하는 입장이다."[21]

24대의 TU-95M, 19대의 TU-160 블랙잭(blackjack), IL-76 수송기들을 '국가 귀속'키로 한 우크라니아의 결정은 특히 러시아의 전략 능력을 떨어뜨렸다.

정치적 분열은 즉각적으로 구소련의 항공력을 분산시키기 시작했으니, 러시아 공군의 회복력은 구소련의 항공산업 분해로 인해 더욱 해를 입었다.

항공산업의 혼란

소련 총참모부는 오가르코프 원수의 "전쟁수행방식의 획기적 변화에 대한 분석"이 소련 방위산업에 미칠 영향을 이해하고 있었으나, 당시 소련의 경제 사정과 능력 부족을 생각할 때 경제를 개혁하고 구조조정하지 않고는 신기술 무기를 대량생산하는 것이 불가능하다고 보고 있었다. 소련 경제의 현대화를 위해 마련된 고르바쵸프의 글라스노스트, 페레스토로이카에 대한 초기 주장은 다소 의심을 받았으나, 소련군의 재무장을 보장해 주는 한은 소련군으로부터 환영을 받았다. 비슷하게 외부 비용을 줄이고 서방의 경제지원을 이끌어내려던 그의 외교적 공세 역시 처음에는 군산복합체의 환영을 받았다.

국내 정책의 계산 착오와 비록 외교적 성공을 가져왔지만 경제적 실패를 동반했던 고르바쵸프의 개혁은 환영받지 못했다. 1985년에서 1992년까지 소련과 그 후계자인 공화국들은 경제 침체로부터 체제 붕괴로 곤두박질쳤으며, 최대의 희생자 중 하나는 항공산업이었다. 앞서 제 4장에서 논했듯이, 여기서 요구되었던 산업 기반은 고위 군장성들에게 명확히 이해되고 있었다.

"오늘날 첨단 무기, 최신 전투 기술의 산물을 계속 생산하기 위해 필요한 것은 그저 평범한 것이 아니라, 최첨단의 공학 수단, 로봇 공학, 최첨단 컴퓨터와 유연한 생산체계이다."[22)]

그리고 다시 고르바쵸프 시대가 2년이 흐른 후, "군의 기술 수준을 향상하기 위한 투쟁 과정에서, 과학-기술상 진보의 기본 경향은 아무리 강조해도 지나치지 않다. 기체 제작에 보다 우선 순위가 주어져야 하며, 특히 공작기계 생산, 로봇 공학, 컴퓨터 기술, 부품 제작과 정밀 전자 공학에 힘을 기울여야 한다. 이는 정확히 오늘날 군사·기술 진보의 기본적인 촉매가 되는 것이다."[23)] 라고 하여 항공산업은 기술분야 확산의 선 위에 서야 마땅함을 주장했다.

사실 "소련 경제가 군사적 부담으로 어려운 상태에 있다는 인식이야말로 고르바쵸프가 1988년말 군예산을 축소하는 행동을 취하도록 하였다."[24)] 8개 소련 부처에서 9백만의 인력을 고용하고 있었고, 비 산업 부문의 3백만을 추가로 지원하고 있었다. 덧붙여 거의 모든 산업체가 어느 정도씩은 군수생산에 관여하고 있던 한편, 국방부는 자체의 연구, 수리, 유지 시설을 보유하고 있었다. 군사 소요는 위기 시에 미국과 NATO를 상대할 경우에 동원을 해야 할 필요 때문에 더욱 경제에 부담이 되었다. 따라서 민간 트럭, 민간 수송기와 엔진, 그리고 핵, 우주, 통신 산업 등이 모두 군사 기준에 맞추게 되었다.[25)] 군산복합체는 국가 자원에 대한 우선권을 요구하고 있었으나 산물의 가격은 인위적으로 고정해 놓은, 실제 비용과는 무관한 저가였다. 노동력은 안정적이었고 특혜 받은 봉급 수준과 상대적으로 높은 수준의 주택, 복지, 그외 사회 보장에 의해 지지되고 있었다. 예를 들면 노보시비르스크(Novosibirsk)의 수호이기 생산 복합 단지는 270개의 주택 단지, 20개 보건소, 종합병원, 휴양시설, 문화궁전, 그리고 스포츠 경기장을 갖추었을 뿐 아니라 구내 무료 레스토랑과 약국 등을 '통상의' 산업 지원시설로 구비하고 있었다. "왜곡된 가격과 비용구조, 그리고 은밀한 보조금의 여러 채널을 볼 때, 모스크바의 관료들이나 기업 운영자들 중 어느 쪽도 소련군의 무기 제작에 드는 실제 비용을 이해하지 못하고 있었음을 알 수 있다."[26] 사실 국가체제의 거대함에도 불구하고, 아무도 얼마나 많은 민간인들이 군산복합체에서 근무하고 있는지 알지 못했다. 이것은 고르바쵸프의 개혁 노력에 한층 더 걸림돌이 되었다.[27]

전체적으로 권위 있는 영국의 분석가에 따르면, "방위 부문은 소련에서 수행되는 연구개발의 약 70퍼센트, GDP의 약 30퍼센트, 노동자 4천 2백만명 중 1천 2백만 명을 점하고 있었다. 통틀어 방위비는 아마도 공산주의 체제의 마지막 30년 동안 GDP의 30퍼센트에 달했을 것이다."[28] 방위 부문은 구 소련 경제에서 가장 뛰어난 부문이었지만, 많은 고질적 약점을 가지고 있었다. 서방의 첨단 기술 수입품을 포함한 대부분의 기기들이 잘 보수되지 못하고, 제대로 사용되지 않았다. 최고의 공장에서, 노동자 일인당 생산성은 선진 산업국가들의 그것에 비해, 1/10 내지 1/8 정도밖에 되지 않았다. 예를 들면 전자 부품의 불량품의 경우, 서방의 비슷한 기기에 비해 정밀도가 수배나 떨어졌으며 에너지 소비율은 5내지 10배나 높았다.[29]

글라스노스트가 시작되고 이러한 산업적 취약점이 항공기와 무기의 유지 보수에 무엇을 의미하는 지가 드러났다. 1989년 10월 러시아 공군 공병대장 시스킨(V. M. Shishkin)중장은 공군과 방산업체 사이의 연락 향상을 포함하는 항공기 유지 보수의 개선책을 검토했다. 예산을 산업체 자체적으로 짜는 방식은 질적 향상을 가져왔으나 일부 장비는 여전히 문제점이 있었다. 모든 항공기는 신뢰할 수 없는 부분을 포함하고 있었고, 오류를 수정하느라 수백의 인원과 시간이 헛되이 소비되었다. 조악한 작업에 대한 집단 책임을 물을 수 없었고 질적 부실함으로 인해 보너스 지급에 장애가 되는 일도 없었다. 경제적 유인책이 조악한 작업 수준을 향상시키는 작용을 할 것이라는 기대가 있었다.[30] 같은 전문지의 보다 비판적인 기사에서는 TU-160기의 설계상 결함과 기술상의 약점이 기술되어 있었는데, 이 항공기가 당시에는 적어도 완벽한 B-1B 이상의 수준이라고 여겨지고 있었지만, 이런 결함들은 전투 항공기로서는 치명적인 부분에 나타나고 있었다.

이런 의혹의 효과가 다른 관찰에서는 득이 되지 못했다. 이 전문지는 TU-22 백파이어 폭격기 역시 주익의 구조적 결함을 안고 있다고 지적했는데, 그 결함은 '설계상의 잘못과 항공기 제작상의 실수', '보증' 기간 이후 오랫동안 계속될 생산과정상의 오류를 수정하기 위해 '막대한 예산'이 투입될 필요성, 산업체간의 경쟁이 결여된 결과 단지 '금전적 손해'만이 아니라 '우리 파일럿의 생명'까지 위험해지는 결과의 초래, 과학기술과 생산부문의 분리 투자, 교환 가능한 부위, 단위, 집적물도 없는 상태에서의 잦은 항공기 설계의 변경[31] 등의 원인을 갖고 있었다. "항공기 건조에 대한 한 우리는 최고이며 효율적인 시스템을 갖고 있다는 유혹적인 신화"는 비행부와 그 설계자들이 비판에 대한 보호막을 잃어버리면서 사라져 버렸다.[32]

이에 따라 항공산업은 심지어 1980년대 후반의 사태 이전에도 최상의 상태가 못 되었다. 그 다음에는 정권이 급속히 바뀌면서, 러시아 정부는 CFE 조약에 의거하여 항공기 구입량을 대폭 줄였고, 예산 배정도 그만큼 감축했다. 1988년에서 1991년까지 군사무기 획득량은 29퍼센트 감소했고, 연구개발비는 22퍼센트 감소했다.[33] 같은 기간에 항공산업은 군수 생산에서 민간 생산으로 방향 전환하기 시작했다. 1990년에 항공산업체들은 "민간 항공기용 엔진 생산을 9.1퍼센트 늘리고, 요소별로 민간용품 생산은 1.6퍼센트씩 늘리며, 경공업제품과 식량생산량을 1.3퍼센트씩, 그리고 농산 복합산업용 기계 생산을 2.2퍼센트씩 늘린다."[34]는 지침을 받았다.

소련에서처럼 산업의 생산 방향이 급격히 변한 경우는 유례가 없는 것이었다. 어떤 가이드라인도 존재하지 않았다. 제 2차 세계대전 종료 후의 미국의 경험을 참고할 수 있지만 여기에는 공통점보다 차이점이 더 많이 보인다. 소련은 복귀할 '전쟁이전'의 산업구조가 없었고, 자유시장경제 전문가도 없었으며, 미국의 세계대전 수행 노력이 대단했기는 했으나, 국가자원을 군수생산에 돌렸던 비율은 소련에 비할 바가 아니었다. 이 산업생산 방침전환은 통제경제에 시장 원칙을 도입하려는 동시 진행의 시도에 의해 더욱 복잡해졌다. 시장의 수요를 평가할 수 있는 과정이 실종된 상태에서 중앙의 지침이 얼마나 소용이 있을까? 사실 총참모부가 여전히, 12개월 만에 전차 생산량을 5만 대로 증산한 미국과 상대할 전력을 동원하기 위해 여력을 남겨두어야 한다고 주장하는 상황에서, 도대체 얼마만큼이나 방향 전환이 가능할까?35)

이러한 방향 전환은 중앙에서 결정되었으며 종종 비합리적이고 비생산적이었다. 리빈스크(Rybinsk) 소재의 엔진 수리시설은 150대의 엔진을 처리할 능력이 있었으나, 이제는 마카로니 제조공장이 되었다. 소유즈(Soyuz) 금속공학 연구단지는 보다 필요했던 민간 항공기 엔진 생산 대신 전분과 시럽 생산을 배당받았으며, 레닌그라드의 클리모프(Klimov) 엔진 공장은 신발 생산으로 전환하여 MiG-29 엔진 생산에 차질이 생겼다. 방향 전환은 흔히 잔여 국방력을 희생하면서 열등한 생산물을 생산하는 과정으로 여겨졌다. 한 초대 행사에서, 쿠이비셰프(Kuybyshev) 소재 MV 프룬체(Frunze) 전무 이사였던 사람은 이 '정책'이 실제로 무엇을 의미했는지 묘사했다. 이미 수출을 통해 경화(硬貨)를 벌어들이고 있던 그의 공장이 가스 산업에 새로 진출함에 따라 확장될 것이라고 먼저 희망을 표시한 그는 다음 순간 설비 교체와 사업확장에 대한 자금 지원이 없음을 불평하고는 다음의 이야기를 했다.

"올해 우리는 전분 생산을 위해 채치는 기계를 제작할 계획이다. 이것은 우스운 이야기가 아닐 수 없다. 어쨌든 1912년 이후 우리는 항공기 엔진만 만들어 온 것이다. 이제 우리는 뭔가 다른 쪽으로 일해야 하는 실정이다. 오늘날 우리가 일하는 수준은 수십 년 전 수준으로 퇴보했다. 우리는 엔진 제작이라면 어떤 분야에서든 전문가를 보유하고 있었다. 그러나 이제는 그 전문가들이 전분 생산용 기계 제작에 동원되어야 할 판이다. 사람들은 이 따위 일을 하고 싶어하지 않는다. 그들을 강제로 몰아쳐야만 할 것인데, 그들은 임금을 요구할 것이고 이 일은 기괴하게도 노동 강도가 높기 때문이다. 기계화나 자동화란 전혀 없다. 우리는 여기서 정품을 생산해야 하는데, …… 어떻게 강압적인 분위기 하에서 일하면서 양질의 상품을 생산할 수 있겠는가?

나는 이제 우리가 이 생산 방향 전환 사업에 대하여 크고 분명한 목소리를 낼 때가 되었다고 생각한다. 우리는 소비재 생산 전문 공장, 높은 수준의 노동 효율성과 생산성을 낼 수 있는 공장을 건설해야만 한다. 우리의 항공기 생산 단지가 꼭 다른 상품을 생산해야만 한다면, 문제가 생길 만큼 너무 지나쳐서는 안 된다. 우리의 아주 고참 동료 하나가 고정밀 비행 항공용 기어를 만들고 있는 모습을 굽어보더니 이렇게 말했다.

"알겠지만, 본관은 이런 항공기 엔진을 납품받을 수는 없소. 이 생산품에 대해서는 일체 승인을 발부하지 않을 것이오." 그리고 그는 옳았다. 아무튼 같은 기계에서 항공기 엔진과 그 외의 공업 부품을 만들 수 있는가? 적어도 우리의 경우 그것은 불가능하다."[36]

물론 그는 방위산업의 현상유지 기득권을 가지고 있던 사람들을 대변하고 있었지만, 그런 점에서 주관적인 색채가 가미되었음을 고려할지라도, 공장 생산라인의 전환이 가져올 실제적 결과와 그것이 공장에서 비행대까지의 물자 흐름에 큰 차질을 가져올 수 있다는 점은 분명했다.

방위예산 감축과 동시에, 운영자들은 생산품에 '시장' 가격을 매기도록 지시받았다. 1991년 6월 모스크바에서 열린 획득회의에서, 야조프(Yazov)

국방장관은 처음으로 시장가격을 사전 경고 없이, 차세대 SU-27 플랭커(Flanker) 50대와 관련 장비들의 구입시 지불해 달라는 요청을 받았다. 그는 분노하여 주문량을 25대로 줄였고, 신기술 제품이 그렇게 고가라면 기존 군 구조와 기존 무기체계를 유지해야겠다는 발언까지 했다. 그는 첨단 기술을 갖추느라 전력 규모를 줄일 준비가 되어 있지 않았다.[37] 1992년에 공군은 MiG-29나 SU-27를 추가 구입할 여력이 없었고 1993년의 헬리콥터, 군용기 주문은 1991년 총 주문량의 15퍼센트도 안 되었던 것으로 보인다.[38]

산업 활동의 혼란은 1992년 소련이 붕괴되면서 더욱 가속화되었고, 각 공화국들 사이에 공군 단위부대들이 분열되면서 러시아 공군에 미친 영향은 더 심각했다. 비록 공군 산업의 10퍼센트만이 러시아 밖에 있었으나, 전자 관련 생산기지와 연구 기관들, 무선, 컴퓨터, 레이더, 대공무기, 대미사일 체계, 관제, 항법 체계, 전자 장비, 마이크로컴퓨터, 레이저, 전화, 그외 통신 설비의 생산공장은 다른 공화국들에 35퍼센트나 분산되어 있었다.[39] 우크라이나 소재 키예프의 안토노프(Antonov) 주 공장과 우즈베키스탄의 타슈켄트(Tashkent) 소재 일류신 IL-76 생산공장 두 곳만 생산을 멈추어도 러시아의 군 재건은 그 수송 전력 생산이 전면 중단됨으로써 큰 타격을 입게 될 터였다. 하지만 그루지야의 트빌리시(Tbilisi)소재 SU-25 생산공장은 만일 러시아 공군이 다목적기 구입에 치중한다면 그렇게까지 큰 손실이 예상되지는 않았다.

한편 1992년 항공부가 해체되고 정부예산, 수출, 외국과의 협력 등을 놓고 설계국과 생산업체들 사이에 줄다리기가 벌어졌다. 1993년 초 러시아 공군참모부장 아나톨리 말류코프(Anatoliy Maliukov)는 공군의 현 전력 규모와 향후 전력 규모를 파악할 수 없었을 뿐 아니라, 다음 해 공군 예산조차 알 수 없었다. 그러나 그는 국제 항공산업을 유지하는 일이 중요함을 인식하고 있었다.

"러시아 군사항공의 문제점은 주로 우리가 신형 항공기들을 구입할 수 없다는 데 있다. 우리의 예산은 기존 전력을 운용하는 데만도 빠듯하다. 그러나 우리의 항공산업이 완전히 죽지 않도록 우리는 약간의 항공기를 주문해 왔으며, 그야말로 몇 안 되는 기종, 즉 TU-160, SU-24, SU-27기에 국한해 왔다. 우리는 MiG-29나 SU-25를 주문해 본 적이 없다."[40)]

'그야말로 몇 안 되는' 이것이 의미하는 바는 분명했다. 영국의 믿을 만한 분석에 따르면 1980년도 소련의 연간 전투항공기 생산량은 1,300대였다고 한다. 러시아 공군이 그 국제적 영향력과 명예를 되찾으려면, 항공산업의 재활성화가 절실하다.

내부적 침식

동서대립 기간 중 대부분, 서방측의 바르샤바 조약군 항공력 평가는 거의 수량적 평가 위주였으며, "콩깍지 세기"라는 익숙한, 어떤 분야에서는 불합리한 방법에 의존하고 있었다. 그것은 이해할만한 일이었다. 소련 승무원 개개인의 전투 효능에 대한 결합 분석이나 특정 의무에 배당된 매회 출격 기록까지 포함하는 입수 불가능한 자료에 대한 고려, 징집병의 사기, 정치장교가 미치는 영향, 지도력의 수준, 그리고 심지어 어떤 조건하에서, 또 어떤 목표를 갖고 폴란드 파일럿이 NATO에 맞서 러시아나 동독 파일럿들과 어깨를 나란히 할 것인가 등을 연구하는 것보다는 동독 기지에 있는 항공기의 수를 세는 편이 더 확실했을 것이다. 여기서 마지막 문제에 대해 소련이 어떤 기대를 하고 있었는가에 대한 있을 법한 단서는 바르샤바 조약기구가 와해되기 직전인 1989년 7월 모스크바에서 한 러시아 장성이 저자에게 냉소적으로 던진 바 있다.

"왜 당신은 우리가 중부 유럽에서의 전력 보강 면에서 우위에 있다고 생각하시오? 당신들은 그 대신 대서양을 가로질러 날아오거나 폴란드를 뚫고 행진해 올 수 있지 않소?"

1989년 이후의 사태를 볼 때, 그의 냉소주의는 잘못되었다고 볼 수 없을지 모른다. 서방측은 바르샤바 조약기구군 공군의 규모와 배치상황을 알고 있었으며, 아프가니스탄의 반군 덕분에, NATO에 대한 연합작전에서 사용될 수 있는 항공 요소들에 대해서도 꿰뚫고 있었다. 정치적 유효성 평가는 사실에 기해야 했으며, 그 해석은 장비의 효율적 사용을 가정해야 했다. 다른 가정에 기초한 방어적 계획은 전쟁에서 치명적인 사려 부족으로 드러날 수 있었다. 위협을 과다 계산할 위험은, 그것이 일종의 신화 수준까지 되지 않는 이상, 과소 평가에 따르는 위험보다 크지 않았다.

소련 훈련 내용에 대한 관측, 소련 문헌에 대한 연구 등을 통해, 서방측 기준에 따르면 분명 소련 공군은 취약성을 보이고 있었다. 승무원 비행 시간은 상대적으로 적었고 비행 훈련은 틀에 박혀 있었으며, 1970년 이후 지휘관들은 부하들에게 리더십 문제를 지적당하고 있었다. 그리고 비행대장들과 비행대 정치장교들 사이에 끊이지 않는 알력이 있었고, 공병대의 고위 NCO들과 장교들에 의해 유지 보수가 진행되는 과정에는 항상 문제가 있었다. 일부 이들 '약점'들 중에서는 아마도 다른 작전 과정을 위해 희생된 것들도 있었을 것이다. 예를 들면 소련 공군이 대규모 선제공격을 실시하기로 하고 세계 최고의 지대공 방어망을 공략하고 귀환해야 했다면, 지상과 공중 사이의 긴밀한 관계 수립, 엄격한 관제와 예측가능성이 중요시되어야 했을 것이다. 소련군 파일럿들은 '일대일'의 공중전을 수행할 훈련을 받지 못했고, 하물며 '일대다' 공중전은 생각할 수도 없었다. 그리고 충분한 존중을 받지는 못했지만 수적으로는 장교가 충분했던 반면, 사병은 많지 않았던 상황이었다. 서방의 기준을 곧이곧대로 적용하는 것은 부적절할 수 있다.[41]

글라스노스트 정신에 의해 수십 년 동안 금지되어 있던 비판이 허용되자, 군인들도 적극적으로 비판에 나서게 되었다. 이제는 소련공군만이 아니라 소련군 전체의 문제점과 약점에 대한 '증거'가 휘몰아쳤다. 이러한 누적적인 인식이 검토됨에 따라 두 가지의 경고가 주어지게 되었다. 첫째 사병 복무 경험이 있는 사람이나 부대 회식에 늦게까지 남아 있어 본 경험이 있는 고위장교라면, 영국 군인들은 자신들의 시스템, 장비, 인사관리, 그리고 특히 그들의 상급 지휘관들에 대한 비판이 국제적인 것 일 수 있음을 알 수 있었을 것이다. F-15, F-16, 토네이도 F-3, B-1B의 취역과 운용에 따르던 초기의 문제점들과 공군의 다른 부문에서의 고질적인 문제점들에 대한 지적은, 소련 언론에서도 그들의 비판으로 나오지 않을까 하는 우려를 낳게 했고 둘째 글라스노스트는 새로운 당 노선이었으며, 이전에 비밀주의와 금지를 통한 억압적 정책을 실시하던 고위 장교들은 이제는 자신들의 개방주의적 사고를 과시하고 자유 발언을 장려하고들 있었다. 이것은 아마도 20년 전 모택동이 표방했던 '백화제방'책을 모방한 것이었다.

이 증거들은 너무 방대하고 개별적이며 겹치는 부분이 많고 너무 비슷하며, 너무 다양한 계급들로부터 나왔기 때문에 이런 경고가 힘을 얻기에는 어려움이 있었다는 주장도 있다. 그러나 한 가지 일관적인 면을 결코 과소평가해서는 안 되는데, 그것은 그 많은 비판의 기저에는 상처입은 자존심, 직업에 대한 우려, 그리고 순수한 개혁에의 열정이 거부나 파괴의 의지보다 넘쳐나고 있었다는 것이다. 1988년 아직 주독 소련군의 러시아 공군을 지휘하고 있었던 당시의 중장 샤포시니코프(Shaposhnikov)는 그의 하급 지휘관들이 실력과 책임보다는 구호와 분위기 편승에 신경을 쓰고 있다고 공개적인 비난을 한 바 있다. 지휘관과 장교 훈련은 불만족스럽고, 고참 파일럿들이 그들의 비행 실력을 강화하기보다는 상실하고 있는 가운데, "오늘날의 훈련 내용은 새로운 접근법을 요구한다."[42]는 것이었다. 15개월 뒤 모스크바 러시아 공군 제1부사령관이라는 새 직위에 취임한 그는 보통 집단적 의사결정과 임무 배정 및 발전적 사고의 실행 등 요약하면 '정치, 전투 훈련의 근본적 개선의 필요'라고 할 수 있는 점을 망라하는 '새로운 준비태세 접근법을 이해'할 필요가 있다고 역설했다.[43]

샤포시니코프 장군이 '정치', '전투훈련' 양자가 개정될 필요가 있다고 주장한 점은 최초의 정치장교가 러시아혁명 이후 붉은 군대에 편입된 장교들의 제정시대 사상의 잔류 여부를 감시하기 위해 도입된 이래, 평시에도 소련군이 지고 있어야 했던 이중적 책임을 나타내 준다.

정치장교의 임무를 완전히 개혁해야 한다는 주장이 처음 비쳐진 것은 1988년 2월 군사위원회의 공군대장이자 공군 정치국장 바테킨(Bathekhin)이 언급한 내용에서였다. 그는 행정 사무에 치어서 정치장교가 파일럿들과 개별적인 접촉을 갖지 못하는 상황의 중요성을 지적했다. 그리하여 정치장교의 임무로써 그가 제시한 내용은 은연중에 서방의 비행대 대장의 역할과 혼합되었다.

"각 편대에서 문제점 검토를 적절하게 하지 않은 경우가 너무 많은데 …… 너무나 분명한 오류를 숨기는 보고를 하거나, 파장을 우려해 군기 문제를 숨기고, 안전 사고에 대해 너무 관대하다든가, 비행 계획과 실시에 있어서 나태함, 지시 사항을 제대로 이해할 수 없는 경우, 승무원들 사이의 좋지 않은 상호작용 등,…… 임무 수행결과의 용납 기준을 더 높여서 편대 정치국장이 모든 잠재적 위험 상황에 대해 책임지도록 해야 한다. ……공군의 변화에 영향을 미치는 것은 지방 당 조직과 개개 공산당원들이다. 이 변화에는 비행의 조직, 새로운 전투 훈련 문건의 내용과 방식, 새로운 전술 비행훈련 방법 등이 있다."44)

이 인용문은 공산당의 공군에 대한 정치적 통제로 인해 공군이 치르고 있던 대가를 나타내주고 있다. 그것은 우울하게 언급되고는 했던 부담이었으나, 노골적인 비판의 대상이 되는 경우는 거의 없었다. 어쩌면 연간 보고서가 정치장교들에 의해 작성되는 것은 당연한 일이었다. 1990년 6월에 한 젊은 훈련과정생이 저자에게 질문한 적이 있다. "도대체 무엇 때문에 우리는 그런 쓸모없는 보고서를 쓰도록 하는 걸까요?" 레닌 군사정치학교의 학생 중 하나는 또 이렇게 물었다. "우리가 연간 보고서에 정치 관련 결산을 포함할 수가 없다면, 어떻게 정치장교들을 통제할 수 있겠습니까?" 공군을 옥죄고 있던 공산당의 구속이 차차 풀릴 때까지, 전문성으로 개선되길 바라는 사람들에게는 당황스럽고 불만스럽게도 고위지휘관들은 비효과적인 정치장교의 주도권과 선견지명 및 능력에 대한 찬사를 그치지 않았다.

'형식주의'의 악영향이 공군의 전 활동에 두루 스며들어 있었다. 업적은 분기별 통계 수치에 의해 계산되었다. 훈련은 보다 고위 승무원들에 의해 실시되었다. 비행대에 배속된 승무원들은 기초적인 항공기 조종법과 전투 기동법조차 제대로 익히지 못한 상태였다. 후배들의 발전을 책임진 선배 조종사들은 보통 무능하고 태만했다. '일급' 조종사로 평가받는 사람이 자신의 항공기를 제대로 몰지도 못하는 경우가 많았다. SU-24 펜서(Fencer) 승무원 하나는 지역 전술 평가를 통과하지 못했는데, 그는 표적 위치를 잡지도 못했고 장비를 제대로 다루지도 못했으며, 지상 근무원과 연락도 제대로 하지 못했고, 마지막에는 그 훈련 성적을 '조작'하려고까지 들었다.

서방 사람들은 1989년 판버러(Farnborough)에서의 MiG - 29의 시범을 보고 경탄했으나, 그들은 다른 미그기 승무원들이 그 시범에 대한 정보가 하급 파일럿들에게는 전혀 전달되지 않은 점을 불평하고 있음을 몰랐다. 헬리콥터 비행대장 하나는 뭔가 잘못이 생길 경우 책임을 지고 싶지 않았기 때문에 그의 대원들을 다른 기지로 파견해서 계속 훈련을 받도록 했다.

비행안전은 지속적인 관심사였으며, 중점적인 관심을 받아야 하는 분야였다.45) 1988년 사고의 75퍼센트가 인적(人的) 실책의 결과로 발생했는데, 실속(失速), 지나친 저고도 비행, 전투 명령 내용의 불법 변경, 공중 충돌 등이 그런 예였다. 아프가니스탄에서의 항공기 손실 대부분은 전투에 의한 것이 아니었다. 불가피하게 그리고 소련 공군으로서는 특별하지도 않게, 여기에는 문제의 원인과 효과를 보는 데 있어서 두 가지의 상이한 관점이 존재했다. 그 하나는 보통 정치국과 연관되는 관점으로, 탁월한 군기와 개인 행동의 단속과 규칙의 엄격한 준수를 강조하며 대체로 '사회주의적 경쟁'에 중점을 두는 관점이었다. 다른 관점은 파일럿들이 자신의 항공기를 완전히 통제할 수 있는 권한을 얻어야 한다고 주장하며, 비행 안전에 너무 집착하다가는 단순화와 정형화가 초래된다고 경고하는 입장을 취했다.

많은 존경을 받은 제 2차 세계대전 당시의 훈련기와 전투기 파일럿, 공군원수, 소련 인민영웅 알렉산드르 실렌티예프(Alexander Silentiev)가 이 논쟁에 빛나는 기여를 한 바 있다.

"어째서 파일럿들은 최대한의 능력을 발휘하며 자신들의 일을 즐겨서는 안 되는가? 그들은 자신들이 다루는 항공기를 이해하고 사용하는 데 있어서 제한을 받아서는 안되며, 나아가 고등 비행술이 필요하지 않다고 주장하는 부문에 있어서도 제한 받을 이유가 없다. 곡예 비행의 반대자들은 그것이 비행 안전에 저해된다고들 한다. 그러나 본인의 생각으로는 모든 파일럿들이 자신의 전문 기술을 완전히 익히기만 한다면 그것에 그리 큰 위험은 없을 것이다."[46]

인적 실책이 승무원들에게 국한되는 것만은 아니었다. 러시아 공군 공병대장 쉬스킨(Shishkin) 중장은 낮은 준비태세, 부적절한 발진 지점, 전체적 감독의 부재, 불필요한 '스케줄' 고집, 군사학교의 공병 전공 졸업자의 미숙함, 군기의 부실과 공병-승무원간 연락의 부실 등을 비판했다.[47]

이런 문제들은 '제 3세대와 이후 세대 항공기' 비행대가 등장하며 전통적인 시각, 기계적 오류 추적 방식이 전자 장비의 밀집도와 복잡성 때문에 쓸모가 없어짐에 따라 더욱 악화되었다. 새로운 오류 진단과 수리 방법이 필요했지만, 마이크로컴퓨터의 부족, 케케묵은 지침, 그리고 '인위적으로 만들어진 장벽' 때문에 새로운 무기체계 도입이 차단되고 있었다.[48] 이 공병 출신 관측가는 지나가는 말로 산업 문제와 공군의 유지 사이의 상호관계를 묘파했다.

"경제적으로 볼 때 이 신무기 체계를 도입하는 것은 수리 회사에게 바람직하지 못했는데, 기존의 제품도 생산 단위로 평가되고, 전체적 단위의 감소는 재무제표에 악영향을 미쳤기 때문이다."

그럼에도 1989년 2월에는 당시 러시아 공군사령관 예피모프(Yefimov)

원수가 아직도 다음과 같은 말을 확신을 갖고 할 수 있었다.

"이제 소련의 교리는 질적 기준에서의 방어력 향상을 모색한다는 미명 아래 전투 훈련을 더욱 복잡하게 만들고 있다. …… 기술, 그 활용과 훈련이 공군의 최대 문제이다."[49]

그리고 나서 동유럽으로부터의 철수, 경제 붕괴, 국방비 삭감이 이어졌다. 1990년 8월에 예피모프원수를 대신한 샤포시니코프원수는 1991년 1월에 "군 생활에서 불만족스러운 것이 무엇인가"라는 질문을 받고 다음과 같이 답했다. "만족스러운 것이 무엇인지 거론하는 편이 더 쉽고 빠를 거요. 하도 많은 문제가 널리고 쌓였으니 말이오."[50] 「항공과 우주항공」지와 가진 이 인터뷰는 당시 공군의 실상에 대한 가장 권위 있는 그림을 보여 주고 있으며, 오늘날에도 많은 논문과 토론에서 인용되고 있다. 그의 주장의 요점은 다음과 같다.

"우리나라의 세력을 위한 투쟁, 정치적 활동의 증대는 여러 집단들 곧 민족주의자들과 극단론자들 등 사이에 대립을 불러왔다. 이는 당연하게도 군의 사기를 저하시키고 우리로 하여금 항공인 양성 훈련을 비정통적인 방법으로 실시하도록 몰아세워 왔다. …… 승무원 과다와 공병대원의 과소 현상에 …… 만족스러운 인프라도 없고, …… 이는 국가 경제 보급 메커니즘의 불균형으로 더욱 악화되었다.……

비행 사고율을 줄이려는 노력은 언제나 예측된 결과를 낳지는 않았는데, 항공인들이 겪는 불안한 국내 정세, 비행 시간의 축소, 사기 저하 및 심리적 압박과 국민의 신뢰 결여 등이 원인이다 . …… (1990년의) 수십 차례의 비행 사고 중 60퍼센트가 장비 불량 이외의 원인에 의해 발생했다.……

독립국가연합 내 몇몇 공화국들의 예상외의 정책으로 공군 요원들은 일련의 범죄를 저지르게까지 되었다. …… 탈영병들 수가 증가하고 있다. 비행 발생률은 20퍼센트까지 올랐다. …… 수백 명이 사망 또는 중상을 입었다. 이는 그 전해보다는 나은 수치지만, 인명의 귀중함을 생각해 볼 때 어찌 그런 수치에 만족할 수 있겠는가?

독립국가연합 공화국들은 징병을 중단하는 경우도 많으며, 그 결과 우리는 인력난에 시달리고 있다. …… 이제 우리는 소련 육군 병사들을 빌려쓰고 있다. …… 공군의 고위 교육과정에서 군기 엄정이나 비행 안전 확보는 꿈도 못 꿀 상황이다. ……

공군 후방 근무대에서 예비 부품과 필수 부품 배송을 지연시키는 바람에 매일 3백여 대의 항공기와 헬리콥터들이 발진하지 못하고 있다 …….”

마지막 언급은 그가 앞서 행한 발언과 상충되는 것 같다. “현재의 복잡한 장비 수급 사정과 잦은 고장에도 불구하고, 공병들과 정비병들은 90퍼센트의 항공기 처리율을 보이고 있다.” 도대체 무엇이 90퍼센트라는 것인지 알 수 없는 일이다. 그것은 1991년에 샤포쉬니코프 장군이 실시한 조사에 바탕을 두고 있다.

그 조사는 소련군이 동독과 폴란드에서 철수하고, 소련이 해체되어 경제는 더욱 악화되고 항공우주 산업 기반이 붕괴하는, 걸프전에 대한 체계적인 분석이 있기 이전의 시점이었다. 따라서 그러한 조건들에 기초한 분석을 그가 1991년의 쿠데타 후 소련 국방장관에 취임하며 페트르 데니킨(Petr Deniken) 장군에게 넘길 때만 해도 그리 잘못된 분석이라고는 할 수 없었다. 그러나 문제는 그의 1991년 1월 시점에서 그의 솔직한 상황 분석이 이후 소련(러시아) 항공력의 운명의 분수령을 마련했다는 데 있었다. 여기서 제시된 여러 문제점들에 덧붙여, 이 분석에는 현실적인 개선책들과 다양한 추후 과제들에 대해서도 언급되어 있다.

“비행시간은 보다 면밀하게 계획되어야 하고, 교육방법을 개선하고, 새로운 교육방식을 개발하여, 양적 변수보다 ‘질적’ 변수에 중점을 두어야 한다(즉 비행 총시간보다 비행 내용을 중시해야 한다.) 일시적으로, 비행시간에 있어서의 우선 순위는 베테랑보다 초급 조종사들에게 주어졌다. 추가로 주둔군 철수와 재배치를 할 경우 이전의 실책을 피하기 위해 지휘부와 참모부의 모델링 연습이 우선되어야 한다. 철수시 다양한 개인임무 활동이 특정 지휘책임자에게 잘 숙지되어야 한다. 연습과 훈련은 현재의 현실을 반영하게 되어 있다. 전쟁에서 필요하리라 여겨지는 훈련 대상이 무엇인지를 정하는 일은 장성들과 장교들의 개별적 활동, 현명한 판단, 가용자원의 풍부함과 위험에 대한 바른 이해 여부에 달려 있다. 공군의 학력 수준은 계속 향상되어야 하며, 고학력 수준과 훈련, 작전 임무 사이의 관계에 따라 장교 승진이 좌우되도록 해야 한다. 공병 지원과 그 외의 기술적 지원 역시 더 개선되어야 하는데, 해외 주둔군의 철수가 가속화되고 있으므로 당장 시급하지 않기는 하다."

전체적으로 이는 힘든 과제였으며, 특히 상황이 개선되기에 앞서 악화되고 있었기에 그러했다. 하지만 겨우 3년 만에 재건의 조짐이 보이기 시작했다. 러시아 공군력이 심각한 국제적 위협이 되려면 앞으로도 많은 시간이 필요하겠지만, 1994년 현재 회복의 싹은 모습을 드러내고 있다.

그 싹이 마르고 이 나라의 심각하게 훼손된 항공 우주산업과 함께 소멸할 가능성도 같은 비중으로 존재한다. 아니면 비록 항공우주 산업이 부활하더라도, 러시아 항공력은 육군 중심의 근시안적인 교리 때문에 계속 침체된 상태에 머무르게 될지도 모른다. 산업기반과 전쟁 철학이 모두 양호해진다 해도, 공군은 구 소련처럼 경직성, 획일성, 적당주의, 책임 회피, 관료주의 등으로 복귀할 수도 있다. 다른 관점에서는 이해관계와 사건의 진행이 일치하여 회복의 길을 열 가능성도 있다.

재건 : 항공산업

군산복합체에 있던 기득권을 포기하라는 조치에 대한 반발은 계속되었다. 그들은 공산당원들, 군산복합체와 소련의 힘을 같은 것으로 보는 민족주의자들, 산업 동원 능력을 아직도 신뢰하며 필요하다고 여기고 있는 군 관계자들 등이었으며, 이들은 옐친 대통령의 경제 개혁에 반대하는 사람들을 강력히 지지하고 있었다. 그러나 1993년에는 다른 전환 프로그램이 등장하기 시작했는데, 이것은 '전환'의 사회 경제적 영향을 고려하고 있던 옐친 개혁의 지지자들로부터 나온 것이었다.

이는 안드레이 코코신(Andrei Kokoshin)과 관련이 있었는데, 그는 옐친의 국방차관으로서 1970년대에 정치 경력보다는 학계의 평가에 무게를 두어 발탁된 전 국가 콤소몰 관리 출신이었다. 그는 국제안보 전문이었고, 영어에 능숙한 군사 분석가이자 개혁가로 국제적 명성을 얻고 있었다. 1992년 말, 그는 군수산업 방면의 과학자, 설계전문가, 경제학자, 기업주들을 망라한 신설 국방기술정책위원회(Council for Military Technical Policy)의 위원장이 되었다.[51] 이 위원회에서 세운 무기 획득 우선 순위는 '전략 억제'력을 유지하고, 정밀 유도무기를 개발하며, 통신 및 정찰, 조기경보 및 통제, 기동전 전력 등을 갖추고, "답습되어 온 군사적 불균형을 제거"[52]하는 데 초점을 맞추고 있었다.

코코신은 전환 문제에 대한 자신의 생각을 넌즈시 제시하는 무대로 「적성(赤星)」지를 이용해 보았다. 그것은 실패했는데, 대상을 기업에만 한정하고 자본 비용이나 이후의 경쟁력을 거론하지 않았기 때문이었다. 그러한 과학 기술력은 군사산업에 집약되어 있어서, 시장 경제의 가장 중요한 요소로 전환되어야 했다. 러시아는 그 군사 장비를 표준화해야 했다. 가령 표준화해야 할 군사장비로 러시아는 지대공 미사일이 26종이 반면, 미국은 4종뿐 이었다. 어떤 기업이 군산복합체를 떠나 민영화될 것인지, 그리고 어떤 부수적 효과가 기대되어야 할 것인지가 판별되어야 한다했다. 어떤 경우에는, 가장 중요한 지역의 완전한 독립을 확실히 하기 위해 다른 독립국가연합 소속 국가들로부터 러시아로 무기 생산시설이 이전되어야 한다 했다.[53]

군사기술 정책의 목표를 설명하며, 코코신은 몇 가지 관심 분야를 제시했다. 기존 군비의 현대화, 지나치게 다종다양한 무기체계의 표준화, 교차작전수행 가능성의 증대, 동원 능력의 강화, 연구개발 조직의 수를 줄이면서

민군겸용의 이중 목적 기술개발의 우선시 등등.[54]

따라서 코코신의 전략은 시장경쟁력이 있는 부문을 골라내고 그것들을 국가계획의 내에서 조정함으로써 국익과 자유시장 시스템과의 조화를 꾀하는 것이었다. 같은 시기에 그는 재건된 방위산업이 이러한 주 역할을 하게 될 국가산업정책위원회의 설치를 제의했다. 그것은 러시아의 안전을 보장하고 경제 부흥을 위한 '견인차'가 될 터였다. 그 소유권은 국가와 민간 자본 양자가 공유하도록 했다.[55] 1994년 초까지 이 계획은 러시아의 각 정파에게 두루 호응을 얻었으며, 만일 현실화되었다면 서방에 친숙한 방식대로 러시아의 군수물자를 생산해 냈을 것이다. 그러나 그것은 쉽지 않았다. 군산복합체의 많은 인사들은 '이중 목적기술'이 이전 방식을 자연스럽게 답습하는 것으로 받아들였다. 민수 생산과 부산물들은 여전히 군수 우선적이고 동원 중심적인 생산 방식에 의존했다. 이전 생산물들을 흡수할 큰 내수 시장이 있는지도 의문이었다. 그렇지 않다면 이들 생산품들은 국경을 넘어 힘겨운 국외 시장 개척에 나서야 했다. 1993년 말, 한 탁월한 러시아 경제분석가는 다음과 같이 관측했다.

"러시아 경제가 새로운 기반 위에서 부분적으로 탈군사화되는 과정에는, 또 첨단 기술의 민간 상품을 위한 내수 시장이나 국제 시장이 미비하고, 상당한 국가 지원이 불가피하다는 사실에는 분명 위험이 도사리고 있다. 이는 이 나라의 경제 부흥에 지장을 초래할 수 있다."[56]

그럼에도 불구하고, 산업재건 계획의 대강이 수립된 지 8년만에 처음으로 일관성 있는 계획이 선보인 것이었다. 그것이 성공했다면 그 우선 순위는 러시아 공군력의 재구축에도 적용되었을 가능성이 높다.

공군의 계획

전체 전략 가운데서, 그리고 새로 민영화된 항공우주 기업들의 낙관적인 세일즈 활동 속에서, 항공기와 공중 무기의 핵심 프로그램을 엿볼 수 있다.

1991년 8월 샤포시니코프 장군은 소련 공군이 '1990년대 후반'에 MIG-29(펄크럼) 항공기와 SU-27(플랭커) 항공기의 개량판을 선보이게 될 것이며 미·소 양국은 미국의 B-2, F-22 같은 항공기 개발에 필요한 현대적 방위 산업기반을 유지할 것이라고 확언했다.

"만약 전진이 중단된다면 …… 인민의 재능을 더 이상 활용할 길이 막혀 버릴 것이다. 소련과 미국이 이를 방치할 것인가? 본인은 그렇게 생각하지 않는다."[57)]

9월의 쿠데타 시도 후 얼마 지나지 않아, 이 노선은 소련 항공산업부 차관 블라디미르 라프테프(Vladimir Laptev)에 의해 다시 강조되었다. 그는 MIG-29와 SU-27의 개량계획을 재확인하고, '그에 상응하는' 차세대 전투항공기 개발과 SU-24, TU-160 계속 생산을 천명했다. MIG-29와 SU-25의 경우는 수출용 외에 소련공군용으로는 더 이상 생산하지 않는다.[58)] 하지만 이 노선은 SU-25의 생산 본거지인 트빌리시까지 도달하지 못했거나 무시되었다고 할 수 있는데, 이는 2개월 뒤 SU-25 수석 설계자 블라디미르 바바크(Vladimir Babak)가 두바이 에어 쇼에서 SU-25 전천후 작전형이 1992년 취역할 것이라고 밝혔기 때문이다.[59)]

이 상호 모순되는 발언들은 1991년에서 1994년까지 서방 공군지가 보도한 많은 내용들과 유사하다. 소련 공군에 대한 서방의 오랜 보도 관행은 쉽게 사라지지 않는다. 서방 항공기 제조업체들이 매년 판버러(Farnborough)나 파리 등지에서 '장미빛 구상'과 열의를 표현하는 것이 보통 엄격한 전문적 심의에 의해 통제되고 있었음에도, 소련측의 주장과 이후 러시아 무기상들의 주장은 종종, 최소한 그 주장과 반대되는 논리를 병기하지도 않고 그대로 보도되고는 했다. 그처럼 판이한 현상은 일단 포착되더라도 갈수록 신뢰를 잃고 있었다. 러시아측의 언급은 무기구입이나 개발 계획에 대해 공군 고위 장교들로부터 나오고 있었던 것이다. 이는 일반적으로 앞뒤가 맞는 발언들이었고, 1993년과 1994년 들어 실체화되기 시작했다. 후자의 경우는 라프테프 같은 관료들의 발언들로부터 유추된 견해인데, 그들은 1992년 당시 항공부장관이 아마도 획득 관련 결정에 대한 수정과 비생산성을 반영하는 발언을 하고 '러시아 항공산업 연합'의 장에서 물러난 이후 다시 주목받고 있었다. 세 번째 견해는 미코얀 설계사무소(Mikoyan Design Bureau)같은 새로 민영화된 시설로부터 나왔는데, 1992년에 이들은 "미 공군의 첨단 전술 전투기의 상대가 될 수 있는" 항공기로, "그 최초 비행에서", "진정 대단한 항공기임을 입증한" I.42라는 항공기를 보유하고 있다는 보고와 관련되었다.60)

그러나 1993년 당시에는 I.42 프로그램이 지속될 수 있을지에 대해 아직 의문이 가시지 않은 상태였다. 두 가지 시제품 중 어느 것도 설계자 벨랴코프(Belyakov)의 자신 있는 발언 이후 18개월 이상을 비행하지 못했다. 사실 그는 나중에 러시아 공군의 지원 부족에 대해 불편을 늘어놓게 되었는데, 이 신형 전투기의 엔진을 위한 자금 지원이 중단되었기 때문이었다. 그의 비판은 다소 모호하지만 권위있는 반응이 러시아 공군참모총장 마률코프(Maliukov)로부터 나오도록 했다.

"우리는 그들(미코얀)에게 추가로 자금을 지원할 수는 있다. 그러나 장기적 전방은 밝지 않다. 우리는 대규모 투자를 통해 이 계획을 포기하지는 않을 것이다. 우리는 모든 수단을 써서 이 계획을 존속시키려 할 것이며, 아직까지는 여의치 않았던 비예산적 자금 지원 수단을 찾게 될 것이다. …… 과잉 설비의 판매 그리고 아마도 해외 투자를 통해서."61)

이런 발언은 안드레이 코코친(Andrei Kokoshin)과 미하일 말레이(Mikhail Malei) 등과 관련된 재구성계획과 맥을 같이하고 있었다. 그러나 이는 I.42가 취역할 것이라는 확언은 되지 못했다. 이 발언은 말류코프 장군이 제인스(Jane's Defence Review)와 가진 인터뷰에서 보여 준 내용과 어조로 하여 더욱 권위를 띠게 되었다. 그는 분열의 시기는 이미 끝났고, 따라서 이제는 "적어도 우리는 우리가 어떤 공장, 어떤 보급기지, 어떤 부대를 보존해야 하는지를 알게 되었다 ……. 우리의 생각은 강력한 공군력의 구축으로 수렴되었다."고 주장했다. 그러나 심각한 문제가 남아 있었다. "우리는 신 기종을 획득할 수 없다. 우리의 예산은 간신히 기존 전력 유지에 급급할 정도이다. 그러나 우리의 항공산업이 완전히 죽어 버리는 것을 피하기 위해, 우리는 약간의 항공기 제작을 주문했는데, 문자 그대로 몇 개 기종의 약간에 지나지 않는다. ……"[62)]

그에 따르면 그 기종이란 TU-160, SU-24, SU-27이었으며, MiG-29나 SU-25는 포함되지 않았다.

그는 전폭기와 정찰기용 버전을 포함하는 다양한 SU-27의 보유가 우선시 되었다고 한다. 3년 동안 계속된 서로 모순되는 주장들과 예측들 속에서도, 1994년까지 SU-27 프로그램의 현실성과 중요성은 의심받지 않았다. 1993년 11월에 블라디미르 라프테프는 다수의 핵심 항공기 개발 프로그램 재정지원을 정부와 공군이 승인했으며 군 항공 계획이 산업체와 합의를 거쳤다. 그 계획에는 2종의 신형 전투기, 차세대 중거리 폭격기, 그 외 여러 종류의 수송기와 헬리콥터 등이 포함되어 있음을 확인해 주었다.[63)] 두 종류의 I.42 시제품들은 기존의 엔진을 사용했다. 개량 SU-27/35 전투기들은 '2 내지 3년 내로' 취역할 예정이었다. 신형 중거리 폭격기들은 T-60이라는 명칭은 SU-24(Fencer)[64)], 또는 이미 칼류코프 장군이 확실히 거론한 SU-27-1B 변형기일 것이다. 1993년 12월, SU-27 '다목적 전투항공기' 즉, SU-27의 복좌형이 노보시비르스크의 수호이 시험비행장에서 시험비행을 실시함으로써 그 그림 맞추기의 중요한 조각이 하나 맞춰졌다. 당시 현장에는 데니킨 사령관과 코코신 국방수석차관이 참석하고 있었음이 러시아 TV에 의해 보도되었다.[65)]

첨단 비행기, 레이더, 무기체계를 갖춘 SU-27 변형기가 10년 내로 러시아 공군의 주역이 되리라는 강력한 정황 증거가 존재한다.

말류코프 장군은 아직도 SU-27과 그 세대 기종에 대부분 의존해야 할 공군의 재건에 가로놓여 있는 문제에 환상을 갖고 있지 않다. 조종사들, 기술자들, 항공기들의 운용에 대해 아직 공화국들과의 협정이 필요했는데, 이는 동유럽으로부터의 철수 이후 병력 재배치를 어렵게 만들고 있는 요인이었다. 또한 남부에 경호 전투기들을 재배치할 필요가 있었다. 전자전 수행 능력도 더 개선되어야 했다. 이 점은 러시아가 항공기 개발 계획에 있어서만은 '글라스노스트' 노선 취하기를 유보하고 있는 셈이다. 1993년 9월의 미국 첩보 자료에 보면 러시아 공군이 서방측 관측자들에게 은폐해 온 것이 분명한 TU-22M 백파이어기의 EW 체계가 언급된다. 말류코프 장군은 TU-22를 그의 '구입 품목'에 넣고 있지 않았다. 우선시 되었던 것은 수송기로서, AN-7U와 일류신(Ilyushin)을 개조한 신형 IL-106을 구입하였다. 그는 다음과 같이 보았다.

"우리 문제는 대부분 …… 장기적인 것들이며, 전투 준비 태세와 공군력에 관련된 것들이다. 우리는 새롭고, 대체로 불완전한 전력 배치를 기하고 있다. …… 우리가 국토 방위를 위해 러시아 공군을 적절히 배치하는 문제를 고려한다면, 전략적 및 전술적 관점에서 정확한 분류를 하지 않으면 안 된다. 이는 해결되어야 할 심각한 문제이나, 수십 억이 들 것이기 때문에 아직껏 해결이 불가능하다고 알려져 왔다."66)

요컨대 목표와 계획이 수립되었으나, 문제점은 남아 있었다. 이제는 재원 마련책이 필요했다.

무기 개발 계획에 대한 이와 비슷한, 명확한 표시가 1992~1994년의 기간 중에 있었다. 빔펠(Vympel) 설계사무소는 1989~1992년의 혼란을 이겨내고, SU-27 변형과 I.42를 위해 일군(一群)의 공대공 미사일을 꾸준히 개발하고 있는 것으로 알려졌다. 여기에는 단거리, 고기동성 '공중전 수행' 미사일로서 영국 항공우주 첨단 단거리 공대공 미사일(BAASRAAM)에 비견되는 R-73, 중거리(120km), 준능동, 무선 유도미사일인 R-77, 그리고

400km 사거리에 능동 최종유도미사일인 B-37이 포함되었다.[67] 이들 미사일의 능력은 좀더 서방측의 객관적 분석을 거쳐야 하겠으나, 신세대 러시아 항공기들이 공중전에 대비해 잘 무장되어 있으리라고 추정하는 데는 의심할 여지가 없다. 그러나 말류코프 장군의 관측으로는 신형 항공기와 미사일의 획득 비용은 공군의 인프라를 재건하는 비용의 일부가 될 뿐이다. 그는 러시아 공군만을 언급하고, 방공대의 사정은 언급하고 있지는 않았는데, 이는 방공망이 사라져 버리고 PVO 병력의 재배치가 실시된 이후 비슷한 문제로 고민하고 있었다. 러시아 방공대(VPVO)가 소련의 무기와 장비 중 65퍼센트를 계승했던 반면, 질적으로 최상의 것들이 소련의 변방에 배치되어 있었던 터라 이제는 우크라이나와 주변 공화국들에 의해 영유되고 있었다. 모스크바를 둘러싼 중앙경제구역(Central Economic Region)에서 볼가강 유역과 우랄산맥 지역에는 최신 SAM이 1기도 없는 것으로 알려져 있었다.[68]

1992년과 1993년에 새로운 군사교리가 러시아 군에 주어지면서, 동시에 2000년도까지 완성예정인 군 구조개편안도 수립되었다. 이는 VPVO와 VVS가 항공기를 교차 보유하고 VPVO의 지상군을 지상군 관구로 배치하는 것을 내용으로 했다.[69] 이 계획안에 대한 VPVO 측의 맹렬한 반대는 1993년 1월 VPVO 사령관 프루드니코프(Prudnikov) 중장에 의해 공식화되었는데, 그는 이전의 탈중앙화 실험의 실패를 지적하고는, 그런 식으로 다시 조치할 경우 방공력은 현저히 쇠퇴할 것임을 예측하였다.[70] 그러나 그의 언급은 러시아 방공의 실제 문제보다도 VPVO의 기득권을 반영한다는 면이 짙었다.

사실 그는 불과 1개월 전에만 해도 VPVO 부대들이 재편을 통해 화력과 기동력이 모두 향상되었다고 설명한 바 있다. 또 다른 고위 VPVO 장성은 러시아 내에 400여 개소의 핵심 표적이 존재하며, 이들은 모두 방공을 필요로 하는데, 그 중 25퍼센트는 최상의 전략적 중요성을 지닌다고 언급했다. 그의 군 구조개편 계획안은 새로운 군사 교리 '초안'에 입각하고 있는 것이었는데, 조기 경보, 적의 항공기와 미사일 공격의 격퇴 능력, 반격의 수행 능력을 요구하는 것이었다. "우리는 또한 어느 방향에서든 위협이 등장할 때마다 전력을 동원할 수 있는 기동전력에 의해 지도될 필요가 있다."[71)]

코코신에 따르면, 러시아 최초의 대규모 군사 훈련은 "오직 기동성 방공 시스템만 평가 대상이 되었는데, 이들 시스템들이 기동 전력의 핵심 역할을 할 것이기 때문이었다." 지상군의 방공대는 이 합동 훈련의 중심 역할을 맡았다.[72)] 사실 계획상의 재조직은 VVS와 육군, 전략군 사이에 자산을 분할함으로써 러시아 방공력을 파편화하고 약화할 것이었다. 반면 방공력이 VVS 휘하에 들어간다면, 가령 영국과 서유럽에서처럼 방공 지역들 사이에 유연한 작전통제 체제가 함께 수립된다면, 정치적 분열의 효과는 완화될 수 있을 것이다. 그러나 러시아는 주로 전략적 공습(특히 스텔스기에 의한)에 대한 자체 취약성에 대해 주로 관심을 쏟고 있는 듯하고, 이런 경향은 상당히 지속될 것 같다.

그 취약성의 정도와 지속할 듯 보이는 경향은 러시아 지상 방공 초계, 획득 레이더 일반 설계자 및 책임자인 유리 쿠즈네츠프(Yuri Kuznetsov) 박사가 1993년 5월 설명한 바 있다.[73)] 그는 기초 연구와 발명에 있어서는 러시아가 서방에 뒤떨어지지 않았다고 주장한다. 그러나 그 후의 개발과 일련의 모델 생산과정에서 뒤쳐져 있다는 것이다. 그럼에도 불구하고 자주(自走) 차량에 탑재된 러시아제 대형 기동성 방공 레이더가 타의 추종을 불허하는 기종이라고 주장했다. 자족적(自足的)이며 그 성능을 떨어뜨림이 없이 최대 5분 내로 작전-철수할 수 있기 때문이라고 했다.

쿠프네초프 박사는 러시아가 구름층, 고층대의 습기에 구애받지 않으며 스텔스 항공기에 대해 유리한 미터대역레이더(metric band radar)를 개발해 왔다는 사실을 확인해 주었다. 그는 또한 덧붙이기를 미터 대역 레이더가 탐지율을 높일 수는 있으나 추적, 지시, 사격통제 레이더로는 부적합하다고 했다. 더욱이 미터 대역레이더는 그다지 정밀하지 않으며 그 자체가 전파

방해를 받을 수 있다는 것이다. 그는 이렇게 결론지었다.

"스텔스 기술의 도입이 여러 가지의 전혀 새로운 방공 문제를 조성했다는 사실은 부인할 수 없다. …… 재래식 레이더 기술은 그 임무 수행에 갈수록 곤란을 겪고 있다. 이는 위협 수준의 증대 때문이며, 특히 '스텔스' 항공기와 미사일, 기동 탄두를 탑재한 저고도 순항 미사일 등등이 있고, 이와 함께 방공 레이더에 영향을 주는 전자전 기법과 장비의 발전이 이루어졌기 때문이다.(강력하고, 다기능이며, 능동성 전파방해 장치, 대레이더 미사일, 무인기 등). 이 상황은 광역 섹터 탐지 능력 등 여러 가지 면에서 획기적인 발전을 요구한다. 이 목표들 중 일부는 서로 모순된다는 사실에 주목해야 한다. 따라서 혁신적인 설계 해법이 모색되어야 한다."

유권해석은 러시아 안보에 있어 항공력의 장기적 중요성을 강조하고 있다. 한편으로 새로 힘을 얻고 국가 자산으로 보호, 육성되는 항공우주 산업은 항공기와 미사일을 러시아 공군이 이전의 국제적 위치를 회복할 수 있게끔 해줄 것이다. 반면, 러시아의 광활한 국토와 전략 목표의 수, 지리적 분산은 이 나라가 앞으로도 한동안은 스텔스 기술에 힘입은 전방위 공습에 취약하도록 만들 것이다. 러시아 스스로 스텔스 기술을 개발한다고 해도 이 문제점의 해소에는 별 도움이 되지 않을 것이다.

수출 잠재력

말류코프 장군은 무기 수출로 얻은 경화(硬貨)에 눈독을 들인 부처간 경쟁이 치열하지만, 공군이 무기 판매 수익 중 일부를 획득 프로그램에 배당할 수 있도록 허락받을 수 있을 것이라고 본다. 그러나 국방 복합체의 내부 구조조정을 맡은 집단들도 수출 문제에 지대한 관심을 보이고 있다. 모든 분야에 손을 대고 있는 듯한 코코신은 SU-27 전투기 판매를 제각기 추진하고 있는 러시아 기구들 간의 경쟁을 없애기 위해 통합 수출 체제를 구축할 것을 강력히 주장했다.[74] 그와 뜻을 같이하며 옐친의 신임을 얻고 있는 사람인

미하일 말레이(Mikhail Malei)는 하나의 초지일관적인 수출관을 내놓았다.

"국제, 내수 시장에 돌파구를 마련할 능력이 있는 상품을 생산하는 기업은 계속 생산에 임해야 한다. 러시아에서, 무기와 군수품의 판매는 이 점에 있어 필수 불가결한 과정이다."

그는 만약 러시아가 "최신 군수품을 판매할 수 있다면, 수출 잠재력은 120억 달러로 증대될 수 있다. 이 경우에 세계 어디에도 없는 품목과, 기존 모델과 근본적으로 다른 품목이 고려될 수 있다"고 주장했으며, 계속해서 이렇게 말하고 있다.

"세계 시장가격보다 15퍼센트 정도 낮게 판매하는 것이 유리하다. 이 '덤핑'전략으로 우리는 러시아 상품의 가격 경쟁력을 유지 또는 향상시킬 수 있을 것이다."75)

이러한 수출 정책은 모든 정치진영에서 환영받았을 것으로 보인다. 항공산업에 집중을 해도 국내 경제 재활성화에 필요한 고도 기술 자원을 독점함이 없이 전통 부문, 많은 경우에는 낙후된 국방 부문의 다른 분야에서 대규모 감축을 할 여지가 있었다. 사실 서방에서와 같이, 군사장비의 수출은 국내적으로 군과 민간산업 사이의 관계 강화에 이용될 수 있었다.

그러나 국제 무기시장의 냉정함을 고려하면 이러한 이론이 실현되기란 쉽지 않았다. 어제까지 무시무시하게 여겨졌던 소련의 무력은 서방국가들의 경쟁에 쉽게 공략당할 수 있는 것이 되었고, 러시아 산업의 미래 자체가 갈수록 수출에 의존하지 않으면 안 되는 상황이 되어가고 있었다. 1993년이 끝나는 시점에서 필자는 이미 국제 항공무기 전시회가 "부당하게 러시아 상품을 비판하고 있으며," 러시아의 수출을 억제하기 위해 "정치적 압력을 행사하고 있다는, 상당히 근거가 있는" 러시아측의 불만을 들을 수 있었다.

1992년, 최첨단 장비를 수출한다는 말레이(Malei)의 원칙은 첨단 SU-27/35기에 장거리 대레이더 미사일을 장착하여 판매하려는 시도를 통해 판버러(Farnborough)에서 실현되기 시작했다. MiG-29와 SU-25도 계속 수출용 생산이 되는 가운데 TU-22M에 대한 이란측의 관심도 1992년 표출되었다. 1993년까지 마케팅 공략은 계속 이루어져, 두바이, 말레이시아, 프랑스, 모스크바 에어 쇼에서의 야심적인 전시가 이루어졌다. MiG-29는 서방의 군사 저널에 그 기동성, 혹독한 환경에서의 작전능력, 화력 통제 시스템, 성장 잠재력, 피탐지율이 낮은 외형, 그리고 유지가능성 등에 초점을 맞추어 대대적으로 홍보되었다. 안테이(Antey) S-300 지대공 미사일군에 대해서도 "최첨단 기술과 작전 개념의 대폭 사용 ……"을 근거로 비슷한 홍보가 이루어졌다. 사막의 폭풍작전 이후 국제시장의 수요는 직접적이고 특수했다. 전술 및 준 "전략적 탄도미사일, 공중탄도미사일 요격에 적합하며, 장거리, 공중기동 표적 -가령 스탠드오프 전파방해기, 고고도 정찰 또는 ELINT기 또는 AWACs와 JSTARs- 형 플랫폼도 요격이 가능한 미사일" 이라고 홍보했다.[76] 서방의 마케팅 전문가들은 러시아측의 프레젠테이션과 내용에 모두 감명을 받았다.

리비아, 북한, 이라크 같은 소련의 옛 구매국들이 1994년 당시 정치적으로 좋지 않은 상황이었던 한편, 러시아의 외교정책이 그들을 항구적으로 구매국에서 제외할 것으로는 보이지 않는다. 이전에 사담 후세인과 다른 정권과 교전하던 서구의 경우를 상기할 때 상업적, 정치적, 군사적 이익이 우연히 일치할 경우 도덕적인 문제는 덮어 두려는 강력한 동인이 생기게 마련이다. 환태평양 지역의 국가들은 항공우주 산업의 시장으로 보다 매력적이다. 1994년까지 중국과 말레이시아는 각각 SU-27과 MiG-29의 주 고객들이 되었다.

말레이와 그 동료들이 희망한 성공을 위해, 러시아의 수출업자들은 국제적 인식에 있어서의 걸프전 요인을 극복하고(그러기 위해서는 서방측의 기술보다 이라크측의 결함에 더 중점을 두도록 해야 했다), 러시아 사업이 장기적인 지원을 얻을 수 있도록 보다 장기적 전망을 가진 구매자들을 납득시켜야 한다. 예를 들어 산업 구조조정 이후, 인도는 MiG-21나 T-72전차 같은 무기체계의 국내 생산에도 불구하고 3,500개소의 보급소를 독립국가연합 각지에 분산 보유하게 되었다.[77] 그럼에도 불구하고 인도의 경제사정과 남아시아의 계속되는 안보 문제를 고려할 때, 미하일 말레이가 제창한 것 같은 가격 절하의 가능성은 아직도 매력을 갖고 있다.

또 하나의 양면적인 요인이 러시아의 항공 우주 수출에 영향을 미칠 수 있다. 즉 서방과의 협력 벤처 사업의 영향이다. 얼라이드 시그널(Allied Signal), 록웰 콜린스(Rockwell-Collins), 허니웰(Honeywell)사는 민간기용 항공 전자 장비를 제작하기로 소련 설계국과 협정을 맺은 적이 있고, 롤스로이스(Rools-Royce)사는 상용기 엔진을 보급하기 시작했었다. 1992년 CEC 페란티(Ferranti)는 SU-27에 열영상 및 레이저 지시기(TIALD) 장비를 탑재하기 위해, 판버러에서 고생을 했다. 1993년 11월, 미하일 시모노프(Mikhail Simonov)는 미국과 러시아 사이의 장차 전투기 개발 협력안을 여기저기에 돌리고 다녔다.

일견 그러한 협력은 보다 앞선 서구기술을 생산라인에 소개함으로써 러시아의 연구 개발 부문의 능력을 위협하는 것처럼 보이지만, 이전의 두 가지 사례를 상기할 필요가 있다. 하나는 롤스로이스사가 1946년 소련에 네네(Nene) 엔진을 기증함으로써 소련 기술자들이 서구의 엔진 기술을 발빠르게 따라잡은 예고, 두 번째로는 얼마간 진위가 의심스러운 경우인데, 일찍이 레닌이 "자본가들은 우리에게 그들의 목을 조를 밧줄을 판다"고 말한 경우이다. 러시아와 유럽 항공우주 기업들과의 협력은 서방에 단기적인 이익을 가져다 주겠지만, 장기적으로는 러시아의 생산 경쟁력을 높여 서방과 러시아 사이의 격차를 좁히는 결과를 초래할 것이다.

따라서 요약하면, 여러 가지 약점들이 러시아의 항공우주산업의 발목을 계속 잡을 것이다. 그러나 많은 약점들은 자원의 투입과 관료주의적 억압에서 벗어나는 것으로 해결이 가능해 보인다. 1994년까지 러시아는 국영, 민영 양쪽에 모두 기반하며 모든 정치 세력의 이익에 부합할 공군을 만들기 위한 계획을 세운 것으로 보인다. 만약 그렇다면 항공우주 산업은 정치 불안과 경제 사정악화가 지속된다고 해도 살아남을 수 있을 것이다. 반면에 정치 안정이 수립되고 경제가 재건되기 시작하면, 이 산업은 더욱 강력해질 수 있을 것이다. 따라서 어떤 경우에라도 러시아 공군의 재건 산업기반은 존재할 것이다.

문제는 두 가지 더 남아 있다. 그 하나는 공군이 힘을 회복하면 어떻게 이용될까?, 또다른 하나는 이전까지의 적과 비교하면 어떻게 될까?

교리의 기본틀

교리는 전략과 전술 및 작전을 구성하는 개념적 기본틀로써, 언제나 소련 군의 변화에 핵심적 역할을 해왔다. 수 년 동안의 불확실성을 거쳐, 새로운 러시아군의 교리는 1993년 공식 발표되었다. 이는 상당한 제한 조건을 두기는 했어도 항공력의 역할을 크게 높인 것이었다. 이는 여러 슬로건과 제안서의 공표가 반복해서 이어짐으로써 개혁가들과 보다 보수적인 총참모부의 구성원들 사이에 벌어진 끝없는, 치열한 논쟁으로 인해 형성된 불확실성이 끝을 맺었음을 뜻했다. 외부 공표용, 국제 회의용 소련군사 교리는 고르바쵸프의 '충분한 역량'과 '방어적 방어' 천명이 합치되도록 손질되었으며, 이는 보다 오래 전, 더 암울했던 시기의 '코민포름 테제'와도 같이 1988년과 1989년 사이에 조심스럽게 조정되었다. 당시 국제회의에는 전쟁 예방론, 갈등의 정치적 해결론, 민족적-영토적-인종적 완전성 우선론, 방어 무기와 구조에 자원 배분을 가중해야 한다는 주장 등 여러 가지 입장을 열렬히 내세우는 사람들이 참석했다. 적의 공격에 대하여, 선임된 '정부' 대변자들인 마크로메예프, 모이세예프, 가리예프, 야조프 등은 "방어는 전략적이고 작전적이며 전술적으로 추구되어야 한다."[78]는 그들의 중심 주제를 되풀이했다.

"군사개혁은 방어적 군사교리에 엄격히 부합하여 이루어지고 있으며, 소련의 군사력을 합리적이고 믿을만한 충분한 수준으로 유지하는 것에 주의를 기울이고 있다. 육·해군의 구성과 구조 및 장비 그리고 훈련 내용이 바뀌고 있다. 이들이 침략자를 격퇴하는 데 사용되는 용법 역시, 변화 중이다."[79]

그러나 모스크바에서는 그런 합의가 이루어져 있지 않았다. 1989년 11월에 개최된, 기본적으로 신시대의 주 정치강령(Main Political Directorate)을 명백히 하려던 회의에서, 한 발언자는 기묘하게도 다음과 같은 주제에 대해 언급했다.

"어떻게 우리 영토 내에서 싸울 것인가. 차라리 타국의 영토에서 전쟁하기를 바란다. 그러나 인명에는 국적이 불문이며, 지금 정치 구조조정은 우리에게 다시 생각해 볼 것을 요구하고 있다."[80]

같은 기간 중 어떤 소련 외교부 고위 인사는 휴스턴에서 열린 회의 도중에 서방측 동급자들에게 이렇게 말했다.

"(군비통제에 대한 소련의 공식적 입장에) 조심스럽게 반대한다. 왜냐하면 군비를 강화해야 할 대상은 모스크바에 있기 때문이다."

당시 필자는 한 소련 장군으로부터 영국 참모총장에게 개인적 메시지를 전해 달라는 부탁을 받았다. 그 내용은 비인에서 근일 내에 예정되어 있던 소련 교리 발표를 앞두고 "이는 모스크바의 개혁가들이 반대파들을 상대하는 데 매우 유용할 것이다."라는 첨언을 할 기회를 마련해 줄 것을 요청하고 있었다.

다른 많은 서방의 분석가들과 같이, 필자도 공군의 교리 '개정'이 구체적으로 어떻게 실행되었는가를 모색했다. 이제까지는 수정의 정도와 시기 및 세부 사항에 대해서는 전혀 알려져 있지 않았던 것이다. 아마도 적절한 과정을 거쳐 모스크바의 문서고에서 '방어적 충분성'이라는 개념이 1993년 4월 프라하에서 러시아 총참모부의 기획분과위 소속 라타(Lata) 소장이 언급한 '노골적인 개념' 이상의 것인지 아닌지를 밝힐 수 있을 것이다.[81] 그럼에도 불구하고, 군사계의 경직성 이상의 것이 1989년부터 1992년까지 의미 있는 교리 수정이 이루어지는 것을 막고 있었다. NATO가 그 전략을 '유연하고 적절한 대응' 중 하나로 개정하는 데 거의 7년이 걸렸다는 사실은 상기할 필요가 있다. 비록 15개 회원국이 개정에 동의했지만, 브뤼셀의 NATO 사령부 밖의 환경은 잠잠했고 요지부동이었다.

모스크바에서 진행된 군사 교리의 재평가는 동맹의 붕괴, 소련의 해체, 사막의 폭풍작전이 가져온 충격, 냉전에 의한 심각한 위협의 해소, 경제 붕괴, 규모 감축, 정치 개혁, 그리고 군 내부의 막대한 문제들을 끌어안은 상태에서 진행되었다. 첫 교리 수정은 바르샤바 조약기구에 의한 것이었으며, 1990년 12월의 '1차 초안'은 소련군의 것이었고 그리고 1992년 5월 '군사교리 초안'은 러시아군의 것이었다. 이는 러시아 공군 재구성의 근거가 되었다. 이 새 교리는 여러 면에서 구 소련의 두려움 즉, "일부 국가나 동맹체들이 세계 공동체를 지배하는 상황의 지속, …… 군사적 수단으로 문제를 해결하려는 그들의 사고방식, …… 다수의 국가들(및 동맹)의 군대가 강력한 연합체를 구성하고, 그들이 계속해서 러시아의 국경 주변에 주둔함으로써 전략적 · 군사적인 우위를 차지하는 상황, …… 러시아에 대해 정치 · 경제적인 압력이나 군사적 위협을 가할 수단을 사용하려는 시도, …… "[82] 를 반복해서 강조하고 있었다.

다른 구소련 소속 공화국들의 러시아계 국민에 대한 새로운 관심도 통렬하게 제시되어 있다. "구 소련 소속 공화국 국민으로 스스로를 인종적 또는 문화적으로 러시아인이라고 정립한 사람들과 러시아 시민권자들에 대한 권리 침해 문제"[83] 즉 다른 공화국들에 대하여, 어쩌면 러시아의 확장을 염두에 둔, 개입을 시도할 수도 있는 이러한 명분은 교리 수정에 큰 그림자를 드리웠으며, 적어도 이전의 억제 개념에 중요한 수정이 이루어지게 했다. 만일 전쟁 중에 공격자 측에서 전략핵의 파괴와 핵발전소 파괴, 그외 위험성이 있는 시설의 파괴를 꾀한다면(비록 재래식 수단을 사용하더라도), 이는 대

량살상 무기 사용으로 이어질 수 있다.[84)]

러시아 총참모부는 재래식 항공력으로 정밀공격이 가능하며, 그에 대해 러시아의 방비가 허술하다는 사실을 인식했다. 그에 대한 해답은 핵 대응까지 위협 수준을 높이는 것이었다 . 이 메시지는 1993년 판 교리에 강력히 제시되었는데, 이 교리는 러시아가 먼저 핵을 사용하지 않는다는 이전의 천명을 포기하는 것이었다.

걸프전 결과에 대한 일반의 인식과 그 결과가 러시아측의 사고에 실제 미친 영향은 너무나 크다. 1991년 10월 모스크바에서 세르게이 보그다노프(Sergei Bogdanov) 중장이 언급한 내용은 총참모부의 공식 입장을 잘 나타내고 있다. 즉 걸프전은 신무기의 시험장이 되었고, 이라크가 선제공격에 실패한 것이 전역의 전개에 중대한 영향을 미쳤으며, 전장의 모든 무기체계에 대한 고전적 모델은 낡은 것이 되어 버렸다. 그리고 거점 방어는 비효과적이었으며, 다국적군이 정보체계, C³I, 전자전 역량에서 갖고 있던 우위 때문에 승패는 처음부터 결정되어 있었다. 또한 너무나 많은 '우연'이 개재되었으나, 그것은 다국적군이 이 전쟁을 세심히 준비해서 전쟁을 자신들의 시나리오대로 끌어갔으며, 이라크 장비는 낡고 열등했고 그리고 심지어 첨단 장비도 제대로 운용하지 못했음을 의미했다. 다국적군은 모든 면에서 압도적인 우위를 차지했지만, 거기서 특히 항공력은 눈부신 성과를 보여 현대전에서의 그 위치가 새롭게 매겨졌고, 육·해·공군 사이의 자원 배분 현황을 재검토하지 않을 수 없게 만들었다. 그리고 덧붙여 "우리가 공세 작전의 목표가 된다면, 우리는 그에 대응해 방어적 수단만 사용해서는 안 된다."[85)] 라고 입장을 밝히고 있다.

보그다노프처럼 계획 분야에 있지 않은 군사 전문가들의 의견은 보다 노골적이다. 항공력에 최우선적 가치를 부여하는 새로운 경향을 가장 강력히 지지하는 사람은 보로비예프(I .N. Voroby'ev) 소장(퇴역)으로, 1991년 이전에도 주로 지상군 문제를 다루었던 핵확산 분석가이다. 그는 전에 없던 전술적·작전적 현상을 발견했다.

"전자식 사격 교전', '공중, 미사일, 해상, 전자식 공격을 장기간 가하는 것이 작전의 결정적 요소가 되는 교전, …… 지상군은 단지 승리를 마무리짓는 역할만 할 뿐. 따라서 기술 전쟁의 한 가지 측면인 바 특정 조건에서, 전쟁의 목표는 지상군이 적 영토에 침입하지 않고도 달성된다는 것, …… 이미 시대에 뒤진 전쟁수행 방식을 고집하는 군대는 …… 과학기술의 발전을 따라가지 못하며, …… 패배할 수밖에 없다."[86]

서방에서와 같이, 항공력에 걸프전의 승리를 돌린 것은 육군측의 분석가들이 쉽게 용인할 만하지 못했다. 보다 전형적인 반응은 다국적군의 압도적인 전력우세, 재래식 PMG의 집중과 전략적 효과, 전자전에서의 우위, 전술적 기습, 방어력의 제압 등에 승인을 찾으려는 등의 반응이었다.

"공습만으로는 이라크 군을 격파할 수 없었으며, 이라크의 군사력 또는 핵 전력(잠재적)을 파괴할 수도 없었다. 최종 공세로 이라크 주력에 대한 격파만이 사담 후세인이 무조건 항복하도록 유도했다."[87]

새로운 교리는 총참모부의 진정한 우려 즉 걸프전의 경험이 미래전에 대해 러시아 농토가 공격당할 가능성에 대해 세워 둔 기존의 시나리오를 무의미하게 만들지 않을까 하는 우려에 대해서는 전혀 의식하지 못하고 있었다.

"적의 침공은 지상에서 시작하지 않을 것이며, 공중 또는 해상에서 시작될 것이다. 그것은 강력한 항공, 방공, 고기동성 상륙강습단과 해군 등을 동원한 일련의 작전과 교전을 통해 아측의 전략적 배치를 무너뜨리고, 민, 군의 지휘 통제 체제를 파괴하며, 각 공화국들이 전쟁에서 발을 빼도록 하는 식으로 진행될 것이다. 정밀 무기에 의해 후방 깊숙이 있는 군사적, 경제적 표적들이 파괴되고, 그와 동시에 전자전이 선제될 것이다."[88]

결국 조기경보 및 공중-미사일 반격 그리고 전반적 반격 및 안전이 위협받는 지점에 신속히 이동할 수 있는 기동력 강화 등에 중점이 두어졌다.

질적 측면이 강조된 무기 획득 방침이 정해졌는데, 특히 적에게 접근하지 않고도 작전 지원이 가능한 첨단, 정밀, 장거리, 고도 생존성 무기체계가 중시되었다. 그리고 첨단 장비와 지휘 및 통제, 정보수집 장비 역시 중요한 획득 대상이었다. 이 모든 것은 적정 수준의 능력을 보유하면서 군 규모를 줄일 수 있게 해주었다.[89)]

1992년 5월, 그라체프(Grachev) 국방장관은 이 교리를 실행할 때 중점을 둘 아홉 가지를 제시한 목록을 내놓았다. 그중 고도의 기동성을 갖춘 전력을 위한 장비, 전략무기체계, 방공 체계, 군사 우주 체계, 장거리-고정밀 무기, 육군 비행 자산, 정찰 자산, 전자전 자산, 지휘 통제 시스템 등'[90)] 7가지는 항공력과 직접 연결되어 있었다. 같은 맥락에서 그라체프 장군은 지역 수준에서 배치되면 어느 방향에서의 공격도 격퇴 가능한 고기동성 전력을 제안하는 제안서를 올렸다. 계속 준비 태세를 갖추고 있는 전력은 신속배치군과 전략 예비군의 지원을 받으며 국지분쟁에 효과적으로 영향을 미친다. 아직 '보병-전차 중심'인, 군사 작전 수행에 대한 현재 이론은 정밀 무기를 포함하는 공중공격의 역할을 보다 비중 있게 다루도록 개편되어야 한다. 전체 재구성 과정은 약 8년이 소요되겠으나, 그라체프의 경고에 의하면, "러시아의 국내 정세와 경제 상황의 변동, 그리고 국제 관계의 변화에 따라 상당히 일정 수정이 있을 수도 있다."

서방 분석가들에게는 이것이 얼마나 그라체프 개인의 견해를 반영한 계획인가, 그리고 그가 얼마나 총참모부의 지지를 받고 있는지가 의문점으로 남아 있다. 아니면 기동 전력의 다양한 구성요소들이 정확히 얼마나 되는 규모인지도 의문이다. 1992년 12월에 출간된 한 문건에 따르면 5개 공정사단, 8개 공정여단, 6개 기관포여단, 1개 스페츠나츠(Spetznaz)여단, 3개 SAM여단, 우주 통신대, 200대의 SU-27, 150대의 SU-24, 64대의 SU-25, 그리고 약 200대의 IL-7과 720대의 헬리콥터가 즉시 대응군을 구성하는 한편, 보강용인 신속배치군은 3개 중폭격기 사단(약 120대의 TU-22M)과 1개 불

특정 '공군(Air Army)', 그리고 180대의 헬리콥터를 갖추고 육군 군단을 지원하는 3개 레이더 대대, 1개 기관포 사단, 1개 전차 사단, 5개 로켓포 여단으로 구성된다고 자세히 명시하고 있다.[91]

군 규모의 축소를 용인하고 있어도, 그라체프 장군의 실행 일정에 대한 경고에는 충분한 근거가 있었다. 1개 사단(7천명)을 공수하는데 2백 대의 IL-76이 소요되나, 소련해체 이후 러시아는 구 소련 공군의 절반만을 보유하게 되면서 겨우 2개 군 수송 연대를 통제할 수 있을 뿐이었다.[92] 아에로플로트(Aeroflot)로부터 다소 보강을 받는다 해도, '신속 대응군'에 필요한 공수 전력은 비현실적으로 보인다. 이와 비슷하게 수 백대의 전투항공기를 러시아 남부에 배치하는 것은 막대한 인프라 확대를 필요로 했다.

1994년까지 교리의 차원에서 항공력의 장차 사용에 대한 몇 가지 문제가 해결되지 않고 남아 있었다. 전투항공기의 지휘권을 지역 지상군 지휘관들에게 배분함으로써, 지역 전술상 고려에 상위 군사 목표가 왜곡, 종속될 위험을 감수해야 할까? 아니면 지휘권을 고위급에 계속 줌으로써, 다만 통제권만 배분하고, 그리하여 응집성과 작전 수준 조정 가능성을 유지할 것인가? 이에 대해 어떤 식으로 결론이 난 듯도 싶지만, 확실한 증거는 없다.

그라체프 장군이 기동 전력의 기능을 설명한 것과 같은 맥락에서, 코롤코프(Korolkov)대장은 항공력의 기여를 강조하고 있다.

"러시아 공군은 반드시 제공권을 장악, 공중의 적을 섬멸하며 적의 작전 중심을 유린하고, 대규모, 집중적 통제 원칙을 준수해야만 한다. …… 공중 전력의 기본은 공중 격퇴하는 전투작전과 군사작전 구역 내의 공중작전으로 구성되며, 다른 병과의 대규모 편제(전선, 육군, 해군)와 동시에 수행되는 작전 및 장거리 공중작전도 이에 포함된다. 이러한 활동이 없이는, 지상군의 배치는 성공 할 수 없다. …… 전자전과 고정밀 무기를 널리 사용함으로써 작전과 전투에는 분명 제 3차원이 부가된다. 작전 목표와 전쟁 자체의 목표를 달성함에 있어 군의 병과간에 비중의 변화가 일어나고 있음은 분명하다. 공군의 역할이 지속적으로 증대되고 있다. 공군은 러시아 기동 전력의 핵심이 되어야만 한다."[93]

코롤코프 장군은 말을 조심스럽게 하고 있다. 항공력의 책임이 막중해졌음을 인정하고, 또한 그에 합당한 자원 배분을 인정하면서도, '지상군의 배치'라는 말로 지역 방어의 전체를 설명하고 있다. 러시아의 항공력이 갖는 유연성이 얼마나 보장될 것인지 아니면 종래의 사고에 의해 제약될 것인지는 언급되고 있지 않다. 오가르코프 원수는 1994년 사망했고, 이는 그의 예언이 걸프전에서 실현되는 것을 보기에는 모자람이 없었으며, 또한 그 교훈이 러시아군의 교리에 반영되는 것도 볼 수 있다.

항공력이 있는 러시아

그 지휘관들의 결의가 결정적 변수가 된다면, 러시아 항공력의 재건은 신속할 것이며, 페레스트로이카 이전보다도 더 강력함을 갖게 될 것이다. 어쨌거나, 1992년 8월 데네킨 사령관이 말했듯, "항공력 없는 러시아란 러시아가 아니다. 러시아는 언제나 공군을 가지고 있었고, 지금도 갖고 있으며, 앞으로도 가질 것이다."[94]

이후 12개월 동안, 고위 장교들은 이 점에 더욱 열을 올렸다. 그들은 공군이 없어질 경우의 사회적 문제와 군 구조의 불안과 자원의 압박 등의 문제를 장래의 관점에 주목하여 지적했다. 비행 훈련 센터의 전투 사단으로의 전환, 훈련학교를 줄이기 위한 항공 승무원 잉여의 이용, 동유럽과 '근외(近外)'에서 철수한 항공기들로 구식 항공기들을 교체, 학교에서 이론 교습 및 비행훈련 과정의 기간과 수준을 개선하는 것 등이 제시되었다. "총사령관이자 러시아 공군의 재건을 맡은 사람으로써 최근 본인의 해외 여행은 러시아에 새로 도입할 많은 것들을 일깨워 주었다."[95]

러시아 공군의 미래 구성에 대한 보다 자세한 비전은 1993년 4월 모스크바 군관구 공군 사령관 안토시킨(Antoshkin) 공군 중장이 네덜란드 공군

인사들을 환영하며 한 연설 중에 드러나 있다.

"공군의 전투력은 CEF 조약의 소요(전투항공기 3,450)에 따르게 되며, 조약의 내용을 우리는 엄격히 준수할 것이다. ……러시아 공군을 변신시킬 주축은 작전적, 임무별로 편제된 공군 집단을 이 나라의 각지에 배치하는 것으로, 이로써 안전을 보장하며 이 나라의 국가이익을 수호하게 된다. …… 가까운 장래에 러시아 연방공군의 전력과 인력이 20퍼센트까지 감축되리라 볼 때, …… 공군은 러시아 연방군의 17퍼센트를 차지하게 될 것이며, …… 정밀 전천후 시스템을 갖춘 다기능 비행 시스템을 재장비함으로써 질적 개선이 가해질 것이고, …… 기동 전력 개선에 의해 항공대, 병력 수송, 공격 등이 효율적으로 수행될 수 있을 것이며, ……항공지원과 공군 인프라의 개발이 향상될 것이다.……

공군의 변신은 단계별로 진행될 것으로 예상된다. 제1단계(1992년 말까지)에는 러시아 공군의 편제 개념이 제시되고, 승인 받을 것이다. 제2단계(1993-1995)에는 해외 주둔군 철수가 완료되고, 러시아 영토 내에 공군의 집단화 배치가 이루어질 것이다. 또한 혼합적(용병제와 징집제) 공군 병력 동원제가 수립될 것이다. 제 3단계(1995년 이후)에는 공군력의 추가 감축이 실시되고, 협정에 정해진 대로의 규모(25만 내지 27만의 병력)가 될 것이며, 공군 기지 네트워크의 근본적 재조직화와 건설이 계속 이어질 것이다. 공군 기지 중심의 비행 지원 체제의 실행이 시작되고, 새로운 장교 양성 시스템도 시작될 것이다. 혼합적 병력충원제로의 전환도 계속될 것이다."[96]

이는 이 장의 앞부분에서 검토된 여러 요인들의 유리한 혼합을 이루어 내려는 가공할 청사진인 것이다. 그러나 쇠퇴하고 있는 군산 복합체는 공군 기술자의 용병 계약을 보다 매력적으로 만든다. 1992년 항공인을 용역계약하려던 최초의 시도는 실망스러웠으나, 1993년 5월 상당한 보수 인상에 따라 선발 담당자들은 보다 여유 있게 지원자들을 선별할 수 있게 되었다. 한편, 삶의 질이 계속 낙후되어 있는 항공인들의 사기는 신형 항공기의 출현, 장기경보 상태에 대기할 필요성을 줄이는 대립상태의 해소, 외국과의 교류 증대와 아마도 그에 따라 사라질 가능성 등에 반응하고 있다. 다른 문제들, 가령 조종사 과잉 등의 문제는 계속되고 있으나, 인력 운용 계획 수정과 자연 퇴역에 의해 차차 해소되고 있다. 비행시간은 초급 조종사들에게 우선 배정되고 있다.[97] 군 관계자에 의해 여러 번 강조되었던 이 사실은 현재의 운영수준을 줄이고 비행안전의 문제를 악화하거나, 성공적인 구조조정의 일시적 현상으로 간주 할 수도 있다. 소련 해체가 가져온 긍정적 효과 중 하나는 인종적 긴장의 완화와 훈련 문제의 감소라고 할 수 있다.〈비록 그 문제는 육군에 비해 공군에서는 덜 심각했어도〉

만약 국가경제 회복이나 공군의 자원 수효에 의해 그 물적 역량이 회복되기 시작한다면, 그 궁극적인 효력은 한 가지 전통적인 하지만 러시아 특유의 문제 그리고 새로운 문제〈서방에서는 매우 익숙한 문제〉 하나를 풀 수 있느냐에 달려 있다.

첫 번째 문제는 신세대 지휘관들이, 연령차는 매우 나지만 어쨌거나 구식 교리로 교육받은 그들이, 군의 상호 의존과 통합을 지키는 가운데 자유로운 사고법을 쓸 수 있겠느냐는 것이다. 정치장교의 제거와 단일한 직무 중심 지휘선 구축, 정치적 성분 대신 군사적 능력을 기준으로 결정되는 승진 제도는 일단 고무적이다. 최대한 잘 사용하려면 승무원의 독립적인 판단이 필요한 현대 기술의 등장도 또한 고무적인 요인이다. 1989년에서 1994년 사이의 일반적인 관측자에게는 초급장교들이 고위 장성들 앞에서 소신껏 말할 기회를 얻었을 때 기탄 없이 의견을 피력하는 새로운 현상이 두드러졌다. 그러나 이는 러시아 공군에 국한된 현상은 아니었다. 서방의 초급장교들과의 접촉도 그들에게 큰 영향을 미치고 있었다. 데네킨 장군처럼, 그들도 외국 여행으로부터 "러시아에 소개할 많은 것과 함께" 귀환할 수 있었다.

1993년에는 1991년의 쇼크에 의해 직접적으로 나타났던 변화와 연결되는 몇 가지 운용상의 변화 조짐이 보였다. 동유럽에서는 폭탄과 공대지 미사일을 탑재한 SU-24기와 이를 호위하는 MiG-29, SU-24, ECM기를 위시한 30대의 항공기로 구성되는 패키지 훈련이 시작되었다. 이 훈련의 30퍼센트는 야간에 진행되었으며, 이 '공격'의 최종 국면은 1천 피트 상공, 시속 550Kts의 속도로 진행되었다. 같은 기간 중 대략 60대에 달하는 항공기가 참여하는 대(對) AWACs 훈련도 실시되었다. 1989년 5월 「적성」지에 실린 한 예를 보면 이런 식의 패키지 훈련은 주 표적 자체 외에도 AWACs를 격파하려는 의도를 가진 것이었다. 소련의 군사 훈련 캠프 한 곳은 공격-호위 전투기 패키지를 연합 운용하고 있었는데, 약 100대의 항공기가 참여하며 통신침묵 상태 훈련과 ECM환경에서의 야간-전천후 작전을 진행했다. 비행 시간이 1개월 당 8시간 이하로 급감했어도, 그들은 보다 효율적으로 비행 훈련을 실시하는 법을 익히고 있었다.

1993년 11월 한 훈련이 실시되었는데, 그 내용은 보고된 바로는 "최소한 6가지 유형의 항공기 35대가 참여하며, 이들은 유럽 러시아의 3개 기지에서 발진했다. 이틀 동안 5천 마일의 훈련에서, 항공기들은 러시아 극동 지역의 표적에 모의 훈련을 실시하고, 각자의 기지로 귀환했다."[98] 한 차례의 훈련이 재건을 의미하는 것은 아니지만, 세 가지 점에서 획기적인 발전이 있었다. 첫째, 데네킨 사령관이 개인적으로 관여하고 있었고, 둘째, 최소한 두 대의 IL-62 공중지휘소와 1대의 IL-A50 「메인스테이」AWACs기가 참여했으며, TU-95-MS, 그리고 아마도 TU-160 장거리 비행 항공기가 SU-24, SU-27 호위기와 협력했다(모두 공중재급유를 받았다). 이 훈련은 '지역별 집단화'의 항공기 배치와 관계 없이, 잔여 중앙 지휘부가 모든 소요 자원을 동원, 집중할 수 있음을 보여 주었다.

또한 이 훈련은 공군의 능력을 평가 반성하여 재배치해야 함을 상징적으로 보여 주었다. 그러나 하나의 능력을 과시하여 전체 전력에 대한 인상을 강렬히 남기는 것이 케케묵은 소련식 선전방식임을 염두에 두어야 할 것이다. 반면 이전 훈련에 대한 사항들이 정보원을 통해 서방으로 조금씩 흘러나가, 이제 그들은 각 공군기지의 러시아군과 토론을 벌일 수 있게 되었다.

두 번째 문제도 여러 해 전부터 제기되었으나, 경제 붕괴와 정치 전략적 방향전환 이후 더 큰 의미를 갖게 되었다. 이제까지 각 군 사이의 분쟁은 은폐되었으며 소련군 전체의 방위예산이 큰 까닭에 그리 심각하지 않았다. 제 1차 세계대전 이후 영국 공군은 독립을 위해 투쟁했었다. 제 2차 세계대전 후에는 미 공군이 그런 투쟁을 했으며, '제 3차 대전으로서의 냉전'이 끝나고 나서 러시아 공군의 차례가 되었다. 아직 육군은 상대하기 힘든 상대이다. 그러나 상기했다시피, 방공군도 러시아 공군에 대항해 자신들의 입지를 구축해 가고 있다.

1993년 5월, 다시 태어난 러시아 군의 장래를 논하는 러시아 총참모부 대학의 세미나에서, 포크(Pauk) 제독은 서방 해군항공대에서는 곧바로 관심을 보였지만 공군에서는 무시당하게 되는 세 가지 해군항공대 수호론을 제시했다.

(1) 해군 항공대의 통합은 지상, 해저, 수상 합동 훈련을 불가능하게 한다

(2) 지상 작전과 해상작전은 성격이 매우 다르다

(3) 1,580대의 고정익 항공기를 보유한 해군은 함대 지원 기본임무에 있어, 러시아 공군의 장거리 비행을 통제할 권한을 주장할 수 있다.[99)]

데네킨 원수는 몇 개월 뒤 「이즈베스티야」지와의 회견에서 '러시아 전략공군의 역할은 무엇인가? 이들은 미국의 해안을 초계 비행해야 하는가?' 라는 질문에 다음과 같이 답함으로써, 포크 제독의 주장에 그다지 완고하지 않은 대답을 주었다. "최근 대양을 초계 비행하며, 우리의 TU-95기들은 일본 해안 동쪽으로 4천 킬로미터의 공해상에서 미국의 핵항모 「니미츠」호를 목측하는 성과를 거두었다. 우리는 그것을 태풍이 부는 속에서 해냈다. 항모의 위치를 파악하는 것은 쉽지 않으며, 인공위성도 언제나 성공하지는 못한다. 우리는 항상 항모에, 실제적인 부유 공군기지인 그 배에 전문적 관심을

갖고 있다."[100] 해군항공대의 비행 기술에 대한 이러한 완전한 무시에 대해서는 빌리 미첼(Billy Mitchell)도 기꺼워했을 것이다.

그러나 공식적으로 러시아 공군은 장거리 비행대, 군사 자원비행대, 전선 비행대, 예비군과 장교 훈련 사령부로 구성되어 있다.[101] 러시아의 항공력은 육군항공대의 헬리콥터대, 러시아 해군의 SU-27들, 헬리콥터들, 그리고 아마도 항모 발진 조기경보기들, 해군항공대의 지상 자원들에 의해 보충된다. 방공 요격기들은 예하 방공사령부의 지휘하에 러시아 공군과 융합될 수 있다. 전략 군관구와 공군 사이에 방공 지상 환경, 화포, 미사일, 레이더 등을 배분하는 문제는 아직 불확실하다.

1994년에는 러시아의 정치・경제적 미래 자체가 불확실했으며, 아마도 공군의 미래는 더욱 불확실했을 것이다. 다양한 정파들 모두 핵심 방위 산업은 보존되어야 한다는 것, 러시아 군이 재건되어야 하며, 첨단 항공우주 무기를 비롯한 군비가 수출되어야 한다는 데 대해서는 합의하고 있었다. 완전히 장담할 수는 없지만, 러시아 항공력의 재건은 정치 불안이나 경제 붕괴에도 불구하고 이루어질 것으로 보인다.

러시아가 국제 무대에서 그 입지를 회복하게 될 때, 이데올로기의 수출을 포기하고 오랫동안 외교적 성과를 거두지 못했던 나라에게 항공력은 유력한 수단이 될 수 있을 것이다. 고르바쵸프 이전의 시대에 비해 아마도 가장 차이 나는 것은 전세계가 그 항공력의 회복을 주시하고 있다는 점일 것이다. 장기적으로 보아, 1990년대에 미국이 누리고 있는 지위를 러시아의 항공력이 위협할 수 있을지는 하나의 가능성의 영역 안에 남아 있다.

- 제 8 장 -

「 차별화된 항공력의 시대 」

그 두 번째 세기의 문턱에서, 항공력은 전쟁의 핵심을 차지했다. 야전사령관 몽고메리와 롬멜이, 서로간의 매우 다른 관점에서 공중 전쟁을 지면 전쟁 전체를 지게 된다고 말한 지 50년이 지났다. 걸프전은 항공력 우선론자들의 낙관주의를 실체화해 주었으며, 인공위성 기술과 표적 획득 센서의 결합은 적어도 주야, 기상을 불문하고 개별 표적을 정확히 타격 할 수 있는 능력을 부여해 주었다. 항공인들은 다음 백년을 신뢰하고 있다. 미래에 대한 현실적인 기획을 이끌기에 충분한 경험이 축적되어 있다.[1] 그러나 항공력은 동시에 그 초기에 비해 몇 가지 면에서 더 불분명해진 불확실성의 시대에 진입하고 있다.

과거의 명확했던 대립은 인류 멸망의 위험을 내포하고 있었다. 그러나 각국 정부와 그 공군은 이렇게 명확히 규정된 위협에 대해 획득, 정책, 기획, 절차의 확고한 틀을 가질 수 있었다. 중앙아메리카, 남대서양, 동남아시아 , 중동 등 어떤 주변부적 분쟁도 중심부에서 할당한 자원에 의해 처리될 수 있었다. 이제는 세계의 다른 지역에서, 중동, 일부 아시아, 아프리카, 그리고 심지어 동유럽 등에서 과거의 대립이 재연되고 있다. 그러나, 러시아 총참모부의 일부 편집증적 구성원들을 제외하고 기존의 동-서 대결을 이끌었던 사람들은 대부분의 위협(threat)을 '위험(risk)'으로 분류하고 있다.

유일한 확실성은 국제 분쟁에서 군이 계속 일정 역할을 하리라는 것 뿐이며, 특히 서방국가들은 국제 분쟁에 선택적으로 개입할 수 있게 되었다. 걸프전의 경우처럼 각자의 핵심적 국가 이익이 타지역에서 영향을 받는 경우가 아닐 때, 이러한 '선택적' 요인이 항공력에 미친 영향은 다음에 논한다.

한편 경제적 압박은 냉전을 추구하던 모든 나라에서 방위예산 감축을 불러왔다. 일부 서방국가들은 군사 자원을 의도적으로 민간으로 전환하면서, 경제 후퇴 도래 시에는 국방비를 더욱 감축했다. 동방 블록의 모든 나라들이 경제 후퇴를 겪었고, 그것은 정치 질서의 해체를 동반했기 때문에 서방처럼 대대적이지만 상대적으로 질서정연한 국방비 감축을 실시할 수 없었다. 제 3세계에서 방위예산은 아직도 빈약한 자원 중에서 두드러진 배분상 우선 순위에 있었는데, 민주주의에 의해 규제되지 않는 나라들의 침략이나 위협 때문에 지역 분쟁을 대비해야 하기 때문이다. 모든 경우에 방위예산과 다른 국내 예산들 사이의 경쟁은 격화되었고, 국방조직 내에서도 병과간의 예산확보 경쟁이 심해졌다.

기술의 제 3요인은 감축 일로의 자원을 배분하고 기술을 실행할 선택지에 영향을 준다. 모든 형태의 군사력이 영향을 받게 되나, 그 중에서도 항공력이 받을 영향은 가장 크다. 항공 우주 기술의 비용 문제만이 아니라(그 점은 육, 해군도 마찬가지다), 가장 튼튼한 정부와 국방 인력을 가진 나라조차도 이 기술이 매우 다른 선택지를 강요한다는 점 때문에 그렇다.

이 상황은 항공력이 국제 안보에 미치는 영향을 결정할 것이다. 항공인의 기대, 대응, 자제 방식은 국가마다 매우 다르게 나타날 것이다.

차별화된 항공력

항공력 이론은 곧잘 국경을 넘어서 전파되어 왔다. 가령 프렌처드, 미첼, 두헤, 베버, 투하체프스키 등은 전략폭격에 대해 많은 생각을 공유했었다. 그들이 살았던 시대에는 그들의 생각을 실현할 수 있는 능력을 가진 나라는 영국, 미국, 프랑스, 독일, 이탈리아, 소련, 일본 등 몇몇에 불과했다. 1994년에는 항공력 이론에 대해 더 폭넓은 국제적 합의가 있었으나, 그 실현능력에는 차이가 많았기 때문에, '차별화된(differential)'이라는 형용사가 보다 적절한 항공력이 있게 되었다.

국가정책의 수단으로 항공력을 사용할 수 있는 국가능력은 네 가지 범주에 의해 측정된다. 첫째는 그 항공우주산업기반의 깊이와 생산능력의 규모다. 우연히도 그러한 산업기반은 공군 모병관들이 따지는 기준인 기술인력의 수준과 숫자에 비례한다. 둘째 그러한 산업기반의 테두리 내에 있는 현행 과학기술을 파악, 사용할 수 있는 연구개발 능력의 정도다. 세 번째로는 공군에게 자원을 배분해 주고, 그 후 국가 이익을 수호 또는 관철하는 데 사용할 수 있는 국가의 능력이다. 네 번째는 공군의 규모와 수준, 또는 공군 그 자체다. 오직 미국만이 이 네 가지 범주에서 충분한 수준에 이르러 있고, 그에 필적하는 몇 안 되는 국가들과 비교해 봐도 미국의 압도적인 우위는 분명해진다.

1994년 2월에는 국방부의 2,522억 달러 예산 요구가 35퍼센트나 삭감되었다고 전해지는데, 이는 1985년 국방예산이 국가총생산(GDP)의 6.3퍼센트이던 것이 1999년에는 2.8퍼센트로 축소됨을 의미한다.[2] 이에 이어, 1993년의 '상향식 평가'에서 항공모함은 16척에서 12척으로, 전술 전투기 편대는 36개에서 30개로, 전략폭격기는 301대에서 200대 이하로 감축할 것이 제안되었다. 이러한 감축은 제 2차 세계대전 직후의 감축이래 미국이 실시하는 최대의 감축이 될 것이며, 필연적으로 역할과 자원 배분에 관한 고질적인 부처 간 갈등을 초래할 것이다.

예를 들면 이러한 감축은 미 공군과 미 해군이 장거리 재래식 공격 임무를 두고 벌이는 논쟁이나, 미 공군과 육군이 지대공 방어를 놓고 벌이는 논쟁을 격화시켰다. 한 육군 장성이 공개석상에서 드물게 터뜨린 분노는 국방비 감축을 둘러싼 상황 인식과 항공력 쇠퇴 인상에서 유발된 감정의 골을 잘 보여 준다. 미 공군 참모총장 맥픽(McPeak)은 "우리가 작전구역방어 임무를 수행함에 있어 겪는 상황을 각 위원회의 영역을 초월해서 살펴보기"[3]를 원했다고 한다. 육군참모부 작전 기획 및 전력 개발 담당 총장보 가너(Garner) 소장은 이에 대해, 자신은 "공군의 신화를 들어주는 데 진절머리가 났으며" 공군측의 주장은 "잘못된 것으로도 모자라 허무맹랑하다"고 답변했다. 그는 계속해서 미 공군의 전술 탄도미사일을 다루는 데서 보인 실수를 지적하고, '수백대의 항공기 초계비행'의 효과를 패트리어트 미사일의 비용-효과 분석과 비교했으며, 추가적인 감축안이 필요하다는 식의 발언마저 했다.

"1백억 불을 가지고 육군을 현대화하려고 한다면, 각 군단의 현대화가 가능할 것이다. 하지만 항공기 개발 계획에서 1백억 불은 아무 것도 아니다. F-22 프로그램에 드는 비용의 십분의 일만 있으면 육군의 문제는 모두 해결될 수 있다."[4]

미 해군과 공군의 차이는 해군항공대장에 의해 보다 외교적인 언사로 지적되었다.

"우리는 종심타격 임무에서 공군과 경쟁하려고 하지 않는다. 해군이 공군의 폭격기 임무 수행방식을 모방할 필요도 없다고 생각한다."[5]

그래도 남아 있던 의혹은 1993년 이후 미 해군의 A-6 폭격기 교체 계획 철회로 사라졌으나 워싱턴에서는 각 군 간의 대립이 더욱 심해지고 있었다.

그러나 이러한 감축 후에도 미국의 항공력은 16대의 B-2 스텔스 폭격기, 50대 이상의 F-117 중거리 스텔스 폭격기, 60대의 B-1, 40대의 B-52, 4천대 이상의 F-14, F-15, F-111 전투기 또는 전폭기, 그리고 이들을 지원하는 5백 대의 공중 급유기, 34대의 E-3 AWACs, 20대의 JSTARs, 그리고 특화된 EW기 몇 개 전대를 포괄하고 있었다. 그들의 무기체계에는 3종의 신형 스탠드-오프 공대지 PGM, 첨단 순항 미사일, 신형 공대공 미사일, 신형 무인기 등이 포함되어 있었다. 새로운 극초음속의 고고도 정찰기는 아직 알려져 있지 않으며, 다양한 활동을 지원하기 위한 인공위성의 활용은 계속될 것이다. 신형 C-17 수송기에 나타난 발전상에도 불구하고, 또 수송대들 사이의 교차 지원 가능성에도 불구하고, 미 공군의 수송대는 1천 대 이상의 항공기를 보유하고 있다. 다른 말로 하면 미국은 항공력을 완전히 사용할 수 있고, 세계 각지에서 이익을 추진하기 위해 각기 적절한 역할과 무기를 동원할 수 있다. 모든 병과가 참여하는 주된 국방논쟁은 '중간 수준' 분쟁을 동시에 두 곳에서 치를 수 있는가, 아니면 한쪽을 '견디며' 다른 한쪽에 전력을 집중해야 하는가이다.

다른 3개국의 공군도 모든 역할을 담당하려고 한다. 예를 들어 비교해 보면 그 자명함을 알 것이다. 영국 공군의 전선 배치 전력을 150대의 타격기(완전한 PGM 투발 시스템을 갖춘 항공기는 없다)와 90대의 방공 요격기로 구성되어 있다. 전문 방어 억압 항공기나 ECM기는 없고, 17대의 급유 전용기와 약 30대의 급유 수송기들이 총 73대의 고정익 수송대에 포함되어 있다. 3척의 경항공모함이 24대의 고정익 전투항공기를 배치할 수 있다. 영국의 1993년도 총 방위예산은 대략 350억 달러에 달한다.[6] 1992년도 프랑스 방위예산은 354억 달러였고, 그 13.2퍼센트는 공군에 배정되어 있었다. 핵공격, 방공, 지상 공격과 정찰 역할 등은 급유기 11대의 지원을 받는 3대의 전자전 항공기와 4대의 E-3F AWACs 에 의해 수행된다. 두 척의 항모에는 37대의 타격기와 8대의 요격기를 배치한다. 이론상으로는 완전한 항공력 활용을 시도하는 세 번째 국가인 러시아는 7장에서 묘사했다. 다른 2개 주요 서방국가의 항공력에 비해 미국의 그것은 20배는 크다. 다른 어떤 나라도 미국 항공력의 규모에, 그리고 갈수록 중요해지는 장비의 질적 수준에 필적하지 못한다. 유럽 국방력 도표의 거의 하단부에는 덴마크가 있는데, 1993년도 국방예산은 22억 1천만 달러, 전투항공기 전력은 F-16 60대가 전부다.[7] 비록 유능한 전문인력과 강력하고 지적 수준이 높은 사령부가 있어도, 덴마크 공군의 항공력 활용은 방공과 공대지 지원에 국한될 수밖에 없다.

주요 제 3세계 국가들과의 비교는 더욱 뚜렷하다. 1993년 인도의 총 국방예산은 63억 달러였다. 인도 공군은 수적으로는 상당하며, 7백대의 전투항공기를 보유하고 있는 것으로 알려져 있다.[8] 그러나 공중급유기, 조기경보기, 전자전기 등은 전무하며, 제한적인 야간-전천후 전투능력만을 보유하고 있다. 한편 중국은 5천대의 전투항공기를 보유하고 있으면서 1993년 총 67억 7천 달러의 국방예산을 발효했다.[9] 1994년에는 대다수의 항공기가 낡고 시대에 뒤진 상태였고, 인도처럼 첨단 전력 증강 수단을 보유하고 있지 않았다. 그러나 이러한 상황은 변하고 있다. 그리고 중국의 군사적 잠재력은 환태평양 지역구도 차원에서 검토되어야 한다.

미래 항공력에 대한 미국 자신의 견해는 1993년 말, 미 공군 협의회에서 마련한 보고서에 잘 나타나 있다. 필자들은 다음과 같이 지적하고 있다.

"현재 진행되고 있는, '역할 및 임무에 대한' 국방논쟁의 실제 이슈는 역할과 임무의 베일에 가려진 예산 확보 문제다. 군사 비행이 등장하기 전, 논쟁은 만일 지상에서 적을 발견하면 육군이, 해상에서 적을 발견하면 해군이 관할권을 갖는다는 식으로 대충 얼버무려졌다. …… 그런 사고의 흔적은 아직도 국방정책에 내포되어 있다. 예를 들면 공군이 육군항공대에서 독립해 나올 때, 그 주된 임무는 지상에서나 해상에서나 '부수적'이었다. …… 지상이냐 해상이냐의 공식은 항공기에 맞지 않는다. …… 우리가 보기에 역할과 임무 논쟁의 핵심, 그리고 그 배후에 있는 예산 확보 경쟁의 중심에 항공력이 있으며, 그 중심의 중심은 장거리 항공력이라는 것을 확언할 수 있다. …… 모든 군이 항공력의 가치는 존중한다. 갈등의 여러 입장을 초월하여, 이제는 국가 전체적으로 항공력을 일차적 전력으로 보며, 아마도(상황에 따라서) 전력 확보의 기초라고 보고 있다. 이제 항공력은 최소한의 노출과 그에 따른 최소한의 인명 손실 및 전력소모만으로 신속한 위업을 달성할 수 있는 수단으로 널리 인식되고 있다. …… "

계속해서 필자들은 '일차원적' 전략을 비판하며, 육, 해, 공 그리고 우주 공간에서 입체적으로 전력을 운용할 필요성을 강조했다. "그럼에도 불구하고, 신중하고 시의적절한 항공력의 사용이 모든 다차원 전략에서 핵심요소로 떠오르고 있음을 인식하지 못한다면 곤란하다. 항공력은 언제나 핵심이 되지는 않지만(그것은 상황에 좌우된다), 분명 핵심 요소인 것이다. …… "

그들의 주장으로는 비교적 최근의 네 가지 변화가 결합하여 항공력의 속력, 장거리 작전능력, 유연성, 국경을 초월할 수 있는 기본 능력을 강화했다. 그 변화는 스텔스, 정밀성, 전투 관리와 우주공간에서의 지원이다.

공군이 공중공격 역할을 전담하겠다는 태도를 표명한 적은 없으며, "해군의 항모함재기들은 유용한 공격수단이 될 수 있다." "……장거리 지상발진 항공기의 신속한 발진능력, 종심 도달능력, 침투능력, 지속적이고 고도로 집중적인 화력 발휘능력 등은 이 전력을 매우 가치 있게끔 한다."[10]

'장거리 작전 항공력'에 중점을 두기는 했어도, 미 국방정책에서 항공력이 차지하는 일차적 위치를 이토록 분명하고 확고하게 정의 내린 것은 이미 이 연구에서 살펴본 여러 사건들과 개념들에 뿌리를 두고 있다. 그러나 이제 그 개념들이 미 항공력에 적용될 수 있는 기간은 가까운 미래까지일 뿐이며, 더 장기적 관점에서는 러시아, 중국, 그리고 아마도 일본과 경쟁하지 않을 수 없을 것이다.

국제관계에 대해 항공력이 미치는 미래의 영향을 고려하면, 두 가지 상황이 있게 될 것이다. 그것은 미국의 항공력이 관여하는 상황과, 그렇지 않은 상황이다. 그리고 어떤 분쟁에 미국 항공력이 참여할 경우, 어느 쪽에 설 것인가? 이다.

예측 불가능한 시나리오들

미국이 참여하든 않든, 모든 가능한 시나리오를 검토하는 것은 불가능하다. 그러나 그러한 불가능성이 항공력에 미치는 영향은 살펴볼 수 있으며, 이는 미국 자신과 다른 나라들이 항공력을 최대한도로 사용하려고 할 때 참조가 된다.

1945년 이후의 항공력 전략환경은 진자(振子)에 비유해 볼 수 있다(※본문의 15쪽 그림 참조). 진자가 그리는 궤적은 연대보다는 성질의 차이를 나타낸다. 한쪽 끝에는 '걸프전 시나리오'가 있다. 이는 다수의 요인이 결합하여 항공력을 사용하기에 거의 완벽한 환경을 만드는 경우다. 다른 끝에는 '보스니아전 시나리오'가 있다. 이는 정반대의 경우라고 할 수 있다. 두 극단 사이에는 항공력이 각각 특수하게 사용되는 주요한 분쟁의 사례별로 시나리오가 존재한다. 이 진자는 이전과 같이 계속해서 요동하다가, 궤도의 한 지점에서 예기치 못한 정지를 할 것이다. 전쟁의 진자는 항상 그런 식으로 움직여 온 것이다.

동서간 대전의 가능성이 소멸되고, 새로운 동맹 구성이 출현하기 전까지, 구체적인 동맹의 파트너십 관계는 적대 관계만큼이나 예측을 불허한다. 파트너는 MiG-29를, 적은 F-18을 운용하고 있을 수도 있다. 영국 공군은 지난 두 차례의 분쟁에서 프랑스와 미국제 항공기 및 무기와 싸웠다. 장래의 서방 파트너들은 SA-12만큼이나 패트리어트를 기피할 수도 있다.

파트너의 잠재적 목표가 그들의 참여 수준을 결정할 가능성이 많다. 국제 위협을 제거하는 것인가? 잠재적 위협을 차단하는 것인가? 상대방을 봉쇄하려는 것인가? 세력균형을 회복하려는 것인가? 체제를 무력화하려는 것인가? 불법적으로 획득한 영토에서 적국을 쫓아내는 것인가? 대립 요인 중에 이념이 사라진 상태는 계속되지 않을 수도 있다. 유럽은 16세기의 이념 대립을 반복하지 않는 행운을 50년 동안, 종교전쟁과 같은 것을 치르지 않고 누릴 수 있었다. 그러나 보스니아의 일, 그리고 유럽 이외의 지역 즉 북아프리카나 중동의 긴장 상황은, 실용주의와 합리주의가 측량할 수 없는 열정에 쉽게 잊혀질 수 있음을 일깨워준다. 분쟁에 그런 면모가 나타나게 되면 진자는 우측(보스니아 시나리오 측)으로 크게 기울게 된다.

예측 가능한 측면들

모든 시나리오를 예측하는 것이 불가능한 한편, 그 운영 성격은 이미 1994년에 모습을 보였다. 첫 번째 것은 첨단 군사기술을 판매하려는 국제적 경쟁의 효과였다. 주요 무기 수출국들 중, 프랑스는 보통 획득 정책에서 수출 문제에 중점을 두는 편이었다. 영국은 수출용 추가 생산을 통해 자체 단위별 비용을 줄이려고 했고, 소련은 정치적인 목적에서 무기를 수출했으며, 미국은 방위산업을 기본적으로 국내 수요 충족에 국한시키는 한편 정치적 목표와 부가적인 경제적 이득을 위해 무기 수출을 하는 것도 피하지 않았다.

1994년까지 러시아는 항공기, 지대공 미사일, 그 외 관련 시스템들을 서방의 상품들보다 저렴하게 수출하는 데 분명 중점을 두고 있었다. 미군의 감축은 이제 미국 방위산업체도 살아남기 위해 수출에 의존해야 함을 의미한다. 앞서 영.미의 이라크와 이란에 대한 무기 판매는 상업적 기회와 도덕적 문제가 충돌할 때 어느 한쪽을 선택할 수밖에 없음을 보여 준다. 한편 국제적 이미지가 그리 좋지 못한 나라는 첨단 기술 도입에 그만큼 열중하게 된다. 덧붙여, 브라질, 중국, 대만, 일본, 한국 같은 나라들은 자체 방위 산업을 육성 중이며 이는 더욱 국제 무기 시장을 복잡하게 만들 것이다.

결과적으로 대규모 공군을 보유하거나 일관성 있는 대규모 방공 시스템을 구축할 나라는 몇 안되겠지만, 대신 소규모의 첨단 기술 확보에 대한 노력은 끊이지 않을 것이다. 서방의 항공우주 기술력과 그 외 나라들의 기술력 사이의 격차(걸프전에서 뚜렷이 입증된)는 좁혀질 것이다. 앞서 제시한 요인들로 인하여, 서방의 공군들이 우위를 차지하기는 하겠지만 기술 규모에 있어서의 격차는 계속 줄게 된다.

그 결과 항공전은 통신, 항법, 표적획득, 무기투발, 정밀유도의 전자적 환경 속에서 치러지는 게 보통이 된다. 저수준 작전은 계속 문제를 안게 될 것인데, 스팅어나 블로우파이프(Blowpipe) 같은 휴대용 SAM과 러시아측 개발품들이 널리 퍼짐에 따라 고속표적 획득과 식별을 불리한 지형, 기후조건에서 이루기가 어렵기 때문이다. 1994년까지 그러한 무기에 의해 수송기에 위협이 가해졌고, 이미 보스니아의 UN군 작전이나 그루지야에서의 러시아군 작전은 그런 위협의 피해를 당한 바 있다. 장차 공군의 배치와 육군 지원을 '지역 외' 분쟁 배치에 실시할 때는 그러한 요소를 고려해야만 할 것이다.

걸프전에서 얻은 '대안적' 교훈의 확실성은 이미 기술했다. 미국이 무비의 초강대국이 될 전망은 세계의 모든 곳에서 기꺼이 받아들여지고 있지 않다. 그럼에도 불구하고 미국의 항공력이 최고 최대의 위력을 보유하게 될 가능성은 높다. 당연하게도 미국의 동맹국들 중에는 걸프전을 다른 방식으로 바라본 나라들이 별로 없었다. 어떻게 장차 저런 일이 재발하지 못하게 할 것인가?

인도군 준장 네어(V. K. Nair)는 걸프전에서 미국이 이끄는 다국적군이 수행했던 것에 기반을 둔 시나리오에 대략 몇 가지 문제점이 있음을 지적했다. 거기에는 '중요한, 경무장 표적들', 즉 AWACs, JSTARs, 공중급유기 등에 대한 공중공격의 집중도 포함되어 있었는데, 이는 성공한다고 해도 적을 깊숙이 숨어버리게 만들어, 다국적군-미 공군의 활동에 어려움을 낳을 수 있었다. 특수부대의 공격이 미 공군 전진기지와 병참 집결지에 가해질 수 있었다. 적진 깊숙이 침투한 병력은 큰 손실을 감수해야 하지만, 그 대가로 얻는 성과는 미미할 수 있었다. 견착 발사식 방공미사일은 매우 중요하며, 침투병력들도 수송기나 그 외 공중의 이동에 대비해서 그것을 장비해야 할 것이다. 비록 위협을 막으려 자원을 재분배해야 할 필요가 있더라도 말이다. 그러나 무엇보다도 초강대국의 잠재 적국은 가만히 앉아서 처분을 기다리지는 않는다. 군 지휘관은 그들의 핵심 자산을 사용할 권한을 적대행위 이전이나 도중에 그리고 이후에 부여받아야만 한다.[11)]

이상은 국방에만 전념하고 더 이상의 침공을 시도하지 않는 인도에 적합한 인식이지만, 다른 나라들은 그처럼 국제 여론에 민감하거나 순응적이지 않을 수 있다. 네어 준장의 분석은 모든 종류의 전쟁에 공통되는 두 가지 원칙에 근거하고 있다. 공세 작전과, 적의 약점을 최대한 이용하는 것이 그것이다. 그는 또한 국제법을 준수하려는 전통적으로 방어적인 국가가 일정한 조건하에서는 선제공격을 취할 수도 있음을 암시함으로써 정치-군사적 논란을 불러일으켰다. 이는 3개 차원의 전쟁 모두에서 이미 사실로 나타난 바 있다.

선택적 전쟁

네어 준장의 분석의 기저에 있는 이론은 제 5장과 6장에서 다루었다. 초강대국을 전쟁에서 꺾는 것은 불가능하지만, 초강대국이 용인할 수 없는 대가를 치르지 않게끔 만들 수는 있다. 분명 리스크의 수준〈가능한 소득 대 비용 및 손실의 비율〉은 적어도 이론적으로는 국방부 및 외교부의 최대 관심사다. 그러나 이제는 선택적 전쟁의 새 시대가 여러 나라에서 영토를 보전하고 국가를 보위하는 차원을 바꾸고 있다.

사막의 폭풍작전의 압도적 승리 이후, 아군의 인명피해가 수천에 이를 것이며 중동전으로의 비화와 환경 재난의 초래를 예언한 사람들의 발언은 신용을 잃었다. 그보다 약 10년 전, 겨우 수백의 영국계를 위한다는 명분으로 8천 마일 밖의 늪투성이의 군도(群島)에서 전쟁을 벌이기로 한 대처 행정부의 결정은 아르헨티나, 소련뿐 아니라 세계 각국의 정부들을 놀라게 했다.[12)]

그러나 유럽의 중앙에 있는 보스니아에서는 상황과 대응이 전혀 달랐다. 정치적 목표와 관련된 모든 난점을 젖혀 놓고라도, 또 국가간의 경쟁과 군사적 선택의 예측불가능성을 고려하지 않더라도, 중요한 안보 문제나 상업적 이익이 없는 상황에서 인명피해와 비용의 발생을 감수하려는 참여자들은 거의 없었다. 어떤 분쟁에 한 나라가 개입하느냐 마느냐를 결정할 때, 모든 군사적 고려는 다소 다른 관점을 취하게 되는데, 특히 항공력의 사용과 관련될 때 그 차이는 커진다.

한편으로 항공력은 가장 적게 개입할 수 있는 수단이 된다. 제6장에서 설명한 것처럼, 이는 지상군의 도움 없는 공중공격이나 지상군 지원을 통해 분쟁 구역 밖에서 분쟁에 참여할 수 있게 한다. 미국은 전 세계에 근거지를 가지고 있으나, 중급 국력을 지닌 영국 같은 나라는 작전 구역에 접근이라도 하려면 재급유가 필요하다. 그런 식의 항공력 사용은 병참 지원 문제와 사상자 문제가 있는 지상군 개입을 피하게끔 한다. 일이 뜻대로 되지 않았을 때에도, 항공력의 철수는 지상군의 철수에 비하면 정치적인 영향에 크게 좌우되지 않아도 된다. 더욱이 다른 국가에 더 강력한 지역 방공망이 구축되었어도, 항공력은 당분간 서방의 우위를 과시하는 수단으로 남아 있을 것이다.

하지만 선택적 전쟁에서, 국내 문제는 원칙에 있어서는 참여 여부에 대해, 실제에 있어서는 참여 방법에 대해 편을 가르게 하는 요인이 된다. 인명 피해율이 아주 낮더라도 거기에 조종사가 포함되고, 고가의 장비까지 손실되었다면 신속한 철수가 이루어질 수 있다. 사실 미 공군이 그 B-2 전력을 20분의 1, 또는 10분의 1이라도 희생할 만한 가치가 있는 해외분쟁이 어디 있단 말인가?

전체주의 국가는 선거제 정부에 비해 더 다양한 선택을 할 수 있다. 자유 언론의 존재는 군사적 실패가 반대당에게 적어도 어느 정도의 이득으로 돌아가게 해준다. 더욱이 항공력은 항상 게르니카와 드레스덴의 망령에 시달리지 않으면 안 된다. 아무리 고도의 정밀 무기를 사용하고 노련한 조종사가 동원되었어도, 무기가 명중하지 못하고 비전투원이 인명이 희생되는 일은 너무나 잦다. 자유 언론은 그런 결과를 국내뿐 아니라 전세계에 곧바로 내보낸다. 'CNN 효과'는 항공력이 비인도적이고, 어느 정도 불공정하며, '언제나처럼' 무차별적이기 때문에, 결국 정치적으로 역효과만 가져온다고 믿는 사람들에게 철저히 이용될 수 있다.

그러나 현대 통상전의 항공력 사용에서 CNN 효과를 너무 강조하는 것은 온당치 않다. 예를 들면 일부에서는 만약 제 2차 세계대전 당시 영국 대중이 영국 공군 폭격기사령부의 독일 민간인들에 대한 정책을 인지하고 있었다면 당시 개별적으로 그에 반대했던 정치인들이나 성직자들 편에 섰을 것이라고 한다. 그러나 마침 1994년 2월 BBC 텔레비전 프로그램에서는 당시 영국 국민의 태도의 실체를 조명하는 기회를 제공했다. 1943년 영국 공군이 루르 지방의 3개 댐에 대한 '댐 파괴' 공습을 가한 일에 대한 이야기였다. 당시 영국 정부는 통상적인 보안 조치를 취하지 않고 공격에 대한 자세한 내용을 재빨리 공개, 댐을 파괴해서 수백만 갤런의 물을 터뜨려 참화를 일으킨 일에 중점을 두어 보도하게 했다. 이 공습의 성공을 영국 국민은 쌍수를 들어 환영했으며, 제 617 비행대대는 일약 신화적 존재로 떠올랐다.

국가적 필요성, 사고나 순전한 실수에 의해 '부수적' 피해가 설명될 수 있을 때는 언제나 그것이 항공 전략이나 정책에 가져오는 부정적 효과는 최소화된다(비중과 지속성 두 가지 면에서 모두). 아측의 인명 피해는 몇 번이고 강조되며 최대한 중요시되지만, 보다 섬세한 양심의 견지에서 그리되지는 않는다. 더욱이 민주정치 속의 정치인들은 조만간 그들의 국내 정치활동에 매스컴을 이용하는 것처럼 국제 매스컴을 요리하는 방법도 배울 것으로 여겨진다.

따라서 요약해 보면 항공력은 선택적 전쟁의 유용한 도구다.

아측의 인명 피해를 최소화하며, 다양한 공격 선택지를 제공할 수 있고, 기술적 우위를 최대한 이용하며 전쟁의 정도와 지속 기간을 조절하기에 보다 자유롭다. '지역적' 병참 지원이나 보호에 구애되지 않고 전쟁을 개시하거나 중지하고 철회할 수도 있다. 그것이 해당 분쟁에 '진지하게' 개입하고 싶지 않다는 암묵적 의사로 얼마만큼 비칠 것인지는 해당 시나리오의 상황과 개입국의 상대적 가치관에 달려 있다. 항공력이 기여하는 중요한 점은 그것이 선택의 여지가 있다는 것이다.

최소의 최대화

물론 궁극적으로 선택적이든 아니든, 항공력의 사용은 그것을 동원할 때 사용 가능한 자원에 따라 결정된다. 1990년대에 모든 공군은 그 원인은 각각 달랐지만, 하나의 특별한 문제에 직면했다. 그 문제 자체는 익히 알고 있는 것으로 곧 최대한의 비용 또는 편익 효과를 창출하는 문제다. 또는 트렌차드의 기록담당관이 1922년에 쓴 것처럼, "물자와 인력 양자를 추가함이 없이 그 위력을 확대하는 것"[13] 이다. 그러나 이제 이 문제를 해결하려는 데는 더 다양한 이유가 존재한다. 미국은 국방예산 감축에 직면해 그 군사 능력을 유지하고 싶어한다. 유럽 국가들은 같은 동기가 있고, 덧붙여 미국에 전적으로 의지하는 상황을 타개하고 싶어한다. 구 동구권 블록 국가들은 그들의 파괴된 안보구조의 잿더미 속에서 뭔가 건져내려고 한다. 제 3세계 국가들은 그들의 지역 내 입지를 강화하기를 원하며, 가능하면 원거리에서 가해지는 압력이나 개입에 대한 취약성을 극복하고자 한다.

결과적으로 각국은 그들이 항공력을 위해 배당한 자원을 최대화하려는 방법을 여러 가지로 취한다. 그들은 두 가지의 서로 연관된 모토를 검토할 수 있을 것이다. ⇒ 협력과 전력 다양화.

전쟁 수행에서 협력의 개념은 전쟁 그 자체만큼 오래된 것이다. 동맹을 구축하면 각자 목표를 추구하는 것보다 더 큰 성과를 얻을 수 있다는 생각은 여러 세기 동안 외교정책의 기본 개념이었다. 아주 드문 예외를 제외하면 동맹은 임시적이었고, 적대행위 진행 기간 중 군사적 협력에만 엄격히 국한되어 있었다. 그러나 항공력의 시대는 이런 구조에 몇 가지 수정을 가했다. 동서 대립이 길게 이어지면서 평시에도 동맹이 존속되는 상황이 이어졌고, 이는 육군이나 해군보다는 공군들 사이의 협력에서 더 잘 나타났다. 그러나 당시 NATO와 바르샤바 조약기구는 특정 지역에서의 특정한 위협에 대해 통상적인 군사 협력의 양상을 보였다. 그에 비해 오늘날의 협력 형태는 보다 깊이 있는 영향을 국제관계와 차별적 항공력에 미치고 있다.

산업 협조

러시아 항공력과 러시아 항공우주 산업의 유착 관계는 제7장에서 설명했다. 1994년 서방에서도 그와 비슷하게 중대한 변화가 이루어진다. 제2차 세계대전 후 전쟁성 장관에게 보낸 보고서에서, 아놀드 장군은 산업체가 항공력에 기여한 바를 약술했다.

"항공력은 전쟁수행이 가능한 비행체들로만 이루어지지 않음. 그것은 총체적인 비행 활동으로, 민과 군, 상업용과 개인용, 기존 및 잠재적인 것을 모두 포함함. 군사 항공력 또는 공군은 산업체에서 제공하는 항공 잠재력에 의존하며, 다시 군사 항공력은 사적, 산업적 영역을 활발하게 만들어 줌. 정부는 그 조정력과 기획력을 십분 활용하여 이러한 항공 잠재력을 극대화하기 위한 모든 노력을 다해야 함."[14]

국가 항공우주 산업을 위한 국가 항공력 프로젝트 지원 필요성은, 1994년에 중요한 원칙이었다. 그러나 실제로 다양한 수준에서 국제협력은 별로 되지 않았다.

미국에서, 군사 항공기와 무기 생산은 비록 많은 일본제 마이크로 프로세서에 대한 비확인된 보고서가 있기는 하지만, 아직도 대부분 국내 부품에 의해 지원받고 있었다. 미 해병대의 AV-8B는 영국의 설계를 기초로 했고, 영국제 엔진을 장착했다. F-22의 LANTIRN 항법 및 표적 획득 시스템과 Head Up Display 장비 역시 영국에서 제작된 것이다. 그러나 AWACs, JSTARs, F-117 스텔스 기종 같은 고가치 시스템들은 분명 미국의 항공우주산업체에서 생산되었으며, 패트리어트, 스팅어, SAM 등도 그러하다. 그 결과 미국의 항공력 획득 과정에는 국제 협력이 그리 비중 있게 고려되지 않았다.

유럽의 상황은 매우 달랐다. 1970년대에 영국과 프랑스는 주간/호천후, 타격/공격기로 기본임무형 재규어(Jaguar)항공기를 공동 생산했다. 그 후에는 영국, 독일과 이탈리아가 협력하여 가장 중요한 전천후 타격기들을 확보했다. 수출품 포함하여 여러 가지 변형이 있었지만, 992대의 토네이도들이 생산되었다. 그 중 407대가 영국에 판매되었다.[15]

1979년에 영국, 독일, 프랑스는 1990년대를 목표로 전투기 합작 개발에 들어갔고 15년 뒤, 유로파이터(EF-2000)가 첫 비행을 했다. 그 시점에서 프랑스는 협력에서 빠져 독자적으로 라팔을 설계·제작했다. 그러자 영국과 독일은 스페인, 이탈리아와 합작했다. 최초로 EF-2000가 영국 공군과 이탈리아군에 취역하는 것은 2000년도로 예정되어 있었고, 독일과 스페인 공군은 그보다 2년 뒤가 될 예정이었다. EFA/EF-2000 프로그램의 유사성은 국제 협력이 갖고 있는 장점과 단점의 대부분을 보여 준다.

이론적으로는 기민한 제공권 전투기의 구체적 사항에 합의하는 것은 간단하다. 1992년도 영국 하원 공동방위 위원회 보고서에 의하면, "차세대 영국 공군 전투기는 고속으로 가시거리 밖에서 미사일 공격을 실시할 수 있고, 단거리 공대공 미사일과 기관포를 사용해 근접 공중전에서도 우위를 차지할 수 있어야 한다. 이러한 두 가지 교전방식에 필요한 특징은 '기민성', 즉 거의 연속적으로 상승, 회전, 선회, 가속 비행이 가능하며, 초음속 이상과 이하 속도영역 모두에서 비행할 수 있는 능력이다. 기민성은 시계범위 밖 교전에서 필수적인데, 미사일을 발사하기 전에 신속히 급상승하고 그리고(또는) 가속함으로써 '격추' 기회를 최대화하고 또한 효과적인 회피 기동에 들어가 적 전투기의 미사일 위협에서 벗어나야 하기 때문이다. 또한 기민성은 사격 기회를 최대한 확보해 줌으로써 근접 전투에도 필수적인 요소이다."[16] 이 보고서는 계속해서 다른 중요한 요소도 거론하고 있는데, 작전 가능한 범위와 지구력, 고성능 레이더와 낮은 레이더 반사면적(RCS), 완전히 일체화된 무기체계, 항공 전자장비와 임무 관리시스템(FMS), 짧은 이착륙 시간과 높은 안정성, 저렴한 유지 보수비용 등이 이에 포함되어 있다.

이는 대단히 어려운 요구 조건이다. 그러나 이에 대해서 이견을 표시하는 공군 인사는 거의 없을 것이다. 그러나 프랑스는 자체 항공모함에서 전투기를 발진시키고 싶어했다. 따라서 기체 중량에 대한 또 설계 주도권에 대한 논란이 벌어져 프랑스는 1985년에 5개국 콘소시엄에서 탈퇴하게 되었던 것이다. 이미 이 프로그램은 모두의 합의를 얻어내느라 진척 속도가 느려져 있었다. 영국측의 연구를 보면 국제 협력 프로그램들이 국내 벤처보다는 더 긴 개발시간을 갖는 것으로 되어 있으나, 그 증거는 충분하지 않다. 지연 기간은 2년에서 2½년 또는 10~20퍼센트로 추산되는데, 거론된 예를 보면 미국 국내 프로그램이 62개월 걸린 데 비해 영국의 협력 프로그램은 83 내지 100개월이 걸린 것을 알 수 있다. 한편 1991년 영국의 MOD는 영국의 협력 프로그램이 국내 벤처보다 오래 걸린다는 충분한 증거는 없다는 견해를 표명했다.[17)]

국내 프로그램이 협력 프로그램만큼 지연될 수도 있지만, 전자는 특수사항, 역할분담, 계약 체결, 여러 나라의 정치적 승인[18)]등에 의해 지연될 가능성은 없다고 보는 편이 합리적일 것이다.

EFA/EF-2000의 개발 계획에서 역할 분담안은 생산품의 국가별 분담량에 기하여 작성하는 것으로 합의되었다. 최초 계획은 765대를 생산하여, 그중 250대씩을 영국, 독일이 각각 확보하고, 이탈리아는 165대, 스페인은 100대를 확보하기로 되어 있었다. 그에 따라 각각 33, 33, 21, 13 퍼센트씩 역할을 분담하기로 합의되었다.[19)] 그러나 1994년에는 총 제작수가 약 600대로 감축되었고, 독일은 140대, 이탈리아는 130대, 스페인은 85대를 확보하는 것이 되었다. 역할 분담은 묘한 긍정적 효과를 주었다.

역할분담이 주는 중대한 이점은 국내 산업에만 의존할 경우 방위력 증강에 대한 위험감수 요인을 방지했다는 데 있다. 예를 들면 영국의 경우, 탈냉전 시대의 '평화의 몫'에 대한 요구로 압박을 받고 있던 시절에도 EF-2000

프로그램에 대한 모든 정당과 노조의 지지는 계속 유지되었다. 하지만 만일 외국 기업이 영국 방위 예산에서 득을 보는 것으로 알려졌다면 그런 폭넓은 지지는 수그러들었을 것이다.

문제점도 있다. 항공기 기체, 엔진, 엔진 부속물, 항공 전자기기/무기, 일반 장비 등을 제작할 때 작업을 분담하는 비율은 "기술의 균형 있는 배분과 작업의 효과적인 분배"[20]를 달성하도록 정해진다. 그러나 이 이중의 목표는 조화를 이루기가 어렵다. 예를 들면 영국은 고도의 산업 수준에 있고 경쟁력 있는 전자 산업 부문을 갖추고 있는 반면 스페인은 그렇지 못하다.[21] 토네이도 폭격기는 10만회 이하의 직접 연산을 처리하는 소프트웨어를 가진 반면, EF-2000은 하드웨어를 바꾸지 않은 채 80만회 내지 160만 회의 처리 능력을 보유하도록 하는 것이 계약 조건이었다. 통계에 따르면 전투기의 복잡성과, 경제적 가치를 지키려는 노력과 국력에 상관없이 국가별 분담을 정하려는 태도 사이의 갈등이 조명된다.[22]

프로그램이 지연됨에 따라, 국내적 프로그램과 협력적 프로그램 사이의 비용 비교는 수량화하기 어렵게 된다. 국제 협력은 몇 가지의 상대적인 비효율성을 포함하지 않을 수 없다. 임의적인 역할 분담, 중복 투자, 부품의 장거리-국제적 운송, 국제적 관리비용 등이 거기에 포함된다. 어떤 이론은 "협력적 항공기 개발 프로그램에서, 개발비용은 참여자들 수의 루트 제곱의 비율로 상승한다". 그러나 "그렇다고 해도 각 참여자들은 개별적 개발에 임할 때보다 50퍼센트의 비용 절감을 달성한다"[23]고 주장한다.

"정치인들, 정부 관료들, 국방 분석 전문가들 사이에는 다소의 비효율성에도 불구하고, 국제 협력개발이 과다한 연구개발과 부적합성을 줄여 주며, 장기적으로 적정한 규모의 경제를 달성하고, 수출경쟁력을 확보하게 한다는 데 의견을 같이한다. 더욱이 '협력 개발에 대한 영국의 열의에는 미국이 무기 시장을 제패하는 상황에 대한 우려가 내포되어 있다."[24]

이러한 우려가 발생하는 데는 충분한 근거가 있었다. 1992년 F-15를 사우디아라비아에 판매하는 문제에 대해 맥도넬 더글러스사의 간부가 미 국무성에 보낸 편지는(결국 '폭로'되고 말았던) 무기판매, 군비통제, 외교정책 사이의 상호작용에 대한 매우 의미 있는 통찰을 포함하고 있었다.

편지 필자는, 사우디아라비아에 F-15 대신 EFA(EF-2000)를 판매해서는 안 된다는 견해를 밝히고 있는데, 그 이유는 "사우디인들은 EFA를 자기들 나름대로 검토하고 수정할 것이며, 결국 장래에는 미국의 지식, 동의, 통제를 필요로 하지 않고 관련 기술을 발휘할 수 있을 것이기 때문이다."

반면에 "F-15를 사우디아라비아에 판매한다면 중동에 무상 증여될 유럽의 차세대 전투기 생산을 위한 유럽의 전투항공기 산업에 중대한 충격을 줄 수 있을 것이다. 그 결과 이 시나리오는 미국이 다른 나라들이 진행하는 군용 항공기 프로그램을 통제할 능력을 향상하여 줄 것이며, 궁극적으로 유럽 무기 시장에서 미국의 입지를 높여줄 것이다. 미국 정부가 맞이한 이 절호의 기회를 결코 경시해서는 안 된다. ……외국의 경쟁력을 크게 약화하고, 심지어 없애버림으로써 미국은 전략적으로 중요한 사업에서 우위를 지킬 수 있고, 미국이 유일한 무기 공급자가 됨으로써 다른 나라들에 대한 지배력을 크게 향상 할 수 있다."[25)]

물론 이는 미국의 공식적인 정책 천명이 아니며, 아마도 로비 활동의 하나로만 보아야 할 것이다. 하지만 이는 미국이 항공력을 독점하는 상황이 국제적으로 미칠 영향을 묘사하고 있다.

국제협력 개발은 장비의 상호운용성과 표준화에 도움이 되기도 하는데, 비록 국가별로 다른 무기체계를 선택하더라도 가능하다. EF-2000의 경우, 이탈리아와 영국의 방어지원 장비 설치만이 이 원칙에 예외가 되고 있다. 일단 한 방식을 채택하면, 그것을 포기하기란 매우 어렵다. EF-2000 프로그램은 1992년 한 차례 위기를 겪었는데, 당시 독일 국방장관 뤼헤(Rühe)는 이를 맹비난했지만, 결국 여기서 발을 뺄 때 치러야 할 대가가 '더 저렴한 비용의' 대안으로 전환함으로써 얻는 이득을 상회할 수 있음을 확인하는 데 그쳤다. 그러한 대안은 성능의 희생을 수반하게 마련이었다. 일부 정치인들과 분석가들이 EF-2000 취역이 원래 의도대로 MiG-29, SU-27을 상대하기 위한 것 뿐 아니라 F-16, F-15, F-18과 더불어 제 3세계 국가들 특유의 전투기들을 상대하려는 것임을(국제 무기 시장에서) 깨닫는 데는 어느 정도 시간이 필요했다. 제공권 확보가 다른 군사작전의 성공을 위해 필수적이라면(대부분의 군 인사들이 굳게 믿고 있는 것처럼), 능력을 희생해서 얻는 경제적 이득이란 공상적이면서 위험한 것이다.

유럽 공동 외교-방위정책 수립의 지향이 계속된다면, 항공력 활용의 핵에 유럽 전투항공기를 배치하는 것은 더욱 중요성을 띠게 된다. 그 대안은 제공권 확보를 위해 미국에 의존하거나, 미국이나 러시아로부터 항공기를 구입하는 것이다. 미국에 의존하는 것은 항공력의 차별성을 심화시키고, 유럽의 독자적 선택의 폭을 더욱 좁힐 것이다. 미국 항공기의 구입은 유럽의 항공우주 산업력을 약화시키고 미국이 무기 시장을 제패하도록 할 위험이 있다. 러시아 항공기의 구입은 '미국 항공기 구입'의 문제점을 그대로 가질 뿐 아니라, 미국과의 정치 공조를 해치고 불확실한 외국과의 의존관계를 설정한다는 위험마저 내포한다.

따라서, 설계의 독자성 희석, 취역 지연, 개발비용 증가 등의 문제점에도 불구하고, EF-2000 프로그램에 대한 유럽 항공우주 계통의 지지는 튼튼히 유지될 것이다. 그 대안은 정치적, 경제적, 군사적으로 바람직하지 못하기 때문이다. 항공력의 두 번째 세기를 맞아 믿을 만한 항공우주 기반이 없이 믿을 만한 유럽 안보정책을 생각하기란 어려운 상황이다.

협력 자산

파나비아(Panavia) 토네이도기의 협력 생산은 또 다른 유럽 협력 벤처로 이어진다. 1979년 영국의 코테스모어(Cottesmore)에는 영국, 독일, 이탈리아 3국 토네이도 훈련시설(TTTE, Three Tornado Training Equipment)

이 설치되었다. 협동비행훈련이라는 개념은 새로운 것은 아니었다. 수년 동안 NATO는 미국에서 기초 비행 훈련을 받아 왔다. 그러나 TTTE는 이와는 다른 목표 즉 1979년 영국, 독일, 이탈리아 정부대표들이 서명한 양해각서에 암시된 목표를 가지고 있었다.

"…… 무기, 전술, 기법의 표준화와 각 군의 교차운영가능성 증가를 위해 협력과 상호이해의 증대가 유익하다는 ……사실을 고려하여……."[26]

TTTE는 NATO 회원국들의 협력 증진을 표방하고 있는 것이나, 그러한 협력적 전투 훈련의 가치는 단기 출동, 임시 동맹 항공력이 사용될 경우 진가를 발휘하게 될 것이다. 코테스모어에서 요구되는 재정 지출, 항공기 유지 운영비는 국가별 비행 프로그램 규모에 비례해서 갹출되었다. 예를 들면 1990년, FGR 47에서 영국은 41퍼센트, 이탈리아는 11퍼센트를 담당했다. 각국은 항공기를 "각자의 훈련 소요 및 훈련 일정에 맞춘 수만큼 제공했다. 항공기들은 TTTE에서 하나의 풀(pool)을 이루고, 일정한 비율을 유지하며 최대한 먼 거리를 비행했으며, 항공기들은 언제나 본국의 소유권을 유지했다."[27]

1990년까지 2천명 이상의 승무원들이 독일, 이탈리아, 영국 교관들의 손을 거쳐 이곳을 졸업했다. 필연적으로 장래에 비슷한 벤처를 진행할 경우에 참조할 교훈이 얻어졌다. 무기체계 및 다른 장비들의 국가별 변형은 전체적 표준화의 범위 내에서 이루어졌다. 그러나 반대로 승무원들은 다른 나라 소속 항공기들에 모두 탑승해 보았다. 각국 항공기들의 기성품 수정은 각국의 예산 사정과 고려에 따라 달랐는데, 이는 차이점의 증가로 결국 공동 작전 수행이 불가능할 정도까지 될 수 있었다.[28] TTTE 역시 차별화된 비행 배경과 운영 절차를 소화했는데, 일정 절차를 거쳐 승무원들이 합동 비행 작전에 임할 때 득을 보도록 하려는 의도였다. 이와 비슷하게 지상 근무원들이 각국의 영역에 남아 있는 반면, 장래의 비행대원들은 TTTE의 경험에 의거해 더 나은 배치 능력을 보여줄 수 있을 것이다. EF-2000의 출현은 이와 비슷한 자산 공동운용의 기여를 할 것으로 보인다.

그러한 전문 활동과는 전혀 다른 식으로, NATO 공군은 정기적인 합동 훈련을 하고 있다. 연합 요격 및 회피 연습은 정기적으로 치러지며, 비행대대 교환 방문과 장교 개인 교환 연수 프로그램에 의해 뒷받침된다. 정기적인 대규모 연습이 시행되고, NATO 비행대대들은 연합 사령부에 의해 동일하고도 엄격한 평가를 받는다. 특별히 중요성을 띠는 것은 네바다 주 넬리스(Nellis) 공군기지의 전자전 환경 하에서의 실제적 시뮬레이션과 시나리오를 포함하는 대규모 '패키지' 훈련이다. 그러나 1990년대에 협력적 전투 훈련에 대한 재고가 제기된 적이 있었다. 예를 들면 NATO군이 익숙한 지원 시설이 없는 기지에 전력을 신속 배치할 경우, 또는 비 NATO 공군과 합작하거나 다양한 구성요소들을 모아 국제적 패키지를 운영할 경우 등이 재고 대상이었다. 여러 다른 시나리오들 중에, 사막의 폭풍작전과 보스니아 내전은 국제 협력 작전을 개시하기 수 개월 전에 작전구역 내 예행 연습을 실시할 필요가 있는 시나리오임이 지적되었다. 이는 항상 만족될 수는 없는 조건이며, 공군참모부는 '선택적' 훈련을 치르기 위해 상상력을 발휘해서 훈련-연습 기획을 세우고 국제 배치를 실시하도록 다양한 시각을 키워야 할 필요가 있다.

1982년 6월 TTTE 후 3년이 지나 독일의 가일렌키르헨(Geilenkirchen)에서, 추가적인 자산 공동운용 실험이 NATO 공중조기경보(NAEW : NATO Airborne Early Warning)군 창설을 통해 시도되었다. 1985년까지 18대의 E-3A기로 이루어진 1개 비행대가 마련되었으며, 이는 프랑스, 스페인, 아이슬란드, 영국을 제외한 모든 NATO 회원국의 승무원들이 참여하고 있었다. 영국 역시 자체 추진한 AEW 프로그램이 실패하자, 7대의 E-3D기를 구입했고, 1992년 1월부터는 그들을 NATO 합동지휘부 휘하에 들도록 했다. 이후 NATO AWACs기들이 사막의 폭풍작전 중 터키에 배치되었으며, 보스니아 내전 당시에는 아드리아 해에 배치되었다. 고가치 자산 공동운용에 있어 NAEW 비행대는 다른 시스템의 다국적 구입에 좋은 선례가 될 것이며, 이런 시스템에는 JSTARs나 그 외 정찰 시스템들이 포함될 수 있을 것이다. 그러나 역시 NAEW의 경험에서 얻은 교훈들을 되새겨 보아야 한다. 이 비행대를 위한 예산의 40퍼센트는 미국이 부담한 것이었다.[29] 하나의 동맹체로서의 NATO가 장차의 어떤 분쟁이나 위기 시 항공력을 동원한다면, 미국의 고가치 자산이 사용되리라고 예상할 수 있다. 따라서 유럽이 다국적으로 구입하는 항공기가 이미 존재하는 미국 자산과 중복을 이루기보다 서유럽연맹(WEU)의 후원하에 NATO 전력을 보완하는 것이 합리적이라고 말할 수 있다.

다른 고가치 자산을 구입하기 전에, 인력 충원과 유지에 대한 NAEW의 초기 문제점을 되풀이하지 않도록 상세한 계획 수립이 필요하다. NAEW의 총 인력은 840명이었으며, 각 부서의 인원과 부서장 배분은 각국의 출연금액에 비례해서 결정했다. 규율, 보수 지급, 근무조건 결정 등은 모두 각자의 소속 국가의 권한으로 남아 있었다. 따라서 전체적인 인력 수급을 일관성 있게 유지할 수 없었고, 국가별로 인력의 수준이 유동적이었다. 지상 대원의 60퍼센트는 NATO가 고용한 민간인들이었고, 따라서 항상성이 있었으나, 전시체제로의 전환과 승무원 보강은 장기적으로 불확실한 상태였다. 독일 항공대원들이 NATO 권역 밖에서 작전하는 것을 금지하는 헌법 조항은 처음부터 보스니아에 파병된 NAEW의 작전에 차질을 초래하였다.

그러나 궁극적으로 NAEW 프로그램은 대단한 성공이었으며, 장래의 협력 작전에 중요한 전례가 된다. 특히 정찰 부문에서 유용하다. 이 부문은 언제나 항공력 계통에서 가장 신형 시스템을 다루며, 많으면 많을수록 좋은 자산을 운용하고, 센서와 통신 및 해석 등에서 첨단 기술을 사용해야 하기 때문에 차별화된 항공력 차원에서는 상당히 중요하다(유럽 항공우주 산업의 역량을 감안해서). 정찰 전력은 무인기, 고정익기, 인공위성 시스템 등을 포함한다.

여러 종류의 군사작전에 대한 잠재적 기여는 상당하다. 그러나 그것을 실전으로 옮기는 문제는 간단하지 않다. 더욱이 NATO의 전례는 수립되는 데 어느 정도 걸리기 때문에, 이는 WEU 기획담당자들에 의해 신속하게 검토되어야 한다.

"그러나 NATO(EW)의 승리론은 하루 아침에는 실현이 불가능했다. 이는 13개 NATO 회원국들의 수도에서 수 년 동안 힘든 과정을 거쳐서 나온 결과였다. 합의가 이루어지는 데 많은 요인이 기여했으나, 그 프로그램에 각국이 기여하는 정도에 대충이라도 걸맞게 생산계약을 하자는 것은 거의 항상 난항에 부딪쳤다. 배분에 대해 합의가 이루어졌어도, 각국이 자신들의 지분과 운용권, 지원 예산 처분권 등에 대한 자기주장을 하지 못하도록 다잡는 데 2년 이상이 걸렸다 ……. 그 결과 역사상 처음으로 완전히 일원화된 다국적 연합 공군이 탄생하게 되었다. 11개국에서 온 전문가들이 항공기 옆에서, 격납고에서, 그리고 NAEW 임무를 직간접으로 지원하는 모든 시설에서 어깨를 나란히 일했다. ……"[30]

유럽의 협력 안보체제

국제 정찰 단위 또는 단위들에 협력하는 국가에게는 공동 안보 이익을 정립할 필요가 있다. 항공기가 독일의 선언적 안보 입장을 넘어설 때, NAEW 협력의 배후에 있는 중요 요인과 그 위협 요인을 정립할 필요가 있다는 것이다. 항공력은, 어디에서나 문제가 되지만 그것을 해결하려는 현실적 행동을 불러일으키는 일은 거의 없는, 새로운 요인을 국제 안보에 추가해왔다. 특정한 협력적 대응은 공동 안보 이해관계에 관련되며, 몇 가지 지역적 긴장을 완화하는 데 도움이 될 수 있다.

영토적 안보와 항공우주적 안보의 경계는 명확하지 않다. 수세기 동안, 영토의 보전은 각국의 국경에서 이루어졌다. 최소한 이론상으로는, 초기의 전투항공기는 각국의 공역 경계선에서 적을 요격할 수 있었고, 적의 공격을 무력화할 수 있었다. 그러나 이제는, 지대지 탄도미사일과 공중 발사 스탠드오프 미사일이 각국의 공역권 밖에서 대응하지 않을 수 없게끔 만들고 있다. 패트리어트 미사일이 걸프전에서 보여 주었듯, 요격하여 파괴한 미사일이라 하더라도 대단한 피해를 입힐 수 있다. 그 미사일이 대량살상무기 탄두를 탑재하고 있다면, 미사일 발사 항공기와 마찬가지로 아측의 영토에 진입하기 전에 격추해야만 한다. 러시아 공군 장교들이 특별히 발트 연안국에서의 구 소련군 철수를 반대한 것은 우연이 아닌데, 그곳에는 러시아의 서방 방공의 중심 고리가 되는 스크룬다(Skrunda) 방공 레이더 복합기지가 있었기 때문이었다. 이와 마찬가지로 40년 동안 영국 공군의 요격기들은 수백 마일 밖, 북해와 북동대서양에서 내습하는 소련 항공기를 공격할 준비를 해왔는데, 그 지점에서 영국 방공망은 노르웨이, 덴마크, 독일, 베넬룩스 3국의 방공망과 긴밀히 연결되도록 되어 있었다.

다행히도 NATO 동맹국들에게 체화된 이 협력은 대립의 시기가 지나간 다음에 수립되었다. 그러나 다른 두 개 지역에서, 항공우주 안보의 문제점들은 만일 해결되지 못할 경우 지상에서의 분쟁이 심화될 소지를 안고 있다. 만약 반대로 이 문제들이 협력에 의해 해결된다면, 각 지역에서는 보다 다루기 힘든 긴장관계를 해결할 수 있는 좋은 선행이 될 것이다.

중부 유럽과 동유럽(CEE)에서 바르샤바 조약기구의 유산은 현재에도, 장래의 지역 안보 소요에도 부합하지 않는 낡은 군사구조를 포함하는 가운데, 정치, 경제적 불확실성의 시대에 전통적인 분쟁의 원인이 재연되고 있다. CEE 공군들은 전투항공기, 무기체계, 지상 방공 요소 등을 모두 소련에 의존하고 있었다. 소련이 무너진 후, 기존 시스템의 유지는 아예 불가능하거나 비용이 많이 드는 나머지 제대로 되고 있지 않다. 군 구조와 부대 배치 특히 방공대 배치는 소련 총참모부의 결정에 속해 있었으며, 오직 서방과의 대결에만 초점을 맞추고 있었다. 제 3장에서 논한 것처럼, 이제 방공망은 일방적 전진 배치에서 구 바르샤바 조약기구 인근국과 구 소련 방향을 포함하는 쪽으로 바뀌고 있다.

지상 배치 전력은 새로운 방향에서의 위협에 대응하도록 재배치될 수 있으며, 특히 항공기들은 동일한 기지에서 전방위로 작전할 수 있다. 비록 '새로운' 위협으로부터 멀리 떨어진 기지에 배치되어 있을 경우에는 지구력과 작전범위의 제약을 받겠지만 말이다. 그러나 방공체계가 인근국들을 대상으로 하게 될 때, 조기경보 지상 레이더의 정확한 배치가 무엇보다도 중요해진다.

게다가 인종적 감정, 소수민족 문제, 국경 분쟁 등이 CEE 국가들 사이의 긴장을 높이고 있는 한편, 러시아에서는 지리노프스키(Zhirinovsky)와 그의 극단주의 동지들이 외국인 혐오와 수정주의적 태도를 표명함으로써(1993년과 1994년), CEE 국가들의 불안은 가중되었다. 자원 배분과 정치 노선 설정에 있어 혼란을 겪고 있지만, 안보 불안을 심각하게 인식하고 있는 대부분의 CEE 국가들은 각자 보유하고 있는 항공자원을 어떻게 사용할 것인지에 대해 다섯 가지 선택을 갖는다.

첫째 아무 것도 하지 않는 게 좋다는 생각은 매력적이지만, 그 결과는 쓰디쓸 것이다. 방위력이 없는 국가가 언제나 중립을 선택할 수는 없었다. 작지만 현대화된 공군력도 지상군에 큰 피해를 입힐 수 있으며, 저항하지 못한다면 민간 표적들도 유린할 수 있다.

두 번째 선택지인 한쪽에 치우친 방위는 안전을 보장해줄 수 없다. 무기 판매상이 없어지는 일은 없으며, 서방으로부터 최신 무기를 언제든지 구입할 수 있다. 그러나 그런 무기체계는 동등하게 첨단의 전투항공기와 연관된 유지 및 훈련 시스템과 함께 하지 않으면 안 된다. 그런 일향적 방위 태세는 국가 자원을 많이 소모할 뿐 아니라, 인근 국가들 사이에 비슷한 대립적 또는 경쟁적 군비 증강을 불러일으킬 소지가 있다. 이미 분쟁의 소지가 잠재해 있다면, 지역적 군비경쟁이 초래될 가능성이 많고, 그 결과는 적대국들보다 더 좋지 못한 결과가 될 수 있다.

세 번째 CEE에서 더 선호되는 해결책은 더 큰 세력, 즉 NATO의 지원을 얻는 것이다. 북대서양 협력기구(NACC)는 CEE 국가들을 환영하며, 다양한 형태의 협력과 원조를 마련해 두고 있다. 그러나 1994년에 NATO가 공식적으로 천명한 안전보장은 개별 CEE 국가들에게는 아직 멀게 느껴진다. 사회주의권의 몰락에 대한 서유럽의 주된 인상은 대체로 안도감이었으며, 이는 국방비를 줄이자는 생각을 낳을 뿐, 그것을 유지하자는 생각을 낳지는 않았다. CEE 국가들에게 그들 서로간이나 소련 재기에 맞서 군사적 보장을 해 주는 데 대한 국민적 지지는 거의 없다. 눈앞에서 세르비아의 보스니아 침공을 보고도, CEE의 불안정은 외교 정책, 비군사적 지원 등으로 차단해야 할 질병으로만 인식될 뿐이었다. 반대로 특정 CEE 국가가 다시 소련을 돌아보고 안전보장을 구한다면, 서유럽과 다른 CEE 국가들의 전율은 불을 보듯 뻔하다.

네 번째 선택지인 지역적 협력 예를 들면 체코, 슬로바키아, 폴란드, 헝가리 공군 사이의 협력체 구성 같은 것은 보다 유리함이 있다. 합동 연습, 방공망을 '지역 경계선'으로 한정함으로써 보다 단순화하는 것 그리고 그들 사이에 민·군 항공로를 긴밀하게 연계하는 것 등은 모두 유익하다. 그러나 장기적 관점에서는 CEE 내에서의 '지역적' 공중 안보 개념은 문제가 있다. 그러한 구역 설정의 실제적 효과는 발트 해에서 다뉴브강까지 새로운 장벽을 쌓는 것과 다름없다. 그것은 폴란드 대 우크라이나 또는 헝가리 대 루마니아 등의 일대일 대결 구도 정립 외에는 별다를 것이 없다. 전력 재배치의 비용은 수직적 관점에서 감소하겠지만, 전체 방위구도 재편은 분리주의적이거나 위협적인 것으로(지역에 포함되지 않은 국가에게는) 비칠 수 있다. 더욱이 지역의 동서 방향으로 권역 외 방어를 해야 하는 항공 방위의 문제는 아직 해결되지 못한 상태이다. 정의상으로, 그러한 지역적 연합은 거기서 배제된 국가들의 안보에는 아무 기여도 하지 않으며 CEE 국가들에 대한 장기적 영향은 앞의 선택지들과 같이 오히려 불안만 초래하고 말 것이다.

다섯 번째 선택지는 현대 항공력 자체의 성질로부터 나타나는 문제들과 연관된다. 산과 강은 여전히 국경선 표시 기능을 하지만, 그것을 근거로 국토를 보전하는 능력은 이미 대부분 상실하고 있다. 현대 전투항공기는 습격할 수 있는 속력을 낼 뿐 아니라 그 중 대부분은 자국 영공을 가로질러, 중립국 영공도 지나, 적의 측방이나 후방을 공격할 수 있는 능력도 가지고 있다. 예를 들면 냉전 기간 중 바르샤바 조약군의 공군이 오스트리아와 스위스를 지나 남서쪽에서 출현하여, NATO의 중심 지역을 남쪽에서 유린할 가능성이 언제나 우려되었었다. 이들 국가가 중립성의 유지 여부와 힘이 닿는 한 자국의 영공을 수호할 것도 의심할 바 없었으나, 그들이 제한된 공역 내에서 단시간 내에 고속 요격을 하는 데 물리적인 어려움은 분명한 것이었다.

오늘날의 CEE에서는, 몇몇 국가들이 같은 공역에 이해관계를 갖고 있다. 슬로바키아 영공은 그 좋은 예이며, 우크라이나의 남서 영공도 그렇다. 발트 연안국들 상공으로 항공기가 접근하는 데 대한 러시아의 민감한 대응은 그 영공이 NATO의 중폭격기를 모스크바로 불러들이는 하늘의 길이 될 수 있던 때부터 한결같았다. 문제는 인근 국가의 영공권과 자국의 안보 사이를 어떻게 조화시키느냐이다. 그 해답은 협력적 방공 체제에 있다.

그 첫 단계는 평시에 국경을 넘어선 군사 비행의 모니터링과 인지 등 공중교통 관제상의 협력을 행하는 것이다. 영국에서는 지난 30년 동안 정당한 군사적 이해관계가 계속 증대되는 민간 항공사의 필요와 상충되었지만, 지금은 서유럽의 다른 나라들과 마찬가지로 효과적인 합동 관제 조직에 의해 문제가 해결된 상태다. 그런 통합에도 불구하고, 영국의 방공 시스템은 결코 독자성을 위협받지 않았다. 그러한 서방의 예는 CEE용으로도 연구, 모방될 필요가 있으며, 그리하여 공중 교통의 군사적 통제를 개선해 나갈 수 있을 것이다.

비슷한 구조와 심지어 그런 원칙이 채용된다면, 합동 민-군 관제와 구 NATO, CEE, CIS 국가들을 연계하는 보고 네트워크를 만들 가능성도 열리게 된다. 여러 나라의 국경을 넘어 완전 자동화된 정보 전송시스템으로의 점진적인 발전은 오랜 기간과 비용이 많이 드는 과정일 것이다. 그러나 기존시스템들 사이의 수동적 상호연결(망 구성)은 어렵지 않다. 그 인터페이스가 협력에 관해 영향력을 행사할 수 있는 군 인사들의 교환에 의해 강화된다면 더욱 성과를 기대할 수 있다. 응집을 확실히 하기 위해 그러한 교환은 모든 방향에서 이루어져야 한다. 예를 들면, 체코 공화국은 적어도 슬로바키아, 독일, 폴란드, 오스트리아와 인사교류를 해야 하며, 아마도 헝가리뿐만 아니라 남북으로도 신장하려면 스웨덴과 스위스를 포함해야 한다.

그러한 계획을 세우려면 분명 군사적 안배가 필요하다. 인사교환은 대단한 정보수집 기회를 제공하며, 특히 가장 민감한 영역인 조기경보, 전투기 전력, 임전태세 상황과 대응 절차 등을 꿰뚫어볼 수도 있도록 한다. 그런 관측이 정당화되면, 공중강습 가능성은 줄기는커녕 늘어날 것이다. 그러나 서방의 경험을 보면 그런 민감한 영역은 전체시스템 정보 개방에서 제외하는 것이 가능하다. 그런 협력 체제하에서 매우 어려워지는 것은 공중 강습을 준비, 실행하는 일일 것이다. 교환 장교의 추방이나 행동 제한은 그 자체로 위협적이고 안정을 저해하는 행위가 된다. 다른 말로 하면 모든 협력 체제에서 그렇듯, 양측은 절대적이지만 달성 불가능한 안보 개념을 포기하고 상호간 어느 정도의 취약성을 나눠 가지는 실제적 안보 수준에 만족하여, 균형을 유지할 수 있도록 해야 한다.

그러한 상황 속에서는, 항공력은 각국의 안보 수단에서 제외될 수 없으나, 그 기습 능력은 상당히 감소된다. 전면적인 범 유럽적 시스템이 논의되고 창설될 때까지 기다릴 필요가 있다. 일련의 국지적 시도들은 그 구조를 구축해 나가고, 시스템 융합의 문제를 국제적이고 조정된 투자에 의해 극복할 수 있게 한다. 기존의 구 소련의 낡은 시설들은 이 프로그램에서 제외되어야 한다.

그 후 다음 단계가 취해질 수 있다. 합동 방공 훈련이 기획될 수 있으며,

서로 다른 지리적 축을 따라 서로 다른 파트너들이 존재할 수 있다. 당연히 어떤 나라들이 다른 나라들보다 더 열의가 있을 것이고, 어떤 국가는 보다 장기적이고 보다 정교한 준비를 할 것이다. 장교 교환과 같이, 각국은 인근국들과 일정한 안보 준비정보를 교환해야 하며, 이 때 역시 안보 이해의 균형문제는 각국의 공군 참모부에서 판단해야 한다. 한편 구 소련 모델에서 벗어난 국가별 공군을 재건하려는 움직임은 주의를 주면서 진행되어야 한다. 서방의 훈련 및 발전적 군사교육이 자체 기준에 의해 평가되는 반면, 매우 다른 정치·경제적 환경에서 의미가 있었던 슬라브적 군구조, 장비, 전쟁철학은 배제되어야 한다.

공군은 지상에 내버려둘 때 반드시 효과의 감소와 사기의 저하가 일어난다. 매우 긴박한 경제적, 인력 충원적 조건하의 공군은 항공기와 무기의 교체에 더 시간이 걸릴 수밖에 없고, 기존의 자원을 최대한 선용하고 잔여 항공기 및 승무원에게 적정 비행시간을 마련하기 위해 일반적인 규모 축소를 받아들여야 한다.

1994년 현재 CEE 국가들의 입장과 70년 전 영국 공군의 입장에는 매우 닮은 점이 있다. 당시의 공군 참모총장은 일부러 첨단 장비보다 인기 없는 인프라 품목에 자원을 지향했다. 이는 현대에도 적용될 수 있는 바, CEE 국가들이 군사 항공 관제사들이 민간 관제사들과의 협력, 민-군 항공 관제사 합동 배치, 인근국 군사령부나 관제시스템과의 연계 등이 원활하도록 영어 교육에 투자하고, 인근국 장교들과의 교환 시스템을 강화하는 것 등이 그 예다. 더우기 이 모두는 국제적 지지를 받기에 합당하며 NACC에서도 긍정적으로 볼 행동들이다.

장비 현대화는 보다 완만하게 진행되어야 하며, 가능하다면 협력 속에서 신뢰 구축을 기하는 수단이 되어야 한다. 국가별 인식은 서로 매우 다를 수 있으나, 일반적으로 C3 시스템의 기동 요소들과 위기 시 전투항공기 배치 등에 대한 원칙은 있어야 한다. 저강도 분쟁에서 적의 공중 개입을 차단하는 휴대용 또는 소형 이동식 SAM 같은 것은, 비용이 많이 소요됨에도 불구하고 매력을 얻지 못하는 전선 배치용 항공기 현대화보다 선호될 수 있다.

이런 수단의 누적 효과는 두 가지 면에서 국가 안보에 보탬이 된다. 첫째 이는 보다 통상적이고 독립적이면서 궁극적으로는 마이너스가 큰 국방 방침에 대해 안보 협력 분위기를 조성할 수 있다. 둘째 만일 협력 수단이 파괴된다면, 그런 방어 시스템에 자원을 배분하고 있던 나라는 자체 항공력을 공격적이고 결정적으로 사용하여 어떤 침략자의 계획에도 막을 수 있다. 두 가지 경우 모두 의견 차이가 위기로 그리고 다시 분쟁으로 격화되는 일은 억제되며, 쌍방적 외교에 더 여지를 주고 제 3자가 중재에 나서거나 양쪽에 평화유지군을 파견하게끔 하는 시설 확보에 더 유리하다.

항공우주 체제는 그 자체만으로 CEE 국가들에게 평화와 안보를 주지는 않는다. 단지 일시적인 대립구도가 아닌 수 천년 반목의 역사는 그런 것만으로 해결하기에는 너무 벅차다. 그러나 그것은 항공력이 무차별적으로 사용되는 것을 막아 주며, 화해의 실마리를 제공한다. 항공환경에서의 합의는 보다 직접적이고 심층적이며 본격적으로 대결이 이루어지는 지상의 경우에도 협력적 접근을 촉진하게 된다.

중동을 위한 선택

유럽 밖에서 중동 이상으로 반복되고 심각한 분쟁을 끌어안은 지역은 흔치 않다. 1994년 초 아랍과 이스라엘의 분쟁을 해결하는 실마리가 보이고 있었다. 그 중심에는 영토, 정착민, 국경, 접촉, 주권, 난민 등의 문제가 겹겹이 쌓여 있다. 그러나 다른 가능성, 매우 비감정적인 분쟁의 가능성도 있다. 지역 공중에 대한 접근권과 통제권이다. 조만간 항공우주 안보 체제가 이 지역에도 필요하게 될 것이며, 그 조짐의 일부는 CEE에서 볼 수 있는 것과 같다.[31)]

1960년대 초부터 이스라엘은 지상군의 수적 열세를 극복하고 북, 동, 남서쪽에 대한 위협에 대처하기 위해 이스라엘 공군 양성에 주력했다. 제2장에서 설명한 것처럼, 이스라엘 공군은 긴밀하게 조정된 기술적 우위, 엄격한 운영 훈련과 방어-공격을 포괄하는 교리 등으로 우위를 유지하려고 해 왔다. 몇 가지 이유에서 항공력은 1990년대 초 중동의 전략환경에 더 큰 영향을 미치고 있었다.

현대 전투항공기는 다양한 방향에서 100km 또는 그 이상의 거리에 있는 표적을 고속공격하는 정밀무기를 투발한다. 그러나 텔아비브(Tel Aviv)에서 다마스커스(Damascus)까지의 거리는 약 200km, 다마스커스에서 암만(Amman)까지의 거리는 그보다 약간 못 미치며, 텔아비브에서 요르단-이라크 국경까지는 400km, 요르단 강 서안은 폭 60km에 길이 100km 이다.

국제적 이유에서 이 지역의 안보 문제는 공중에서의 우위만으로 지상의 문제를 완전히 해결할 수 없게 한다. 깊은 공중안보의 필요성은 영공에 대한 주권과 인근국의 정당한 자위권 사이의 충돌을 가져온다. 이러한 충돌은 정밀유도무기의 능력, 즉 상대의 지휘 및 통제 시스템을 마비되게 하고, 그리하여 공중강습 가능성을 확보하는(그 자체로 또는 지상전의 전초전으로) 능력 때문에 더 악화된다. 이 지역의 지상군에 대해 합의가 이루어질 수 있더라도, 공중에 있어서의 합의 미비는 훨씬 안정을 저해한다. 이 지역의 몇 개 분쟁이 보여 준 것처럼, 항공력은 지상군에게 그리고 정치, 전략, 경제적 요충지에 심각하고 장기적인 피해를 입힐 수 있다.

이스라엘은 접경지역 나라들을 포함하여 아랍 동맹과 몇 번 맞선 일이 있다. 더욱이 이스라엘 공군기들은 접경 국가들뿐 아니라 튀니지와 이라크의 표적에 장거리 공격을 실시하기도 했다. 걸프전에서, 이스라엘은 이라크에서 발사한 스커드미사일 공격을 당했다. 따라서, 분명 중동의 공중 안보는 요르단 강 서안과 가자지구에만 국한되는 것이 아니다. 그것은 필히 요르단, 시리아, 레바논과 이라크의 영공까지도 포함해야만 한다. 이 관계의 핵심에는 이스라엘 자체의 영공이 있으며, 이는 요르단 강 서안과 가자지구, 그리고 요르단, 레바논, 시리아의 영공까지 연계되어 있다.

이스라엘이 자국의 안보를 항공력에 의존하고 있는 것은 그 국경선을 훨씬 넘어서 지속적인 초계와 조기 경보 비행을 해야 할 필요를 낳는다. 또 국경에 접근하는 움직임에 대한 공중정찰을 해야 하고, 점령지 상공을 방해받지 않고 비행할 수 있어야 하며, 모든 고도에서 계속적이고 엄격한 비행 훈련을 실시하고 있어야 한다. 반면 이스라엘과 접경한 요르단은, 아직 소규모이며 구식 공군만 보유하고 있는 가운데 최근 여러 방향에서 공습의 위협을 받고, 영공에 대한 침범을 용인하지 않겠다고 선언했다. 시리아는 1982년 베카(Beka)의 재난을 당한 후 공군을 재편했으나 이스라엘과 맞서는 지상군에 더 비중을 두고 있다. 그렇지만 시리아는 지역 군비경쟁이 재연될 경우 다시 활기를 띠고 있는 러시아 무기 수출의 고객이 될 수 있다.

이 지역에서 항공우주 협력안보체제 구축의 첫걸음은 CEE의 경우와 비슷할 것이다. 민·군 비행 요소를 포괄하는 관제 협력 체제를 단계적으로 구축해 나가는 것이다. 예측 가능한 미래에, 이 지역의 비행 대부분은 여전히 군사적 비행일 것이다. 그러나, 평화가 정착된다면, 민간 상업 항공의 규모는 급격히 늘어날 것이다. 기존 공중 교통 관제 센터 등에 기반한 합동군사공중교통기구(JMATO)의 창설은 상대적으로 적은 투자와 기본적인 절차의 개정만으로 가능한 것이다. 현재 모든 주요 지상 레이더 시설은 군사용이다. 두 가지 기본적 혁신이 필요하다. 하나는 이스라엘, 요르단 강 서안, 요르단의 관제 센터들끼리 정규 연락망을 구축하는 것이고, 다른 하나는 민간공중교통관제소들을 일원화된 관리체계로 하는 것이다.

이들 3개 관제 센터는 북방의 다마스커스 비행정보구역(FIR)과, 그리고 남서방과 남동방으로는 인근 FIR들과 연계된다. 각 센터는 공중 근무자들을 위한 고지사항(NOTAMs)을 돌아가며 실시할 의무가 있고, 이에는 모든 민·군 비행이 포함된다. 평화가 정착됨에 따라 이 지역의 군사비행 대 민간비행 비율이 점차 변화되기를 기대하며, JMATO의 인력 충원과 지휘

구조 수립은 이런 변화에 발맞추어 변화될 것이다.

조직의 초기 시점에서, 즉 아직 우려와 의혹이 가시지 않았을 때, 돌발 사태에 의한 분쟁 가능성을 예방하는 것이 중요하다. 훈련 및 비행 패턴 변화 통지는 JMATO를 통해 이루어지며, 비상 상황을 인식하고 통지하기 위한 공통 비상 상황 대응절차를 마련하는 데 중점이 두어져야 한다. 그런 식으로, 실수나 비상 상황으로 항로에서 이탈한 항공기 추적이 신속히 이루어져서 이를 다른 상황, 가령 공중 납치되었거나 적의를 갖고 비행하는 상황과 구별할 수 있게 해야 한다.

국내 안보조직들은 헬리콥터나 고정익기는 물론 소형 비행체나 행글라이더 같은 비상한 항공기를 무단으로 사용하는 일을 방지할 책임을 져야 한다. 그러나 영국에서 발생한 일은 결의에 찬 테러리스트들이 가장 효과적인 안보망을 뚫을 수 있으며, 따라서 그런 사건이 재발할 가능성은 많지 않지만 항공우주 '핫라인'을 설치하는 일이 무엇보다 시급하다는 것을 보여 주었다.

JMATO가 수립된 후, 몇 가지 다른 문제들을 다룰 수 있게 되었다. 즉각적인 정치, 상업적 성과들 중에는 두 가지 민간 항로 개설을 들 수 있다. 그 중 하나는 텔아비브에서 예루살렘을 거쳐 암만으로 이어지는 동서 항로이며, 다른 하나는 요르단 강 상공을 지나 에일라트(Eilat)/아카바(Aqaba)로 이어지는 남북 항로다. 앞으로 전자는 암만에서 더 서쪽으로, 후자는 다마스커스로 항로를 연장하게 될 것이다. 그 항로들의 비행 고도, 길이, 폭 등은 참여국들에 의해 합의되었고, 일반적 고려 사항인 비행 안전과 군사적 소요 등도 고려되었다. 추가적인 지상 항법시설들이 이 지역에 필요하지만, 그 비용은 민간 항공(궁극적으로 유럽 노선과 연결되는)에서 이내 충당할 것이다.

요르단 강 서안의 팔레스타인 자치정부가 그 상공에 이스라엘공군의 공개적 군사 비행훈련 실시를 받아들일 전망은 있다. 대신 현재의 공대지 사격장은 폐쇄될 것이나, 고고도 공대공 요격훈련, 저고도 항법 훈련 항로, 헬리콥터 수송로 등의 개설 문제는 아직도 협의가 필요하다. 서유럽에서처럼, 저공비행이 환경에 미치는 영향이 고려되어야 하며 저공 비행로는 금지되거나 최소한으로 국한되어야 한다. 장기적으로는 국제 환경의 안정에 힘입어 이스라엘공군이 인근 국가의 사막 지대에 훈련 시설을 설치하려 협상하는 것도 현실적으로 가능하게 될 것이다.

일정한 과정을 거쳐, 이 구조는 보다 민감한 항공우주 문제들, 가령 정찰과 정보 공유, 위기 및 분쟁시 상대 영공 비행, SAM 발사대 배치, 그리고 이 안보 체제에 가입하지 않은 국가의 탄도미사일이 가입국의 영공에 침입했을 경우 등의 문제들에 대한 해결도 보다 용이하게 한다. 전반적인 평화 정착 과정 자체처럼, 항공 관련 문제의 의견 불일치는 오랜 기간과 인내심을 갖고 해소해 나가야 한다. 이때 합의를 거부할 경우, 대안은 기껏해야 자국 방위력에 계속 출혈적 투자를 하면서 결과적으로 경쟁만 부추겨, 역내 어느 누구도 안전이 개선되지 않는다. 최악의 경우에는, 또다른 중동전쟁이 폐허 속의 '승자'와 '패자'를 남기게 될 것이다.

항공우주 불안

중동과 CEE에는 협력 안보 체제를 위해 항공력을 제어할 전망이 일부 보이는 반면, 환태평양권의 몇몇 국가들은 일방적으로 자국의 항공력을 증강하고 있다. 분쟁의 소지와 경제 급성장이 있는 반면 포괄적 지역 안보 구조가 없는 것이 이 지역의 특징이다. 이 지역의 상황은 궁극적으로 항공력이 안정에 기여하는 수단보다는 분쟁의 중재 역할을 할 수 있음을 보여 주고 있다.

1987년에서 1992년 사이에 국방비가 상당히 감축된 인도를 제외하면, 환태평양권 국가들-일본, 중국, 한국, 대만, 태국, 말레이시아, 싱가포르, 그리고 심지어 브루나이-은 모두 실제 화폐가치로 환산해서 국방비를 증액하였다.[32] 1992년과 1993년 사이에 이 증액분의 상당분은 항공우주 시스템과

용역 구입에 사용되었다.[33] 동서 대립의 종식으로 다른 지역에서는 국방비가 감축되고 있는 가운데, 이런 현상이 나타나는 원인은 보통 몇 가지를 들 수 있다. 미국이 이 지역 배치 전력을 감축할 경우의 불확실성에 대비한다, 구식 장비들을 교체한다, 국가경제가 발전함으로써 더 많은 군사 하드웨어를 구입할 수 있게 되었다, 군부로부터의 압력의 결과다(특히 중국과 대만), 저가의 러시아 수출품의 구입 기회를 살리고 있다 등등.

그러나 여기에는 한 가지 촉매가 되는 것이 있다. 1980년대에 남중국해의 몇몇 군도에 대한 지배권을 확립하려고 했던 중국은 남사 군도를 놓고는 베트남과 대립했고, 보다 남쪽의 스프레이틀리(Spratly) 제도를 놓고는 대만, 말레이시아, 베트남, 필리핀과 다투었다. 이들 군도는 전략적 중요성이 있었고, 그중 일부는 공군 기지를 지을 만큼 컸다. 그러나 가장 중요했던 것은 이들 군도가 풍부한 해저 유전 지대에 있다고 여겨졌던 점이다. 중국은 또 이들 제도에 대해 역사적 영유권 근거를 주장했고, 이들을 본토의 남서부로 접근하는 전략적 거점으로 간주했다.

중국의 선언은 이중적 목적을 띠고 있었다. 1992년 2월, 남중국해를 중국의 '내해'의 일부로 간주하며 중국이 "그 해역에서 중국법을 어기는 모든 군 선박 또는 외국 선박을 추방할 수 있는 권한"[34]을 중국 정부에 부여하는 신법이 제정되었다. 그 후 마닐라에서 열린 아세안(ASEAN) 회의에서, 중국 외무장관은 이 해역의 합동 개발을 주장했는데, 이는 미국의 석유 회사들이 중국은 베트남의 자국 연안 지대에 대한 권리를 인정하면서 대신 석유 개발자는 필요하다면 중국 해군에 의해 보호받아야 한다는 합의를 끌어내리라고 예측한 시점과 거의 일치한다.[35]

반면 중국군의 현대화는 분명하며 확실한 중점을 갖고 있다. 1992년과 1993년, 중국 공군은 러시아에서 72대의 SU-27과 24대의 MiG-31 폭스하운드(Foxhound)를 구입했으며, 또한 76대의 수송기도 구입했는데 이들은 이란에서 구입한 드로그(drouge) 시스템을 장착해서 공중급유기로 개조할 것으로 알려졌다. 우연히도 러시아 측은 이 항공기 판매 협상에서 이들 항공기가 러시아 국경 부근에 배치되지 말아야 한다는 조건을 첨부했다. 따라서 이들은 남중국해의 하이난(海南) 섬에 배치됨으로써 러-중 양자를 만족시켰다.

한편 이스라엘 기업들과 맺은 다수의 전자전 장비 구입 계약에는 레이더 경보 수신기, 전자 정보 시스템, 전파방해기, 사격통제 레이더, 단계 배열 공중 레이더 안테나 등이 포함되어 있었다. 다른 협력 개발 시스템에는 주/야 화상처리 포드와 적외선 라인스캐너 등이 포함되어 있었다고 알려져 있다.[36] 1994년 당시로는 확인이 불가능했던 몇 가지 보고서에는 중국이 우크라이나로부터 항공모함 구입까지 모색했다는 내용이 나온다.

전세계적 기준에서, 중국 항공력은 아직 많이 뒤쳐져 있다. 그러나 이미 1994년에 중국 항공력은 역내 패권을 차지했고, 대규모 경제 발전 도상에서, 중국은 방위예산을 일차적으로 공군력 증강에 쏟고, 나아가 자체 산업 기반을 구축할 것으로 보인다. 스프레이틀리제도는 하이난 섬 남쪽 1,100km 지점에 있으며, 이는 재급유를 받은 SU-27의 작전권 내이다. 스프레이틀리제도 자체에 공군기지를 건설하는 것은 중국의 항공력 영향력이 남중국해 전체에 미치는 것을 의미한다.

대만해협 저편에, 중화민국은 자체적으로 칭쿠오(靖國) 전투기를 개발하고 있으며, 60대의 미라쥬 2000-5와 150대의 최신형 F-16A/B를 도입했다. 태국은 1993년도에 대함 미사일을 투발할 수 있는 해리어 II를 구입할 것을 검토 중이라고 했다. 한편 일본은 그 '자체방위' 예산을 실제 가격으로 1992년 3퍼센트, 1993년 2퍼센트 증액했다.[37] 이는 일본이 자체적으로 F-16에 준하는 FS-X 항공기를 개발하고, 43대의 F-15와 보잉 E-767 AWACs를 구입할 수 있게 하며 덧붙여 다양한 종류의 무기체계와 장비 개선을 할 수 있게 해준다.

그러나 가장 주목할 만한 발전은 수적으로는 가장 미미한 쪽에 속한다.

1993년 말레이시아는 18대의 MiG-29와 8대의 F/A-18를 구입했다. 몇몇 나라들이 이전에 동서 양 진영에서 항공기를 구입한 예가 있으나, 동시에 그렇게 하지는 않았었다. 그 가격에 대한 말레이시아 당국의 공식 발표는 없었으나, MiG 대당 2천만 달러, F-18 대당 3천만 달러가 들었다는 믿을 만한 보고가 있다.[38] 전자의 경우에 거래는 일부 팜 오일 현물 교환으로 이루어졌으며, 후자는 매우 좋은 조건으로 할부 거래가 이루어졌다.

운영상 문제를 볼 때, 이 거래는 좋은 점과 나쁜 점을 공유한다. 또한 말레이시아 정부가 하푼 대함 미사일, 매버릭 공대지 미사일, AIM-7M 스패로우, AIM-9S 사이드와인더 공대공 미사일 등에 대한 정보를 찾고 있다는 보고도 있다. 말레이시아가 그런 무기들을 구비할 수 있다면, 그 규모는 작아도 매우 첨단화된 주야불문-전천후 작전 가능 전투력이 될 것이다. 반면 이 나라가 그런 다양한 장비를 관리하고 지상 지원을 유지할 수 있을지, 아니면 러시아 항공우주 산업이 재건되어 그 쪽의 지원을 받을 수 있을지는 의문으로 남아있다. 일부 알려진 바로는 인도 측에서 말레이시아 MiG들의 유지 보수와 부품 지원을 제의했다고 하나, 그 나라 역시 MiG-29 부품 공급을 러시아에 의존하는 처지이기 때문에 장기적인 해결책은 못된다. 그럼에도 불구하고, 러시아의 수출 드라이브는 제 3세계에서 처음 결실을 본 셈이다. 서방측의 경쟁자들은 주의할 필요가 있다.

환태평양 지역에서 이런 상황들이 가지는 안정 저해 가능성을 과대평가해서는 안 된다. 「이코노미스트(Economist)」지에서 1993년 지적했듯, "한국을 제외하면, 아시아에서 가까운 장래에 인종 분규나 국가간 대립이 대규모 전쟁으로 이어질 곳은 없다."[39]

이미 1992년에 한 분석가는 다음과 같은 믿기 힘든 관측을 했다. "인민해방군 공군은 이제 위기 또는 분쟁시에 스프레이틀리군도 상공을 거의 항구적으로 전투공중초계 할 위치를 굳혔다."[40] 그러한 추산은 중국이 새로 구입한 플랭커(Flanker)를 위해 승무원들과 지상 요원들을 훈련시키는 데 수년은 아닐지라도 수개월이 소요된다는 사실, 공중재급유를 안정적이고 일사불란하게 실시할 수 있기 위한 훈련기간, 그리고 공중 CAP을 기지에서 1,100km 떨어진 지점까지 유지하기 위한 급유기의 소요 대수 등을 계산에 넣고 있지 않다(이럴 경우 그들 자체가 위험해지며, 그런 거리에서 작전하는 데 필수적인 조기경보통제기가 미비함을 고려하지 않는다 해도).

아무튼 환태평양 지역은 항공력 분석가들에게는 흥미로운 무대가 될 것이다. 이는 아직 항공력이 주도권을 잡지 못한 지역이기 때문에 더 흥미롭다. 역내 세력들 사이의 분쟁은, 최소한 공중에서는, 단기적이면서 격렬할 것이다. 그러한 분쟁에 개입하는 역외 세력은 이 특수한 제 3세계 공군을 상대하기가 만만치 않을텐데, 단 중국 공군이라 해도 수적으로 더 앞서거나 최첨단 서방 항공기술 앞에서는 견디지 못할 것이다. 국가안보를 개선하려는 개별적이고 일방적인 노력이 이웃나라들도 같은 노력을 기울이는 상황에서, 얼마나 성공할 수 있을지는 아직 미지수로 남아 있다.

후원국과의 협력

환태평양권에서, 각국은 발전하는 경제 덕에 자원을 마음껏 투자해 고가의 첨단 항공 기술력을 갖출 준비가 되어 있다. 그러면 보다 적은 자원만 보유하고 있어서, 자국의 최고 기술 보유자들을 그런 첨단 무기체계 운영-유지로 돌릴 수 없는 나라들은 어찌하는가? 역외의 우방국들은 비상시에 협력을 강화할 수 있게 하는 국지적 활동을 어떻게 고무할 것인가?

많은 제 3세계 국가에서, 자국의 군사 안보를 강대국에 의존하는 것은 제국주의의 아픈 기억과 결부되어 있다. 그러나 만일 그러한 관계가 아무 제약 없이 호혜적 관계가 될 수 있다면, 그리고 적대적인 이웃나라와 대립하고 있고, 그 정치적 입장 차이가 아테네와 스파르타 사이의 입장차 보다도 크다면, 작고 개발 도상에 있는 나라가 타국의 항공력을 이용해 자국의 안보를 증진할 수 있을까? 자원 배분을 최소화하고 '후원국(patron)'의 조력을 얻기 위한 다양한 수단이 있을 수 있다. 그 중 어느 것도 외국 군대의 영구 주둔을 필요로 하지 않는다. 제 5장에서 걸프전을 대상으로 지역적 침략자가 택할 선택지를 살펴본 바 있다. 잠재적 지역 내 희생자가 취한 목표는 후원국과의 연결을 유지하고 적이 국경을 넘어 힘을 뻗쳐 오는 과정을 늦추고, 복잡하게 만드는 것이다.

항공편으로는 신속한 원조가 가능하며, 따라서 적어도 하나의 공항은 우군의 전투항공기와 대규모 수송 편대가 도착하고 작전할 수 있을 만큼 커야 하는 것이 최우선 요건이다. 작전구역에 우방의 항모 특전대가 배치된 점에 의존하는 것은 현명하지 못한데, 비록 전투가능 지역이 그 항모 항공기의 작전범위 내에 들어 있다 해도 그렇다. 적어도 하나의 민간 공항이 복수의 활주로와 수송기 활주로 마련을 위해 확장될 수 있어야 한다. 공중 교통 관제시설은 강화 보호되고, 역시 이중으로 확보되어 있어야 한다. 연료 저장소, 송유관과 재급유 장비 등도 추가로 확보해 두어야 하고, 적절히 분산 배치, 은폐, 강화 보호, 그리고 가능한 한 지하에 저장되어야 한다. 활주로 수리 장비와 물자는 충분히 확보해 두고 정기적으로 공병대와 민간 전문가들에 의해 점검되어야 한다. 강화 항공기 격납고가 없다면, 대신 분산 배치되고 제방 등으로 보호된 시설을 이용해야 한다.

공항 방어는 휴대용 지대공 미사일이 필요하며, 이는 현재 대부분의 국제 공항에서 익숙해진 것처럼 평시 군 작전요원에 의해 운용된다. 그러한 수동-능동식 방위책의 조합은 최소한의 자원과 숙련 인력을 필요로 한다. 민주주의가 미성숙한 나라에서, 그런 군대는 국내 불안을 예방하는 데도 도움이 되고 주변국에 위협이 되지도 않는다. 그러나 이들은 인근의 침략자들이 우방의 원조를 차단하려 할 때 상당한 제약 요인이 된다. 다른 경우에, 그들은 역외로부터의 바람직하지 않은 세력 확장을 억제할 수도 있다.

작은 나라가 보다 분명한 항공력 수단을 갖추려 한다면, 최신예 MiG기나 F-18만으로는 불충분하다. 예를 들면 적대행위일 수도 있는 움직임을 조기 탐지하는 국경정찰기는 평시에 불법 비행을 탐지함으로써 민간 항공을 지원한다. 세계의 많은 변경 지대는 쿠웨이트와 그 이웃나라 사이의 지대처럼 쉽게 접근할 수 있는 곳이 아니다. 방어자측의 군사적 목표는 침략자의 속도를 최대한 늦추며 지형의 유리함에 의존하는 것이다. 이 목표는 많은 경우에 헬리콥터로 신속하게 투입된, 휴대 대전차 무기를 갖춘 지상군에 의해 더욱 쉽게 성취된다. 방어자의 자산은 자신의 생활을 지키려는 열의가 있고 해당 지역의 지식을 최대한 이용할 수 있는 사람들을 포함하면 이상적이다. 심지어 최첨단 전천후 전투항공기라 해도 단기간 내에 빽빽한 삼림 지대에서 활동하는 경무장 병력을 찾아내는 데는 어려움이 있고, 따라서 그런 첨단 항공기를 구입할 능력이 있더라도 실전에는 별 도움이 안 될 수 있다.

무기구입 우선 순위 설정에는 한 가지 더 고려할 사항이 있다. 후원국이 단시간 내에 원조할 수 있는 입장이라면, 양국의 병력과 장비의 교차운영 가능성을 늘릴수록 더 좋다. 따라서 국제 항공우주 무기상이 한번에 다수 무기를 구입하라는 제의에 대하여, 어떤 상대에게 그 무기를 사용할 것이냐 보다 어떤 우방국과 그 무기를 함께 사용할 것인지를 고려할 필요가 있다. 이는 다시 보다 분명한 변수인 비용, 대체품과 기술 지원의 장기적 소요 같은 것에 더하여 정치, 문화적 고려까지 하지 않을 수 없게 만든다.

요약하면, 전투항공기의 조종석 밖에 있는 몇 가지 요인들이 항공력의 격차를 줄여 주어 작고 경제력이 약한 나라를 위한 항공력을 만들어 준다. 걸프전에서 '다른' 교훈을 얻었던 지역 침략자들은 상대적으로 저렴한 '대응-대응책(counter-countermeasures)'에 자승자박이 될 수 있다. 아마도 가장 어려운 과제는 자국의 군부에게 가장 근사한 장난감이 국가에 반드시 도움이 되는 것은 아님을 설득하는 일일 것이다.

전력다양화

항공력의 활용력을 높이기 위한 모든 종류의 국제 협력은 그것을 지지할 수 있는 정치적 조건을 필요로 하며, 이는 그것이 대처하는 위기만큼이나 예측을 불허한다. 따라서 모든 공군의 기본 목표는 비용·효과 수준을 극대화하는 것이다. 그것이야말로 공군 요소의 산출이 그 부분의 합보다 크다는 것을 증명할 수 있는 길이기 때문이다.

하지만 비용·효과 극대화 원칙은 비단 공군뿐 아니라 모든 군에 위험을 가져올 수 있다. 보통 비용은 수량화가 가능하다. 그러나 효과는 전투에서만 정확히 산정될 수 있고, 패배했을 경우에는 자세한 효과 분석이 아무런 의미가 없다. 군사적 유효성은 언제나 측정 가능한 것들과 추상적인 것들의 합산물이었다. 비용과 광의로 가장 효과적인 부분에 대해서는 언제든지 수량화가 가능했다. 하지만 병사의 사기, 리더십, 군단의 능력 등은 반대로 모호했으며 쉽게 변동되고, 많은 불가측적 요소들에 좌우되었다. '일선 우선(Front line first)', '핵심전력 우선(Cut the tail and preserve the teeth)', '경제적 가치 우선(Value for money)' 등등의 현대군의 표어들은 수량화 가능한 요인들만을 깔끔하게 기장(記帳)하는 것이다. 그런 선한 청지기 원칙에 따르면 불가측적인 요인들은 배제된다.

흔히 인용되는 1922년 트렌차드가 남긴 '전력 다양화'라는 말은 이제 새로운 의미를 얻고 있다. 퇴역 군인이었던 트렌차드는 두 가지 요소를 확대해야 한다는 것을 의심치 않았다. '물자'와 '인력'. 항공력의 두 번째 세기에 전략 다양화는 이와 비슷하면서도 융합 효과를 내는 이중성을 추구해야 한다.

작전적 비용효과

비용 효과 수량화를 더욱 복잡하게 하는 것은 그것이 통상 평시에 이루어진다는 데서 온다. 그러나 문제가 되는 효과는 전투 중의 작전(운영) 효과인 것이다. 그 효과는 자명하다고 할 수 있지만, 평상시에 오래도록 운영하다 보면 그 특징이 사라져 버릴 수가 있다. 예를 들면 걸프전 직후 미 공군은 다양한 종류의 전투항공기, 전자전기, 급유기, 그 외 항공기들을 하나의 공군

기지에 집합시켜 '혼성비행단(Composite Wings)' 실험에 들어간 일이 있다. 그 개념은 평시에 하나의 '패키지'로 함께 훈련과 작업을 함으로써 위기 시 해외 파병에서 대응성과 응집성이 높아지게끔 한다는 것이었다. 하나의 기지에 그렇게 다양한 전력을 집중하는 것은 상대적으로 소규모의 유지 인력과 지상 근무원이 다양한 항공기들과 그 지원 시스템을 담당하게 됨으로써, 비용 상승을 가져온다. 하지만 그런 패키지가 여러 시나리오에 대비한 수를 적절히 갖추고 있다면(그것은 사전 패키지화된 항공력의 유연성에 대해 여러 가지 문제를 제기하는 것이다), 그 작전 비용 효과는 매우 높게 될 것이다.

두 번째 사례는 케케묵은 논쟁과 연관되는데, 이전에 러시아 공군의 재건 문제에서 평시 비행 안전과 조종사 기술의 전투 요소 부응을 이런 견지에서 다룬 바 있다. "전투 방식을 생각하고 훈련을 하라"는 말은 충분히 타당한 경구다. 그러나 그것은 평시에는 문제점을 내포한다. 어떻게 최선의 감독을 했음에도 평시에 다수의 항공기와 승무원을 잃는 경우(승무원들의 실수 또는 항공기 수준이 승무원들에 벅찼기 때문에)와 전투 중에 같은 수의 항공기를 잃는 경우(안전 사고와 피격의 경우는 매우 다르고, 승무원들의 훈련이 미숙했을 경우) 상대적 비용을 계산할 것인가?

전력 다양화의 목표는 작전 효과 수준에서 비용·편익의 극대화를 달성하는 것이다. 그것은 표적에 대한 무기의 적중, 공격자에 대한 미사일 요격 성공률, 적재 적소에 장비를 투발 또는 투하하는 성공률, 효과적인 전파 방해, 침입자의 포착과 식별, 전투기 재급유 성공률 등에 의해 측정된다.

전력 강화기

전력 다양화의 실현은 어려운 획득 관련 결정을 수반할 수 있다. 일선 전력을 유지하고 전력 다양화 수단을 추가하거나(방위비는 증가된다), 일선 전력을 감축하고 대신 전력 다양화 수단을 증강하거나 하는 선택이 필요한 것이다. 전자를 택하면 방위예산을 감축하려는 정부 정책과 상충될 것이다. 후자를 택하면 공군 지휘관들은 언제나 불만을 터뜨릴 것이다.

그럼에도 불구하고, 다목적 수행력을 개발함으로써 전력 다양화를 제일 먼저 추구해야 할 부문이 바로 일선이다. 무한한 자원이 있는 이상적 세계라면, 모든 공군이 전문 항공기, 무기, 승무원을 배치할 것이다. 그러나 1994년 현재까지 미 공군조차도 그런 수준에 도달할 수 없는 상태다. F-22 첨단 전술항공기 구입을 위한 로비는 그 공대지 능력에 초점을 맞추기 시작했고, B-2 폭격기는 재래식, 핵무기 양자를 모두 투발할 수 있다는 점이 강조되었으며, '전문용' A-10은 지지 세력을 잃었고, 고도의 성능을 자랑하던 F-117 조차도 운용상의 유연성 부족 때문에 비판을 받았다. 국제 무기시장에서도 다목적 수행력이 중점이 되고 있다. SU-27 변형과 F-15E, F-18, EF-2000, 그리고 심지어 다목적 변형 F-14까지 등장할 전망이다.

다목적 항공기의 장점은 대단하다. 단 이들이 다목적 무기와 다목적 승무원에 의해 지원 받았을 경우이다. 그렇게 될 때 이론상의 항공력의 유연성은 최대한 발휘된다. 가령 걸프전에서 공항, 교량, 연료시설, 지상군 등을 주야불문, 전천후로 공격하여 막대한 유연성을 보여 준 토네이도 GR-1과 그런 다양한 공격력은 없으나 제공권 전투기로 사용 가능한 F-18를 비교해 보자.

다목적 항공기는 몇 가지 작전적 유리함을 갖는다. 이는 공격, 방어 시나리오 모두에 쓰일 수 있고, 전력 패키지 구축을 강화하며, 적에게 다원적인 위협을 가하고, 지원비용과 규모를 검소한 습관과 정비 및 지상정비요원의 관습으로 절감할 수 있다. 그러나 이 항공기의 유연성이 최대한 발휘되기 위해서는 다목적 무기 또는 일체화된 사격통제 시스템 적용이 가능한 무기체계를 갖춰야 한다. 이들은 개념상 보다 복잡하며 따라서 보다 첨단의 전문 항공기인 SR-71, JSTARs 보다 더 가격이 비싸다.

전체 라이프 사이클 비용과 관련해서 전투항공기 한 대의 구입 가격은 천차만별인데, 기체 수명이나 탑승 승무원 수 같은 명백한 요인을 포함한 몇 가지 요인에 기인한다. 그러나 보통 그 편차는 총 비용의 33 내지 50퍼센트 이하다. 다목적 항공기는 추가적인 단위 구입 비용을 줄이기 때문에 장기적으로는 절약이 되고, 다목적 항공기에 정밀 유도 무기를 결합하면 규모의 경제 효과만이 아니라, F-117의 스텔스 기능처럼, 병참, 유지, 인력, 훈련, 인프라 등에서 두루 비용 절감 효과를 가져온다.

회의론자들은 다목적 항공기의 작전 비용 효과를 의심하며, 특히 제공권 확보 능력이 떨어질 만큼 설계상의 조정을 하게 되지 않을까 하고 우려한다. 최고의 다목적 항공기들, F-15, F-16, SU-27, F-18, EF-2000 등이 모두 원래는 제공권 전투기로 설계되었고, 이후에 다목적성을 갖도록 개조되었다는 사실은 우연이 아닐 수 있다.

다목적에 대한 의존이 심화될 때 가장 큰 문제점은 그리 분명하지 않지만, 이를 제대로 인식 못하면 그 완전한 활용이 어려워진다. 첫 번째 문제는 정치적이다. 하나의 비행대는 몇 가지 가능성을 가진 비행대로 존립하지만, 그 역할에 따라 각각 다른 비행대인양 계산되지는 않는다. 전력 다양화는 하나의 비행대대를 여럿으로 계산하는 것이 아니다. 둘째 승무원들에게 다목적 수행 효율성을 유지하려면 총 비행 시간이 늘어나면서 각각의 역할에 대해서는 줄어들어야 한다. 전문 능력의 감소는 다목적 항공기의 능력 감소보다 심각한 문제이나, 이는 회피 가능하다. 예를 들어 이스라엘의 다목적 전투기 비행대대는 그 비행시간의 3분의 2를 제공권 비행에 사용하며, 삼분의 일은 공대지 훈련에 사용한다. 그리고 전 승무원은 이중 역할 수행력을 갖추도록 요구된다. 반대로 승무원들은 비행 중에, 비행대대 내 비행, 또는 편대 내 비행 등으로 그때그때 전문화 훈련을 하며, 이로써 훈련 소요는 그만큼 유연성을 희생하며 충족된다. 이와는 다른 방식 즉 모든 승무원의 비행 시간을 늘리는 방식은 승무원의 업무 부담, 기체수명, 연료 소모량, 유지비, 지상요원 충원 소요 증가 등의 대가를 치러야 한다. 만약 여기에 덧붙여 다목적 비행대가 주야불문-전천후 작전 기능까지 갖게 되면, 지원비용과 승무원 충원 문제는 더욱 심각해진다. 그렇지만 라이프 사이클 비용을 절감하기 때문에, 다목적 항공기 위주의 선택은 경제, 작전적 한계를 극복하는 데 유용한 대안일 수 있다.

심각한 예산 감축에 직면해 있고, 다목적 위주의 선택을 기피하려는 공군에게는 두 가지 선택지가 더 있다. 첫 번째는 전문 항공기에 의해 가능한 한 많은 기능을 보전하는 것이다. 이는 오직 각각의 기능별로 자산 감축을 발전적으로 실시해야만 달성할 수 있다. 규모 축소를 수반하는 이런 "소시지 자르기"는 다목적성 확보에 의해 감축되는 것과는 반대 방향으로 규모를 줄인다. 이는 소규모 국가의 전력 패키지화가 그 미래의 국가정책에 부합될 경우에만 수용 가능하다. 그러나 이는 핵심 자산의 감축 위험을 수반하며, 방공 부문에서도 그러하여, 영공 방위에 심각한 문제를 초래할 수 있다.

다른 선택지는 전체 역할을 포기해 버리는 것이다. 이스라엘 공군은 종종 고도로 효율적이고, 비용·효과 면에서 뛰어나며, 항상 승리하는 공군으로 인용되곤 한다. 몇 가지 논란의 여지가 있는 요인은 제쳐두는 경우가 많다. 즉 미국의 재정지원, 예비군에 대한 상당한 의존, 그리고 이스라엘 공군의 최근 적들이 계속 열등했다는 점 등이다. 분명한 사실은 이스라엘의 지리적, 수적 열세가 그 공군을 두 개 역할(제공권과 지상 공격)을 중점적으로 지닌 전술 공군으로 만들었다는 것이다. 이는 장거리 연안 초계나 전략 공수 능력, 장거리 폭격 능력을 가지고 있지 않다. 장거리 공습을 감행한 1981년 오시라크(Osirak), 1985년 튀니지 공습은 소수의 급유기를 동원해 전술항공기들에 의해 감행된 것이었다. 엔테베(Entebbe)는 C-130의 작전가능범위 내의 일이었다. 어떤 공군이든 그 역할의 대부분을 포기하는 결정은 국가 안보와 외교상 이익을 진지하게 평가한 다음에나 용납될 일이다. 그렇더라도 상기한 몇 가지 이유에서, 다목적 잔여 전력은 거의 확실히 선호할 만하다.

가장 확실한, 단일 전력 다양화 수단은 공중재급유(IFR)이다. 이것은 다목적 전투항공기들과 결합할 때, 특별한 시너지 효과를 낸다. 제공권 전투기에서 개발된 것이라면, 그 전투항공기는 캔버라(Canberra) 같은 이전 세대의 경폭격기 정도의 작전가능범위를 가질 가능성이 별로 없다. 공중재급유는 전술 전투기를 전략-장거리 전투기로 탈바꿈한다. 이는 전투항공초계를 실시하고, 간접항로 설정이 가능하며, 차단능력과 전략적 종심돌파력이 강화되고, 일선전력의 한 요소로 더욱 확실히 융합된다. 사실 의심할 바 없는 수량화가 가능한 몇 안 되는 항공력 관련 방정식 중에 하나가 작전가능범위의 비교인데, 두 대의 공중재급유 항공기는 15대의 보통 전투항공기에 비해 10대의 다목적 전술전투기를 지원할 수 있다.

두 번째의 확실한 전력 다양화 수단은 AWACs이다. 자산의 통제와 집중에 있어 걸프전에서 이 항공기가 중심 역할을 수행한 사실은 이미 검토했다. 이는 또한 우선 순위 설정과 매회 출격의 정확한 지시, 그 효과의 신속한 평가 등을 위해 긴요한 적시정찰소요를 충족한다. 여기서 무인기와 종래의 전술정찰기 사이의 시너지 효과를 보다 완전히 검토할 필요가 있다. 걸프전 중 및 그 이후 영국의 토네이도 GR-1 전폭기에 의해 열영상 및 레이저 지시(TIALD)가 이라크에 대해 수행된 것은 다목적 정찰의 역량을 더욱 천착할 필요성을 제시한다. 분명, 전투력이 축소될수록, 정찰에 투자해야 할 필요성은 커지게 된다.

최대의, 가장 분명한, 그리고 가장 잘 알려진 전력 다양화 수단은 약화된 취약성이다. 이는 또한 수량화가 가장 어려운 부문이며, 기술적 또는 전술적 기습 가능성이 항존한다. 일선 전력이 축소되고 항공기와 승무원 교체 비용이 상승함에 따라 이 문제는 더욱 중요해진다.

방어적으로 이들을 운용하면 무기 적재량이 줄어들겠지만, 그 가치는 잔여 PGM 적재량에 비례해서 나타날 것이다. 항공력의 발전상에서 상대적 효과를 나타냄에 있어, 제 2차 세계대전 중 랭카스터 1개 비행대대가 보여준 파괴력이 현대의 토네이도 1대 수준에 그친다는 점이 좋은 예로 제시된다. 이 예에서 유추 할 수 있는 것은 토네이도 1대의 손실이 랭커스터 1개

대대의 손실과 맞먹는다는 사실이다. 소모적 손실 감소는 유능한 승무원의 사기에 영향을 미칠 뿐 아니라, 작전적 효과성을 높이고, 애초 구입 시점부터 '손실율'을 보다 적게 고려할 수 있게 해준다.

전자전 환경에서 생존력의 중요성은 설명할 필요가 없을 정도이나, 1945년 이후 일부 서방 공군이 그것에 배정한 자원의 비중과 인력 규모를 보면(1990년대 이후 영국 공군의 경우를 포함해서), 당황스럽지 않을 수 없다. 걸프전의 불명확한 교훈 중 하나는 미래 항공전에서는 생존성이 전자전에서의 생존과 분리될 수 없으리라는 점이다.

지상에서 주된 전력 다양화 수단은 활용가능성(serviceability)이며 이 점에서 대부분의 서방공군은 그 점을 잘 인식하고 있다 . 이따금 이전 세대 항공기와 무기 획득에서 망각되는 경우가 있지만. 한 발의 PGM이 25발의 '비(非) 스마트' 탄과 맞먹는 파괴력을 갖는 한편, 한 발의 비 스마트탄이 불발일 경우의 파괴력 저하가 4퍼센트라면, PGM 탄이 불발일 때는 100퍼센트의 저하를 감수해야 한다. 활용 가능성은 구조의 단순성, 사용의 안정성, 시스템의 풍부성과 부품 수리, 교체의 용이성 등을 종합해서 산출한다. 여기에 지상 요원의 기술 수준에 의해 더 향상될 수 있다. 이 부분에서, 항공 우주 산업체와 공군 사이의 이해관계의 차이가 나타난다. 교체품 보급과 라이프 사이클 보급은 장기적으로 항공우주 관련 계약에서 가장 이익이 많이 창출되는 부문이지만, 공군은 바로 그 부문을 최대한 축소하려고 한다. 특허권 보호신청꾼(Caveat emptor)은 다른 숱한 전투관련 용어와 함께 항공력 어휘집에 포함되어 있다.

이 연구에서, 앞서 몇 가지 경우를 들어 지상 환경과 전투 효과 사이의 상호의존성이 개조된 바 있다. 트렌차드가 '인력'을 말할 때 그는 공군에서 다수를 차지하는 인원이 지상 요원임을 알고 있었다. 물론 기지가 공격당하는 경우를 빼면 대부분은 소수의 비행 요원들에게 전투 리스크가 걸리지만. 그런 뜻에서 1922년, 초창기 영국 공군 참모대학 부지를 제의 받았을 때 트렌차드는 그 대신 기술견습학교를 세울 것을 주장했던 것이다.

효과적 항공력에 기여하는 많은 자원들 가운데 오직 한 가지, 인력만이 시간이 지남에 따라 가치가 감소되지 않고 향상된다. 그러나 자연히 그리되는 것은 아니다. 나폴레옹의 호송대를 이끌었던 당나귀는 그 주인이 겪은 모든 승전에 참여했다. 하지만 사람들이 보기에 그놈은 여전히 당나귀일 뿐이었다. 스스로의 경험을 통해 배우는 것은 비싸게 먹히고, 고통스럽고, 때로는 죽은 후에야 가능하다. 훨씬 나은 방식이며, 장기적으로 보다 경제적인 방식은 다른 이의 경험으로부터 배우는 것이다. 즉 훈련과 교육이다. 영국 공군에서, 지상 근무의 핵이 될 고위 NCO를 배출하는 데는 6~8년이 걸렸다. 일차 시험 전투 수행 수준에 오를 때까지 조종사를 훈련시키는 데는 3년 정도가 걸린다. 걸프전은 모든 계급의 기술, 전문성, 그리고 성실성이 항공력 활용에 어떻게 누적적인 기여를 하는가를 유감 없이 보여 주었다. 어째서 로마의 군단이 그런 인식을 한 후 2천년이 지나서, 아직도 이 점은 강조할 필요가 있는가?

가용자원이 적을수록, 인력 충원, 재충원, 개발의 중요성은 커진다. 공군은 너무나 자주 지적 탁월성 대신 기술에 정신을 뺏겨 버린다. 사막의 폭풍작전에서 미군 지휘관들이 베트남에서의 개인적 체험에 사로잡혀 있었을 뿐 아니라, 세계 최고의 군사 교육·훈련을 이수한 사람들이었음은 우연이 아니다.

클라우제비츠는 다음과 같이 쓰고 있다.

"전쟁은 불확실성의 영역이다. 행동의 결정요인 중 사분의 삼이 크고 작은 불확실성의 안개 속에 묻혀 있다. 예민한 판단력은 진실의 냄새를 맡는 노련한 지적 능력을 필요로 한다."41) 이는 상대적으로 솔직하게 전쟁이 치러졌던 시대의 이야기이다. 항공인들이 새로운 전자기 안개를 덧붙이기 전까지 말이다.

자원 축소를 겪고 있는 공군 지휘관들은 두 가지 극단을 배제해야 한다.

한편으로 기술적으로 우수한 일선 전력을 속이 좁고 지적 능력이 떨어지는 인물들, 전술 또는 전략 기습을 예상할 수 없고 그에 대응할 유연성도 없는 인물들에게 맡기지 말아야 한다. 또 한편으로, 가장 고도의 훈련을 받고, 교육 수준이 높으며, 유연한 정신을 소유한 지도자들을 양성하는 것은 일선이 질적, 양적으로 우월한 장비를 갖춘 적들에게 에워싸여져 있는 상황에서라면 적당하다 할 수 없다. 이제 평시 역시 '불확실성의 영역'이며, 자원 배분을 둘러싼 어려운 결정 역시 '민감하고 날카로운 판단력'을 요한다. 전력 다양화는 그것을 식별할 능력을 갖추는 것부터 시작된다.

귀신 쫓기의 필요성(The Need for Exorcism)

100년간의 이론과 실천의 역사를 거쳐, 항공력은 1990년대 중반에 군의 성숙하고 건실한 파트너로 자리잡았다. 마침내 항공력이 그 위력을 유감 없이 보여 준 상황에서, 한편으로는 자원 축소의 어려움에 직면한 가운데 가장 분산적이고 불가측적인 작전 환경을 맞이하고 있음은 다소 묘하다고 할 것이다. 육군과 해군도 비슷한 상황이라는 것은 위안이 안 된다. 사실 항공력이 태동하던 시기를 떠올리게 하는 병과 통합론과 비타협적 경쟁이 재연되어 여러 나라에서 3군이 고르게 발전하고 있는 상황을 무색케 하고 있다.

옛날의 사고가 논쟁을 대체하고 있다. 과거의 망령이 문을 두드리고 있다. 교리의 무오성 주장이 되살아난 시체처럼 거들먹거린다. 항공력이 두 번째 세기에도 발전하려면, 그리고 육군과 해군이 계속 항공력과의 파트너십에서 득을 보려면, 귀신 쫓기를 할 시점이 되었다. 귀신 후보에는 두헤와 그의 전략폭격 환상, 추상적인 항공력과 실제와의 구별을 못하는 열광론, 육군, 해군에 남아 있는 분파주의, 그리고 유인 항공기의 섣부른 사망 선고 등이 들어간다.

역사가에게 가장 어려운 일 중 하나는 원인과 결과를 찾아내는 일이다. 항공력의 역사에서 한 다작(多作)의 이탈리아인이 쓴 저작들과 그 후 비슷한 생각을 한 사람들의 저작은 하나로 뭉쳐, 항공력 이론가들의 전당에 줄리오 두헤를 높이 받들어 모시게 하였다. 제1장에서 설명했듯, 그는 영국 공군에 전혀 영향을 미치지 못했으며, 독일과 러시아 공군에 대한 그의 영향력은 베버와 크리핀의 죽음과 함께 사라졌다. 프랑스 공군은 그의 이론을 실현할 장비와 의지가 모두 없었고, 미국의 경우는 카프로니를 통해 고렐과 두헤가 접촉했다는 가설보다 트렌차드, 고렐, 미첼, 그리고 미 공군이 직접 연결되고 있었다는 가설을 더 신빙성 있게 본다.

미 공군 첨단 항공력 연구 학교로부터 흘러나온 현대의 적절한 연구 관점으로는 현대 정밀무기 기술의 측면에서 두헤를 재조명하는 것이 있다. 필자는 두헤의 여러 오류들, 가령 폭격의 심리적, 물질적 효과에 대한 과대평가(화학무기 포함), 전술적 인식력의 부재, 제공권을 장악하기 위한 공중전 부문의 무시, 방어 항공력의 과소평가, 총력전 개념에의 지나친 집착, 국제법과 윤리 문제의 지나친 경시, 지대공 무기의 영향력 간과, 항공력과 정치적 목표 사이의 연결 간과, 지상군과 해군의 계속적인 필요성 무시, 과거 경험의 무시 등을 찾아볼 수 있었다.[42]

100년이 지난 지금도, 전략폭격이 적의 전투능력을 종식시킨다는 개념을 입증할 확실한 증거는 없다. 심지어 사막의 폭풍작전에서도, 가장 권위 있는 분석에 따르면 적의 지도부와 통신시설에 대한 정밀 '전략' 공격이 "분명 기대 이하로 끝났으며, 일부 항공인들의 바램처럼 적 지도부와 C^3표적에 대한 폭격이 적 정권으로 하여금 전쟁을 포기하게 하리라는 기대는 수포로 돌아갔다 …….''[43] 이라크의 정유 시설과 석유저장고에 대한 공격은 "이렇다 할 성과가 없었다."[44] "따라서, 폭격만으로는 기존의 이라크 핵개발 프로그램을 없애는 데 실패했다 …….''[45] 등의 결론이 나오고 있다.

같은 조사 결과 요약을 보면, 두헤 자신이 입안했음직한 걸프전쟁 항공전(Air Campaign)의 '전략적 핵심'은, 정밀무기를 가지고서도, 적중되지 못했다.

"걸프전 중 항공인들이 사적으로 품었던 소망, 항공력이 다국적군의 군사적 목표를 지상전 없이 달성하리라는 소망에도 불구하고, 전략적 핵심 표적에 대해 공대지 공격이 집중된 대상은 일부(15%)에 불과했다.[46] 기획 담당자들은 처음부터 이라크의 전력에 직접 압력을 행사하기를 바랐으며, 이는 다른 전략폭격전과 맥을 같이하는 개념이었다. 일부의 경우에 가령 핵무기 개발 프로그램의 경우는, 전략적 공습은 당시 기대된 것보다 미흡한 결과를 낳았다. …… 다른 경우, 이라크의 전력 시스템 같은 경우에는, 전략적 핵심 표적에 대한 다국적군의 즉각적 군사 목표가 성취되었다. 그러나 또 다른 경우에는, 즉 적의 지도부와 C3에 대한 폭격 같은 경우에는, 효과가 불분명했거나 예상과는 다르게 나타났다 …….''[47]

항공력의 첫 번째 세기에 전략폭격에 대해서는 네 가지 교훈을 얻을 수 있었다.

첫째 최초에 적의 민간 대중이 받은 충격은 과연 대단해서, 공황(panic)과 사기 침체(poor morale)를 가져올 수 있으나, 그 후부터는 안정되는 경향을 보인다.

둘째 대중이 그 정부와 정부의 전쟁 의지를 민주적으로 지지한다면, 그런 안정은 강경한 자세와 공격자에 대한 적의의 증대로 이어질 수 있다.

셋째 정부가 권위주의적이며 비인도적일 경우, 민간인 폭격의 효과는 일정하지 않다.

넷째 적의 전쟁수행 능력에 물리적으로 피해를 입힐 수 있는 시너지 효과를 발휘할만한 특정 표적을 공격해야만 전략폭격은 그에 배당된 자원에 걸 맞는 효과를 낼 수 있다.

역설적이게도 항공력은 아마 걸프전을 자력으로 결정지었다고도 볼 수 있을 것이다. 그러나 그것은 전략적, 작전적, 전술적 동시 시너지 효과에 의한 것이었지, 두헤 이론에 따른 결과는 아니었다. 『옥스퍼드 영어사전』에 실린 정의에 따르면, 두헤는 열광자로서, "비타협적이고, 극도로 투쟁적이고,

광적"이었다. 초기에 육해군 쪽의 무시, 경멸, 그리고 자체 이익을 고려한 반대 등에 직면하면서, 큰 비전과 힘을 가지고 있었던 사람들은 항공력이 이제 뿌리를 내리면 마침내 사막의 폭풍작전과 같은 꽃을 피워 내리라는 것을 확신시켜야 할 필요가 있었다. 그래서 달리 선택의 여지가 없었으나, 이제는 1세기가 지나 확실한 증거가 충분히 있다. 이제는 항공력을 전쟁사의 하나로 자연스럽게 포함시킬 때이며, 그 독특성만 강조할 것이 아니라, 그것이 다른 전쟁 수행방식과 크든작든 공유하고 있는 점도 지적할 때가 되었다.

또한 항공력은 정치적 목표의 지도를 받아야 하며, 그것에 합당해야 한다. 이는 서로 다른 나라에서 각각의 능력 차이에 맞추어 서로 다른 방식을 취해야 한다. 위협적 상대와 국경을 맞대고 있는 나라는 장거리 폭격 능력보다는 근접 공중지원 능력에 더 열중해야 한다. 길이 1천 마일에 폭 150마일, 그리고 오랜 중립의 역사를 지니고 있는 스웨덴의 경우에는 이스라엘과는 상당히 다른 소요를 가지게 된다. 장거리 폭격 능력은 그 잠재 적국이 수백마일 밖에 있는 미국에게는 자연스러운 소요다. 우연히 결정된 지정학적 조건, 위협의 성격, 천연자원과 기술력 등이 미국과 이스라엘을 세계의 2대 항공국으로 만들었다.

항공력은 다른 많은 군사적 수단들처럼 공격과 방어 사이에서 기술의 주안점이 요동하는 것에 영향을 받는다. 예전 전쟁사의 주력무기들 예를 들면 성곽, 기사대, 전함, 그리고 바로 이전의 주력 전차의 뒤를 이어, 이제 항공력은 전쟁사의 주력 무기 부문에 당당히 위치를 차지하게 될 것이다.

항공력 이론 지지자들은 추상의 육체에 실제의 옷을 입혀야 함을 잊지 말아야 한다. 유연성은 앞에서 설명했다. 동시편제성은 이와 마찬가지로 실체화될 필요가 있다. 그 속도, 집중력, 위력을 제대로 활용하려면 항공기는 주야 불문, 기후 불문하고 임무에서 요구하는 대로 도달, 위치, 식별, 파괴, 무력화를 할 수 있어야 한다. 한 유능한 영국 항공인은 걸프전에서 항공력이 거둔 놀랄만한 성공을 다음과 같이 객관적으로 되새겼다.

"하지만 우리가 스마트탄을 구름층이나 열대 우림에 구애받지 않고 사용할 수 있을 때까지는 스마트탄의 정확성에는 한계가 있다. 이는 날씨가 불규칙한 유럽에서도 해당되는 제약조건이다. 고고도 또는 중고도로 비행해서 정확한 폭격을 한다는 개념은(우리가 걸프전에서 지상의 포격을 피하기 위해 사용한) 유럽에서는 그렇게 널리 사용될 수 없을 것이다."[48]

이는 다음 세기로 넘어가는 항공력에 대한 현실적인 목소리가 아닐 수 없다. 그것은 지배적이다. 신뢰할 만하다. 그러나 한계가 있다.

현대 항공력과 다른 군사력 요소들 사이의 관계에 대해, 미 공군의 영향력 있는 항공력 지지자이자 이론가인 존 워든 대령은 우아하게 정리하고 있다. 그는 전쟁 중 육-해-공군 사이의 관계를 협주곡에서 개별 악기들 사이의 관계와 같다고 본다. 작곡가는 그의 '목표'를 세우고, 적당한 수단을 선택, 그 메타포를 옮겨서, 음악에서 '핵이 되는 힘'을 이끌어내는데, 전쟁도 그와 비슷하다는 것이다. 그 수단이란 협주곡마다 다양해지며, 어떤 경우에는 독주를, 어떤 경우에는 합주를, 아니면 다만 침묵한다.

"관현악 연주는, 종속도 통합도 연출하지 않는다. 그것은 현대전에서도 필수 조건이다."[49]

이제 필요한 것은 운영상의 화음이지, 불협화음이 아니다. 이제 지난날의 열광자들은 명예롭게 은퇴할 때가 되었다. 그들의 기여는 실로 컸다고 하겠다.

그러나 항공력이 열광자들을 갖는 한편, 다른 병과 인사들도 언제나 열린 마음을 갖고 침착한 태도를 보이지는 않는다. 심지어 1994년에도 매우 지적이며 품위 있어 보이는, 어떤 육군(또는 해군) 인사가 "왜 아직까지 독립 공군이어야 합니까?"라고 질문한 적이 있다. 그런 무지함이 아직까지 남아 있는 것은 어느 정도는 항공인들의 책임이다. 항공력이 전략폭격과 동의어로 여겨진다면, 보다 규모가 작은 항공력 운용은 어느 것이나 하등하게 보일 것이며, 그 '하등한' 운용이란 지상, 해상 작전의 지원인 것이다. ICBM의 등장과 전쟁 수행의 다양화가 케케묵은 식의 비판을 받은 것도 당연한 일이다.

사실 제 1장에서 설명하였듯이, 독립 공군의 사례는 본래 두 개의 공군이 경쟁하고 있던 영국에서 자원, 인력, 시설의 비경제적인 중복을 피하려는 뜻에서 개발된 것이었다. 1917년 독립 영국 공군 창설을 위한 스머츠(Smuts) 제안은 독립 폭격기사령부를 만들려는 의도에서가 아니라 방공지원을 위한 것이었다. 그런 이유는 1994년에도 유효하다고 할 수 있는데, 페리(Perry) 씨와 그 밖의 사람들이 마지못해 인정하듯 자원의 압박이 미공군, 미 해군, 미 해병대의 항공 요소들의 경제 압박을 불러오고 있기 때문이다.

공중은 해변을 따라 끝나고 시작하지 않는다는 사실은 공군이 지상과 육지의 모든 항공 활동을 통제해야 한다는 것을 의미하지는 않는다. 해안선은 육군과 해군의 이해관계를 구분해 주나, 그럼에도 많은 항모 발진 항공기들은 그 두 세계를 넘나든다. 항공력이 그 잠재력을 최대한 발휘하려면, 중대, 연대, 사단, 군, 함대 등등 어떤 수준에서든 분파중심주의에 말려들어서는 안 된다.

이제 항공력의 사용은 매우 높은 복잡성을 갖고, 기술적 숙련을 요하며, 지휘, 구조, 속도, 시간, 거리, 그리고 효과 등에 대해 지상이나 해상에서와는 전혀 다른 감각을 요구한다. 더 대단하다고도, 더 보잘 것 없다고도 할 수 없으나, 분명 다르다. 이는 다른 병과의 이해관계에 종속될 수 없는 고도의 전문성을 필요로 하며, 그것은 공군 자체가 다른 병과가 손대지 못하는 골칫거리를 맡게 된다는 것을 의미한다. 인사경력의 차원에서 보면 그것은 이류의 경력만 쌓는 것을 의미하며, 그렇게 되면 일급 인력을 유용히 사용하지 않는 것이 된다. 이런 상황은, 워든 대령의 메타포를 빌리면, 항공력을 영원히 제 2 바이올린 자리에 묶어 두는 상황이라 할 수 있다. 의심 많은 육군과 해군의 망령은 쫓아내야 하며, 이 망자들은 각자의 영역으로 돌아가야 한다.

그리고 마지막으로 선불리 유인 항공기의 종말을 논하는 사람들이 있다. 그들은 여러 가지 계보를 가지며, 그들의 주장이 언제나 서로 일치하지는 않는다. 영국 방위정책에서 이런 류의 이야기가 가장 두드러졌던 사례는 1957년 정부 방위정책에 대한 연례 발표장에서 공개된, 국방백서에서 다음과 같이 확신에 찬 주장을 했던 예다.

"지대공 미사일 방어 시스템 개발이 진행 중이며, 이는 곧 전투기사령부의 유인 항공기들을 대체하게 될 것이다. 긍정적인 진전이 이미 나타나고 있으며, 정부는 영국 공군이 초음속 P1기 이상의 전투기를 필요로 하지 않는다는 결론에 이르러 있다. 그러므로 그에 관련된 프로젝트는 중단될 것이다."[50)]

이후 37년이 지나, 영국 공군은 아직도 당시 결정의 후유증 때문에, 새로운 고유 제공권 전투기 개발을 기다리면서 중거리 또는 장거리 SAM도 보유하지 못한 상태에 머물러 있다.

앞 문단의 국방백서에서, 영국은 탄도미사일과 미사일 방어의 발전을 염두에 두고서 유인폭격기 개념 역시 폄하했다. '무인 비행체' 학파가 게리 파워스(Gary Powers)의 권위에 힘입어 추진력을 얻었고, 베트남전 초기에 SAM이 미친 영향과 1973년 이스라엘 공군이 시나이반도와 골란고원을 공략한 일도 이런 풍조에 영향을 주었다. 그러나 항공인들은 언제나 그런 논의에 일치된 반론을 펴지는 못했다. 심지어 사막의 폭풍작전에서도, 이라크 공군의 절멸에 대중의 이목이 집중되었지만, 한편으로 SAM과 구식 고사포를 염려해서 항공기들은 1만 피트 이상의 고도로 비행해야 했다. 마찬가지로, 공군은 무인기(UAV) 개발에 적극적으로 참여하지 않았었다. "무인기로는 경력을 쌓을 수 없다"는 말이 진지하게 받아들일 만한 것은 아니다. 그런 인식이 퍼져 있던 것은 사실이다. 항공력은 '사람이' 제 3의 차원을 최대한 이용할 수 있게 하는 것이지, 꼭 '사람에 의해' 이용할 필요는 없다.

걸프전에서 무인기의 역할은 이미 1988년, 탁월한 영국 군사정보부장이자 항공력 이론가, 마이클 아미티지(Michael Armitage) 공군 원수에 의해 모두 예측되고 체계적으로 분석되었다.[51] 이들 무인기는 계속해서 여러 가지 전자전 역할, 직접 공격, 스탠드오프 공격에서 적 지휘부로 무기 투발, 디코이 역할 등을 이미 확실히 인정받은 정찰 및 초계 역할과 함께 수행하게 될 것이다. 1994년까지 그 작전반경, 적재량, 스텔스 기능 등이 현저하게 향상되었다. 사실 예측 가능한, 정지된 표적들은 가면 갈수록 무인기에 의해 공격될 가능성이 크며, 이때 공격은 취소 불능성 탄도미사일과 유연하며 통제 가능성이 높은 항공기와 선상 발사 순항미사일의 조합 중에서 선택될 것이다.

걸프전에서는 인공위성도 항공력에 기여할 수 있는 능력을 확인시켜 주었다. GPS를 항공기 항법과 무기 유도에 사용하는 것은 PGM에 전천후 작전능력을 부여한다. 그러나 항공력의 두 번째 세기에 군사기술이 줄 수 있는 희망과 약속 사이에는 구분이 지어져야 한다. 광학, 적외선, 레이더 기술에 의한 인공위성 초계는 기후, 항공전 주파수, 포지셔닝 같은 제약들을 가지는 가운데 전략 첩보 능력을 계속 부여해 줄 것이다. 통신 역시 전쟁의 모든 면에서 강화된다. 그러나, 모든 경우에 있어 인공위성의 활동은 기존의 항공작전을 지원하는 것이지, 그것을 대체하지는 못할 것이다.[52]

요약하면 "누가 그걸 필요로 해?"라는 주장은 두 가지 전제에 기반하고 있다. 즉 유인기는 너무 취약하다는 것, 그리고 인간이 많은 전투 관련 순환에서 벗어나는 것이 가능하다는 것.

유인기의 취약성은 보다 전부터 논의되어 왔다. 그리고 이는 매우 복잡한 문제다. 세 가지 점을 검토해야 한다. 첫째 인명 피해의 용인 정도는 전투의 성격에 따라 달라진다. '용납 가능한' 소모율은 전력, 사기, 정치적 영향, 잔여 위협이나 목표 등과 두루 균형을 맞춰야 할 민감한 문제다. 지대공 방위 시스템의 살상력 증가는 개별 항공기와 PGM의 성능 증대로 상쇄될 수 있다. 기술적 우위는 지대공에서 공대지로 갔다가, 다시 돌아오곤 한다. 그러나 은폐, 기만, 고도 다변화, 속도, 지향성 등으로 제 3차원을 최대한 활용하는 능력은 여전히 항공기의 몫이다. 말하자면 저수준 작전은 가까운 시일 내에는 여전히 대부분의 환경에서 전투 승무원들에게 가장 불만스러운 작전으로 남아있을 것이다.

'업무 순환고리 속의 인간'이 필요한가의 논쟁은 작전 환경의 맥락에서 진행될 필요가 있다. 항공력의 두 번째 세기는 전자전 중심으로 될 가능성이 높고, 갈수록 지능화되는 스마트 공대지무기, 갈수록 강력해지는 지대공 방어, 장거리 자동 공대공무기, 이동식 지상 표적, 은폐 표적, 디코이와 기만술의 광범위한 사용 등으로 점철될 전망이다. 모름지기 급속히 변동하는 작전 환경이 펼쳐질 것이다.

예측 가능한 범위의 미래에, 무인비행체(UAV)와 합동 직접 공격미사일(JDAM)은 사전 프로그램되거나 원격 통제될 것이다. 이 중 전자는 유연성이 적고, 후자는 대응이 느리며 사전 설정한 센서에 의존한다. 전쟁의 역사를 통틀어, 예측가능한 것은 곧 취약성을 의미했다. 전자전에서는 예측 당했다는 것은 일단 무력화되고, 이어서 파괴당함을 뜻한다. 급속히 변화하는 환경에서, 대응이 느리다는 것은 소용이 없음을 뜻한다. 마이클 아미티지는 무인기의 미래와 그것에게 요구되는 시너지 효과를 다음과 같이 간명하게 표현했다.

"…… 두 종류의 항공기들이 현대 공중전에서 사용되며, 그 중 무인기는 유인기를 대체하기에는 한참 모자라며, 미래에도 유인기의 직접적 지원 정도에 그칠 것이다. 한편 혼란스러운 전투 중 상황 파악과 작전적 판단의 중요성은 유인기가 항공력의 사용에 있어서 주된 자산의 위치를 지켜야 함을 의미한다."[53]

이는 유인기의 종말을 노래하는 사람들이 들어가 묻힐 묘비명이 될 것이다. 그러나 아직 귀신 쫓기는 정당한 과학이 못된다.

항공력 등장 100년 후 초기의 생각들이 성취될 때까지, 항공력 지지자들은 이따금씩 출몰하는 망령들에 과히 신경을 쓸 필요가 없었다. 그들은 이제 더 이상 항공력의 잠재력을 과대선전하지 않아도 되며, 개별적 성공을 보편적인 '교훈'으로 부풀릴 필요도 없다. 전쟁 수행 방식의 전체적 변동, 그 한가운데 항공력을 놓음으로써, 항공력의 우위에 대한 불필요한 주장과 종속에 대한 과민 반응은 유아기, 아동기의 아픔과 함께 잊어버릴 때가 되었다.

모든 전쟁의 차원에서 이동하는 표적은 정지한 표적보다 위치를 잡아 명중시키기가 어렵다. 일부 표적은 보다 튼튼히 강화되고, 일부는 은폐될 것이다. 디코이, 기만술, 매복은 기사도 정신과는 모순되겠지만, 계속해서 적들에게 불안을 유발할 것이다. 항공력의 기술은 이런 기초 원칙들 일부를 최대한 활용하게끔 하며, 다른 원칙들에 의해 제약받고, 때로는 유효하고, 때로는 그렇지 못할 것이다.

사막의 폭풍작전에서의 성공은 항공력이 다음 세기에도 탁월한 우위를 과시할 것인지를 보증해 주지 않는다. 그것은 다양한 국제 안보 문제에 대한 군사적 수단을 항공력이 정부에게 얼마나 제공할 수 있느냐에 달려 있다. 그런 문제는 고강도에서 저강도 작전까지, 국방에서 이익의 수호, 우방의 보호, 국제법의 준수까지 두루 미친다. 항공력은 추상적 이론에 의해 흥하거나 망하지 않는다. 그 대신 다른 군사력처럼, 당시에 용납할 수 있는 비용으로 정치적 목표를 달성하는 데 있어서의 적합성에 의해 흥망이 좌우된다.

한 가지 개념은 항공력의 탄생부터 첫 번째 세기의 끝날까지 모든 항공력 관련 이념의 기저에 있었으며, 앞으로도 있을 것이다. 전쟁에 임하는 모든 나라는 우선 그 하늘부터 바라보아야 한다는 것이다. 적어도 두헤는 그 점에 있어서는 옳았다. 그러나 풀러튼 소령은 그보다 이미 18년 전에 이렇게 말했다.

"공중지배는 지상과 공중의 모든 전투에 있어서 핵심적인 전제조건이다."

항공력 1세기의 끝에 영국식으로 은유를 해본다면, 어떤 독자들에게는 해석이 따로 필요할 텐데, 마치 헬멧을 고쳐 쓰고는 두 번째 타석에 들어가는 타자와도 같은 모습이다. 아니면, 햅 아놀드 장군의 유명한 말을 현대식으로 풀어 보면, 지금의 장비는 단지 도약을 위한 발판에 불과하다. 공군은 그 장비와 교리를 조화롭게 이용해야 하되, 그 눈은 미래를 바라보아야 한다.

주 (註)

Chapter 1

1. H.G. Wells, The War in the Air, 1908, Ch 5, cited in the Oxford English Dictionary : Supplement, 1972, p.49.
2. Jane's All The World's Airship, 1909, OED, ibid.
3. The Aeroplane, 12 April 1922, p.257.
4. Cited in AP2000, Air Power Doctrine, HMSO, London, 1993, p.13.
5. Ibid.
6. A reference to a definition and exposition of the concept of air power by R.A. Mason in Air Power in the Nuclear Age, Theory and Practice, by M.J.Armitage & R.A.Mason, Macmillan, London 1983, pp.2～3.
7. The Air Power Manual, Royal Australian Air Force Air Power Studies Centre, 1990, p.21.
8. Air Power: A Concise History, Robin Higham, Macdonald, London, 1972.
9. Cited in A.F.Hurley in the appendix 'Additional Insights' to Billy Mitchell, Crusader for Air Power, Indiana University Press, Bloomington, 1975, p.142.
10. R.F. Futrell, Ideas, Concepts, Doctrine, Basic Thinking in the United States Air Force 1907～1960, Air University Press,

1989, p.15.

11. John H. Morrow, The Great War in the Air, Smithsonian, 1993, p.4.
12. Peter L. Jakab, Visions of a Flying Machine, The Wright Brothers and the Process of Invention, Smithsonian, 1990, pp.43~44.
13. Futrell, op. cit. p.17.
14. Wells, op. cit.
15. CID Minutes of Meeting 14 July 1910, cited by Alfred Gollin, The Impact of Air Power on the British People and Their Government 1909~14, Macmillan, London 1989, p.101.
16. Cited in Gollin, ibid., p.12.
17. Journal of the Royal United Services Institution, LII, 1908, p.1502.
18. 'Aeroplanes of today and their use in war', Captain C.J. Burke, RUSI Journal, May 1911.
19. Ibid. p.626.
20. Ibid. p.629.
21. Morrow, op. cit. p.19.
22. Cited in 'The British dimension', by R.A. Mason, in Air Power and Warfare, Proceedings of the 8th Military History Symposium, USAF Academy, 1978, p.23.
23. Hiram Maxim, 'Aerial navigation', Century Magazine, XLII, 6 October 1891, p.836, cited in Michael Paris, 'The rise of the airmen: the origins of air force elitism c.1890~1918', Journal of Contemporary History, 28, 1993, p.1332.
24. Charles Gibbs-Smith, in Air Power and Warfare, p.54.
25. Paris, op. cit., p.127.
26. Parliamentary Debates (Commons), 5th Series, 2 August 1909, cited in Gollin, op. cit. p.79~80.
27. Ibid., p.76.
28. The Birth of Independent Air power, Malcolm Cooper, Allen & Unwin, 1986, p.5.

29. Cited in Futrell, op. cit., p.16.
30. 'The present status of military aeronautics', Major George Squier, Flight, 27 February 1909, p.304.
31. Cited in Morrow, op. cit., p.16.
32. Naval and Military Attaches' report from Berlin, December 1912, cited by Gollin, op. cit., p.232.
33. Philips S. Meilinger, 'Guilio Douhet and modern war', Comparative Strategy, 12, 1993, p.330.
34. Flight, 4 March 1911, p.178.
35. Flight, 11 November 1911, p.989.
36. 'The origins of air warfare', D.J. Fitzsimmons, Air Pictorial, December 1972, pp.482～5.
37. Flight, 11 November 1911, p.989.
38. Reference to a Daily Express correspondent report in Flight, 30 December 1911.
39. Editorial, The Aeroplane, C.G.Grey, 17 August 1911.
40. Report of House of Commons proceedings, The Times, 31 October 1911.
41. Advertisement, The Aeroplane, 16 November 1911, p.559.
42. Quoted from The Observer, 20 January 1912, in The Aeroplane, 25 January 1912, p.76.
43. W. E. de B.Whittaker, 'Aviation in the Navy', The Aeroplane, 15 February 1912, p.151.
44. A Short history of the Royal Air Force, Air Ministry, London, 1920, p.10.
45. Statement to House of Commons, 4 March 1912, as reported in The Aeroplane, 7 March 1912.
46. See Morrow, op. cit. pp.40～5 for details of this disagreement.
47. War Office minute to Director-General of Military Aeronautics, 16 December 1913, cited in Gollin, op. cit., pp.201～2.
48. Gollin, ibid., Ch. 9.
49. Cited in Walter Raleigh, The War in the Air, Vol. I, Oxford, 1922, p.265.

50. Parliamentary Debates (Commons), 5th Series, 17 March 1914, cited by Gollin, op. cit., pp.277~9.
51. Memorandum to Mr Asquith, Asquith MSS, cited by Gollin, ibid., p.282.
52. A Short History of the RAF, p.421 and John Terraine, The Smoke and the Fire, Sidgwick & Jackson, 1980, p.44.
53. Morrow, op cit. p.364.
54. Ibid., p.312.
55. Lee Kennett, The First Air War 1914~1918, Macmillan, 1991, p.226.
56. Morrow, op. cit., p.196.
57. Ibid., p.344.
58. Memoranda to Director of Air Division, RNAS et al., 1, 3, 5 September 1914, in E. Emme, The Impact of Air power, Van Nostrand, 1959, pp.27~9.
59. Joint War Air Committee, Constitution, Functions etc., cited in Cooper, The Birth of Independent Air power, pp.46~7.
60. Morrow, op. cit., p.123.
61. Cooper, op. cit., p.49~50.
62. Morrow, op. cit., p.185.
63. See Cooper op. cit., Ch. 7 for a comprehensive exposition of the problems facing the aviation industry and its inability to meet the 'surplus' forecast in the unification debates of 1917.
64. Raymond Fredette, The Sky on fire, Smithsonian Edition, 1991, pp.39, 40, citing Hilmer Von Bulow, Die Angriffe der Bombengeschwader 3 auf England, in die Luftwacht, 1927, p.331.
65. Quoted by Squadron Leader C.J. Mackay, The German Air Raids in England, RAF Staff College, Andover, 1924.
66. Mackay, ibid., p.57.
67. Ibid. This correspondence is recorded in Ludendorff's The General Staff and Its Problems, pp.449~58 and partially cited in Fredette, op cit., pp.72~3. Mackay does not cite his

source but the translations are identical.

68. J.A. Chamier, The Birth of The royal Air Force, Pitman, 1943, p.140(distilled from Raleigh and Jones, War in the Air).
69. Fredette, op. cit., pp.64～7.
70. Appendix II to Cabinet Minutes (WC233), 24 August 1917.
71. Cited in Cooper, op. cit., pp.100-1
72. See ref. 70.
73. US WAR Department Study, August 1918, cited in Morrow, op. cit., p.346.
74. RGC HQ Memorandum, 22 September 1916.
75. Alan Bott, 'An Airman's Outings with the RFC, June-December 1916', Elstree 1917, cited in Morrow, op. cit., p.169.
76. Morrow, op. cit., pp.317, 318.
77. 'Dicta Boelcke', cited in Morrow, ibid., p.150.
78. Neville Jones, The Origins of Strategic Bombing, Kimber, London, 1973, pp.120 ff.
79. Report to Air Board by Lt.Cdr. Lord Tiverton, cited in Jones, ibid., p.146.
80. Cooper, op. cit., p.116.
81. See Trenchard diary extracts, cited in Montgomery-Hyde, British Air Policy between the Wars, RAF Museum, 1976, p.43.
82. Ibid.
83. Memorandum on the Bombing of Germany by GOC Independent Force, Royal Air Force, to Secretary of State for Air, 23 Jine 1918, Bracknell Papers.
84. Report on I.F. Operations 6-30th Jine, IFG/79, from Trenchard to Weir, 2 July 1918, Bracknell Papers.
85. Proposed Agenda Paper, IAAC, 20 July 1918, Bracknell Papers.
86. Memorandum (to Weir) on the Subjects for Discussion Proposed by the French Representative to the Third Senior of

the Inter Allied Aviation Committee, by GOC Independent Force, Ochey, 9 July 1918, Bracknell Papers.

87. IFG/79, 2 July 1918. Bracknell Papers.

88. IFG/79, Report on October Operations, 1 November 1918, cross-referred to Table A, Weir Memorandum, 9 July 1918, Bracknell Papers.

89. IFG/79 Series, 2 July to 15 November 1918, Bracknell Papers.

90. Undated typescript among later 1918 papers. This is the only unreferenced document in the Trenchard Bracknell collection of which the earliest is 2 July and the latest 15 November. It is a flimsy, typed carbon copy of an unrecorded original with no indication of office routing. All the other papers originated from or were received in Trenchard's outer office.

91. Tenth Supplement to The London Gazette, 31 December 1918, p.135.

92. Cited in Montgomery Hyde, op cit. pp.44~5.

93. Trenchard interview in 1934, cited in Montgomery Hyde, ibid., p.45.

94. W.S.Churchill, 'Munitions Possibilities of 1918', Memorandum to War Cabinet, 21 October 1917, Section IV. Reproduced in Emme, The Impact of Air Power, Van Nostrand, 1959, pp.37~40.

Chapter 2

1, Collection of original letters and extracts in the Bracknell Papers.

2. The typescript copy of the Sykes Memorandum in the Bracknell Papers is identical to the text published as Appendix VII to From Many Angles, Harrap, 1942, pp.558~74, except for an introductory sentence in the typescript original. The 'Appendix' references, however, are to the typescript Appendices referred to, but not reprinted, in Sykes's

autobiography.

3. From many Angles, p.558.
4. Ibid.
5. Ibid., p.561.
6. Ibid., p.562.
7. Appendix B, typescript.
8. From Many Angles, p.265.
9. Appendix B, op. cit.
10. From Many Angles, p.265.
11. Memorandum on Air Force, Civil Aviation and Supply and Research Estimates for 1920～21 and following years to War Cabinet from Winston S. Churchill, Secretary of State for Air, Air Ministry, 24 October 1919, Bracknell Papers.
12. Permanent Organization of the Royal Air Force, Cmd.467, 1919, Appendix.
13. Memorandum, 24 October 1919, p.8.
14. Ibid., p.2.
15. CID 149C, cited in Montgomery Hyde, op. cit., p.101.
16. Cmd.467, op. cit., p.4.
17. Air Staff Memorandum No.43, S28279, 1929.
18. CAS Memorandum 1928, Cited by Williamson Murray in Strategy for Defeat, The Luftwaffe 1933～1945, Air University Press 1983, p.325.
19. Air Staff Memorandum 1929, op. cit., pp.5～6.
20. Interviews with Marshals of the RAF Slessor and Harris, at Rimpton and Bracknell, respectively, July 1977.
21. 'Air armament, training and development', lecture by Wg.-Cdr F.J.W. Mellersh, RAF Staff College, Andover, 11 May 1939, RAD Air Historical Branch, A/11/6, pp.37～8.
22. Ibid., p.53.
23. Extracts from Luftwaffe Service Manual No.16, cited in Richard Suchenwirth, The Development of the German Air Force 1919～1939, USAF Historical Study 160, USAF Academy, 1983,

Chapter 12.

24. Manual No.16 para.10, cited in Suchenwirth, pp.12~16.
25. Ibid., para. 24.
26. Eye-witness report by General der Flieger Paul Deichmann, cited in Suchenwirth, pp.12~19.
27. Cited in Williamson Murray, op. cit., pp.8.
28. Ibid., p.11.
29. In 1977 Slessor observed to the writer, 'I suppose, on reflection, we were obsessed by the fear of a knock-out blow.'
30. Cited in Suchenwirth, pp.12~24.
31. Ibid., pp.12~20.
32. Alexander Boyd, The Soviet Air Force since 1918, Macdonald & Jane's, 1977, pp.110~12.
33. Horst Boog, The German Luftwaffe Command, 1935~1945, (MSS pagination), p.81. Published only in German as Der Deutsche Lufte fuhrung 1935~45, published by Deutsche Verlags Anstaldt, Stuttart 1982.
34. Ibid., p.102.
35. Ibid., p.105.
36. Ibid., p.104.
37. Ibid., p.105.
38. Ibid., p.117.
39. Francis K.Mason, Battle over Britain, Doubleday, 1969, Appendix K.
40. Boog, op. cit., p.109.
41. C. Webster & N. Frankland, The Strategic Air Offensive against Germany 1939~1945, HMSO, 1961, Vol.IV, p.172.
42. Ibid., p.290.
43. Harris to Portal, 1 November 1944, ATH/DO/4, Air Historical Branch, Ministry of Defence, London, p.1.
44. Harris to Portal, 6 November 1944, p.1.
45. Harris to Portal, 12 December 1944, p.1.
46. Ibid., p.2.

47. Harris to Portal, 28 December 1944, pp.3∼5.
48. Portal to Harris, 18 November 1945, p.2.
49. Harris to Portal, 18 January 1945, p.2.
50. Portal to Harris, 20 January 1945, p.1.
51. Portal to Harris, 8 January 1945, paras.15,16.
52. 8th Air Force, Commanders' Meeting Minutes, 21 January 1944, cited in McFarland and Newton, To Command the Sky, Smithsonian, 1991, p.161.
53. Ibid., p.190.
54. Spaatz to Arnold, 11 March 1944, cited in McFarland and Newton, ibid., p.221.
55. John Terraine, The Right of the Line, Sceptre 1988, p.682.
56. Williamson Murray, op. cit., p.284.
57. Philip S. Meilinger, 'Guilio Douhet and modern war', in Comparative Strategy, 12, 1993, p.333.
58. General Omar Bradley, Effects of Air power on Military Operations: Western Europe, report from 12th Us Army Group, 15 July 1945, excerpts in Emme, Impact of Air Power, op. cit., p.241.
59. Cited in Emme, ibid., p.212.
60. General Carl Spaatz, 'Strategic air power: fulfilment of a concept', Foreign Affairs, April 1946.
61. Load Tedder, 'Air Power in War', Lees Knowles Lectures, University of Cambridge, 1947, cited in Armitage & Mason Air Power in the Nuclear Age, Theory and Practice, Macmillan, 1985, p.1.
62. W.S.Chuchill, 21 March 1949, cited in Armitage & Mason, ibid.
63. See 'Air power in colonial wars', M.J.Armitage in Armitage & Mason, ibid, pp.46-82.
64. See, for example John A. Warden, 'The Air Campaign', NDU, 1988, p.13.
65. Armitage, in Armitage & Mason, op. cit., p.79.

66. Mark Clodfelter, The Limits of Air power, Free press, 1989, pp.209-10.
67. See Armitage in: Armitage & Mason, op. cit., pp.223-43.
68. Ehud Yonay, No Margin for error, pantheon, New York, 1993, pp.45-6.
69. Interview in Ma'ariv, 23 October 1970, cited in Ehud Yonay, ibid., p.104.
70. Yonay, ibid., p.103.
71. Ezer Weizman, On Eales' Wings, Wiedenfeld & Nicolson, London, 1976, p.103.
72. Interview with Yonay, ibid., p.118.
73. Liddell Hart received several testimonies from IDF commanders after the 1967 War attributing the adoption of Israeli strategy to his concepts. Excerpts were received by the present writer.
74. Yonay, op. cit., pp.208-13.
75. Yonay, op. cit., p.212.
76. Marouf Bakhit Nader, The Evolution of Egyptian Air Defence Strategy 1967-1973, MSS, King's College London, 1990, p.45, citing several Egyptian sources.
77. Yonay, op. cit., p.212.
78. See Nader, op. cit., for a comprehensive analysis of the Egyptian debate over the position of air defence in the nations' security posture and the rationale for the selection of the strategy for the October War...His account is based primarily on interviews with Egyptian decision makers in this period and on Arab sources.
79. Ibid., p.139.
80. Ibid, p.226.
81. Yonay, interviews with Mirage Squadron Commanders Even-Nir and Oded Marom, op. cit., p.305.
82. Nader, p.257.
83. For a detailed description and analysis of the air war, and superpower involvement, see 'Air power in the Middle East',

by R.A.Mason, in: Air Power in the Nuclear Age, by Armitage & Mason, op. cit.

84. Yonay, op. cit., p.341.
85. See Benjamin Lambeth, 'Moscow's lessons from the 1982 Lebanon air war', in: War in the Third Dimension, ed. R.A.Mason, Brassey's, 1986 and Statistical Abstract, Combat Bureau of Statistics, IDF journal, 21, 1990, p.26.
86. Benjamin Peled at an international symposium, Jerusalem, October 1975, cited in Nordeen, Fighters over Israel, Guild, 1991, pp.150-51.
87. Brigadier (Res.) Giora Furman, correspondence with author, January 1994.
88. Brigadier (Res.) Oded Erez, correspondence with author, January 1994.
89. Furman, op. cit.
90. Weizman, op. cit., p.179.
91. Rubenstein & Goldman, Shield of David, Prentice-Hall 1978, p.107.
92. Statistical Abstract, Combat Bureau of Statistics, IDF journal, 21, 1990, p.26.
93. All figures and assessments are taken from US history of Congress Research Service Briefing Paper IB85066 Israel:US Foreign Assistance 27.1.94.

Chapter3

1. NATO Facts and Figures, NATO Information Service, Brussels, 1989, p.4.
2. Bernard Brodie, 'The heritage of Douhet', Air University Quarterly Review, VI, No.2, pp.126~7.
3. Bernard Brodie, Strategy in the Missile Age, Princeton, 1965, pp.105~6.
4. Third Report to the Secretary of War by the Commanding

General of the Army Air Forces, General H. H. Arnold, 12 November 1945, Air Power and the Future, Section 1. Extracted in American Military Thought, ed. Walter Millis, Bobbs- Merrill, 1966, p.445～6

5. President H. S. Truman, Second Annual Message to the Nation, 6 January 1947. Public Papers of the Presidents of the US, US Government Printing Office, 1963.
6. Ibid.
7. See Perry McCoy Smith, The Air Force Plans for Peace, 1943-45, Johns Hopkins Press, 1970, for a definitive account of the 'parochial' motivation of the USAAF's Post War Division of the Air Staff Plans in the later stages of World War II.
8. Major-General St. Clair Streett, Deputy Commanding General, SAC, 25 July 1946. Quoted in Ideas, Concepts, Doctrine : Basic Thinking in the United States Air Force 1907-1960, R.F.Futrell, UASF Air University Press, 1989. Hereafter cited as Futrell.
9. US House of Representatives, Military Establishment Appropriation Bill 1947, Futrell, op. cit., p.214.
10. Memorandum, Spaatz to Arnold, ibid.
11. Forrestal Diaries, Inner History of the Cold War, ed. W. Millis, Cassell,1952, p.313
12. The four bases to be improved to 'VHB standard' were Marham, Lakenheath, Sculthorpe and either Poulton or Heathrow. Lt.-Col. J. W. Keeler, 'Locations of US Military Units in th UK, 16 July 1948-31 December 1967', cited by Col. D. W. Albrecht in unpublished thesis Anglo-American Co-operation 1917～1992, University of Cambridge, May 1992, pp.103, 106.
13. Survival in the Air Age, A Report by the President's Air Policy Commission, US Government Printing Office, Washington DC, 1948. Cited in The Air Force and Strategic

Thought 1945~51, by David MacIsaac, Working Paper No.8, International Security Studies Programme, Wilson Center, Washington DC, 1979.

14. MacIsaac, Ibid.
15. Letter, Spaatz to Arnold, 23 July 1947, quoted by MacIsaac, op. cit.
16. JCS 1725/1 paras. 10, 11, 12, 1 May 1947, quoted in T. H. Etzold & J. L. Gaddis (eds.) Containment: Documents on American Policy and Strategy 1945~50, Columbia, 1978, p.302.
17. Walter Lipmann, Redbrook Magazine, September 1946, quoted in Lawrence Freedman, The Evolution of Nuclear Strategy, Macmillan, London, 1981, p.48.
18. See Futrell, op. cit., Ch.5 for a detailed survey of this period from the USAF point of view.
19. General André Beaufré, NATO and Europe, Faber, London, 1967, p.22.
20. Defence Committee of NATO, DC6/1, 1 December 1949, para. 5. Etzold & Gaddis op. cit., p.337.
21. Ibid. para. 7a.
22. US House of Representatives: Mutual Defense Assistance Act of 1949; Hearings before the Committee on Foreign Affairs, 81st Congress, 1st Session, 1949. Quoted by Futrell, op. cit., p.249.
23. Anglo-American Air Co-operation 1917~1992, D. A. Albrecht, Ph.D. Thesis, University of Cambridge, 1992, p.109, citing UK Air 8/1606, 'B 29 Airfields in UK 1948', Memorandum by the Minister of State for the Defence Committee.
24. Major H. R. Bronowski, 'A narrow victory', USAF Air Force Magazine, July/August 1981, pp. 18~27.
25. Letter, General Kenney to General Whitehead, 9 August 1948. Cited by Bronowski op cit., p.34.
26. MacIsaac, op. cit., p.12.

27. JCS Harman Report, in: Etzold & Gaddis, op. cit., p.361.
28. Disconnected but very typical opinions expressed by Marshall Andrews, military editor of the Washington Post in a sustained anti-air power polemic Disaster through Air Power, Rinehart, New York, 1950.
29. D. Lilienthal, The Atomic Energy Years, p.391, quoted in Freedman, op. cit., p.51.
30. Col. W.H.Wise, 'Future of the tactical air force,' Air University Quarterly Review, Spring 1949, p.37.
31. Memorandum, Symington to Forrestal, 25 February 1949, cited in Futrell, op. cit, p.244.
32. Marshal of the RAF Sir John Slessor: address to the Royal Institute of International Affairs, London, March 1953.
33. W. Jackson & E. Bramall, The Chiefs, Brassey's, 1992, p.277.
34. André de Staerke, in: NATO's Anxious Birth, The prophetic Vision of the 1940s, Hurst, London, 1985, pp.157, 159.
35. General Hoyt S. Vandenberg, in US Senate, DOD Appropriations for 1952, p.1272, cited in Futrell, op. cit., p.318.
36. Quoted in R.E. Osgood, The Entangling Alliance, Chicago, 1962, p.103.
37. The NATO Council decision was subsequently quoted in the British Statement on Defence, Cmd 9391, 1955, See Armitage & Mason, op. cit., Ch.7. There was no reference in the NATO communique to nuclear weapons, but a need to retain levels of forces for the defence of the NATO area as planned.
38. NATO Final Communique, 14 December 1967, para.12. Reproduced in NATO Final Communiques 1949~1974, NATO Information Service, Brussels.
39. Statement on the Defence Estimates 1985, Cmd 9430-1, p.12.
40. Statement on the Defence Estimates 1980, Cmd 7826-1, p.5.

41. 'The character and importance of air operations in modern

warfare', Air Force & Air Defence Review, Warsaw, December 1981. UKTRANS No.138, Soviet Studies Research Centre, Sandhurst.

42. Materials from the Soviet General Staff Academy, National Defense University Press, Washington, DC, 1989, p.325.
43. Ibid., pp.320, 325.
44. Ibid., p.324.
45. Ibid., p.333.
46. General Don A.Starry, 'Extending the battlefield', Military Review, March 1981, p.32.
47. General Bernard Rogers, 'Greater flexibility for NATO's Flexible Response', Strategic Review, Spring 1983, p.12.
48. General Bernard Rogers, 'ACE attack of Warsaw Pact follow on forces', Military Technology, No. 5, 1983, pp.39～50.
49. John M. Collins, US Soviet Military Balance 1980～1985, Pergamon-Brassey's 1985, p.19.
50. Collins, ibid., pp.33～4.
51. Ibid., pp.38～39.
52. Congress of the United States, Office of Technology Assessment, New Technology for NATO, Washington, DC, June 1987, pp.103～4.
53. A. Kokoshin, 'The Rogers plan: alternative defence concepts and security in Europe', Economics, Politics and Ideology, 13 August 1985, pp.3～4.
54. Marshal of the Soviet Union N.V.Ogarkov, 'The defence of Socialism: the experience of history and the present day', Red Star, 9 May 1984, p.2.
55. Major General I.Voroby'ev, 'Modern weapons and tactics', Red Star, 20 June 1984, p.2.
56. Air Chief Marshal Sir Anthony Skingsley, 'Interdiction and Follow-on Forces Attack', in: Military Strategy in a Changing Europe, B.H. Reid & M.Dewar (eds.), Brassey's, 1991. pp.21 3～14.

57. Collins, op. cit., p.131.
58. Steven L Canby, 'The conventional defense of Europe: the operational limits of emerging Technology', Working Paper 55, International Security Studies Program, The Wilson Center, April 1984, p.4.
59. Ibid., pp.20,21.
60. Air-Land Battle Primer, HQ USAFTAC/TRADOC, June 1978, pp.397~402.
61. Major James A. Machos, 'Tacair support for Airland Battle', Air University Revuew, May/June 1984, p.16.
62. Office of Technology Assessment, op. cit., p.135.

Chapter 4

1. For a summary of arms control negotiations in Europe see Success and Failure in Arms Control Negotiations, by April Carter, SIPRI, 1989, Ch. 9.
2. Para 23 of the 'Final Recommendations of the Helsinki Consultation (CSCE Document)', as quoted in Confidence-building Measures within the CSCE Process, Victor-Yves Ghebali, Research Paper No. 3, UNIDIR, Geneva, March 1989, p.3.
3. CSCE Document on Confidence Building Measures, Section I, para.2.
4. Ghebali, op. cit., p.9.
5. CSCE Document, Section I, paras 7,9,13.
6. Ibid., para 4.
7. Carter, op. cit., p.249.
8. Ghebali, op. cit., pp.31~2. Annex I to the document of the Stockholm Conference on Confidence- and Security-Building Measures and Disarmament in Europe, Stockholm, 19 September 1986, confirms this position.
9. Stockholm Document, para. 31.1.2.

10. CSCE/SC/WG8/3, Stockholm, 20 May 1985(USSR, Bulgaria, Poland).
11. As reported in Journal of the CDE No.379/Rev.2. 178th Plenary meeting, 10 September 1986, p.5, para. (h).
12. John Erickson, 'The future of Soviet military doctrine' in: The Lost Empire, ed. J. Hemsley, Brassey's. London, 1991, p.105.
13. For a survey of this activity in early 1986 see Jane M. O. Sharp, 'After Reykjavik: arms control and the Alliance', International Affairs, 63 No. 2, Spring 1989.
14. As reported in Pravda, 8 July 1986.
15. Extract from text published in Soviet News, London, 18 February 1987.
16. Marshal Sergei F. Akhromeyev, Olaf Palme Memorial Lecture, Stockholm International Peace Research Institute, 29 September 1988.
17. Ibid.
18. Mikhail Gorbachev, United Nations Address, Novosti Press Agency, 8 December 1988.
19. Novosti Press Agency Publishing House, Moscow 1989.
20. Ibid., p.25, Table of 'Correlation of basic types of armaments'.
21. Marshal Ogarkov, as quoted in Red Star, 8 May 1984.
22. For a comprehensive survey of this period of transition in Soviet military thought, see Soviet Military Doctrine : New Thinking on Nuclear and Non-Nuclear Strategy, by Roy Allison, Centre for Russian and East European Studies, University of Birmingham, September 1989 and Philip A. Petersen and Notra Trulock, A 'New' Soviet Military Doctrine: Origins and Implications, Soviet Research Centre, Sandhurst, Summer 1988.
23. Major General M. Yasyukov, 'The military policy of the CSU: essence and content', Communist of the Armed Forces, No. 20, Moscow, October 1985.
24. Marshal S. Akhromeyev, Problems of the World and Socialism,

No. 12, Moscow 1989.

25. Until 1989 the author was a serving officer in the Royal Air Force. He was not a participant in any official negotiations but was aware of the rationale behind the Western position and privy to many discussions on its formulation. He did, however, participate as a British government representative in a number of unofficial meetings between NATO and Soviet military, diplomatic and defence analyst specialists held in the UK and Germany during 1987 and 1988 on both arms control and confidence-building measures. Unless specified to the contrary, the following analysis of the Western position on air forces is based on personal awareness during that period.
26. Speech by L. I. Brezhnev, Tula, January 1977 as reported in Izvestia, 19 January 1977.
27. Vladimir Petrovski, Deputy Foreign Minister, Tass, 22 June 1987, cited in Snyder, 'Limiting offensive conventional forces', International Security, Spring 1988, p.49.
28. 'Air defense in a strategic operation', from the Voroshilov Lectures, Materials from the General Staff Academy, 2, p.41, NDU Press, Wshington, DC, 1990.
29. Ibid., p.55.
30. This rather Chilling possibility was hinted at on 27 June 1991 in Moscow to the author by a member of the General Staff's Operational Planning Group who, when asked how long the High Command had expected to take to reach the Channel, answered 'Three weeks, assuming we had neutralised your air forces.'
31. Throughout this period, the author was privy to regular intelligence digests which monitored the development of new Soviet aircraft, their deployment to squadrons and subsequent movement between airbases as well as participation in regular training exercises.
32. NATO, The Facts, 25 November 1988; WTO Figures, Soviet

News, February 1987.

33. From 1986 to 1989 the author was Director General of Personnel Management for the RAF after four previous years in charge of Personnel Policy and Ground Branch Manning. He also maintained regular liaison with NATO commanders and colleagues in similar positions. All were experiencing similar difficulties in a grater or lesser degree.
34. Senior commanders subsequently began to take advantage of glasnost to vent their feelings publicly. See Ch.7 for detailed examples.
35. 'Conventional forces talks: a place on the agenda for air power?', R. A. Mason, Bulletin of the Council for arms Control, No. 43, April 1989, p.4.
36. The mandate signed bu the 23 signatories at the Palais Lichenstein in Vienna on 10 January 1989, as quoted in SIPRI Yearbook 1989, p.422.
37. Ibid., p.421.
38. Ibid.
39. Ibid.
40. Position paper provided by NATO delegations, Vienna, 6 March 1989, p.2.
41. Conceptual Framework of Agreement on Conventional Armed Forces in Europe, proposed by Bulgaria, Czechoslovakia, the German Democratic Republic, Hungary, Poland, Romania and the Union of Soviet Socialist Republic, 9 March 1989. Translated by the British Embassy, Vienna.
42. Ibid.
43. Ibid.
44. Grinevskiy, Plenary Session, 5 May 1989, US Delegation informal translation, p.2.
45. Plenary statement by General Tatarnikov, 9 May 1989, US Delegation translation, p.2.
46. Delegate sources to the author, after the plenary session of 1

May 1989.

47. NATO Press Service Communiqué M-1 (89)20, 30 May 1989, para. 49.

48. 'Declaration of the Heads of State and Government Participating in the Meeting of the North Atlantic Council in Brussels 29~30 May 1989', NATO Press Release, Brussels, 30 May 1989, para. 17.

49. See, for example, the analysis by Jane Sharp in 'Conventional arms control in Europe', SIPRI Yearbook 1990, pp.484~5.

50. IISS Conference at Barnett Hill, UK, 3-5 May 1989. A paper on 'Conventional arms control: air power constraints' by R.A. Mason, which set out the case for preparing a set of Western counterproposals received a positive reaction from the NATO and US political representatives at the conference and copies of the paper were retained for further study in Washington and Brussels.

51. As reported in Aviation Week & Space Technology, 5 June 1989.

52. NATO, The Facts, op. cit.

53. A disagreement observed by the author during private discussions in Moscow, 3-5 July 1989. Issues which later were to become serious obstacles to the treaty - definitions, land-based maritime aviation, training aircraft and above all PVO interceptors - prompted extensive disagreements among well-informed senior Soviet analysts and decision makers about how big a step should be taken towards the Bush position.

54. Negotiations on Conventional Armed Forces in Europe, Proposal Submitted by the Delegations of Belgium, Canada et al. to the Vienna Conference on 13 July 1989, Chapter I, p.2 Annex to Atlantic News, No. 2141, 15 July 1989.

55. Ibid p.4. Definitions and lists to support proposed ceilings.

56. Marshal Akhromeyev, address to the US House Armed Services Committee, 21 July 1989. Press release, Washington, DC, 21

July, p.12.

57. Ibid., p.11.
58. Problems of Ensuring Stability with Radical Cuts in Armed Forces and Conventional Armaments in Europe, Kokoshin, Konovalov, Lamonov & Mazing, Novosti Press, Moscow, 1989, p.19.
59. GDR Press Release, Vienna 28 September 1989, para.2(a). Translated by the Institute for Defense and Disarmament Studies, Brookline, MA.
60. Ibid.
61. Ibid.
62. Ibid., para.4.
63. Ibid., para. 8(a).
64. Ibid., para. 8(b).
65. NATO Staff briefing, Brussels, 31 July 1990.
66. Ibid.
67. Institute of Defense and Disarmament Studies, Vienna Fax, No. 21, 20 July 1990.
68. Vienna Fax, No. 22, 10 September 1990.
69. Not surprisingly, Western military appraisals of residual WTO capacity during this period became progressively more confident and pursuit of advantageous detail in the negotiations slightly less rigorous.
70. The present writer had several conversations in Europe and Washington during August and September in which such concern was expressed. Military opinion was fairly predictably divided between army officers, who had consistently emphasised the primary focus on ground forces, and air force colleagues, who feared that Soviet numerical superiority would be unrestrained and even extended as a result of unilateral national reductions in the West.
71. 'New from the negotiations', Arms Control & Disarmament Quarterly Review, No. 19, October 1990, p.32, UK Arms

Control & Disarmament Research Unit, Foreign & Commonwealth Office.

72. Treaty on Conventional Armed Forces in Europe, Article II, sub-para. 1. (K).
73. Protocol on Procedures Governing the Reclassification of Specific Models or Versions of Combat-capable Trainer Aircraft into Unarmed Trainer Aircraft, Section 1, para. 2.
74. Ibid., and Section III, Procedures for Total Disarming.
75. Treaty, Article IV. 1(E) and Article VI. 1(E).
76. In Figures issued in February 1989 (note 19 supra) the USSR had acknowledged a holding of 5,955 combat aircraft, excluding all combat trainers. Consequently in November 1990 NATO had expected a total in excess of 7,000.
77. At a non-attributable briefing in London on 30 November 1990 a senior British official expressed concern about the number of Soviet aircraft which had been either moved eastwards out of the ATTU area or redeployed to Soviet naval aviation during the previous 18 months.
78. Vienna Fax, 28 February 1991.
79. Jane's Defence Weekly, 30 March 1991, p.467.
80. A 'hangar queen' is the rather derogatory name for an aircraft, usually verging on obsolescence, which is progressively stripped of its components to service other, more modern aircraft until it has little remaining operational potential itself.
81. Article IV. 1(E) and Article VI (E).
82. Protocol on Procedures Governing the Categorisation of Combat Helicopters and the Recategorisation of Multipurpose Attack Helicopters, Section I, para. 1.
83. Ibid., para. 3.
84. Ibid., Section III, para. 1.
85. Ibid., para. 2 and section IV.
86. Ibid., Section V.
87. Jane M.O. Sharp, 'Conventional arms control in Europe', SIPRI

Yearbook 1993, p.591.

88. Tashkent Document, translated in SIPRI Yearbook 1993, pp.675,678.

89. Approximation drawn from IISS Military Balance 1993～94, pp.98～106.

90. During frequent visits to Moscow between 1989 and 1993 the present writer, in many conversations with Soviet/Russian officers saw a gradual, if grudging, relaxation of hostility towards the West quite distinct from the belligerent irritation regularly expressed about the activities of some former Soviet republics.

91. Treaty on Conventional Armed Forces In Europe, Paris, 19 November 1990, as reproduced in SIPRI Yearbook 1991, p.472.

92. Treaty on Open Skies, Helsinki, 24 March 1992.

93. Reported in Trust & Verify, No. 39, 1993, p.2.

Chapter 5

1. Conduct of the Persian Gulf Conflict, An Interim Report to Congress, p.271, cited in Gulf Lesson One - The Value of Air power, by Wing Commander Gary Waters, RAAF Air power Studies Centre, Canberra, 1992, p.104.
2. Cited in Storm over Iraq, by Richard Hallion, Smithsonian Institution Press, Washington, DC, 1992, p.247; based on Department of Defense sources.
3. Conduct of the Persian Gulf War, Final Report to Congress, US Department of Defense, April 1992, p.241.
4. Cited by Hallion, op. cit., p.195.
5. Ibid., p.9.
6. Ibid. Appendix G, p.9. Schwarzkopf, It Doesn't Take a Hero, Bantam, New York, 1992.
7. Aviation Week & Space Technology, 25 February 1991, p.20.

8. Transcript of comments by Secretary of Defence Cheney on CNN, 2 March 1991, cited by Hallion, op. cit., p.252.
9. 'Desert Storm as a Symbol', Col. Dennis Drew, Air power Journal, Fall 1992, pp.6, 13.
10. 'The air war in the Gulf', by R.A. Mason, Survival, May/June 1991, p.225.
11. The Gulf Conflict, a Military Analysis, Lt.-Colonel Jeffrey McAusland, Adelphi Paper No.282, IISS/Brasseys, November 1993, pp.63~4.
12. Ibid., p.50, citing Schwarzkopf, p.453.
13. Air power: Desert Shield/Desert Storm, US Air Force Internal Information Directorate paper, 1991, p.7, quoted by First Lt. M.M.Huxley in: 'Saddam Hussein and Iraqi air power', Air power Journal, Winter 1992, VI, No.4, p.13.
14. Final Report to Congress, op. cit., p.45.
15. USAF Gulf War Air power Study, Draft Summary, April 1993, Section 6, p.2. Hereafter referred to as GWAPS.
16. Ibid., Section 8, p.5.
17. Ibid., Section 6, p.10.
18. Final Report to Congress, op. cit., pp.142, 143.
19. Waters, op. cit., p.248.
20. GWAPS, Section 8, p.5.
21. Final Report to Congress, p.F2, credits US logistics with the issue of up to 19 million gallons of fuel a day at the 'peak of operations', presumably during the land campaign. To that figure should be added the consumption of all Coalition forces not served by US units.
22. Ibid., p.T-89.
23. A figure derived from extrapolation of data given in Annex F to final Report to Congress; in Waters, pp.215~7, and RAF Fact Sheets ASB2 7789, 1991, p.4.
24. Author's conversations with Coalition aircrew deployed to Dhahran.

25. Final Report to Congress, op. cit., p.F12.
26. Concern about such denial was expressed in a Congressional Staff Report in 1985: see US-Soviet Military Balance 1980~85, John M. Collins, Pergamon-Brassey's. 1985, p.137.
27. GWAPS, Section 8, p.7.
28. Benjamin S. Lambeth, The Winning of Air Supremacy in Operation Desert Storm, RAND, October 1993, p.2.
29. Air Vice-Marshal W.J.Wratten, 'The air war in the Gulf', presentation to IISS Conference, London, 11~12 April 1991.
30. Waters, op. cit., p.68.
31. BBC Newsnight, 20 August 1990.
32. Personal observation by visiting RAF officer reported to the author in Janiaty 1991.
33. Reported in Sunday Tines (London), 27 January 1991.
34. Reported in Flight International, 24~30 April 1991, p.33.
35. Figures taken from Final Report to Congress, pp.145 and 272, and from US Navy in Desert Shield and Desert Storm, Office of the Chief of Naval Operations, Washington, DC, 1991, Table 2, p.D-9, cited in Hallion, op. cit., p.255.
36. Desert Victory, Norman Friedman, US Naval Institute Press, 1991, p.205.
37. Aviation Week & Space Technology, 27 April 1992, pp.18~20.
38. 'We must do better', by Rear Admiral R.D.Mixson, commander of Carrier Group Two in the Red Sea in US Naval Institute Proceedings, August 1991, p.39, cited in Hallion, op. cit., p.257.
39. Report by naval observer USN Captain Steven Ramsdell, 14 May 1991. Cited by Hallion, op. cit., p.258.
40. GWAPS, Section 5, p.9.
41. Friedman, op. cit., p.212.
42. Final Report to Congress, p.306.
43. Ibid., p.T 196~8.

44. Mixson, in Hallion op. cit., p.257.
45. Hallion, ibid., pp.257 and 296.
46. Ramsdell, quoted in Hallion, op. cit., p.258.
47. Author's conversations with RAF planning staff, March 1991.
48. Air Weather Service, DESERT SHIELD, DESERT STORM Report No. 2, p.125, cited in GWAPS, Section 6, p.8.
49. Hallion, op. cit., p.154.
50. Specific data on sortie curtailment is drawn from GWAPS, Section 1, p.19, Section 3, p.49, Section 6, p.8; Final Report to Congress, pp.196, 197, 228; and Hallion, op. cit., p.177.
51. GWAPS, Section 3, p.14.
52. Final Report to Congress, p.228; Expert Witness, Christopher Bellamy, Brassey's, 1993, p.79.
53. GWAPS, Section 2, p.24.
54. Cited in GWAPS, Section 4, p.18.
55. Independent (London), 7 February 1991.
56. GWAPS, Section 2, p.42.
57. Ibid., Section 4, p.19.
58. Ibid., Section 3, p.44 and Section 4, p.6.
59. Ibid., Section 6, p.9.
60. Ibid., Section 3, p.35.
61. The author flew in a stealth modified F4 at Wright Patterson Air Force Base in July 1971;、 parts of the aircraft were coated in radar-absorbing materials for testing. By then, the SR 71 was already fully operational, displaying several stealth characteristics in shape and technology incorporation.
62. In Aviation Week & Space Technology, 12 December 1990.
63. General Michael Dugan, 'The air war', US News & World Report, 11 February 1991.
64. Effect of CEP(Circular Error Probable: the radial distance from a point in whichh 50 per cent of all bombs are likely to land) on quantity: 90 per cent probablility of hit. DOD Briefing Notes, July 1991. There is evidence to suggest that

the F 117s' bombing accuracy improved as the war evolved, e.g., Schwarzkopf, op. cit., p.415, 'in the first wave... just 55 per cent of their bombs on target.'

65. See Ch. 8 for discussion of future strategic bombardment.
66. AWACs operational details taken from Final Report to Congress, op. cit., pp.T40~42.
67. Friedman, op. cit., p.154.
68. Air Commodore J. Singh, Air Power in Modern Warfare, Lancer International, New Delhi, 1988, p.122.
69. Hallion, op. cit., pp.291~2, gives details of the F15Es.
70. Final Report to Congress, op. cit., pp.T84~86.
71. Aviation Week & Space Technology, 3 January 1994, p.53.
72. Final Report to Congress, op. cit., p.T153.
73. GWAPS, Section 2, p.19.
74. Schwarzkopf, It Doesn't Take a Hero, op. cit., pp.416~19.
75. McAusland, op. cit., p.38.
76. Schwarzkopf, op. cit., p.417.
77. GWAPS, Section 3, pp.26~32; Final Report to Congress, pp.223~6.
78. Final Report to Congress, pp.221~2.
79. USCINCENT SITREPS tabled by A.H.Cordesman, in Part 2 of Documents 'The War to Liberate Kuwait', Office of Senator John McCain, December 1991.
80. GWAPS, Section 9, p.4.
81. See, for example, Desert Storm and Its Meaning, the View from Moscow, Benjamin D Lambeth, RAND, 1992, pp.52~3.
82. NATO Political Committee Briefing Note, 2889/SIR560, by C.N.Donnelly, 31 August 1990, para.7.
83. W.J.Wratten, op. cit., p.203.
84. See Hallion, op. cit., pp.115~20.
85. 'The winning of air supremacy in Operation Desert Storm', transcript of address by Benjamin S. Lambeth to Zhuskovskii Air Force Engineering Academy, Moscow, 12 October 1992,

p.15.

86. Hallion, op. cit., pp.247~8.

87. Group Captain N.E.Taylor, Air Power Journal, Summer 1993, pp.69~70.

88. Brigadier V. K. Nair, War in the Gulf: Lessons for the Third World, Lancer International, New Delhi, 1991.

89. Ibid., p.130.

90. The following hypothetical scenario details were drawn from a presentation given by the author to the United States Air Warfare Course, Montgomery, Alabama, entitled 'Reflections on the Gulf War, a view from the Little League', on 4 May 1992. In October 1992 he was presented with a copy of General Nair's book (ref. 88) by the author and was intrigued to see the latter's parallel suggestions. There is, of course, no implication whatever that India is cast in the role of regional aggressor.

91. Nair, op. cit., p.225.

92. Lambeth, The Winning of Air Supremacy in Desert Storm, op. cit., p.12.

Chapter 6

1. Interview with Daily Telegraph (London), 10 July 1992.
2. Ibid.
3. Daily Telegraph, 4 August 1992.
4. Independent (London), 5 August 1992.
5. Lawrence Freedman, Independent, 5 August 1992.
6. Downing Street sources, to Daily Telegraph, 4 August 1992.
7. Independent, 9 August 1992.
8. UN Security Council Resolution 781, 9 October 1992, paras 1,2,4,6.
9. See the comprehensive review of the contestants' ORBATS in Jane's Intelligence Review, October 1992.

10. Aviation Week & Space Technology, 23 November 1992.
11. The Times (London), 15 December 1992.
12. Ibid.
13. Exposition by USAF Major Muswell Stinnette, 433 Airlift Wing, Rhein Main AFB, in Aviation Week & Space Technology, 19 April 1993, p.58.
14. Sunday Times (London), 28 February 1993.
15. As reported in NATO Review, April 1993, p.5.
16. Text of North Atlantic Treaty, 24 August 1949, Articles 5 and 6, from Treaties and Alliances of the World, Keesing's, London, 1968, p.69.
17. Royal Air Force News, 14 May 1993.
18. Reported from Washington in London Daily Telegraph, 29 April 1993.
19. Ibid.
20. Ibid.
21. Ibid.
22. Ibid.
23. UN Security Council Resolution 794, 3 December 1992.
24. Daily Telegraph, 15 June 1993.
25. John Boatman and Barbara Starr, 'USA looks for answer to the ugliness of urban warfare.' Jane's Defence Weekly, 16 October 1993, p.25.
26. Douglas Fraser, 'Requirements in the field for effective UN peacekeeping', Paper presented to NDU/USIP Symposium at Fort McNair, Washington, DC, 11 December 1992, cited by Mats Berdal, Whither UN Peacekeeping, Adelphi Paper No.281, IISS, October 1993, p.47.
27. Berdal, ibid., p.48.
28. Independent, 11 June 1993.
29. The author discussed the peacekeeping/peace-enforcing task with allied air staff officers during this period. They were extremely frustrated by the failure of the two agencies, the UN and

NATO, for political rather than operational reasons to agree on either rules of engagement or chain of command. There was a strongly held belief that sensitivities about the security of ground forces already deployed in the theatre were masking mush wider political ambitions and positions: specifically the traditional rivalry between France and the USA over the direction of military policy and strategy in Europe.

30. Douglas Hurd, BBC Radio interview, 3 August 1993.
31. Alan Phelps, Daily Telegraph, 5 August 1993.
32. Christopher Bellamy, Independent, 7 August 1993.
33. From a report on the North Atlantic Council decisions in Brussels on 9 August by Andrew Marshall, Independent, 11 August 1993.
34. Report by Barbara Starr and Charles Vickers of conversation with 'a senior US military planner', Jane's Defence Weekly, 14 August 1993.
35. Extracts from report by Joris Janssen lok in Jane's Defence Weekly, 23 October 1993, p.32.
36. Independent, 11 January 1994, p.10.
37. Daily Telegraph, 11 January 1994, p.5.
38. Independent, 22 January 1994, p.4.
39. Daily Telegraph, 24 January 1994, p.6.
40. BBC report, 7 February 1994.
41. 'Decisions taken at the meeting of the North Atlantic Council on 9 February 94', reproduced in NATO Review, February 1994, p.11.
42. Daily Telegraph, 14 February 1994, p.8.
43. London press reports: The Times, Independent, Daily Telegraph and BBC, 1 March 1994.
44. Independent, 12 March 1994, p.11.
45. The Times, 14 March 1994, p.11.
46. Author's conversations with RAF in-Theatre squadron commander, 9 March 1994.

47. Manfred Wörner, Secretary-General of NATO, at WEU Assembly, Paris, 29 November 1993; NATO Press Release, p.3.
48. For an excellent, well-balanced account and analysis of these early ventures in 'peacekeeping' by air power see P.A. Towle, Pilots and Rebels, Brassey's London, 1989.
49. Memorandum No.688-53-PS, dated Peshawar, 6 March 1923, from H.N.Bolton to Foreign Secretary, Government of India in the Foreign and Political Department, Sinta. In RAF Staff College archives, Bracknell.
50. As reported in Economist (London), 18 September 1993, p.68.
51. Wörner, op. cit., p.3.
52. Cited in 'Bombing the Mad Mullah 1920' Randall Gray, RUSI Journal, December 1980 p.46.
53. Towle, op. cit.,p.3.
54. Ibid., p.50.
55. Armitage & Mason, Air power in The Nuclear Age, Theory and Practice, Macmillan, 2nd edn, 1986, p.287.
56. Lt.Gen.Y.P. Ezanno, in Symposium on the Role of Air power in Counter-insurgency and Unconventional Warfare: the Algerian War, Memorandum RM3U53-PR, RAND, Santa Monica, July 1963, pp.37～8.
57. Colonel A.L.Gropman, 'The air war in Vietnam, 1961～73,' in War in the Third Dimension, Brassey's, London, 1986, pp.34 and 57.
58. S,R,McMichael, Stumbling Bear, Soviet Military Performance in Afghanistan, Brassey's, London, 1986, pp.84.
59. DoD spokesman, quoted in Aviation Week & Space Technology, 13 July 1987, p.26.
60. Jane's Defence Weekly, 29 November 1986, p.1258.
61. Towle, op. cit., p.50.
62. Air Commodore A.D.J.Garrisson, in Symposium on the Role of Air power in Counter-insurgency and Unconventional Warfare

in the Malayan Emergency, Memorandum RM 3651-PR, RAND, Santa Monica, July 1963, p.60.

63. Sqn.Ldr. A.Twigg, ibid., p.67.
64. Air Commodore P.E.Warcup, ibid., p.48.
65. Col.R.L.Clutterbuck, ibid., p.54.
66. Air Commodore P.E.Warcup, ibid., p.75.

Chapter 7

1. Figures collated by the author from authoritative RAF sources in February 1989.
2. Ulrich Brandenburg, 'The "Friends" Are Leaving', NATO, CND (93)100, 12 February 1993, pp.4~5.
3. Rear Admiral Shelev (GDR Navy), at Conference on New Thinking and Military Policy, moscow, 13 November 1989.
4. For details of negotiations see Henry Plater-Zyberk, The Soviet Military Withdrawal from Central Europe, Centre for Defense Studies, Brassey's, August 1991.
5. Author's conversation with Lt. Gen. A. Aiupov, Moscow, 2 October 1991.
6. For excellent studies of the evolution of Soviet military doctrine in the decade before the Gulf War see Roy Allison, 'Soviet military doctrine: new thinking on nuclear and non-nuclear strategy', Paper presented at MoD/University of Birmingham Seminar, 24 September 1989, and Philip A. Peterson & Notra Trulock, A 'New' Soviet Military Doctrine, Origins and Implications, Soviet Studies Research Centre, Sandhurst, Summer 1988.
7. Red Star, 9 May 1984, translated by the BBC Monitoring Service (SU/7639/C010).
8. From Voroshilov Academy Notes and Major-General Kuznetzov, cited in Peterson & Trulock, p.11.
9. Colonel General 1. Golushko, 'The rear in conditions of the

use by the enemy of high-accuracy weapons', Rear Services & Supply, No. 7, July 1984, p.18, cited in Peterson & Trulock, p.18.

10. See the references to Orgakov, Gari'ev, Zhilin and others in Allison and Peterson & Trulock.
11. Colonel General of Aviation Ye. 1. Shaposhnikov, Commander-in-Chief of the Air Forces, in Aviation & Cosmonautics, No. 1, 1991, translated by Air Commodore E. S. Williams, Soviet Studies Research Centre, Sandhurst, June 1992, UKTRANS 00504, pp.2, 3, 4.
12. For a comprehensive analysis of early Soviet response to the overwhelming success of Coalition air power, see Benjamin S. Lambeth, Desert Storm and Its Meaning, The View from Moscow, RAND, R. 4164-AF,1992.
13. Russian Defense Minister, Army General P. S. Grachev, Izvestia, 1 June 1992, p.1. Soviet Studies Research Centre, Sandhurst traslation by J.B.K.Lough, August 1992, p.1.
14. Report in Jane's Defense Weekly, 25 January 1992, p.101.
15. Independent (London), 19 February1992, p.10.
16. Colonel General Victor Samsonov, Chief of the General Staff of the CIS Unified Armed Forces, in Red Star, 18 March 1992.
17. The author observed this impasse at first hand in meetings in Moscow in June 1991 with political deputies from Riga and representatives of then Soviet High Command. Not for the first time, nor the last, deeply-engrained mistrust on the one hand and military insensitivity on the other prevented what to the neutral observer seemed to be an eminently manageable problem with the prospect of favourable outcomes to each side.
18. Izvestia, 20 August 1991, cited in Stephen D. Shenfield, Dividing up the Soviet Defense Complex: Implications for European Security, Center for Policy Development, Brown University, May1992, p.46.

19. Nezavisimaya Gazette, 24 April 1992, cited in Commonwealth Defense Arrangements and International Security, joint paper by Rogov et al., for the Institute of USA and Canada and the US Center for Naval Analysis.
20. Red Star, 8 May 1992.
21. Colonel General of Aviation Petr Deynekin, Commander-in-Chief Russian Air Force, Nezavisimaya Gazette, 21 April 1993, Soviet Studies Research Centre, UKTRANS 529, translated by R. W. Dellow, p.1.
22. Major General M. Yaryukov, 'The military policy of the CPSU : essence and content, Communist of the Armed Forces, October 1985, cited in Peterson & Trulock, op. cit., p.24.
23. Colonel N. Goryachev, 'Know and capably apply entrusted weapons and military equipment', Communist of the Armed Forces, January 1987.
24. Julian Cooper, The Conversion of the Former Soviet Defense Industry, Royal Institute for International Affairs, London, May 1993, p.3.
25. This introductory industrial analysis draws heavily from Cooper, ibid., pp. 1～4.
26. Ibid., pp.2, 3.
27. A meeting called by Mr Gorbachev on 2 October 1991 to assess the social implications of conversion was abandoned when senior officials were unable to quantify the scale of the problem. Conversations between the author and a participant at the meeting, Moscow, 2 October 1991.
28. Professor A. Kennaway, The Economic and Industrial Legacy of Communism in Russia, Conflict Studies Research Centre, Sandhurst, September 1993, p.6.
29. Kennaway, Restructuring the Defense Technology and Industrial Base, Conflict Studies Research Centre, Sandhurst, October 1993, pp.5～6.
30. Aviation & Cosmonautics, October 1989, pp.103.

31. Col. A. Manushkin, 'Penny-wise and pound-foolish or, more on the quality of aircraft we add to inventory', Red Star, 1 November 1990.
32. Cited by Dennis Marshall-Hardell, The Reform of Flight Safety in the Soviet Air Force, Soviet Studies Research Centre, Sandhurst, February 1993, p.41.
33. Cooper, op.cit.,p.4.
34. V. Chuyko, Deputy Minister Aviation Industry, Pravda, 7 June 1990.
35. A senior Soviet reforming official in Moscow in June 1990, who quoted this figure to the author, was unaware that the generals' assertions could be discredited by reference to many Western open commercial, industrial and official sources.
36. I. Shitarev, in 'Editor's round table', discussion on conversion, with other senior officials in aviation industry, Pravda, 7 June 1990.
37. Eye-witness account to the author, Moscow, 26 June 1991.
38. Cooper, op. cit., p.9.
39. Shenfield, op. cit., pp.14, 15
40. Interview with Col.General of Aviation Antoliy Maliukov, Jane's Defense Review, 17 April 1993.
41. See, for example, Joshua Epstein, Measuring Military Power, the Soviet Air Threat to Europe, Princeton 1984, which combined penetrating analysis of Soviet practices and sources with an attempt to quantify them using Western operational experience and concepts.
42. 'Marked down by time', Aviation & Cosmonautics, March 1988.
43. 'Achieving greater combat readiness through caring for people', Aviation & Cosmonautics, July 1989.
45. For an analysis of the interaction between flight safety and the reform movement see Marshal-Hasdell, op.cit., February 1993.
46. Aviation & Cosmonautics, September 1987

47. Ibid., October 1988, Maj.Gen.L.Koshyrev, ibid., March 1988.
48. Ibid., November 1988, p.40.
49. Ibid., February 1989, p.1.
50. Ibid., January 1991, translated by Air Commodore E.S. Williams, Soviet Studies Research Centre, Sandhurst, UKTRANS 00504, June 1991.
51. Red Star, 11 March 1993, cited in Cooper, op. cit., p.28.
52. Ibid., 6 February 1993, cited in Cooper, ibid.
53. Ibid., 22 July 1992.
54. Military Thought, No. 2, 1993, p.8, cited in Cooper, op. cit.
55. For an extended evaluation of the Kokoshin initiative, see Cooper, ibid., pp.31~3.
56. Julian Cooper, 'The economies of the former Soviet Union, structural issues', paper presented to Seminar at University of Birmingham, 8 September 1993, p.5.
57. Jane's Defence Review, 27 July 1991, p.132.
58. Ibid., 28 September 1991, pp.564~5.
59. Ibid., 16 November 1991, p.930.
60. Ibid., 4 July 1992, p.6.
61. Ibid., 17 April 1993, p.15.
62. Ibid.
63. Ibid., 20 November 1993.
64. Russian sources for such reports cited in Jane's Defence Review.
65. Russian TV 19 December 1993, cited in Jane;s Defence Review, 15 January 1994.
66. Ibid., 17 April 1993, p.18.
67. Ibid., 27 November 1993.
68. Major General Kozlov, VPVO, quoted in 'Russian air power, the first year', by Major Brian Collins, paper released by the office of the Special Advisor for Central and European Affairs, HQ NATO, October 1993, p.13. Hereafter referred to as Collins.
69. Collins, pp.11, 15.

70. Red Star, 26 January 1993.

71. 'Russian air defence forces', Major General A. Sumin, Military Technology, No. 7, 1993, p.27.

72. Cited in Collins, op. cit., p.15.

73. Yuri A. Kuznetsov, 'Russian air defence radar development', [interview], Military Technology, No. 5, 1993, pp.59～62.

74. ITAR-TASS 23 October 1992.

75. Mikhail Malei, 'The destiny of conversion that is Russia', Military Technology, No.3, 1993, pp.53～5.

76. Advertising sections, Military Texhnology, Nos. 8 and 11, 1993.

77. Rahul Bedi, 'India's westward gaze', Jane's Defence Review, 9 January 1993.

78. See, for example, Lt.-General H.S.Starodubov, Deputy Director for Operations of the General Staff of USSR Armed Forces, in Arms Control, Problems and Prospects 1990, the proceedings of an international symposium convened in Texas by the Mosher Institute for Defence Studies, 4～5 January 1990, Texas A&M Press, 1990, pp.20～25.

79. 'Victory: memory and truth', Minister of Defence Marshal of the Soviet Union D.T. Tazov, Pravda, 9 May 1991, p.3.

80. Major-General Batenin, Moscow, 14 November 1989, at Conference on New Thinking and Military Policy, organised by V. I. Lenin Military Political Academy. Observed by the author.

81. A comment made in the presence of the author during discussions on European security at a conference on Military Doctrine and Military Reconstruction at Charles University, Prague, 15～17 April 1993.

82. From para. 6 of the 1992 Draft, cited in James F. holcomb, Russian Military Doctrine, Soviet Studies Research Centre, Sandhurst, August 1992, p.2.

83. Ibid., para. 6e.

84. Ibid., para. 7d, cited in C.J.Dick, Initial Thoughts on Russia's Draft military Doctrine, Soviet studies Research Centre, Sandhurst, 14 July 1992, p.4.
85. Lt.-General S.A. Bogdanov, Head of the Operational-Strategic Research Centre of the General Staff, in a presentation to a conference on Urgent Problems of International Security, Centre for National Security and Strategic Studies, Moscow, 2 October 1991. From notes taken by the author.
86. 'Lessons of the Persian Gulf War', Major-General I.N.Voroby'ev, Military Thought, Nos. 4～5, 1992, pp.67～74.
87. 'The Persian Gulf War, lessons and conclusions', Lebedev, Lyutov & Nazarenko, Military Thought, Nos. 11～12, 1991, p.109.
88. Draft Doctrine, para. 10a, cited by Holcomb, op. cit.
89. Ibid., para. 13, cited in Dick, op. cit.
90. Military Technology, No. 2, 1993, p.17, extracts from conference paper given to a Military Scientific Conference at the Military Academy of the General Staff, 27～30 May 1992.
91. Red Star, 18 December 1992, cited in Collins, op. cit., p.24.
92. Minister of Defence Grachev, Izvestia, 1 June 1992, p.1.
93. Military Thought, July 1992, cited in Collins, op. cit., pp.31, 33.
94. Red Star, 15 August 1992, p.1.
95. Colonel General of Aviation Deynekin, Aviation & Cosmonautics, January 1993, pp.2～4.
96. From the script of an address by Lt. General (Aviation) N.T. Antoshkin, at the RNAF base Leewarden, 20 April 1993, translated by Suzette & Henry Plater-Zyberk.
97. Colonel-General Eugeni Zarudnyev, Director General of VVS Combat Training, in conversations with the author, Moscow, 28 May 1993, and conversations with VVS fighter pilots in the same period.

98. Aviation Week & Space Technology, 15 November 1993, p.51.
99. Admiral A. Pauk, Military Thoght, July 1992, cited in Collins, op. cit., p.19.
100. Deynekin, Izvestia, 24 March 1993, p.6.
101. Ibid., Red Star, 15 August 1992, op. cit.

Chapter 8

1. The single most notable contribution to air power doctrine at the end of the end of the century is The Air Campaign, Planning for Combat, by Colonel John A. Warden, National Defence University Press, Washington, DC, 1988. Many of Warden's prescient ideas may be seen in the Coalition air plans for DESERT STORM. Strong contributions to air power theory and analysis also emanated from the Directors of Defence Studies of the Royal Air Force, the Air power Research Institute of the US Air Forces, the Air Power Studies Centre of the Royal Australian Air Force, the Institute for Defence Studies and Analyses in New Delhi and from the RAND Corporation in California.
2. Report in Jane's Defence Weekly, 12 February 1994, pp.4～5.
3. Jane's Defence Review, 20 November 1993, p.32.
4. Ibid.
5. Rear Admiral Riley Mixson, Director of Naval Aviation, USN, Jane's Defence Weekly, 3 April 1993.
6. Military Balance 1993～94, International Institute for Strategic Studies, p.62.
7. Ibid., p.40.
8. Ibid., p.138～9.
9. Ibid., p.152～5.
10. 'A road map for US air power', from the USAF Association Advisory Group on Military Roles and Missions, reprinted in Military Technology, No. 10, 1993, pp.56～8.

11. V. K. Nair, War in the Gulf, Lessons for the Third World, op. cit., pp.225~8.
12. At a meeting with senior USSR Defence and foreign Ministry officials in 1989 the author was told that after the Falklands War the USSR took everything that Mrs Thatcher said very seriously, recognising in one sense at least a kindred spirit. Subsequently after 1991 when Russian concerns were being expressed about Russians perceived to be vulnerable in the CIS republics the author was accosted, 'Surely, after the Falklands, you understand how we feel...'
13. From the text of 'Sir Hugh Trenchard's Address' given at the official opening of the RAF Staff College Andover, by Air Vice-Marshal Sir John Salmond, 4 April 1922. Aeroplane, XXII, No. 15, 12 April 1922, pp.257~8.
14. From the 3rd Report to the Secretary of War by the commanding General of the Army Air Forces, General Henry H. Arnold, 12 November 1945, extracted in Emme, The Impact of Air power, op. cit., 1959, p.305.
15. Hartley & Hooper, Eurofighter 2000, Centre for Defence Economics, University of York, 1994, Ch. 4, p.7.
16. European Fighter Aircraft, House of Commons Defence Committee Report, 11 March 1992, p.vii.
17. Hartley & Hooper, op. cit., p.9.
18. European Fighter Aircraft, House of Commons Committee of Public Accounts Report, 22 April 1991, p.26.
19. Defence Committee Report op. cit., p.xix.
20. Ibid.
21. Ibid., p.xx.
22. Ibid., p.xxii.
23. The Economic Consequences of the UK Government's Decision on the Hercules Replacement, Hartley & Hooper, Centre for Defence Economics, University of York, 1993.
24. International Collaborative Projects for Defence Equipment,

HCP 626, MoD 1984, p.5, cited in Hartley & Hooper, ibid., p.18.

25. Lee Whitney, McDonnell Aircraft Company, Saint Louis, MO, July 1992, pp.3～5.
26. Memorandum of Understanding (MOU) concerning a Tri-National Training Establishment for the Tornado Weapons System at Cottesmore in the United Kingdom, between the UK, the FRG and Italy, 8 May 1979, Preamble.
27. Ibid., Article 3, para. 1.
28. UK MoD Air Staff Sources, 28 June 1990.
29. 'The NATO AEW programme: a Canadian perspective', C. Brando, Canadian Defence Quarterly, April 1989, p.25.
30. Ibid., p.28.
31. See 'Aerospace security in the Middle East, the way ahead', R.A. Mason, Arms Control, 14, no. 3, December 1993 for a complete analysis of aerospace security in the region.
32. See 'The Consequences of Arms Proliferation in Asia' Ro-myung Gong, Adelphi Paper No.276, IISS, April 1993, pp.42～61.
33. Options for Defence, ASEAN Special Report Plus, Jane's Defence Weekly,, 22 February 1992.
34. Cited in 'ASEAN security dilemmas', Leszek Buszynski, Survival, 34, No. 4, Winter 1992～93, p.92.
35. Ibid., p.93.
36. 'China expands air forces', Prasun Sengupta, Military Technology, No. 8, 1992, pp.49～51.
37. Economist, 20 February 1993, p.21.
38. 'Malaysia splits fighter procurement', Ezio Bonsignore, Military Technology, No.8, 1993, pp.51～3.
39. Economist, 20 February 1993, p.21.
40. Sengupta, op. cit., p.56.
41. On War, K. von Clausewitz, Book 1, Chapter 3, Princeton University Press, 1976, p.101.

42. 'Giulio Douhet and modern war', Philips S. Meilinger, Comparative Strategy, 12, pp.321～38.
43. GWAPS, op. cit., Ch. 3, p.21.
44. Ibid., Ch. 3, p.21.
45. Ibid., Ch. 3, p.25.
46. Ibid., Ch. 3, p.10.
47. Ibid., Ch. 3, pp.32～3.
48. Interview with Air Chief Marshal Sir Patrick Hine, Air Forces International, No.1, 1992, p.14.
49. Warden, op. cit., pp.146～7.
50. Defence: Outline of Future Policy, HMSO, London, April 1957, para. 62.
51. Unmanned Aircraft, Air Chief Marshal Sir Michael Armitage, Brassey's, London, 1988, pp.122～3.
52. See Military Space, Dutton, De Garis, Winterton & Harding, Brassey's, 1990, for an examination of the interaction between satellites and conventional air power.
53. Armitage, op. cit., p.124.

참고문헌 (BIBLIOGRAPHY)

Ⅰ. Books

Aders, Gebhard, History of the German Night Fighter Force, 1917-1945, Jane's, London 1978

Air Ministry London, A short History of the Royal Air Force, 1920

Albrecht, Colonel DW, Anglo American Cooperation, 1917-1992, University of Cambridge Thesis, 1992

Armitage, MJ. and Mason, RA, Air Power in the Nuclear Age, Macmillan, London 1986

Armitage, Sir Michael, Unmanned Aircraft, Brassey's, London 1988

Ball, Desmond, ed., Air Power, Pergamon, Oxford 1988

Beaufre, General Andre, Nato and Europe, Faber, London 1967

Bellamy, Christopher, Expert Witness, Brassey's, London 1993

Berger, Carl, ed,. The United States Air Force in South East Asia. US Government Printing Office, 1977

Blank and Kipp, eds., The Soviet Military and the Future, Greenwood, London 1992

Boog, Horst, The German Luftwaffe High Command, 1935-1945, Stuttgart 1982 (in German)

Boyle, A, Trenchard: A Man of Vision, Collins, London 1967

Brodie, Bernard, Strategy in the Missile Age, Princeton University Press, New Jersey 1965

Boyd, Alexander, The Soviet Air force since 1918, Macdonald and Jane's, London 1977

Chamier, JA, The Birth of the Royal Air Force, Pitman, London 1943

Clausewitz, K von, On War, Princeton University Press, New Jersey 1976

Clodfelter, Mark, The Limits of Air Power, The Free Press, New York 1989
Collins, John M, US-Soviet Military Balance, 1980-85, Pergamon Brassey's, Washington 1985
Cooper, J, The Conversion of the Former Soviet Defense Industry, RIIA, London 1993
Croft, Stuart, ed., The Conventional Armed Forces in Europe Treaty, Dartmouth 1994
Davis, Richard G, Carl A Spaatz and the Air War in Europe, Smithsonian, Washington DC 1992
De Seversky, Alexander, Victory through Air Power, Simon and Schuster, New York 1942
Douhet, Guilio, The Command of the Air, Faber and Faber, London 1943
Dutton, De Garis, Winterton and Harding, Military Space, Brassey's, London 1990
Emme, Eugene, ed., The Impact of Air Power, Van Nostrand 1959
Epstein, J, Measuring Military Power, The Soviet Air Threat to Europe, Princeton University Press, New Jersey 1984
Etzold, TH and Gaddis JL, eds., Containment, Documents on American Policy and strategy, 1945-50, Columbia, New York 1978
Feuchtwanger and Mason, eds., Air Power in the Next Generation, Macmillan, London 1979
Forrestal Diaries, Inner History of the Cold War, ed. Miilis, Cassell, London 1952
Fredette, Raymond, The Sky on Fire, Smithsonian, Washington DC 1991
Futrell, RF, Ideas, Concepts, Doctrine. Basic Thinking in the United States Air Force, 1907-1960, USAF Air University Press 1989
Garden, Timothy, The Technology Trap, Brassey's, London 1989
Gollin, Alfred, The Impact of Air Power on the British People and Their Government, 1909-14, Macmillan, London 1989
Hallion, Richard, The Rise of the Fighter Aircraft, 1914-1918, Nautical and Aviation 1988
Hallion, Richard, Strike from the Sky, Smithsonian, Washington DC 1989
Hallion, Richard, Storm over Iraq, Smithsonian, Washington DC 1992
Hansell, Major General Hatwood S Jnr, The Air Plan that Defeated Hitler, Higgins MacArthur, 1972
Hardesty, Von, Red Pheonix, the Rise of Soviet Air Power, 1941-1945, Smithsonian,

Washington DC 1982
Hartley, Keith, The Economic of Defence Policy, Brassey's, London 1991
Hartley and Hooper, The Economic Consequences of the UK Government's Decision on the Hercules Replacement, Centre for Defence Economics, University of York 1993
Hatchett, ed., Arms Control, Problems and Prospects, 1990, Mosher Institute, Texas 1990
Helmesley, ed., The Lost Empire, Brassey's, London 1991
Heydrich, Wolfgang, ed., Zukunftige Einsatzaufgaben der Luftwaffe, Ebenhausen, 1994
Higham, Robin, Air Power: A Concise History, Macdonald, London 1972
Higham, R and Kipp, J, Soviet Aviation and Air Power, Brassey's, London 1978
Holden-Reid, B and Dewar, M, Military Strategy in a Changing Europe, Brassey's, London 1991
Hurley, Alfred F, Billy Mitchell, Crusader for Air Power, Indiana University Press, Bloomington 1975
Hurst, NATO's Anxious Birth, The Prophetic Vision of the 1940s, London 1985
Jackson, W and Bramall, E, The Chiefs, Brassey's, London 1992
Jakb, Peter L, Visions of a Flying Machine. The Wright Brothers and the Process of Invention, Smithsonian, Washington DC 1990
Jones, Neville, The Origins of Strategic Bombing, Kimber, London 1973
Joubert, Philip de la Ferte, The Third Service, Thames and Hudson, London 1955
Keesings, Treaties and Alliance of the World, London 1968
Kennett, Leo, The First Air War, 1914-18, Macmillan, London 1991
Kohn and Harahan, eds., Air Superiority in World War II and Korea, US Government Printing Office 1983
Kross, Walter, Military Reform: The High-Tech Debate in Tactical Air Forces, NDU, Washington DC 1985
Lambeth, Benjamin S, Desert Storm and its Meaning. The view from Moscow, Rand, Santa Monica 1992
Leebaert and Dickinson, eds., Soviet Strategy and New Military Thinking, Cambridge University Press, 1992
Levine, Robert A, Flexible Flight: The Air Force Role in a Changing Europe, 1987-1991,

Rand, Santa Monica 1992

Lord, Christopher, ed., Military Doctrine and Military Reconstruction in Post-Confrontational Europe, General Staff of the Czech Armed Forces, Prague 1994

McFarland and Newton, To Command the Sky, Smithsonian, Washington DC 1991

McMichael, SR, Stumbling Bear, Soviet Military Performance in Afghanistan, Brassey's, London 1991

MacIsaac, David, Strategic Bombing in World War Two, Garland 1976

Mason, Francis K, Battle over Britain, Doubleday, 1969

Mason, RA, ed., War in the Third Dimension, Brassey's, London 1986

Mason RA and Taylor JW, Aircraft, Strategy and Operations of the Soviet Air Force, Jane's, London 1986

Metz, David R, Land-Based Air Power in Third World Crises, US Government Printing Office, 1986

Millis, Walter, ed., American Military Thought, Bobbs-Merrill 1966

Momyer, General William M, Air Power in Three Wars, US Department of the Air Force 1978

Montgomery-Hyde, H, British Air Policy between the Wars, RAF Museum 1976

Morrow, John H Jnr, The Great War in the Air, Smithsonian, Washington DC 1993

Mrozek, Donald J, Air Power and the Ground War in Vietnam, Pergamon Brassey's, Washington 1989

Murray, Williamson, Strategy for Defeat: The Luftwaffe, 1933-1945, US Government Printing Office, 1983

Nader, Marouf Bakhit, The Evolution of Egyptian Air Defense Strategy, 1967-1973, King's College London, 1990

Nair, Brigadier VK, War in the Gulf, Lessons for the Third World, Lancer International, New Delhi 1991

Nordeen, L, Fighters over Israel, Guild, 1991

Osgood, RE, The Entangling Alliance, Chicago University Press, 1962

Overy, Richard, The Air War 1939-1945, Europa, 1980

Paret, Peter, Makers of Modern Strategy from Machiavelli to the Nuclear Age, Princeton

University Press, New Jersey 1986
Plater-Zyberk, Henry, The Soviet Military Withdrawal from Central Europe, Centre for Defence Studies London, Brassey's, London 1991
RAAF, The Air Power Manual, Royal Australian Air Force Air Power Studies Centre, 2nd edition, 1994
RAF, Air Power Doctrine, AP 3000, HMSO London, 1993
Raleigh, Walter, The War in the Air, Oxford University Press, 1922
Richards, Dennis, Portal of Hungerford, Heinemann, London 1977
Rubenstein and Goldman, Shields of David, Prenctice Hall, New Jersey 1978
Sabin, Philip, ed., The Future of UK Air Power, Brassey's, London 1988
Schwarzkopf, N, It Doesn't Take a Hero, Bantam, New York 1992
Schenfield, Stephen D, Dividing up the Soviet Defence Complex: Implications for European Security, Brown University, Rhode Island 1992
Showalter and Albert, eds., An American Dilemma, Vietnam, 1964-1973, Imprint Publications, 1993
Singh, Air Commodore Jasjit, Air Power in Modern Warfare, Lancer International, New Delhi 1988
Slessor, John C, Air Power and Armies, Oxford University Press, 1936
Slessor, John C, The Central Blue, Cassell, London 1956
Smith, Perry McCoy, The Air Force Plans for Peace, 1943-1945, Johns Hopkins Press, 1970
Stephens, Alan ed, Smaller but Larger, Australian Government Publishing Service, 1991
Suchenwirth, Richard, The Development of the German Air Force 1919-1939, USAF Historical Study 160, 1983
Sykes, F, From Many Angels, Harrap, 1942
Taylor, Philip M, War and the Media, Manchester University Press, 1992
Tedder, Lord, Air Power in War, Lees Knowles Lectures, University of Cambridge, 1947
Tedder, Lord, With Prejudice, Cassell, London 1966
Templewood, Viscount, The Empire of the Air, Collins, London 1957
Terraine, John, The Smoke and the Fire, Sidgwick and Jackson, London 1980
Terraine, John, The Right of the Line, Sceptre, 1988

Till, Geoffrey, Air Power and the Royal Navy, Jane's, London 1979

Towle, PA, Pilots and Rebels, Brassey's, London 1979

USAF, Air Power and Warfare, Proceedings of the Eight Military History Symposium, USAF Academy 1978

USAF, Transformation in Russia and Soviet Military History, Proceedings of USAF Academy Symposium, 1986, US Government Printing Office, 1990

USAF, Gulf War Air power Study, Washington, April 1993

US Congress, Office of Technology Assessment, New Technology for Nato: Implementing Follow On Forces Attack, US Government Printing Office, 1987

US Department of Defense, Conduct of the Persian Gulf War, Final Report to Congress, April 1992

USAFTAC/TRADOC, The Air-Land Battle Primer, 1978

Vallance, Group Captain Andrew, ed., Air Power, Collected Essays on Doctrine, HMSO, London 1990

Waddell, Colonel Dewey et al, Air War - Vietnam, Arno Press, New York 1978

Walker JR, ed., The Future of Air Power, Ian Allan, Shepperton 1986

Wardak and Turbiville, The Voroshilov Lectures, NDU Press, Washington DC 1989-90

Warden, JA, The Air Campaign, National Defense University, Washington DC 1988

Waters, Wing Commander Gary, Gulf Lesson One - The Value of Air Power, RAAF Air Power Studies Centre, Canberra 1992

Webster and Frankland, The Strategic Air Offensive against Germany 1939-1945, HMSO, London 1961

Weizman, Ezer, On Eagle's Wings, Wiedenfeld and Nicholson, London 1976

White, William D, US Tactical Air Power, Brookings, Washington DC 1974

Williams, ES, The Soviet Military, RUSI/Macmillan, London 1987

Williams, ES, ed., Soviet Air Power: Prospects for the Future, Tri Service 1990

Williams, Williams J, ed., A Revolutionary War: Korea and the Transformation of the Postwar World, Imprint Publications, 1993

Yonay, Ehud, No Margin for Error, Pantheon, New York 1993

II. Articles and Papers

Akhromeyev, SF, 'Olaf Palme Memorial Lecture', SIPRI 1988

Allison, Roy, 'Soviet Military Doctrine: New Thinking on Nuclear and Non-nuclear Strategy'. Centre for Russian and East European Studies, University of Birmingham, 1989

Bedi, Rahu, 'India's Westward Gaze'. Jane's Defence Review, 9 Jan 1993

Berdal, Mats, 'Whither UN Peacekeeping'. Adelphi Paper 281, IISS/Brassey's, October 1993

Bowie, Christopher J, 'Coping with the Unexpected: Great Britain and the War in the South Atlantic'. Rand, Santa Monica, 1985

Brandenburg, Ulrich, 'The Friends are Leaving'. NATO Paper CND (93) 100, 12 February 1993

Brando, C, 'The NATO AEW Programme: A Canadian Perspective'. Canadian Defence Quarterly, April 1989

Brodie, Bernard, 'The Heritage of Douhet'. Air University Quarterly Review, Volume VI, No.2

Bronowski, Major HR, 'A Narrow Victory'. USAF Air Force Magazine, July/August 1981

Burke, Captain CJ, 'Aeroplanes of Today and Their Use in War'. Journal of the United Services Institution, May 1911

Buszynski, Leszck, 'ASEAN Security Dilemmas'. Survival, Winter 1992-3

Canby, Stephen L, 'The Conventional Defence of Europe: The Operational Limits of Emerging Technology'. Working Paper 55, International Security Studies Program, The Woodrow Wilson Center, April 1984

Carter, April, 'Success and Failure in Arms Control Negotiations'. SIPRI Yearbook, 1989

Collins, Major Brian, 'Russian Air Power: The First Year'. HQ NATO October 1993

Cooper, J, 'The Economies of the Former Soviet Union, Structural Issues'. Seminar Paper, University of Birmingham, September 1993

Dick, CJ, 'Initial Thoughts on Russia's Draft Military Doctrine'. Soviet Studies Research

Centre, Sandhurst, 1992

Drew, Colonel Dennis, 'Desert Storm as a Symbol'. Air power Journal, Fall 1992

Dugan, General Michael, 'The Air War'. UN News and World Report, 11 February 1991

Fitzsimmons, DJ, 'The Origins of Air Warfare'. Air Pictorial, Dec 1972

Ghebali, Victor-Yves, 'Confidence-Building Measures within the CSCE Process'. United Nations Institute for Disarmament, Paper No. 3, 1989

Gong, Ro-myung, "The Consequences of Arms Proliferation in Asia". IISS Adelphi Paper 276, IISS/Brassey's, April 1993

Gray, Randal, 'Bombing the Mad Mullah, 1920'. Journal of the RUSI, December 1980

Hanson, J H, 'Development of Soviet Aviation Support'. International Defense Review, 5 / 1980

Holcomb, James F, 'Russian Military Doctrine'. Soviet Studies Research Centre, Sandhurst, 1992

Huxley, Lieutenant MM, 'Saddam Hussein and Iraqi Air Power'. Air Power Journal, Winter 1992

Karsh, Efraim, 'The Iran-Iraq War: A Military Analysis'. Adelphi Paper 220, IISS/Brassey's, Spring 1987

Kennaway, A, 'The Economic and Industrial Legacy of Communism in Russia'. Conflict Studies Research Centre, Sandhurst, 1993

Kennaway, A, 'Restructuring the (Soviet) Defence Technology and Industrial Base'. Conflict Studies Research Centre, Sandhurst, 1993

Kokoshin, A, 'The Rogers Plan: Alternative Defence Concepts and Security in Europe'. Economics, Politics and Ideology, August 1985

Kokoshin, Konovalov, Larionov and Mazing, 'Problems of Ensuring Stability with Radical Cuts in Armed Forces and Conventional Armaments in Europe'. Novosti Press Moscow, 1989

Lambeth, Benjamin S, 'The Winning of Air Supremacy in Operation Desert Storm'. Paper to Zhukovskii Academy, Moscow, October 1992

Lambeth, Benjamin S, 'The Winning of Air Supremacy in Operation Desert Storm'. Rand, Santa Monica, October 1993

Lebedev, Lyutov and Nazarenko, 'The Persian Gulf War: Lessons and Conclusions'. Military thought 11-12, 1991

McAusland, Lt Col Jeffrey, 'The Gulf Conflict, A Military Analysis'. Adelphi Paper 282 IISS/Brassey's, November 1993

MacIsaac, David, 'The Air Force and Strategic Thought, 1945-51'. Working Paper No. 8, International Security Studies Programme Woodrow Wilson Center, Washington DC, 1979

Mackay, CJ, 'The German Air Raids on England'. RAF Staff College, Andover, 1924

Machos, Major James A, 'Tacair Support for Air Land Battle'. Air University Review, May/June 1984

Malei, Mikhail, 'The Destiny of Conversion that is Russia'. Military Technology 3/93

Marshall-Hasdell, D, 'The Reform of Flight Safety in the Soviet Air Force'. Soviet Studies Research Centre, Sandhurst 1993

Mason, RA, 'Conventional Forces Talks: A Place on the Agenda for Air power?' Bulletin of the Council for Arms Control, London, April 1989

Mason, RA, 'Conventional Arms Control: Air Power Constraints'. IISS conference, UK, May 1989

Mason, RA, 'Air power in Conventional Arms Control'. Survival, Sep/Oct 1989

Mason, RA, Commonwealth Security after the Gulf War'. Commonwealth Heads of Government Meeting, Baronage 1991

Mason, RA, 'The Air War in the Gulf'. Survival, May/June 1991

Mason, RA, 'Aerospace Security in the Middle East: The Way Ahead'. Arms Control, December 1993

Meilinger, Philips S, 'Gulio Douhet and Modern War'. Comparative Strategy, Vol 12, 1992

Mellersh, FJW, 'Air Armament, Training and Development'. RAF Staff College, Andover, 1939

Musial, 'The Character and Importance of Air Operations in Modern Warfare'. Air Force and Air Defence Review, Warsaw, December 1981

Ogarkov, Marshal NV, 'The Defence of Socialism: The Experience of History and the Present Day'. Red Star, 9 May 1984

Paris, Michael, 'The Rise of the Airmen: The Origins of Air Force Elitism 1890-1918'. Journal of Contemporary History, Vol 28, 1993

Peterson, Philip A and Notra Trulock, 'A "New" Soviet Military Doctrine: Origins and Implications'. Soviet Studies Research Centre, Sandhurst, 1988

Rand, 'Symposium on the Role of Air power in Counter Insurgency and Unconventional Warfare in Malayan Emergency'. RM 3651-PR, Santa Monica, 1963

Rand, 'Symposium on the Role of Counter Insurgency and Unconventional Warfare: The Algerian War'. RM 3653-PR, Santa Monica, 1963

Rogers, General Bernard, 'ACE Attack of Warsaw Pact Follow-on Forces'. Military Technology, 5, 1983

Rogers, General Bernard, 'Greater Flexibility for NATO's Flexible Response'. Strategic Review, Spring 1983

Rogov et al., 'Commonwealth Defence Arrangements and International Security'. Institute of USA and Canada Moscow with US Centre for Naval Analysis, 1992

Sharp, Jane MO, 'After Reykjavik, Arms Control and the Alliance'. International Affairs, Vol 63, No. 2, 1989

Sharp, Jane MO, 'Conventional Arms Control in Europe'. SIPRI Yearbook 1990

Sharp, Jane MO, 'Conventional Arms Control in Europe'. SIPRI Yearbook 1993

Snyder, 'Limiting Offensive Conventional Forces'. International Security, Spring 1988

Spaatz, General Carl, 'Strategic Air power: Fulfillment of a Concept'. Foreign Affairs, 1946

Squier, Major George, 'The Present Status of Military Aeronautics'. Flight, 27 February 1909

Starry, General Don A, 'Extending the Battlefield'. Military Review, March 1981

Sumin, Major General A, 'Russian Air Defence Forces', Military Technology, 5/1993

UK Foreign and Commonwealth Office, 'New from the Negotiations'. Arms Control and Disarmament Quarterly

UK MOD, 'The Falklands Campaign: The Lessons'. HMSO, 1982

US Library of Congress, Congressional Research Service, 'Israel: US Foreign Assistance'. Briefing Paper 1B 85066, 27 January, 1994

Voroby'ev PN, 'Lessons of the Persian Gulf War'. Military Thought, 4 May 1992

Voroby'ev Major General I, 'Modern Weapons and Tactics'. Red Star, 20 June 1984

Whittaker, WE de B, 'Aviation in the Navy'. Aeroplane, 15 February 1912

Wise, Col WH, 'Future of the Tactical Air Force'. Air University Quarterly Review, Spring 1949

Wratten, Air Vice-Marshal WJ, 'The Air War in the Gulf'. IISS Conference Paper, London, April 1991